U0176480

▲ FREQUENCY(频数分布统计——统计一组数据的分布区间)

▲ 使用 VLOOKUP 函数返回员工信息

▲ INDEX+MATCH 函数实现双条件查找

▲ 只对满足条件的商品提价

▲ 加班时数统计

▲ INDEX+MATCH 函数——查找中的黄金组合

▲ 根据双重条件判断完成时间是否合格

▲ 统计指定店面指定品牌的总销售额

F2 = `=SUMIF(C2:C12,"二车间",D2:D12)`

	A	B	C	D	E	F	G	H
1	日期	负责人	车间	产量		二车间产量和		
2	2017/10/1	张辉	一车间	121		1434		
3	2017/10/6	张辉	一车间	780				
4	2017/10/13	张辉	二车间	86				
5	2017/10/15	张辉	二车间	223				
6	2017/10/18	刘芸	二车间	354				
7	2017/10/27	刘芸	二车间	432				
8	2017/11/1	刘芸	一车间	87				
9	2017/11/5	刘芸	一车间	146				
10	2017/11/6	张辉	二车间	220				
11	2017/11/7	刘芸	二车间	119				
12	2017/11/8	张辉	一车间	900				

▲ 统计指定车间的产量之和

F3 = `=SUMPRODUCT((MONTH($A$2:$A$13)=E3)*($C$2:$C$13))`

▲ 统计指定月份的报销总额

D2 = `=LOOKUP(0,0/(B2:B12=MIN(B2:B12)),A2:A12)`

	A	B	C	D	E	F	G
1	姓名	销售额（万元）		业绩最低销售员			
2	窦云	43.7		王娜娜			
3	李建福	22.9					
4	李欣	9.66					
5	玲玲	10.8					
6	刘繁	11.2					
7	刘芸	8.33					
8	王超	16.3					
9	王娜娜	7.56					
10	王宇	11.23					
11	杨凯	10.98					

▲ 查找业绩最低的销售员姓名

D2 = `=IF(OR(WEEKDAY(A2,2)=6,WEEKDAY(A2,2)=7),"双休日加班","平时加班")`

	A	B	C	D	E	F	G
1	加班日期	员工姓名	加班时数	加班类型			
2	2018/8/4	徐梓瑞	5	双休日加班			
3	2018/8/5	林淼	8				
4	2018/8/7	夏夏	3				
5	2018/8/10	何雪阳	6				
6	2018/8/12	徐梓瑞	6				
7	2018/8/15	何雪阳	7				
8	2018/8/18	夏夏	8				
9	2018/8/21	林淼	1				
10	2018/8/27	徐梓瑞	3				
11	2018/8/29	何雪阳	6				

▲ 判断值班日期是工作日还是双休日

E2 = `=IF(AND(B2="研发员",C2>=5),D2+1000,"不变")`

	A	B	C	D	E	F	G
1	姓名	职位	工龄	基本工资	调薪幅度		
2	何志新	设计员	1	4000	不变		
3	周志鹏	研发员	5	5000			
4	夏楚奇	研发员	5	3500			
5	周金星	设计员	4	5000			
6	张明宇	研发员	2	4500			
7	赵思飞	测试员	4	3500			
8	韩佳人	研发员	6	4000			

▲ 根据员工的职位和工龄调整工资

F3 = `=SUMPRODUCT((DATEDIF(B2:B12,TODAY(),"M")>12)*C2:C12)`

▲ 统计大于 12 个月的账款

A6 = `=VLOOKUP($A3,工资表,COLUMN(D1),FALSE)`

	A	B	C	D	E	F	G
1	11月工资条						
2	员工工号	姓名	部门	实发工资			
3	NO.001	章晔	行政部	3600			
4	以下为工资明细						
5	基本工资	工龄工资	绩效奖金	加班工资	满勤奖	考勤扣款	代扣代缴	应发工
6	3200						

▲ 建立第一位员工的工资条

C2 = `=B2*IF(B2>15000,15%,IF(B2>5000,10%,IF(B2>2000,8%,2%)))`

	A	B	C	D	E	F	G
1	姓名	业绩	提成金额				
2	李晓云	5444	544.4				
3	周慧	2270					
4	张丽	12000					
5	王博婷	8890					
6	琳琳	22000					
7	周东源	8890					
8	娄芯	1900					

▲ 根据提成率返回提成额

B3 = `=SUMPRODUCT((离职原因=$A3)*(YEAR(离职时间)=B$2))`

	A	B	C	D	E
1	人员离职原因汇总分析				
2		2016	2017	2018	
3	不满意公司制度	0			
4	福利不够				
5	工资太低				
6	工作环境差				
7	工作量太大				
8	没有发展前途				

▲ 离职原因统计分析

C2 = `=IF(B2>A2,"超支","未超支")`

	A	B	C	D	E	F
1	预算	实际	是否超支			
2	¥ 1,000.00	¥ 912.00	未超支			
3	¥ 800.00	¥ 1,200.00				
4	¥ 650.00	¥ 770.00				
5	¥ 900.00	¥ 912.00				
6	¥ 150.00	¥ 99.00				
7	¥ 150.00	¥ 149.00				

▲ 比较支出是否超出预算

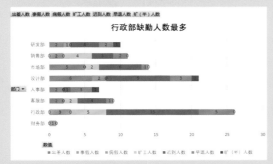

▲ 数据透视图分析各部门缺勤情况

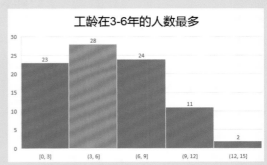

▲ 用图表直观显示各年龄占比情况

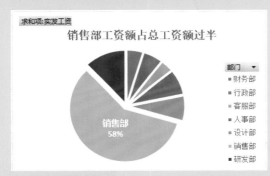

▲ 按部门汇总工资额

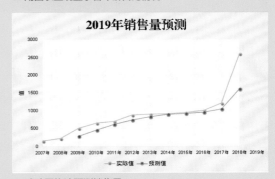

▲ 移动平均法预测销售量

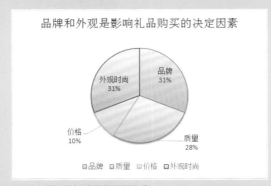

▲ 建立图表分析消费者购买行为

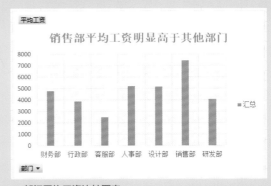

▲ 部门平均工资比较图表

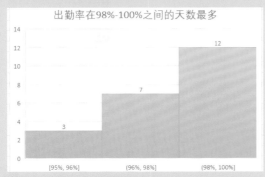

▲ 建立直方图分析各出勤率区间的天数

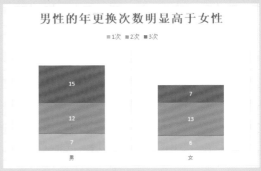

▲ 图表分析性别与更换频率的相关性

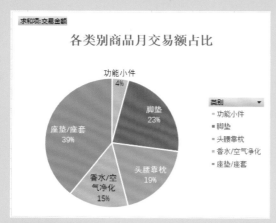

▲ 交易金额比较图表

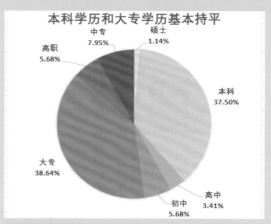

▲ 用图表直观显示各学历占比情况

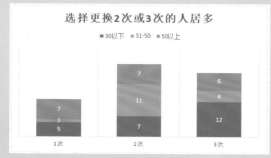

▲ 图表分析年龄与更换频率的相关性

▲ 计算应发工资

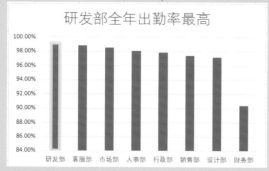

▲ 设置库存提醒为下期采购做准备

	车牌号	开始时间	结束时间	分钟数	停车费
2	******	8:41:20	9:45:00	63	12
3	******	12:28:11	13:59:00	90	12
4	******	17:38:56	18:25:00	46	8
5	******	9:42:10	9:59:00	16	4
6	******	4:55:20	6:51:00	115	16
7	******	12:00:00	16:00:00	240	32
8	******	17:52:00	18:30:00	38	8
9	******	9:09:00	10:30:00	81	12
10	******	12:09:00	12:30:00	21	4
11	******	18:07:00	19:00:00	53	8
12	******	9:21:00	9:55:00	34	8

▲ 计算停车费

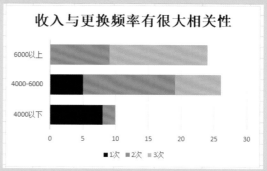

▲ 年度部门出勤率比较图表

▲ 图表分析收入与更换频率的相关性

"高效办公"系列之 Excel 表格制作与数据分析

2019

Excel 表格制作与数据分析

从入门到精通

微课视频版
（第 2 版）

390 集同步视频讲解
386 个实例案例应用

视频讲解 + 扫码看视频 + 行业案例 + 办公模板 + 在线服务

精英资讯　编著

中国水利水电出版社
www.waterpub.com.cn
·北京·

内容提要

Excel 是现代办公不可或缺的通用软件，是数据整理—统计分析—输出可视化报表这一过程中极其重要的工具。《Excel 表格制作与数据分析从入门到精通（微课视频版）（第 2 版）》以企业管理数据为蓝本，系统地讲述 Excel 中表格制作和数据分析的详细过程及涉及的相关的知识点。主要内容包括：数据输入方法、不规范数据的整理、数据的筛查与统计分析、表格颜值的提升、数据分析方法与应用工具、数据的多维度透视分析、高级分析工具应用、图表辅助数据可视化、数据快速计算与统计等，最后通过 Excel 在人事管理、考勤管理、销售管理和薪酬管理中数据统计与深度分析的实际应用，来进一步提升 Excel 数据分析与应用技能。本书采用"基础知识+实例操作+图文演示+视频讲解"的模式教学，简单易懂，易学易会。

《Excel 表格制作与数据分析从入门到精通（微课视频版）（第 2 版）》一书配有极其丰富的学习资源，包括：（1）390 集同步视频讲解，扫描二维码，可以随时随地看视频；（2）全书实例的源文件，跟着实例学习与操作，效率更高。附赠资源包括：（1）2000 个办公模板，如 Excel 官方模板，Excel 财务、市场营销、人力资源模板，Excel 行政、文秘、医疗、保险、教务模板，Excel VBA 应用模板等；（2）37 小时的教学视频，包括 Excel 范例教学视频、Excel 技巧教学视频等。

《Excel 表格制作与数据分析从入门到精通（微课视频版）（第 2 版）》面向需要提高 Excel 应用技能的各层次的读者，既适合初涉职场或即将进入职场的读者作为入门与提高的 Excel 书籍，也适合需要掌握 Excel 核心技能以提升管理运营能力的职场专业人士。本书亦可作为高校或计算机培训机构的办公类教材。本书在 Excel 2019 版本的基础上编写，适用于 Excel 2019/2016/2013/2010/2007/2003 等版本。

图书在版编目（CIP）数据

Excel 表格制作与数据分析从入门到精通 : 微课视频版 : 高效办公 / 精英资讯编著. -- 2 版. -- 北京 : 中国水利水电出版社, 2021.9 (2022.6重印)

ISBN 978-7-5170-9369-5

Ⅰ. ①E… Ⅱ. ①精… Ⅲ. ①表处理软件 Ⅳ. ①TP391.13

中国版本图书馆 CIP 数据核字(2021)第 024684 号

丛 书 名	高效办公	
书 名	Excel 表格制作与数据分析从入门到精通（微课视频版）（第 2 版） Excel BIAOGE ZHIZUO YU SHUJU FENXI CONG RUMEN DAO JINGTONG	
作 者	精英资讯 编著	
出版发行	中国水利水电出版社	
	（北京市海淀区玉渊潭南路 1 号 D 座　100038）	
	网址：www.waterpub.com.cn	
	E-mail：zhiboshangshu@163.com	
	电话：（010）62572966-2205/2266/2201（营销中心）	
经 售	北京科水图书销售有限公司	
	电话：（010）68545874、63202643	
	全国各地新华书店和相关出版物销售网点	
排 版	北京智博尚书文化传媒有限公司	
印 刷	涿州汇美亿浓印刷有限公司	
规 格	190mm×235mm　16 开本　31.5 印张　727 千字　2 插页	
版 次	2019 年 10 月第 1 版第 1 次印刷 2021 年 9 月第 2 版　2022 年 6 月第 2 次印刷	
印 数	5001—8000 册	
定 价	89.80 元	

凡购买我社图书，如有缺页、倒页、脱页的，本社营销中心负责调换

前　言

PREFACE

Excel 作为电子表格软件的领军者，可以说是现代办公室的通用语言。因为 Excel 是一款功能强大的数据处理软件，广泛应用于各类企业的日常办公中，也是目前应用最广泛的数据处理软件之一。

Excel 不仅具有强大的制表功能，而且内置了数学、财务、统计和工程等多种函数，同时还提供了多维度的数据透视分析、可视化的图表分析以及更高级的统计分析工具，如果能够将其熟练地应用于工作与管理中，必将获得更为精准的信息和实现精细化管理，从而大大地提高工作效率、节约经营成本和增强企业的竞争力。

但是，很多用户应用 Excel 仅限于表格制作和进行简单的计算，而实际上就 Excel 与我们日常工作的相关性而言，我们不仅必须得会，更需要精通。只有这样才能活用各个知识点，才能制作出各类高质量的表格，精确地计算每条数据，强有力地展示、分析数据，完美地呈现数据分析结果。

为了帮助广大读者快速掌握 Excel 表格制作与数据分析技能，我们组织了多位在 Excel 应用方面具有丰富实战经验的精英精心编写了本书。

本书知识点与实例相结合，操作步骤与图示相配合，延伸知识点随时扩充，再辅以视频讲解，简单易学，重点难点一网打尽。熟练掌握 Excel 这个办公利器，必将使你工作高效、胜人一筹！

本书为第 2 版，是在第 1 版的基础上做了版本的升级，即从 2016 版升级为 2019 版，同时在篇章和内容结构上做了优化，增加了必备技能模块，更加注重实战技能的演练。

本书特点

三篇制结构：有基础、有提升、有实操，既不单一讲基础、也不单纯讲技巧，而是将整个知识点贯穿起来，重视思路的讲解及操作理念的传授，有理念重实操，才能让学习更有效率。

视频讲解：本书录制了 390 集同步教学视频，包含了 Excel 表格制作与数据分析中的常用操作功能讲解及实例分析，手机扫描书中二维码，可以随时随地看视频。

内容详尽：本书以实际办公数据为蓝本，涵盖了企业办公中常用的 Excel 表格制作与数据分析技巧，科学实用，快速提升办公技能。

实例丰富：一本书若光讲理论，难免会让人昏昏欲睡；若只讲实例，又怕落入"知其然而不知其所以然"的困境。所以本书结合大量实例对 Excel 的表格制作与数据分析的使用方法进行了详细解析，读者可以举一反三，活学活用。

图解操作：本书采用图解模式逐一介绍各个功能及其应用技巧，一步一图，清晰直观，简洁明了，可使读者在最短时间内掌握相关知识点，快速解决办公中的疑难问题。

特色鲜明：本书在知识讲解的过程中穿插了大量的经验之谈和扩展云图，将学习过程中可能会遇到的疑难问题进行了深度讲解和扩展说明，便于读者拓宽思路、举一反三和深度学习。

在线服务：本书提供 QQ 交流群，"三人行，必有我师"，读者可以在群里相互交流，共同进步。

本书资源列表及获取方式

（1）配套资源

本书配套 390 集同步视频，并提供相关的素材及源文件。

（2）拓展学习资源

➤ **2000 多套办公模板文件**

Excel 官方模板 117 个	Excel 财务管理模板 90 个
Excel 市场营销模板 61 个	Excel 人力资源模板 51 个
Excel VBA 应用模板 27 个	Excel 行政、文秘、医疗、保险、教务等模板 847 个
Excel 其他实用样式与模板 30 个	PPT 经典图形、流程图 423 个
PPT 模板 74 个	PPT 元素素材 20 个
Word 文档模板 280 个	

➤ **37 小时的教学视频**

Excel 范例教学视频	Excel 技巧教学视频
PPT 教学视频	Word 范例教学视频
Word 技巧教学视频	

（3）以上资源的获取及联系方式

① 读者可以扫描下方的二维码，或在微信公众号中搜索"办公那点事儿"，关注后发送 Excel09369 到公众号后台，获取本书资源下载链接。将该链接复制到电脑浏览器的地址栏中（一定要复制到电脑浏

览器的地址栏，在电脑端下载，手机不能下载，不能百度搜索下载，也不能在线解压，没有解压密码），根据提示进行下载。

②　加入本书 QQ 交流群（697287678）（若群满，会创建新群，请注意加群时的提示，并根据提示加入对应的群号），读者间可互相交流学习，作者也会不定期在线答疑解惑。

作者简介

本书由精英资讯策划与组织编写。精英资讯是一个 Excel 技术研讨、项目管理、培训咨询和图书创作的 Excel 办公协作联盟，其成员多为长期从事行政管理、人力资源管理、财务管理、营销管理、市场分析及 Office 相关培训的工作者，在此对他们的付出表示感谢！

致谢

本书能够顺利出版，是作者、编辑和所有审校人员共同努力的结果，在此深表感谢。如有疏漏之处，还望读者不吝赐教。

编　者

目 录

CONTENTS

基础篇之小知识大作为

提升篇之展技能秀风采

范例篇之重实操验成果

基础篇

之

小知识大作为

第1章

从捷径到高效：数据输入有方法

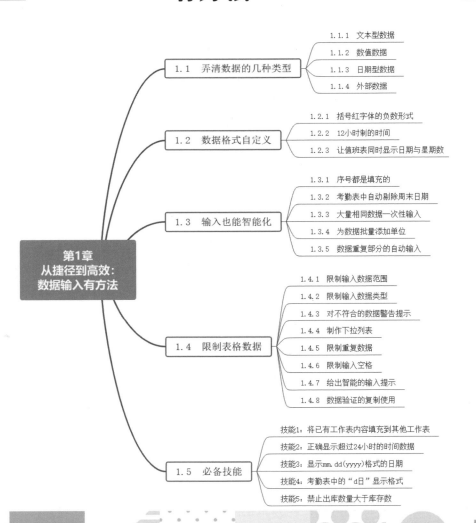

第1章
从捷径到高效：
数据输入有方法

1.1 弄清数据的几种类型
- 1.1.1 文本型数据
- 1.1.2 数值数据
- 1.1.3 日期型数据
- 1.1.4 外部数据

1.2 数据格式自定义
- 1.2.1 括号红字体的负数形式
- 1.2.2 12小时制的时间
- 1.2.3 让值班表同时显示日期与星期数

1.3 输入也能智能化
- 1.3.1 序号都是填充的
- 1.3.2 考勤表中自动剔除周末日期
- 1.3.3 大量相同数据一次性输入
- 1.3.4 为数据批量添加单位
- 1.3.5 数据重复部分的自动输入

1.4 限制表格数据
- 1.4.1 限制输入数据范围
- 1.4.2 限制输入数据类型
- 1.4.3 对不符合的数据警告提示
- 1.4.4 制作下拉列表
- 1.4.5 限制重复数据
- 1.4.6 限制输入空格
- 1.4.7 给出智能的输入提示
- 1.4.8 数据验证的复制使用

1.5 必备技能
- 技能1：将已有工作表内容填充到其他工作表
- 技能2：正确显示超过24小时的时间数据
- 技能3：显示mm.dd(yyyy)格式的日期
- 技能4：考勤表中的"d日"显示格式
- 技能5：禁止出库数量大于库存数

1.1　弄清数据的几种类型

数据输入是建表或管理数据最基础的操作。首先我们需要了解 Excel 中的几种数据类型，数据的类型不能混乱，该是什么类型就是什么类型，因为规范的数据是将来数据核算、统计及分析的基础。

1.1.1　文本型数据

一般来说，输入到单元格中的汉字、字母即为文本型数据。因此这类数据只要直接输入即可，不需要特意去设置它们的格式。当然输入文本数据时遇到重复的数据一般我们会采用填充的方式快速获取。

例如，如图 1-1 所示的表格中"费用类别"列下 A2:A6 单元格区域中需要输入相同的费用类别，可以先输入首个文本，其他相同数据可以通过快速地填充得到。

❶ 在 A2 单元格输入"差旅报销"文字，将鼠标指针指向 A2 单元格右下角，直到出现黑色十字形填充柄，如图 1-1 所示，按住鼠标左键向下拖动，如图 1-2 所示。

图 1-1

图 1-2

❷ 释放鼠标可以看到拖动过的位置上都出现了相同的数据，如图 1-3 所示。

另外，有一种特殊情况需要将输入的数字特意设置为文本格式。我们日常工作中可能都有这样的经历，有时需要在表格中输入像身份证号码、产品编号、银行卡账号等这样一长串数字，但是发现当数字超过 12 位，在输入完毕自动显示成了科学计数方式，如图 1-4 所示。这个时候为了能正确地显示完整的长编号，则需要特意去设置"文本"格式。下面以输入身份证号码为例进行介绍。

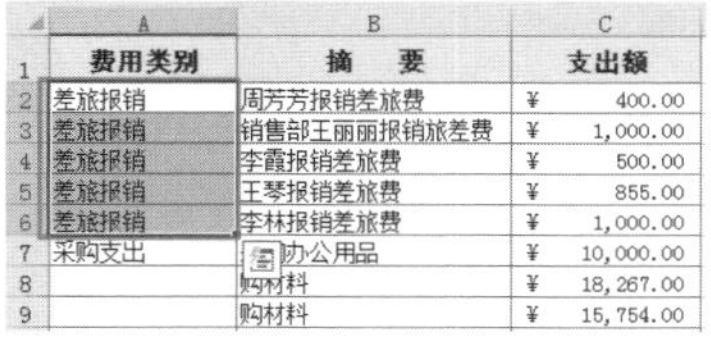

图 1-3

图 1-4

❶ 选中要输入身份证号码的单元格区域，在"开始"选项卡的"数字"组中单击"数字格式"下拉按钮，在弹出的下拉菜单中选择"文本"命令，如图 1-5 所示。

❷ 设置单元格的格式后，再在单元格内输入长数字，按 Enter 键，即可显示正确的身份证号码。效果如图 1-6 所示。

图 1-5

> **注意**
>
> 只要单元格左上角有绿色小三角形就表示是文本格式的数字。

图 1-6

经验之谈

在文本单元格中，单元格中显示的内容与输入的内容完全一致，数字已经不是能用于计算的数字了。所以这种格式要在必要的时候才使用。正常情况下不要将显示数字的单元格设置为文本格式。

练一练

练习题目：**实现一次性在不连续的单元格中输入相同的数据，如图 1-7 所示。**

操作要点：先选中所有需要输入相同数据的单元格，将光标定位到编辑栏中，输入数据，接着按下 Ctrl+Enter 组合键。

图 1-7

1.1.2　数值数据

数值数据是表格编辑中最常使用的数字格式，整数、小数、百分比、会计格式都属于数值数据的范畴。

数值在输入时也是输入什么就显示什么，但除此之外可能还想显示为其他格式，如统一包含指定位数的小数、显示货币样式等。在"开始"选项卡的"数字"组中有一个"数字格式"设置项，当选中单元格时可以迅速查看它的格式，如图 1-8 所示。选中输入数字的单元格后，可以看到默认是"常规"格式。

图 1-8

单击右侧的下拉按钮，可以看到其中包含"常规""数字""百分比""货币""会计专用""短日期""长日期"等格式，要设置数据的格式时可以在这里快速实现。例如，当前表格的数据显示为货币格式。

❶ 选中要更改格式的单元格区域，在"开始"选项卡的"数字"组中单击"数字格式"下拉按钮，在弹出的下拉列表中选择"货币"选项，即可更改数字格式，如图 1-9 所示。

❷ 这时可以看到原先的数据被重新更改为货币格式，在数据前添加了货币符号，并自动保留两位小数位数。效果如图 1-10 所示。

扩展

这个下拉列表中包含"数字""日期""百分比"等常用的数据格式。如果有需要，都可以从这里快速设置；如果这里找不到满足要求的，则需要打开"设置单元格格式"对话框再进行设置。

图 1-9　　　　　　　　　　图 1-10

要输入百分比值时，如果每个数字都手工输入"%"会降低输入效率。因此可以先输入小数，然后通过设置单元格格式一次性转换。

❶ 选中要更改数据格式的数据区域，在"开始"选项卡的"数字"组中单击"数字格式"下拉按钮，在弹出的下拉列表中选择"百分比"选项，如图 1-11 所示，即可更改数字格式。

❷ 此时可以看到原来的数据重新显示为两位小数位数的百分数。效果如图 1-12 所示。

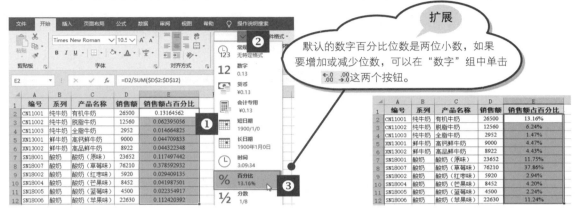

图 1-11 　　　　　　　　　　　　　　　图 1-12

经 验 之 谈

在"数字"组中还有 5 个功能按钮，分别是"会计数字格式""百分比样式""千位分隔样式""增加小数位数""减少小数位数"，如图 1-13 所示。通过单击这些按钮可以快速更改数字格式，并且当数据涉及小数位时，可以通过单击 ←.0 .00→ 这两个按钮随意增加或减少小数位数。

图 1-13

1.1.3　日期型数据

日期型数据是表示日期的数据，日期的默认格式是"yyyy /mm/dd"格式，其中 yyyy 表示年份，mm 表示月份，dd 表示日期，固定长度为 8 位。在输入日期时注意要使用规范的格式，让程序能识别它是日期，否则在后期涉及日期的计算时则无法进行。

日期型数据可以在数字间使用"-"间隔，如 2020-3-4（见图 1-14）；或者使用"/"间隔，如 2020/3/4（如果是本年的日期，可以在输入时省略年份，如图 1-15 所示），或者直接输入"2020 年 4 月 1 日"，这些都是程序能识别的最简易的输入方式。

图 1-14

图 1-15

如果输入的日期是递增的日期序列，则可以用填充的方式快速输入，而不必逐个输入。

❶ 在 C2 单元格内输入日期，如图 1-16 所示。将鼠标指针放在 C2 单元格的右下角，向下拖动填充柄，如图 1-17 所示。

❷ 释放鼠标左键即可输入连续的日期数据，效果如图 1-18 所示。

图 1-16

图 1-17

图 1-18

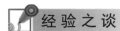

经验之谈

日期数据在填充时默认是按日递增的，如果要在连续单元格内输入相同的日期，则再选中首个日期数据，按住 Ctrl 键不放，再定位填充柄进行拖动填充，得到的就是如图 1-19 所示的日期。

图 1-19

1.1.4 外部数据

Excel 表格中的数据除了是手工录入的，还需要从外部导入，如文本文件中的数据、网页中的数据等。这些数据导入到 Excel 中形成标准的数据表后，才能进行相关的数据计算分析。

从文本文件导入数据

文本数据是常见的数据来源，但是文本文件仅用来记录数据，并没有分析和计算数据的功能。因此，可以导入到 Excel 中。图 1-20 所示为考勤机数据，这种数据都需要导入到 Excel 工作簿中。

❶ 新建一个空白工作簿，在"数据"选项卡的"获取和转换数据"组中单击"从文本/CSV"按钮，如图 1-21 所示。

图 1-20

图 1-21

❷ 打开"导入数据"对话框，找到要使用其中数据的文本文件（见图 1-22），单击"导入"按钮，打开对话框，如图 1-23 所示。

图 1-22

图 1-23

❸ 此时可以看到表格预览。接着单击"加载"按钮，即可将数据导入到表格中，如图 1-24 所示。

部门	姓名	登记号码	日期时间	比对方式
销售部	邹凯	50001	2020-3-2 07:51:52	射频卡
销售部	邹凯	50001	2020-3-2 17:19:15	射频卡
销售部	邹凯	50001	2020-3-3 07:51:52	射频卡
销售部	邹凯	50001	2020-3-3 17:19:15	射频卡
销售部	邹凯	50001	2020-3-4 07:51:52	射频卡
销售部	邹凯	50001	2020-3-4 17:19:15	射频卡
销售部	邹凯	50001	2020-3-5 07:51:52	射频卡
销售部	邹凯	50001	2020-3-5 17:19:15	射频卡
销售部	邹凯	50001	2020-3-6 07:51:52	射频卡
销售部	邹凯	50001	2020-3-6 17:19:15	射频卡
销售部	邹凯	50001	2020-3-9 07:51:52	射频卡
销售部	邹凯	50001	2020-3-9 17:19:15	射频卡
销售部	邹凯	50001	2020-3-10 07:51:52	射频卡
销售部	邹凯	50001	2020-3-10 17:19:15	射频卡
销售部	邹凯	50001	2020-3-11 07:51:52	射频卡
销售部	邹凯	50001	2020-3-11 17:19:15	射频卡
销售部	邹凯	50001	2020-3-12 07:51:52	射频卡
销售部	邹凯	50001	2020-3-12 17:19:15	射频卡
销售部	邹凯	50001	2020-3-13 07:51:52	射频卡
销售部	邹凯	50001	2020-3-13 17:19:15	射频卡
销售部	邹凯	50001	2020-3-16 07:51:52	射频卡
销售部	邹凯	50001	2020-3-16 17:19:15	射频卡
销售部	邹凯	50001	2020-3-17 07:51:52	射频卡

图 1-24

经验之谈

导入的文本文件数据要有一定的规则。例如，以统一的分隔符进行分隔或具有固定的宽度，这样导入的数据才会自动填入相应的单元格中。过于杂乱的文本数据，程序难以找到相应分列的规则，导入到 Excel 表格中也会很杂乱。这种情况如果一定要导入，则可以首先在文本文件中对数据进行整理。

从网页中导入数据

报告分析所要用到的数据，有一部分可以直接从公司的销售、财务、人事等部门收集，而另一部分涉及宏观、横向比较的数据，如市场份额、产品渠道分布等，一般都来自网络的官方统计数据库或年鉴等。因此，导入网页数据也是源表数据的来源之一。当从网页中找到需要的数据后，可以利用如下方法将其导入到 Excel 工作表中。

❶ 打开 Excel 表格，在"数据"选项卡的"获取和转换数据"组中单击"自网站"按钮，如图 1-25 所示。

图 1-25

❷ 打开"从 Web"对话框，在 URL 框中输入网址（见图 1-26），单击"确定"按钮，打开导航器。

扩展

这里的网址一定是有需要导入数据的网页，如果网页中没有可以导入的表格，则在下一步中程序将找不到相应的表格。

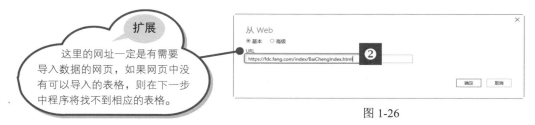

图 1-26

❸ 在导航器中会将当前网页中所有能导入的表格都在左侧生成出来，单击选择会在右侧预览，确定要导入的内容后（见图 1-27），单击“加载”按钮，即可将数据导入到表格中，如图 1-28 所示。

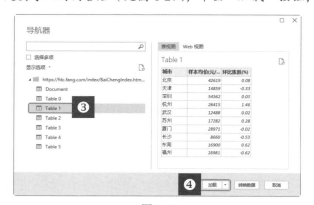

图 1-27

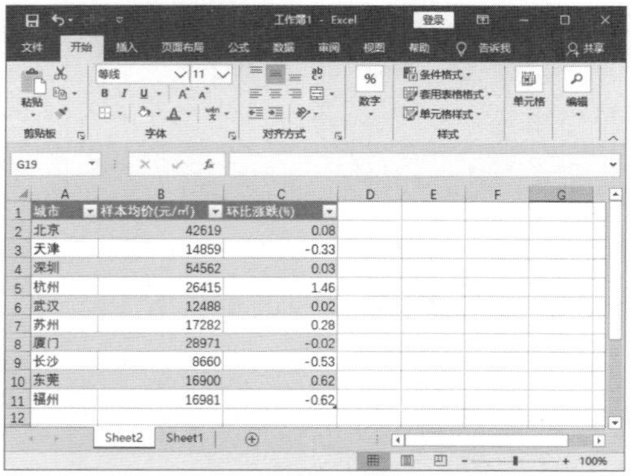

图 1-28

❹ 如果还有其他要导入的内容，则可以按相同的方法导入，新导入的数据会自动存放于新工作表，如图 1-29 所示。待所有数据导入完成后可以再做合并整理。

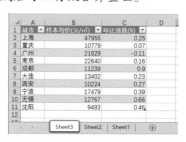

图 1-29

1.2 数据格式自定义

在“开始”选项卡的“数字”组的“数字格式”下拉列表中只是提供一些最常用的数字格式，对于此处无法解决的其他数字格式，则需要打开“设置单元格格式”对话框进行设置。

1.2.1　括号红字体的负数形式

例如，如图 1-30 所示的表格的金额既包含正数也包含负数，在"数字格式"下拉列表中无法为负数设置格式。此处要实现的是括号红字体的负数形式。

❶ 选中要更改数据格式的数据区域，在"开始"选项卡的"数字"组中单击对话框启动器按钮，如图 1-30 所示。

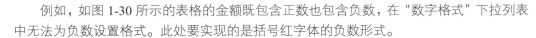

也可以在选中目标单元格区域后，右击通过弹出的快捷菜单打开"设置单元格格式"对话框。

图 1-30

❷ 打开"设置单元格格式"对话框，在"分类"列表框中选择"数值"，在右侧的"负数"列表框中选择一种负数格式，如图 1-31 所示。

❸ 单击"确定"按钮，此时可以看到如果金额是负数，会显示为红色字体并添加括号。效果如图 1-32 所示。

图 1-31

这种显示格式是财务数据中经常使用的格式。

图 1-32

1.2.2　12 小时制的时间

例如，如图 1-33 所示的表格中要显示 12 小时制的时间（默认输入时间都是以 24 小时制显示的），则需要打开"设置单元格格式"对话框来设置。

❶ 选中要更改日期格式的数据区域，在"开始"选项卡的"数字"组中单击对话框启动器按钮，如图 1-33 所示。

❷ 打开"设置单元格格式"对话框，在"分类"列表框中选择"时间"，在右侧的"类型"列表中选择"1:30 PM"格式，如图 1-34 所示。

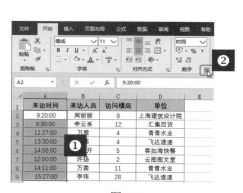

图 1-33

图 1-34

❸ 单击"确定"按钮，可以看到显示出了 12 小时制的时间，如图 1-35 所示。

	来访时间	来访人员	访问楼层	单位
1				
2	9:20 AM	周丽丽	9	上海建筑设计院
3	8:30 AM	李云系	12	汇集百货
4	11:27 AM	万茜	4	青青水业
5	1:30 PM	李伟	4	飞达速递
6	2:55 PM	王玉开	5	客如海快餐
7	12:00 PM	许扬	2	云图图文室
8	2:11 PM	万茜	11	青青水业
9	15:27:00	李伟	28	飞达速递

图 1-35

 经验之谈

输入数据时既可以先设置格式再输入数据，也可以输入数据后统一更改格式，具体使用哪种方法可根据情况而定。如日期数据，最初输入时一定是选择程序能识别的最简易的方式输入，之后再通过设置格式一次性实现转换。

1.2.3　让值班表同时显示日期与星期数

排值班表时我们通常直接排出值班日期，但对于个人来说更加关心值班日期对应的是星期几。因此在建立值班表时，可以通过单元格格式的设置实现既显示值班日期，同时还显示对应的星期几。

❶ 将 C 列的值班日期复制到 D 列中，选中 D 列的日期，在"开始"选项卡的"数字"组中单击对话框启动器按钮，如图 1-36 所示。

❷ 打开"设置单元格格式"对话框，在"分类"列表框中选择"日期"，在右侧的"类型"列表中选择"星期三"格式，如图 1-37 所示。

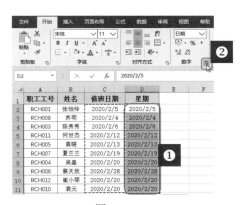

图 1-36

图 1-37

❸ 单击"确定"按钮，就可得到日期对应的星期数，如图 1-38 所示。

图 1-38

1.3　输入也能智能化

在 Excel 表格中填写数据时，经常需要批量输入一些有规律的数据，如一些序号、连续增长的年份（2015、2016、2017…）、星期数等。对于这种类型数据都可以直接使用填充功能来输入。填充功能是通过"填充柄"或功能区的"填充"命令来实现的，在数据填充的过程中掌握以下几个技巧可有助于数据的快速输入。

1.3.1　序号都是填充的

序号在表格中随处可见，如 1、2、3…；AP1、AP2、AP3…；SPT001、SPT002、SPT003…，输入序号都是通过填充的办法一键得到的。

❶ 在 A2 单元格中输入序号 1，如图 1-39 所示。将鼠标指针指向 A2 单元格右下角，向下拖动填充柄进行填充。

❷ 释放鼠标时会出现"自动填充选项"按钮，单击该按钮，在打开的下拉列表中选择"填充序列"选项，如图 1-40 所示。

❸ 此时可以看到按照递增序列完成 A 列序号的填充。效果如图 1-41 所示。

图 1-39

图 1-40

图 1-41

如果要实现按等差序列进行数据填充，即编号不是连续的，则要输入前两个编号作为填充源，然后执行填充，程序即可自动找到编号的规律。

❶ 在 A2 和 A3 单元格中分别输入 2 和 6（表示按照等差为 4 进行递增填充），如图 1-42 所示。再将鼠标指针放在 A3 单元格右下角，并拖动填充柄向下填充，如图 1-43 所示。

❷ 拖动至 A13 单元格后释放鼠标左键，此时可以看到数据按照等差序列递增填充。效果如图 1-44所示。

图 1-42

图 1-43

图 1-44

练一练

练习题目：**让时间按分钟数递增，如图 1-45 所示。**

操作要点：一定要输入两个数据作为填充源，如果只输入一个时间，填充默认按小时秒数递增。

	A	B	C
1	日期	分钟	点击数
2	2020/5/1	8:00:00	495
3	2020/5/1	8:10:00	492
4	2020/5/1	8:20:00	514
5	2020/5/1	8:30:00	524
6	2020/5/1	8:40:00	550
7	2020/5/1	8:50:00	521
8	2020/5/1	9:00:00	499

图 1-45

经验之谈

在填充序列时，当输入的数据是日期或具有增序或减序特征时，只要输入首个数据，直接填充即可；如果输入的数据是纯数字，则需要在填充后从"自动填充选项"按钮的下拉列表中选择"填充序列"命令，或按住 Ctrl 键的同时拖动填充。

如果想在单元格中填充相同的数据而不是序列，与上面的操作正好相反，即当输入的数据是日期或具有增序或减序特性时，则需要在填充后从"自动填充选项"按钮的下拉列表中选择"复制单元格"命令，或按住 Ctrl 键的同时拖动填充。

当然数据填充是要找寻规律的，没有任何规律的数据，则只能利用键盘逐一输入了。

1.3.2 考勤表中自动剔除周末日期

在建立考勤表、值日表等表格时，在使用日期时一般都要剔除周末日期，显然明智的方法一定不是手工剔除。可以在填充日期时让程序智能地舍弃周末日期。例如，要输入 2020 年 3 月的工作日日期来制作考勤表。

❶ 打开工作表后，首先在 A3 单元格输入第一个日期 2020/3/1，在"开始"选项卡的"编辑"组中单击"填充"按钮，在展开的下拉菜单中选择"序列"命令，如图 1-46 所示。

图 1-46

❷ 打开"序列"对话框，设置"序列产生在"为"列"，选中"工作日"单选按钮，并设置终止值为本月的最后一天，如图 1-47 所示。

❸ 单击"确定"按钮，可以看到填充本月日期并自动剔除了周末日期，如图 1-48 所示。

图 1-47

图 1-48

经验之谈

对于日常操作工作表来说，填充柄填充的使用率是极高的，像这种填充工作日的操作也可以直接使用填充柄向下拖动填充，只要在填充结果后单击"自动填充选项"按钮，在弹出的下拉列表中选择"填充工作日"命令（如图 1-49 所示），即可达到相同的填充效果。

图 1-49

1.3.3 大量相同数据一次性输入

如果要填充的单元格区域很大，拖动填充柄填充，一方面有可能导致定位不准，同时速度方面比较起来也慢了一些，这时则有更加简易的操作办法。本例为方便读者学习与显示，只使用少量数据条目。

❶ 在工作表操作区域左上角的地址栏中输入单元格的地址，如 C2:E23（见图 1-50），按 Enter 键，即可快速选中该区域，如图 1-51 所示。

扩展

可能有的读者会说，选择单元格区域，直接用鼠标拖动选取就行了，为什么要在这里输入单元格地址呢？试想一下，如果要选取的范围是成百上千条，拖动选取是不是就非常耗时了？所以无论哪一种操作方式，要根据情况区别操作。

图 1-50   图 1-51

❷ 光标定位到编辑栏内，输入"合格"，如图 1-52 所示。

❸ 按 Ctrl+Enter 组合键，即可完成大块区域相同数据的填充。效果如图 1-53 所示。

图 1-52

图 1-53

经验之谈

利用这种方法还可以一次性定位不连续的单元格区域，并输入相同的数据。仍然是在地址栏中输入单元格地址，注意各个地址间使用逗号间隔，如 B2:B10,D3,D7:D10。准确定位后，后面的操作步骤不变。

1.3.4 为数据批量添加单位

虽然 Excel 为用户提供了大量的数字格式，但还是有许多用户因为工作、学习方面的特殊要求，需要使用一些 Excel 未提供的数字格式，这时就需要利用 Excel 的自定义数字格式功能来满足这些特殊要求。因此，还可以通过简单的格式代码编辑来辅助数据的快速输入。

例如，本例表格统计了所有产品的重量和单价信息，下面需要统一为重量都添加上单位“克”。

❶ 选中 B3:B15 单元格区域，在“开始”选项卡的“数字”组中单击对话框启动器按钮，如图 1-54 所示。

❷ 打开“设置单元格格式”对话框，在“分类”列表框中选择“自定义”选项，在右侧的“类型”文本框中默认显示的是“G/通用格式”，在后面补上“克”，如图 1-55 所示。

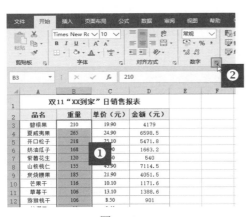

图 1-54

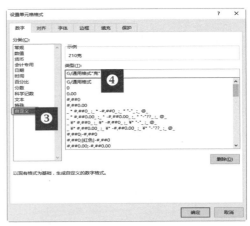

图 1-55

❸ 单击“确定”按钮完成设置，可以看到所有选中的单元格数据后添加了重量单位“克”，如图 1-56 所示。

品名	重量	单价（元）	金额（元）
碧根果	210克	19.90	4179
夏威夷果	265克	24.90	6598.5
开口松子	218克	25.10	5471.8
奶油瓜子	168克	9.90	1663.2
紫薯花生	120克	4.50	540
山核桃仁	155克	45.90	7114.5
炭烧腰果	185克	21.90	4051.5
芒果干	116克	10.10	1171.6
草莓干	106克	13.10	1388.6
猕猴桃干	106克	8.50	901
柠檬干	66克	8.60	567.6
和田小枣	180克	24.10	4338
黑加仑葡萄干	280克	10.90	3052

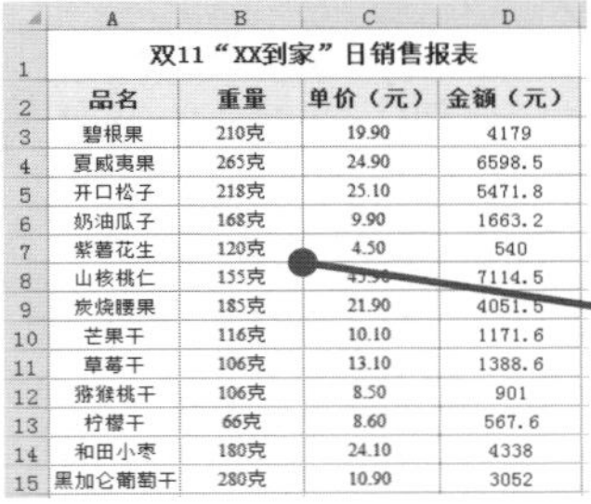

图 1-56

扩展

当单元格是默认的“常规”格式时，其数据类型都为“G/通用格式”，因此在这个“G/通用格式”前后都可以补充文字，让单元格既显示数字又显示文本。例如，“合计：G/通用格式元”，可以让数字显示成“合计：5540 元”这样的格式。

1.3.5 数据重复部分的自动输入

本例表格中在输入交易流水号时，前半部分的字母和符号是固定不动的，如 YH17-，后面的数字是当前的交易日期。为了提高流水号的输入速度，可以设置自定义数字格式实现数据重复部分的自动输入。

❶ 选中要设置数字格式的单元格区域，在"开始"选项卡的"数字"组中单击对话框启动器按钮，如图 1-57 所示，打开"设置单元格格式"对话框。

❷ 在"分类"列表中选择"自定义"选项，在右侧的"类型"文本框中输入""YH17-"@"，如图 1-58 所示。

扩展

"文本内容@"表示要在输入数字数据之前自动添加文本；如果要在后面自动添加文本，则使用格式为："@文本内容"。@符号的位置决定了 Excel 输入的数字数据相对于添加文本的位置。如果使用多个@，则可以重复文本。

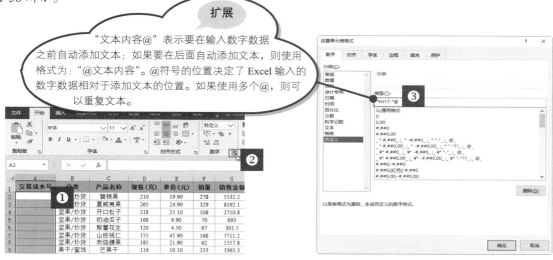

图 1-57　　　　　　　　　　　　　图 1-58

❸ 单击"确定"按钮后，在 A2 单元格内输入数字，如输入 0602，如图 1-59 所示。按 Enter 键后会自动在前面添加"YH17-"，效果如图 1-60 所示。

图 1-59　　　　　　　　　　　　　图 1-60

1.4 限制表格数据

为了在输入数据时尽量少出错，可以通过使用 Excel 的"数据验证"来设置单元格中允许输入的数据类型或事先设定有效数据的取值范围。"数据验证"是指让指定单元格中输入的数据要满足指定的要求，如只能输入指定范围的整数、只能输入小数、只能从给出的序列中选择输入等，一旦输入的数据不满足要求，则会自动弹出出错警告。通过数据验证的设置可以从源头上规范数据的输入。

1.4.1 限制输入数据范围

本例表格在填写招聘人数时，要求每个职位的招聘人数不超过 10 人，可以使用"数据验证"功能设置只允许在指定单元格内输入 10 以下的整数。

❶ 选中要设置数据验证的单元格区域，在"数据"选项卡的"数据工具"组中单击"数据验证"按钮，如图 1-61 所示。

❷ 打开"数据验证"对话框，在"允许"下拉列表中选择"整数"选项；在"数据"下拉列表中选择"小于"选项，在"最大值"参数框中输入 10，如图 1-62~图 1-64 所示。

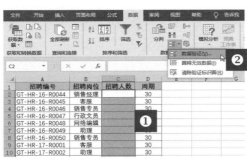

图 1-61

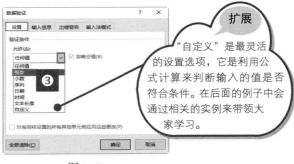

图 1-62

图 1-63

图 1-64

❸ 单击"确定"按钮，当输入不符合要求的数字后会弹出提示对话框，如图 1-65 所示。

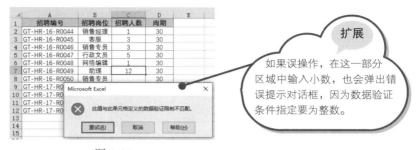

扩展

如果误操作，在这一部分区域中输入小数，也会弹出错误提示对话框，因为数据验证条件指定要为整数。

图 1-65

1.4.2　限制输入数据类型

本例中规定：初试时间只能录入 2020/1/1—2020/5/31 之间的日期。为了防止录入错误，可以设置数据验证规定只允许输入指定范围内的日期，当输入其他类型数据或输入的日期不在指定范围内时，则会自动弹出错误提示信息框。

❶ 选中要设置数据验证的单元格区域，在"数据"选项卡的"数据工具"组中单击"数据验证"按钮，如图 1-66 所示。

图 1-66

❷ 打开"数据验证"对话框，选择"设置"选项卡，在"允许"下拉列表中选择"日期"选项，在"数据"下拉列表中选择"介于"选项，在"开始日期"框和"结束日期"框中分别输入日期值，如图 1-67 所示。

❸ 单击"确定"按钮，当输入不符合要求的日期后会弹出提示框，如图 1-68 所示。

图 1-67

图 1-68

1.4.3　对不符合的数据警告提示

　　当输入的数据不满足验证条件时，会弹出系统默认的错误提示，除此系统默认的警告信息外，还可以自定义出错警告的提示信息，通过自定义的出错警告，可以提示用户输入正确的数据。

　　❶　选中要设置数据验证的单元格区域，在"数据"选项卡的"数据工具"组中单击"数据验证"按钮，如图 1-69 所示。

　　❷　打开"数据验证"对话框，切换至"出错警告"选项卡，在"样式"下拉列表中选择"警告"选项，在"标题"和"错误信息"文本框中输入相应的内容，如图 1-70 和图 1-71 所示。

图 1-69

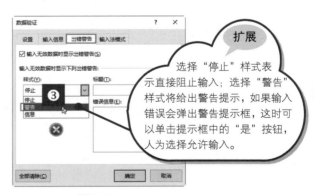

图 1-70

　　❸　单击"确定"按钮，当输入不符合要求的产品规格后，弹出的警告提示框中提示了应该如何正确输入产品规格，如图 1-72 所示。

图 1-71

图 1-72

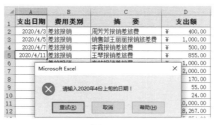

练一练

练习题目：只允许输入 **2020** 年 **4** 月份上旬的日期，如图 **1-73** 所示。

操作要点：设置数据验证条件为"日期"→"介于"。

图 1-73

1.4.4 制作下拉列表

"序列"是数据验证设置的一个非常重要的验证条件，设置好序列可以实现数据只在设计的序列列表中选择输入，有效防止错误输入。

本例中需要快速输入招聘渠道，由于招聘渠道只有固定的几个选项，所以可以通过用数据验证设置建立可选择序列。

❶ 选中要设置数据验证的单元格区域，在"数据"选项卡的"数据工具"组中单击"数据验证"按钮，如图 1-74 所示。

❷ 打开"数据验证"对话框，选择"设置"选项卡，在"允许"下拉列表中选择"序列"选项，在"来源"文本框中输入相应信息，如图 1-75 和图 1-76 所示。

图 1-74 图 1-75

❸ 单击"确定"按钮后，即可为单元格添加下拉按钮。单击下拉按钮，即可在下拉列表中选择要输入的数据，如图 1-77 所示。

扩展

　　序列的来源也可以是工作表中已有的数据列表。这时只要单击右侧的拾取器按钮，返回到表格中选中所需区域，即可将其作为来源。注意各项目间要使用半角逗号间隔。

图 1-76 图 1-77

练一练

练习题目：**圈释无效数据，如图 1-78 所示。**

操作要点：（1）先设置数据验证条件（本例中设置的条件为小于 70）。

　　　　　　（2）执行一次"数据验证"→"圈释无效数据"命令。

图 1-78

1.4.5　限制重复数据

对于不允许输入重复值的数据区域，可以事先通过设置数据验证来限制重复值的输入，从根源上避免错误产生。要实现这种限制，需要使用公式来建立判断条件，就是"自定义"这个允许条件。

❶ 选中要设置数据验证的单元格区域，在"数据"选项卡的"数据工具"组中单击"数据验证"按钮，如图 1-79 所示。

❷ 打开"数据验证"对话框，选择"设置"选项卡，在"允许"下拉列表中选择"自定义"选项，在"公式"文本框中输入公式"=COUNTIF($A$3:$A$51,A3)=1"，如图 1-80 所示。

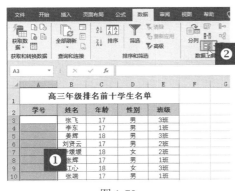

图 1-79

图 1-80

❸ 切换至"出错警告"选项卡，在"样式"下拉列表中选择"停止"选项，在"错误信息"文本框中输入相应的内容，如图 1-81 所示。单击"确定"按钮，当输入重复的学号后，会弹出错误提示框，如图 1-82 所示。

图 1-81

图 1-82

1.4.6 限制输入空格

手工输入数据时经常会有意或无意地输入一些多余的空格，这些数据如果只是用于查看，有空格并无大碍，但数据要用于统计、查找，如"李 菲"和"李菲"则会被认为是两个完全不同的对象，这时的空格则为数据分析带来了困扰。例如，当设置查找对象为"李菲"时，则会出现找不到的情况。为了规范数据的录入，可以使用数据验证限制空格的录入，一旦有空格录入，就会弹出提示框。

❶ 选中要设置数据验证的单元格区域，在"数据"选项卡的"数据工具"组中单击"数据验证"按钮，如图 1-83 所示。

图 1-83

❷ 打开"数据验证"对话框，选择"设置"选项卡，在"允许"下拉列表中选择"自定义"选项，在"公式"文本框中输入公式"=ISERROR(FIND(" ",B2))"，如图 1-84 所示。

❸ 单击"确定"按钮，输入带空格的文本后会弹出错误提示框，如图 1-85 所示。

扩展

先用 FIND 函数在 B2 单元格中查找空格的位置，如果找到，则返回位置值；如果未找到，则返回一个错误值。ISERROR 函数则判断值是否为任意错误值，如果是，则返回 TRUE；如果不是，则返回 FALSE。本例中当结果为 TRUE 时，则允许输入；否则不允许输入。

图 1-84

图 1-85

经 验 之 谈

自定义验证条件是数据验证中最为灵活、也是较有难度的一项设置，需要大家具备一定的函数知识。如果函数基础够扎实，则可以设计很多非常实用的条件。

1.4.7 给出智能的输入提示

如果对表格数据输入有一定的要求，除了直接设置数据验证条件外，还可以在"数据验证"对话框中设置"输入信息"。实现的效果是：当选中单元格时，就会自动在下方显示提示文字。

本例中需要为"初试时间"列设置输入提示信息，提示录入者只能够输入 2020 年 6 月之前的日期。

❶ 选中要设置数据验证的单元格区域，在"数据"选项卡的"数据工具"组中单击"数据验证"按钮，如图 1-86 所示。

图 1-86

❷ 打开"数据验证"对话框，选择"输入信息"选项卡，在"输入信息"文本框中输入提示信息，如图 1-87 所示。

❸ 单击"确定"按钮，当鼠标指针指向单元格时会显示提示信息。效果如图 1-88 所示。

图 1-87

图 1-88

练一练

练习题目： 提示输入正确的日期格式，如图 1-89 所示。

操作要点： 在"数据验证"对话框的"输入信息"选项卡中设置。

	A	B	C	D	E
1	招聘编号	招聘岗位	招聘人数	招聘开始时间	周期
2	GT-HR-16-R0044	销售经理	1	2020/1/5	30
3	GT-HR-16-R0045	客服	3		30
4	GT-HR-16-R0046	销售专员	5		30
5	GT-HR-16-R0047	行政文员	2		
6	GT-HR-16-R0048	网络编辑	2		
7	GT-HR-16-R0049	助理	1	请检查输入的日期是否符合'yyyy-m-d'格式，是否在2020-1-1至2020-1-31日期范围内。	
8	GT-HR-16-R0050	销售专员	5		
9	GT-HR-17-R0001	客服	6		
10	GT-HR-17-R0002	助理	2		30

图 1-89

1.4.8　数据验证的复制使用

为表格指定单元格区域设置好数据验证之后，如果新表格需要应用和其他表格中相同的数据验证，则不需要重新设置，只需要使用"选择性粘贴"功能粘贴验证条件即可。

❶ 选中已设置了验证条件的单元格区域（如图 1-90 中的"初试时间"列），并按 Ctrl+C 组合键执行复制。

❷ 切换到要粘贴验证条件格式的表格后，选中目标单元格区域，在"开始"选项卡的"剪贴板"组中单击"粘贴"下拉按钮，在弹出的下拉菜单中选择"选择性粘贴"命令，如图 1-91 所示。打开"选择性粘贴"对话框，在"粘贴"栏中选中"验证"单选按钮，如图 1-92 所示。

	A	B	C	D	E	F	G
1	姓名	性别	年龄	学历	招聘渠道	初试时间	
2	应聘者1	女	21	专科	招聘网站	2020/2/1	
3	应聘者2	男	26	本科	招聘网站	2020	请在2020年6月份完成初试！
4	应聘者3	男	27	高中	现场招聘	2020	
5	应聘者4	女	33	本科	猎头招聘	2020	
6	应聘者5	女	33	本科	校园招聘	2020/3/23	
7	应聘者6	男	32	专科	校园招聘	2020/5/1	
8	应聘者7	男	27	专科	校园招聘	2020/5/2	
9	应聘者8	女	21	本科	内部推荐	2020/5/3	
10	应聘者9	女	28	本科	内部推荐	2020/5/4	❶

销售专员招聘表　客服专员招聘表

图 1-90

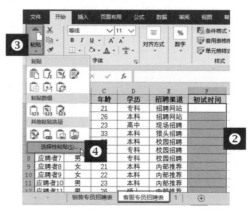

图 1-91

❸ 单击"确定"按钮，即可实现验证条件的复制。效果如图 1-93 所示。

图 1-92

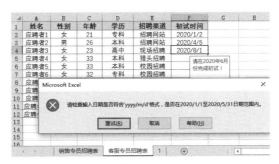

图 1-93

1.5 必备技能

技能 1：将已有工作表内容填充到其他工作表

一张表格中的数据可以一次性高速填充到其他任意多个工作表中，这需要应用到工作组的知识，即先建立工作组再进行填充。本例中需要将"1 月销售数据"工作表中的产品基本信息（A 列至 E 列）数据快速填充到"2 月销售数据"和"3 月销售数据"表格中。

❶ 在"1 月销售数据"工作表中选中要填充的目标数据，然后同时选中"1 月销售数据"工作表、"2 月销售数据"工作表和"3 月销售数据"工作表，在"开始"选项卡的"编辑"组中单击"填充"下拉按钮，在弹出的下拉菜单中选择"至同组工作表"命令，如图 1-94 所示。打开"填充成组工作表"对话框，选中"全部"单选按钮，如图 1-95 所示。

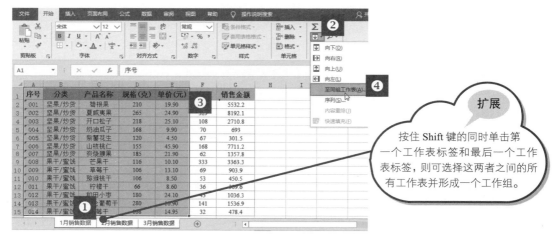

图 1-94

❷ 单击"确定"按钮，即可将选择的单元格区域内容复制到"2 月销售数据"和"3 月销售数据"表格中。效果如图 1-96 所示。

图 1-95

图 1-96

技能 2：正确显示超过 24 小时的时间数据

两个时间数据相加如果超过了 24 小时，其默认返回的只是超过 24 小时后的时间，如图 1-97 所示。通过如下方法自定义单元格格式则可以正确显示相加后的时间数，即得到如图 1-98 所示的结果。

❶ 选中单元格 B7，在"开始"选项卡的"数字"组中单击对话框启动器按钮，打开"设置单元格格式"对话框。在"分类"列表框中选择"自定义"选项，在右侧的"类型"文本框中输入"[h]:mm"，如图 1-99 所示。

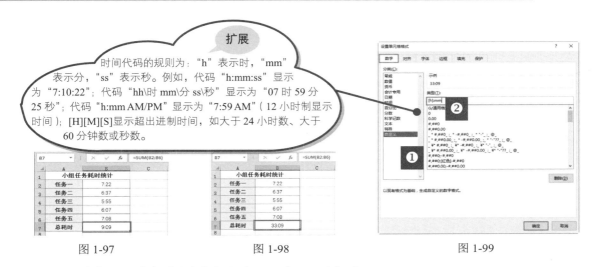

图 1-97　　　　　　图 1-98　　　　　　　　　　图 1-99

❷ 设置完成后，单击"确定"按钮即可正确显示总耗时。

技能 3：显示 mm.dd(yyyy)格式的日期

日期的格式可以通过自定义显示为自己需要的格式。例如，当前表要求显示 mm.dd(yyyy)这种格式，这时需要自定义格式代码。

❶ 选中要设置数字格式的单元格区域，在"开始"选项卡的"数字"组中单击对话框启动器按钮，打开"设置单元格格式"对话框。在"分类"列表框中选择"自定义"选项，在右侧的"类型"文本框中输入"mm.dd(yyyy)"，如图 1-100 所示。

❷ 单击"确定"按钮，在单元格内输入日期后，按 Enter 键，即可返回上面所设置的格式样式。效果如图 1-101 所示。

图 1-100　　　　　　　　　　　　图 1-101

技能 4：考勤表中的"d 日"显示格式

考勤表数据一般都是本月日期，因此建表时想只显示日，而不显示年与月，这时就需要修改日期的格式代码。

❶ 选中要设置数字格式的单元格区域，在"开始"选项卡的"数字"组中单击对话框启动器按钮，打开"设置单元格格式"对话框。在"分类"列表框中选择"自定义"选项，在右侧的"类型"文本框中输入"d"日""，如图 1-102 所示。

图 1-102

❷ 单击"确定"按钮，在单元格内输入日期后，按 Enter 键，即可显示为"d 日"格式。如图 1-103 所示为考勤表表头的样式。

图 1-103

技能 5：禁止出库数量大于库存数

表格中记录了商品上月的结余量和本月的入库量，当商品要出库时，显然出库数量应当小于库存数。为了保证可以及时发现错误，需要设置数据验证，禁止输入的出库数量大于库存数量。

❶ 选中要设置数据验证的单元格区域，在"数据"选项卡的"数据工具"组中单击"数据验证"按钮，如图 1-104 所示。

❷ 打开"数据验证"对话框，选择"设置"选项卡，在"允许"下拉列表中选择"自定义"选项，在"公式"文本框中输入公式"=D2+E2>F2"，如图 1-105 所示。

图 1-104

图 1-105

❸ 切换至"出错警告"选项卡，重新设置错误信息文字，如图 1-106 所示。

❹ 单击"确定"按钮完成设置。当在 F2 单元格中输入的出库数量小于库存数时，允许输入；当在 F3 单元格中输入的出库数量大于库存数时（上月结余与本月入库之和），系统弹出提示框，如图 1-107 所示。

图 1-106

图 1-107

第 2 章

从零乱到有序：不规范数据的整理

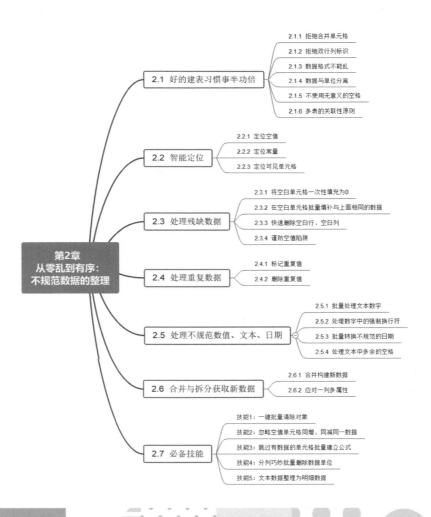

2.1　好的建表习惯事半功倍

原始表格是数据计算分析的基础，而数据的计算分析又是建立原始数据的最终目的。因此，无论是表格的数据还是表格的结构，都应遵循相应的规则，要有规范建表的意识，从日常做起，养成一些好的建表习惯，这会为后期的数据计算、统计分析带来很多便利。

2.1.1　拒绝合并单元格

在建立表格时应养成不随意合并单元格的习惯，因为在明细表中使用合并单元格会破坏表格的连续性，这样的数据源，无论是数据处理还是分析，都有可能会出现出错的情况。

例如，如图 2-1 所示的数据源，在日常工作中应该比较常见。如果只是用来显示数据，没有什么问题，但是如果填充序号，可以看到出现无法填充的情况，如图 2-2 所示；如果利用数据透视表合并统计分析，也会出现统计结果出错，如图 2-3 所示。

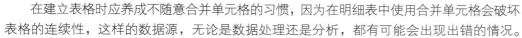

图 2-1　　　　　　　　　　　　　　　　　　图 2-2

图 2-3

2.1.2　拒绝双行列标识

列标识不要使用合并单元格、多行标题。使用了合并单元格、多行标题，无论是数据的筛选还是透视分析，都无法进行。

如图 2-4 所示，表格的第一行和第二行都是表头信息，在执行"筛选"操作时，无法为每个字段生成自动筛选按钮。在建立数据透视表时，则让程序无法为数据透视表生成字段，如图 2-4 所示。

图 2-4

2.1.3 数据格式不能乱

格式规范是建表的首要要求，表格中的各类数据使用规范的格式，数字就使用常规或数值型的格式，而不应使用文本型的格式。

例如，日期型格式不能输入"20170325""2017.3.25""17.3.25"等不规范的格式，否则在后期数据处理时就会出现无法运算、运算错误的现象。图 2-5 中要根据所输入的入职时间来计算工龄，同时还要计算工龄工资，由于当前的入职日期不是程序能识别的日期格式，进而导致了后面的公式计算错误。在进行筛选时也不能按日期筛选，如图 2-6 所示。

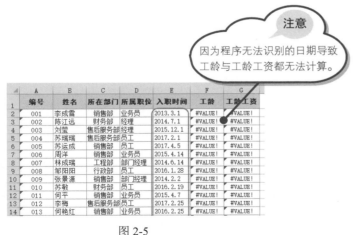

图 2-5

图 2-6

在如图 2-7 所示中，由于数字是文本格式的，从而导致求解总分、平均分时都出现了错误。

	A	B	C	D	E	F	G
1	员工编号	姓名	促销方案	顾客心理	市场开拓	总分	平均成绩
2	PX01	王磊	89	82	78	0	#DIV/0!
3	PX02	郝凌云	98	87	90	0	#DIV/0!
4	PX03	陈南	69	80	77	0	#DIV/0!
5	PX04	周晓丽	87	73	85	0	#DIV/0!
6	PX05	杨文华	85	90	82	0	#DIV/0!
7	PX06	钱丽	85	90	91	0	#DIV/0!
8	PX07	陶莉莉	95	70	90	0	#DIV/0!
9	PX08	方伟	68	89	87	0	#DIV/0!
10	PX09	周梅	78	87	82	0	#DIV/0!
11	PX10	郝艳艳	82	78	86	0	#DIV/0!
12	PX11	王青	85	81	91	0	#DIV/0!

> 注意
> 因为文本型的数字导致总分与平均分都无法计算。

图 2-7

2.1.4　数据与单位分离

当数值数据后带上了文本单位时，如果参与计算就会出现计算错误，如图 2-8 所示。如果是用于计算的表格，则可以在列标识中标识单位，而不必将单位带在数据的后面。

E2			f_x	=C2*D2	
	A	B	C	D	E
1	小票号	商品名称	数量	售价	销售金额（元）
2	9900000984	散装大核桃	1	20元	#VALUE!
3	9900000984	盒装牛肉	5	85元	#VALUE!
4	9900000984	盒装水晶梨	2	8元	#VALUE!
5	9900000985	袋装桌巾	1	5元	#VALUE!
6	9900000985	筒装通心面	2	3元	#VALUE!
7	9900000985	盒装软中华	1	80元	#VALUE!
8	9900000985	盒装夹子	1	8元	#VALUE!
9	9900000985	散装大核桃	1	20元	#VALUE!
10	9900000985	盒装核桃仁	1	40元	#VALUE!
11	9900000985	盒装安利香皂	1	18元	#VALUE!
12	9900000985	散装中骏枣	1	30元	#VALUE!
13	9900000986	筒装通心面	1	3元	#VALUE!

> 注意
> D 列的数字是文本，无法参与公式计算。

图 2-8

2.1.5　不使用无意义的空格

如图 2-9 所示，要查询"韩燕"的应缴所得税，但却出现无法查询到的情况。仔细观察数据可以看到，数据编辑人员在编辑表格时，为了显示美观，在两个字的姓名中间使用了空格间隔。这种空格会给数据的后期处理带来不便，甚至是错误。

G2　=VLOOKUP(F2,B1:D13,3,FALSE)

编号	姓名	应发工资	应缴所得税		查询对象	应缴所得税
012	崔　娜	4400	0		韩燕	#N/A
005	方婷婷	4300	0			
002	韩　燕	7472	292.2			
007	郝艳艳	6700	0			
004	何开运	4900	0			
001	黎小健	6720	217			
015	彭　华	3700	0			
003	钱　丽	3550	1.5			
010	王　芬	8060	357			
009	吴银花	3900	0			
016	武杰成	3100	0			
014	张　燕	12700	1295			

图 2-9

2.1.6　多表的关联性原则

关联性原则是指关联表格之间的字段名称、数据类型、表格结构等要保持一致，因为这些数据常作为参数用于函数的调用，以方便对数据的汇总统计。例如，在建立需要多表间数据引用的核算系统时，注意要考虑到工作簿的关联性。

例如，下面的例子中在进行工资核算时，需要使用 VLOOKUP 函数从各表中匹配与工资核算相关的数据，而其查找的标准就是员工工号，所以每张表格都必须包含这项标识，如图 2-10~图 2-12 所示。

4月份工资统计表

员工工号	姓名	部门	基本工资	工龄工资	绩效奖金	加班工资	满勤奖金	请假迟到扣款	保险\公积金扣款	应发合计	个人所得税	实发工资
SL-002	朱华颖	生产部	3700	500			300	0	840	3660	0	3660
SL-003	华玉凤	生产部	3200	500			300	0	740	3260	0	3260
SL-004	李先标	生产部	3200	500				190	740	2770	0	2770
SL-005	张翔	生产部	3200	400		560	300	0	720	3740	0	3740
SL-006	邓珂	生产部	3500	500		200		100	800	3300	0	3300
SL-007	黄欣	生产部	3200	200			300	0	680	3020	0	3020
SL-008	王彬	生产部	3200	500				20	740	2940	0	2940
SL-009	夏晓辉	生产部	3200	500				20	740	2940	0	2940
SL-010	刘清	生产部	3500	500				20	800	3180	0	3180
SL-011	何娟	生产部	3200	500			300	0	740	3260	0	3260
SL-012	王倩	生产部	3200	500				90	740	2870	0	2870
SL-013	周磊	生产部	3200	200		560		60	680	3220	0	3220
SL-014	蒋苗苗	生产部	3200	100				0	660	2640	0	2640
SL-015	胡琛琛	生产部	3200	100				20	660	2620	0	2620
SL-016	刘玲燕	设计部	3500	100		280		400	720	2760	0	2760
SL-018	王昌灵	设计部	3500	100			300	0	720	3180	0	3180

所得税计算表　出勤情况统计　加班费计算表　员工月度工资表

图 2-10

4月份出勤情况统计

病假：30元 事假：50元
迟到(早退)：20元
旷工：200元 旷（半）：100元

员工工号	部门	姓名	应该出勤	实际出勤	出差	事假	病假	旷工	迟到	早退	旷(半)	满勤奖	应扣合计
SL-002	生产部	朱华颖	22	22	0	0	0	0	0	0	0	300	0
SL-003	生产部	华玉凤	22	22	0	0	0	0	0	0	0	300	0
SL-004	生产部	李先标	22	18	0	1	0	0	1	1	1		190
SL-005	生产部	张翔	22	22	0	0	0	0	0	0	0	300	0
SL-006	生产部	邓珂	22	21	0	0	0	0	0	0	1		100
SL-007	生产部	黄欣	22	22	0	0	0	0	0	0	0	300	0
SL-008	生产部	王彬	22	21	0	0	0	0	1	0	0		20
SL-009	生产部	夏晓辉	22	21	0	0	0	0	1	0	0		20
SL-010	生产部	刘清	22	21	0	0	0	0	1	0	0		20
SL-011	生产部	何娟	22	22	0	0	0	0	0	0	0	300	0
SL-012	生产部	王倩	22	19	0	1	0	0	2	0	0		90
SL-013	生产部	周磊	22	17	2	0	0	0	1	2	0		60
SL-014	生产部	蒋苗苗	22	20	2	0	0	0	0	0	0		0
SL-015	生产部	胡琛琛	22	21	0	0	0	0	1	0	0		20
SL-016	设计部	刘玲燕	22	20	0	0	0	2	0	0	0		400

所得税计算表　出勤情况统计　加班费计算表　员工月度工资表

图 2-11

4月份加班费计算表

平常日加班：50元/小时　公休日加班：80元/小时

员工工号	加班人	公休日加班小时数	平常日加班小时数	加班费
SL-005	张翔	4.5	4	560
SL-006	邓珂	0	4	200
SL-013	周磊	4.5	4	560
SL-016	刘玲燕	3.5	0	280
SL-024	闫绍红	4	0	320
SL-025	焦文雷	0	8.5	425
SL-026	魏义成	0	2.5	125
SL-031	莫云	0	3.5	175
SL-044	赵思已	0	4.5	225
SL-053	杨娜	3.5	0	280
SL-062	廖勇	0	0	0
SL-063	程志远	0	8.5	425
SL-064	梅武勇	0	2.5	125
SL-090	蒋本友	0	4.5	225

所得税计算表　出勤情况统计　加班费计算表　员工月度工资表

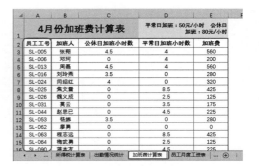

图 2-12

因此，这些相互引用数据的表格间使用"员工工号"建立了关联性。而且这样建立的公式具有可扩展性，当下个月工资核算时，我们只要更换基本数据表中的数据（如每月的出勤数据、加班数据会不一样，这些表格内的数据需要按实际情况更换），工资即可自动重新核算。

2.2　智　能　定　位

无论是对数据进行哪些操作，选中目标单元格或单元格区域是首要工作。除了用鼠标单击、拖动定位目标单元格，还可以使用"定位条件"这个功能，它可以实现定位一些特殊的单元格，如定位所有设置过数据有效性的单元格、定位包含公式的单元格、定位空值单元格、定位可见单元格等。

但是，如果单纯地讲定位，读者可能感觉除了查看之外，似乎并无其他作用，实际上定位特殊的单元格是用于辅助对数据的处理。例如，定位空单元格可以实现在一些不连续的单元格中一次性批量输入数据；定位可见单元格可以实现忽略隐藏的数据，只以当前显示为准等。

2.2.1　定位空值

定位空值可以实现快速查找空白单元格，同时也能实现数据的批量输入。本例中考核成绩的大部分区域只有少量的"不合格"文字，除了这些数据外，其他区域都需要输入"合格"文字。要想实现一次性快速输入，则需要先定位空值单元格，然后再执行文本输入。

❶ 选中要输入数据的所有单元格区域，如图 2-13 所示。按 F5 键，打开"定位"对话框，单击"定位条件"按钮（见图 2-14），打开"定位条件"对话框，选择定位条件为"空值"，如图 2-15 所示。

图 2-13　　　　　　　　　图 2-14　　　　　　　　　图 2-15

❷ 单击"确定"按钮，即可一次性选中指定单元格区域中的所有空值单元格，并在编辑栏内输入"合格"，如图 2-16 所示。

❸ 按 Ctrl+Enter 组合键，即可完成大块区域相同数据的填充（排除非空单元格）。效果如图 2-17 所示。

图 2-16

图 2-17

2.2.2　定位常量

常量是除公式返回值和空白单元格之外的其他单元格，定位常量仍然是使用"定位条件"对话框。那么哪种情况下需要进行这项操作呢？下面通过范例讲解。

例如，在 2-18 所示的表格中，E 列中既有公式返回结果，又有文本"无"，现在只想对文本做出统一更改，而公式部分不做任何改变。

❶ 选中 E 列的单元格区域，如图 2-18 所示。按 F5 键后打开"定位条件"对话框，选择定位条件为"常量"，如图 2-19 所示。

图 2-18

图 2-19

❷ 单击"确定"按钮，即可一次性选中所有常量单元格，如图 2-20 所示。

❸ 在编辑栏内输入"反季特卖"，按 Ctrl+Enter 组合键，即可完成对这一块单元格区域中常量数据的一次性修改。效果如图 2-21 所示。

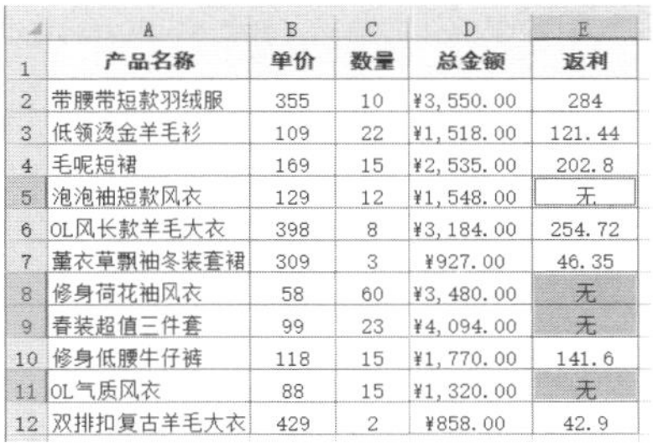

图 2-20

图 2-21

2.2.3　定位可见单元格

定位可见单元格指的是只定位选取当前可见的单元格，其他隐藏的单元格被忽略。这项定位又有什么作用呢？下面仍然举出一个例子来解说。

在如图 2-22 所示的 Sheet1 工作表中选中全部数据区域后，将其复制粘贴到 Sheet2 工作表中，但是发现复制的结果却与我们在 Sheet1 工作表中看见的不同。

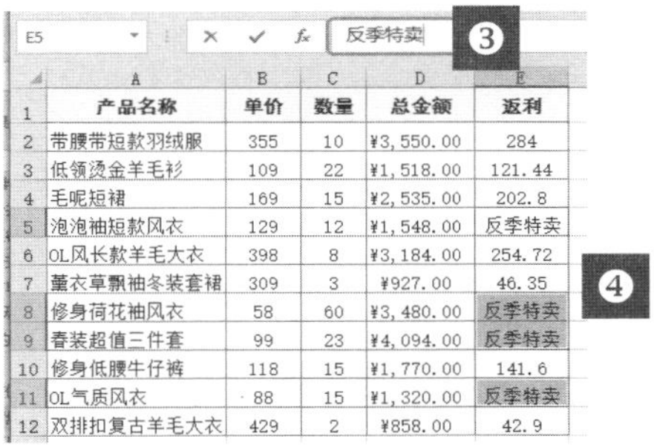

在 Sheet1 工作表中只看见了"线上"渠道的数据，但是粘贴到 Sheet2 工作表中，多出了"线下"渠道的数据，如图 2-23 所示。这是因为在 Sheet1 工作表中，"线下"渠道的数据被隐藏，所以即使在看不见的情况下，也能将被隐藏的数据粘贴到其他位置。要解决这个问题，可以先定位可见单元格，然后再执行复制的操作。

图 2-22

图 2-23

扩展

复制了包括隐藏单元格在内的数据。

❶ 切换到 Sheet1 工作表中，按 F5 键，打开"定位"对话框，单击"定位条件"按钮，打开"定位条件"对话框。选中"可见单元格"单选按钮，如图 2-24 所示。

❷ 单击"确定"按钮返回到工作表中，即可选中 Sheet1 工作表中可见的单元格区域。

❸ 按 Ctrl+C 组合键复制选中的单元格，如图 2-25 所示。

❹ 切换到 Sheet2 工作表中，并选中 A1 单元格作为粘贴的起始位置。按 Ctrl+V 组合键粘贴，即可

实现复制粘贴可见单元格，如图 2-26 所示。

图 2-24　　　　　　　　　　　图 2-25　　　　　　　　　　　图 2-26

练一练

练习题目：核对 C 列与 E 列的数据。

操作要点：选中 C2:C9 单元格区域与 E2:E9 单元格区域，打开"定位"对话框，选中"行内容差异单元格"单选按钮，如果两列数据不是对应相等的，则会处于选中状态，如图 2-27 所示。利用此法可以实现数据核对。

	A	B	C	D	E
1	凭证字号	摘要	贷方金额		
2	记 - 26	付益晟源12月货款	4634	益晟源电子器	4634
3	记 - 94	付佑信3月货款	13483.76	东莞市佑信电子科技有限公司	13480.76
4	记 - 95	付闻信兴货款	473.32	深圳市闻信兴业电子有限公司	473.32
5	记 - 96	付宝佳精科货款	3307.95	深圳市宝佳精科照明有限公司	3307.95
6	记 - 97	付瑞宸货款	6332	深圳市瑞宸高科技有限公司	6332
7	记 - 98	付诚强光电货款	10939.17	深圳市诚强光电数码有限公司	10939.17
8	记 - 98	付创浩货款	100000	东莞市创浩电子科技有限公司	100000
9	记 - 123	付凯航货款	138000	浙江凯航显示科技有限公司	138200
10					

图 2-27

2.3　处理残缺数据

打开数据表格或从其他地方复制、下载过来的表格后，经常会发现有多余的空白单元格和空白行，这些空白单元格、空白行区域会破坏数据的连续性，影响数据的运算和分析。这时可配合定位功能对空白单元格、空白行进行处理。

2.3.1　将空白单元格一次性填充为 0

本例表格中包含大量的空白单元格，现在需要将这些空白单元格内输入数字 0，可以首先查找并定位这些空白单元格，然后在这些空白单元格中一次性输入数字 0。

❶ 选中所有表格数据区域，按 F5 键后打开“定位条件”对话框，选择定位条件为“空值”，如图 2-28 所示。

❷ 单击“确定”按钮，即可一次性选中表格中的所有空白单元格，如图 2-29 所示。

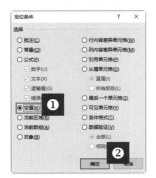

图 2-28

	A	B	C	D	E	F	G
1	商品码	商品名称	售价	销售数量	销售金额	进价	库存
2	09006	中南海0.8	8.00	11	88.00	5.50	20
3	06011	澡巾	5.00			3.00	10
4	08005	莜麦面	15.00			8.00	10
5	07002	牛肉118g	11.00	2	22.00	7.00	
6	08001	通心面	3.00	2	6.00	2.10	20
7	07004	宁化府名产	28.00			15.00	20
8	03022	散中骏枣	30.00	2	60.00	14.30	1
9	10003	散核桃仁	40.00	5	200.00	29.15	1
10	10002	散大核桃	20.00	5	100.00	13.20	1
11	09005	软中华	80.00	22	1760.00	62.00	
12	08006	荞麦面	15.00	2	30.00	8.00	1
13	05007	牛肉礼盒6	85.00	5	425.00	51.00	5
14	06010	毛巾	8.00			5.00	2
15	08003	苦荞银耳面	5.00	5	25.00	3.25	
16	08002	苦荞挂面	3.00	14	42.00	2.08	
17	06002	夹子	8.00			2.00	1
18	06023	安利香皂	18.00	5	90.00	15.84	

图 2-29

❸ 在编辑栏内输入 0，然后按 Ctrl+Enter 组合键，即可在所有选中的单元格中填充数字 0。效果如图 2-30 所示。

	A	B	C	D	E	F	G
1	商品码	商品名称	售价	销售数量	销售金额	进价	库存
2	09006	中南海0.8	8.00	11	88.00	5.50	20
3	06011	澡巾	5.00	0	0.00	3.00	10
4	08005	莜麦面	15.00	0	0.00	8.00	10
5	07002	牛肉118g	11.00	2	22.00	7.00	0
6	08001	通心面	3.00	2	6.00	2.10	20
7	07004	宁化府名产	28.00	0	0.00	15.00	20
8	03022	散中骏枣	30.00	2	60.00	14.30	1
9	10003	散核桃仁	40.00	5	200.00	29.15	1
10	10002	散大核桃	20.00	5	100.00	13.20	1
11	09005	软中华	80.00	22	1760.00	62.00	0
12	08006	荞麦面	15.00	2	30.00	8.00	1
13	05007	牛肉礼盒6	85.00	5	425.00	51.00	5
14	06010	毛巾	8.00	0	0.00	5.00	2
15	08003	苦荞银耳面	5.00	5	25.00	3.25	0
16	08002	苦荞挂面	3.00	14	42.00	2.08	0
17	06002	夹子	8.00	0	0.00	2.00	1
18	06023	安利香皂	18.00	5	90.00	15.84	0

图 2-30

2.3.2 在空白单元格批量填补与上面相同的数据

在销售记录表中同一销售日期对应多条销售记录。在录入同一日期时只输入了首个日期（见图 2-31），现在需要将已经输入日期下方的单元格快速填充和其相同的日期。

❶ 选中销售日期列单元格区域，按 F5 键后打开“定位条件”对话框，选择定位条件为“空值”，如图 2-32 所示。

图 2-31   图 2-32

❷ 单击"确定"按钮，即可选中所有空白单元格。然后在编辑栏内输入"=B2"，如图 2-33 所示。按 Ctrl+Enter 组合键，即可将所有单元格填充和上方相同的日期。效果如图 2-34 所示。

图 2-33   图 2-34

2.3.3　快速删除空白行、空白列

在日常表格编辑中经常会大量使用清单型表格。在清单型表格中不应该插入空白行、空白列，因为这会极大地破坏数据的完整性，影响使用公式、筛选、排序、数据透视表等功能对数据进行分析。使用定位功能可快速删除大量空白行和空白列。

当前表格如图 2-35 所示，本例中的删除目标为，只要一行数据中有一个空单元格就将整行删除。

❶ 按 F5 键后打开"定位条件"对话框。选择定位条件为"空值"，如图 2-36 所示。

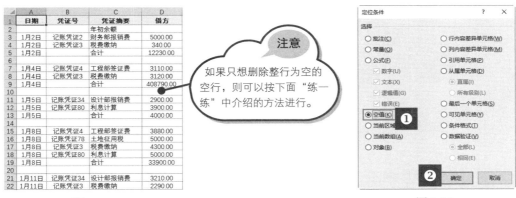

图 2-35　　　　　　　　　　　　　　　　　　图 2-36

❷ 单击"确定"按钮回到工作表中，可以看到选中表格中的所有空白单元格。在选中的任意空白单元格上右击，在弹出的快捷菜单中选择"删除"命令，如图 2-37 所示。打开"删除"对话框，选中"整行"单选按钮，如图 2-38 所示。

❸ 单击"确定"按钮，此时可以看到原先的空白单元格所在行全部被删除，如图 2-39 所示。

	A	B	C	D
1	日期	凭证号	凭证摘要	借方
2	1月2日	记账凭证2	财务部报销费	5000.00
3	1月2日	记账凭证3	税费缴纳	340.00
4	1月4日	记账凭证4	工程部签证费	3110.00
5	1月4日	记账凭证3	税费缴纳	3120.00
6	1月5日	记账凭证34	设计部报销费	2900.00
7	1月5日	记账凭证80	利息计算	3900.00
8	1月8日	记账凭证4	工程部签证费	3880.00
9	1月8日	记账凭证78	土地征用税	5000.00
10	1月8日	记账凭证3	税费缴纳	4300.00
11	1月8日	记账凭证80	利息计算	5000.00
12	1月11日	记账凭证34	设计部报销费	3210.00
13	1月11日	记账凭证3	税费缴纳	2290.00

图 2-37　　　　　　　　　图 2-38　　　　　　　　　图 2-39

😎 练一练

练习题目：如图 2-40 所示表格中既有整行为空的，也有部分单元格为空的，要求只删除整行为空的记录（删除后如图 2-41 所示）。

操作要点：（1）打开"高级筛选"对话框，勾选"选择不重复的记录"复选框。

　　　　　（2）筛选后就只剩下一个空行了，将筛选后得到的数据复制到其他位置，然后删除那个唯一的空行即可。

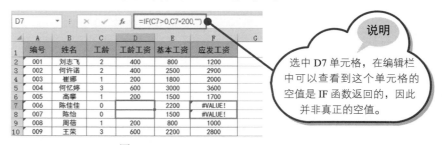

图 2-40
图 2-41

2.3.4　谨防空值陷阱

　　空值陷阱是指一些"假"空单元格，是指这些单元格看起来没有数值，是空状态，但实际上它们是包含内容的单元格，并非真正意义上的空单元格。在进行数据处理时，很多时候都会被"假"空单元格迷惑，导致数据运算时出现一些错误。当出现这种情况时要学会排除这方面的问题。出现空单元格的情况有很多种，下面举一些例子。

【问题 1】

　　一些由公式返回的空字符串""（如图 2-42 所示，由于使用公式在 D7、D8 单元格中返回了空字符串，当在 F2 单元格中使用公式"=D2+E2"进行求和计算时出现了错误值）。

图 2-42

【解决办法】

　　❶ 选中存在问题的单元格（如本例的 D7:D8 单元格），在"开始"选项卡的"编辑"组中单击"清除"下拉按钮，在弹出的下拉菜单中选择"全部清除"命令，如图 2-43 所示。

图 2-43

❷ 如果是大数据表，单个手动处理会造成效率低下，可以选中这一列，将数据复制到 Word 文档中，如图 2-44 所示。然后再复制回来即可解决计算错误问题，如图 2-45 所示。

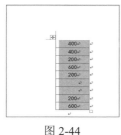

图 2-44

图 2-45

【问题 2】

单元格中仅包含一个英文单引号（如图 2-46 所示，由于 C3 单元格中包含一个英文单引号，在 C10 单元格中使用公式"=C3+C7"求和时出现错误值）。

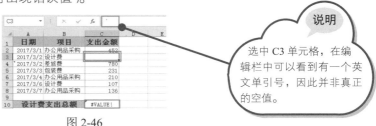

图 2-46

【解决办法】

选中单元格，将其中内容清空即可。

【问题 3】

单元格虽包含内容，但其单元格格式被设置为"；；；"等（如图 2-47 所示的 C2:C5 单元格中有数据，但是在 C6 单元格中使用公式"=SUM(C2:C5)"求和时返回了如图 2-48 所示的"空"数据）。

|47|

图 2-47　　　　　　　　　　　　　　　　　　　图 2-48

【解决办法】

当单元格格式被设置为 ";;;" 导致数据被隐藏时，需要打开 "设置单元格格式" 对话框，选择 "自定义" 选项卡，在 "类型" 列表框中选择 "G/通用格式" 选项即可恢复。

2.4　处理重复数据

日常工作经常需要处理 Excel 的重复数据。例如，表格中存在重复的编码、重复的名称等。如果数量少，则可以手动清除重复项；如果重复数据较多，就需要寻找一些操作技巧。对重复值的处理可以分为两种方式，一是标记出重复值；二是删除重复值。

2.4.1　标记重复值

本例为公司加班记录表，现在需要将重复加班的人员以特殊格式标记出来。

❶ 选中要设置的单元格区域，在 "开始" 选项卡的 "样式" 组中单击 "条件格式" 下拉按钮，在弹出的下拉菜单中选择 "突出显示单元格规则" → "重复值" 命令，如图 2-49 所示。

❷ 打开 "重复值" 对话框，在 "为包含以下类型值的单元格设置格式" 下拉列表框中选择 "重复"，"设置为" 后面是默认的格式，如图 2-50 所示。

❸ 单击 "确定" 按钮，即可让重复的姓名以特殊格式显示。效果如图 2-51 所示。

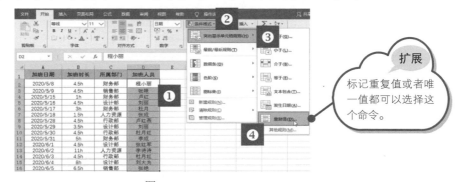

图 2-49

图 2-50

	A	B	C	D
1	加班日期	加班时长	所属部门	加班人员
2	2020/5/8	4.5h	财务部	程小丽
3	2020/5/9	4.5h	销售部	张艳
4	2020/5/15	1h	财务部	卢红
5	2020/5/16	4.5h	设计部	杜月
6	2020/5/17	3h	财务部	杜月
7	2020/5/18	4.5h	人力资源	张成
8	2020/5/28	4.5h	行政部	卢红燕
9	2020/5/29	3.5h	设计部	刘丽
10	2020/5/30	4.5h	行政部	杜月红
11	2020/5/31	5h	财务部	李成
12	2020/6/1	4.5h	设计部	张红军
13	2020/6/2	11h	人力资源	李诗诗
14	2020/6/3	4.5h	行政部	杜月红
15	2020/6/4	8h	设计部	刘大为
16	2020/6/5	6.5h	销售部	张艳

图 2-51

2.4.2 删除重复值

如图 2-52 所示的表格的"工号"列有重复值，想将重复值删除，并且只要"工号"列是重复值就删除，而不管后面五列中的数据是否重复。

	A	B	C	D	E	F
1	工号	岗位名称	工龄	学历	专业	其他
2	NL-001	区域经理	2	本科及以上	市场营销	有两年或以上工作经验
3	NL-002	渠道/分销专员	3	专科以上	电子商务/市场营销	有两年或以上工作经验
4	NL-003	客户经理	1	本科及以上	企业管理	有两年或以上工作经验
5	NL-004	客户专员	4	专科以上	企业管理专	25周岁以下
6	NL-005	文案策划	2	专科以上	中文、新闻	有两年或以上工作经验
7	NL-003	美术指导	2	专科以上	广告、设计	有两年或以上工作经验
8	NL-007	财务经理	1	本科及以上	财务	有两年或以上工作经验
9	NL-008	会计师	2	本科及以上	财务	有一年或以上工作经验
10	NL-001	出纳员	3	专科以上	财务	有一年或以上工作经验
11	NL-010	生产主管	1	专科以上	化工	有三年或以上工作经验
12	NL-011	采购员	4	专科以上	市场营销	22周岁以上
13	NL-012	制造工程师	5	本科及以上	化工专业	有三年或以上工作经验

图 2-52

❶ 选中表格中的数据区域，在"数据"选项卡的"数据工具"组中单击"删除重复值"按钮，如图 2-53 所示。打开"删除重复值"对话框，勾选"工号"复选框，如图 2-54 所示。

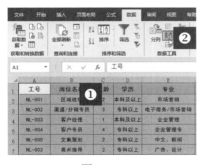

图 2-53

图 2-54

❷ 单击"确定"按钮，即可删除工号列中的重复值。效果如图 2-55 所示。

Microsoft Excel
发现了 1 个重复值，已将其删除；保留了 11 个唯一值。
确定

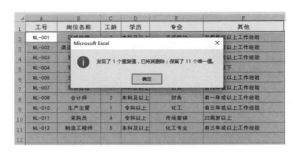

图 2-55

2.5　处理不规范数值、文本、日期

虽然我们一再强调保持数据规范的重要性，但由于数据来源不同，有时拿到的数据表存在众多不规范的数据，在 2.1 节中，我们已经分析了不规范的数据给后期数据计算分析带来的众多弊端。本节中继续介绍当遇到一些不规范数据时如何批量地进行处理。

2.5.1　批量处理文本数字

当遇到 2.1.3 小节中范例中出现众多文本数字时，会导致数据只能用来显示而无法参与计算。只要找到了错误原因，就可以对文本数字进行批量的转换。

❶ 选中 C2:E12 单元格区域，然后单击左上角的 ! 按钮，在弹出的下拉菜单中选择“转换为数字”命令，如图 2-56 所示。

❷ 完成上面的操作后，即可将文本型数据转换为数字，并且公式自动返回正确的运算结果，如图 2-57 所示。

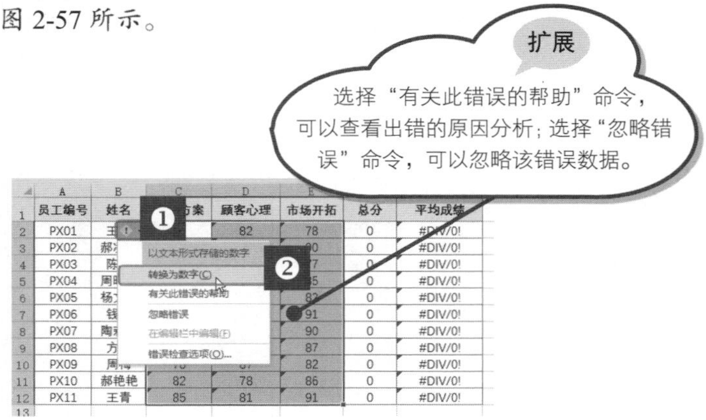

扩展
选择“有关此错误的帮助”命令，可以查看出错的原因分析；选择“忽略错误”命令，可以忽略该错误数据。
以文本形式存储的数字
转换为数字(C)
有关此错误的帮助
忽略错误
在编辑栏中编辑(F)
错误检查选项(O)...

图 2-56

员工编号	姓名	促销方案	顾客心理	市场开拓	总分	平均成绩
PX01	王磊	89	82	78	249	83
PX02	郝凌云	98	87	90	275	91.66666667
PX03	陈南	69	80	77	226	75.33333333
PX04	周晓丽	87	73	85	245	81.66666667
PX05	杨文华	85	90	82	257	85.66666667
PX06	钱丽	85	90	91	266	88.66666667
PX07	陶莉莉	95	70	90	255	85
PX08	方伟	68	89	87	244	81.33333333
PX09	周梅	78	87	82	247	82.33333333
PX10	郝艳艳	82	78	86	246	82
PX11	王青	85	81	91	257	85.66666667

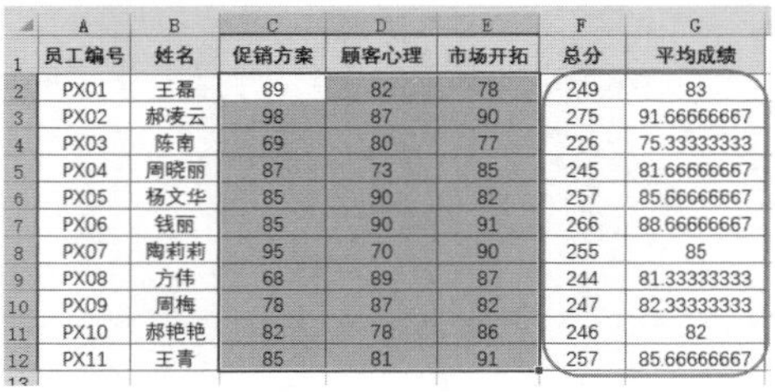

图 2-57

2.5.2 处理数字中的强制换行符

强制换行与自动换行不一样，它是在想要换行的任意位置，通过按 Alt+Enter 组合键产生的换行。如图 2-58 所示的表格中，在 B7 单元格中输入公式计算总销量时，得到的结果是 B2+B4+B5 单元格值求和的结果，而 B3 单元格的值没有计算在内。这是因为 B3 单元格中输入了强制换行符，所以该单元格无法被 Excel 识别为数据，无法进行求和运算。

图 2-58

因此，针对大数据而言，为了达到一次性处理并且没有遗漏，则可以通过查找替换功能一次性删除表格中所有强制换行符。

❶ 按 Ctrl+H 组合键打开"查找和替换"对话框，在"查找内容"文本框中按 Ctrl+J 组合键，如图 2-59 所示。

❷ 单击"全部替换"按钮，弹出提示框，提示有多少处换行符被替换，如图 2-60 所示。

❸ 单击"确定"按钮即可删除全部的换行符。例如，本例中删除换行符后，数据即可正常计算，如图 2-61 所示。

图 2-59

图 2-60

图 2-61

2.5.3 批量转换不规范的日期

输入日期数据或通过其他途径导入数据时，经常会产生文本型的日期。在 2.1.3 小节我们已经分析了不规范的日期给数据分析带来的影响。

在 Excel 中必须按指定的格式输入日期，Excel 才会把它当作日期型数值，否则会视为不可计算的文本。输入以下 4 种日期格式的日期，Excel 均可识别。

➥ 用短横线"-"分隔的日期，如"2020-4-1""2020-5"。

➤ 用斜杠"/"分隔的日期，如"2020/4/1""2020/5"。

➤ 用中文年月日输入的日期，如"2020 年 4 月 1 日""2020 年 5 月"。

➤ 用包含英文月份或英文月份缩写输入的日期，如"April-1""May-17"。

用其他符号间隔的日期或数字形式输入的日期，如"2020.4.1""20200401"等，Excel 都将其视为文本数据。对于这种不规则的文本日期，可以利用分列功能将其转换为标准日期。

例如，下面的例子中需要将 A 列的所有日期转换为标准的日期值，也就是 20200301 统一替换为 2020/3/1 这种形式。

❶ 选中目标单元格区域，在"数据"选项卡的"数据工具"组中单击"分列"按钮，如图 2-62 所示。打开"文本分列向导-第 1 步，共 3 步"对话框。

❷ 保持默认选项，依次单击"下一步"按钮，进入"文本分列向导-第 3 步，共 3 步"对话框，选中"日期"数据格式，如图 2-63 所示。

图 2-62

图 2-63

❸ 单击"完成"按钮，即可把所有文本日期转换为规范的标准日期。效果如图 2-64 所示。再单击"日期"列标识右侧下拉按钮，则能出现专门针对于日期数据的筛选设置项，如图 2-65 所示。

图 2-64

图 2-65

练一练

练习题目：表格中日期被记录成如图 **2-66** 所示 **C** 列中的样式，要求转换为标准日期。

操作要点：（1）使用分列功能删除左括号与右括号。

（2）分列要进行两次，第一次删除左括号；第二次再删除右括号。

序号	公司名称	开票日期
002	灵运商贸	(2019/12/4)
003	安广彩印	(2019/12/6)
004	兰苑包装	(2020/1/20)
005	兰苑包装	(2020/2/5)
006	华宇包装	(2020/2/22)
007	通达科技	(2020/2/22)
008	华宇包装	(2020/3/12)
009	华宇包装	(2020/3/12)
010	中汽出口贸易	(2020/3/17)
011	安广彩印	(2020/3/20)
012	弘扬科技	(2020/4/3)

图 2-66

2.5.4　处理文本中多余的空格

不规范文本的表现形式包括文本中含有空格、不可见字符、分行符等，由于这些字符的存在将导致数据无法被正确处理。对于文本中存在的多余空格，有时肉眼很难发现，可以使用查找替换的方法一次性处理。

❶ 按 Ctrl+H 组合键，打开"查找和替换"对话框，将光标定位到"查找内容"文本框中，按一次空格键，"替换为"内容栏中保持空白，如图 2-67 所示。

❷ 单击"全部替换"按钮，即可实现批量且毫无遗漏地删除多余的空格，恢复正确数据。效果如图 2-68 所示。

图 2-67

编号	姓名	应发工资	应缴所得税		查询对象	应缴所得税
012	崔娜	2400	0		韩燕	292.2
005	方婷婷	2300	0			
002	韩燕	7472	292.2			
007	郝艳艳	1700	0			
004	何开运	3400	0			
001	黎小健	6720	217			
011	刘丽	2500	0			
015	彭华	1700	0			
003	钱丽	3550	15			
010	王芬	8060	357			
013	王海燕	8448	434.6			
008	王青	10312	807.4			
006	王雨虹	4495	29.85			
009	吴银花	2400	0			
016	武杰	3100	0			
014	张燕	12700	1295			

图 2-68

经验之谈

除了上述方法，还可以借助 Word 软件删除不可见字符。将 Excel 表格中目标数据复制，然后粘贴到 Word 文档（可以建立一个空白文档），再将其复制粘贴回 Excel 表格中，即可整理成标准的数字格式。

练一练

练习题目：**解决如图 2-69 所示查找失败问题。**

操作要点：当从其他途径获取数据时很容易产生换行符，当文本中有换行符时也会让数据查找时失败，这时可以采用 2.5.2 小节中例子的处理办法。

	A	B	C	D	E	F	G
1	编号	姓名	应发工资	应缴所得税		查询对象	应缴所得税
2	012	崔娜	2400	0		蔡小健	#N/A
3	005	方婷婷	2300	0			
4	002	韩燕	7472	292.2			
5	007	郝艳艳	1700	0			
6	004	何开运	3400	0			
7	001	蔡小健	6720	217			
8	011	刘丽	2500	0			
9	015	彭华	1700	0			
10	003	钱丽	3550	1.5			
11	010	王芬	8060	357			
12	013	王海燕	8448	434.6			
13	008	王青	10312	807.4			

图 2-69

2.6　合并与拆分获取新数据

数据的合并与拆分整理也是数据整理过程中的一些操作，根据当前数据情况可以合并两列数据获取新数据；另外，利用"分列"功能通过逐步拆分也可以将不规范的数据整理成规范表格。

2.6.1　合并构建新数据

数据合并需要使用"&"运算符，将相关的两列数据合并为一列。例如，把产品规格和名称合并到一起，显示完整的商品名称；把年龄与班级合并成一列数据等。本例为超市的商品销售记录，B 列和 C 列分别是商品的规格和具体的名称。下面需要将这两列的数据合并为一列并显示在 D 列中。

❶ 插入一列用于显示合并后的新数据，选中 D2 单元格，然后在编辑栏中输入公式"=B2&C2"，如图 2-70 所示。

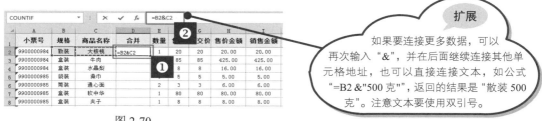

	A	B	C	D	E	F	G	H	I
1	小票号	规格	商品名称	合并	数量	售	交价	售价金额	销售金额
2	9900000984	散装	大核桃	=B2&C2	1	20	20	20.00	20.00
3	9900000984	盒装	牛肉			85	85	425.00	425.00
4	9900000984	盒装	水晶梨			8	8	16.00	16.00
5	9900000985	袋装	澡巾			5	5	5.00	5.00
6	9900000985	简装	通心面		2	3	3	6.00	6.00
7	9900000985	盒装	软中华		1	80	80	80.00	80.00
8	9900000985	盒装	夹子		1	8	8	8.00	8.00

扩展

如果要连接更多数据，可以再次输入“&”，并在后面继续连接其他单元格地址，也可以直接连接文本，如公式“=B2 &"500 克"”，返回的结果是“散装 500 克”。注意文本要使用双引号。

图 2-70

❷ 按 Enter 键后得到第一组合并数据，如图 2-71 所示。拖动右下角的填充柄向下复制公式。得到如图 2-72 所示的合并结果。

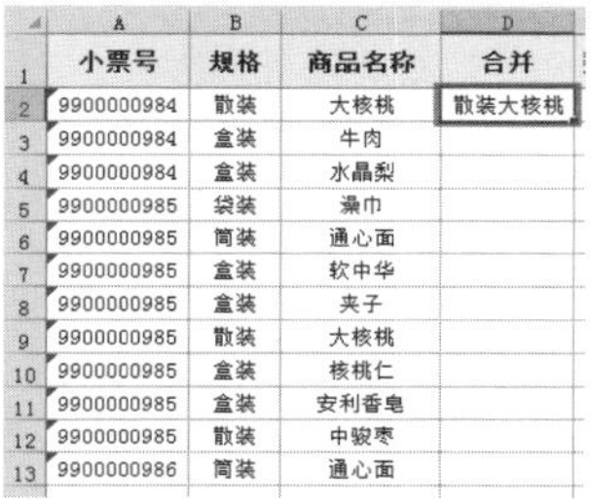

	A	B	C	D
1	小票号	规格	商品名称	合并
2	9900000984	散装	大核桃	散装大核桃
3	9900000984	盒装	牛肉	
4	9900000984	盒装	水晶梨	
5	9900000985	袋装	澡巾	
6	9900000985	简装	通心面	
7	9900000985	盒装	软中华	
8	9900000985	盒装	夹子	
9	9900000985	散装	大核桃	
10	9900000985	盒装	核桃仁	
11	9900000985	盒装	安利香皂	
12	9900000985	散装	中骏枣	
13	9900000986	简装	通心面	

图 2-71

	A	B	C	D	E	F
1	小票号	规格	商品名称	合并	数量	售价
2	9900000984	散装	大核桃	散装大核桃	1	20
3	9900000984	盒装	牛肉	盒装牛肉	5	85
4	9900000984	盒装	水晶梨	盒装水晶梨	2	8
5	9900000985	袋装	澡巾	袋装澡巾	1	5
6	9900000985	简装	通心面	简装通心面	2	3
7	9900000985	盒装	软中华	盒装软中华	1	80
8	9900000985	盒装	夹子	盒装夹子	1	8
9	9900000985	散装	大核桃	散装大核桃	1	20
10	9900000985	盒装	核桃仁	盒装核桃仁	1	40
11	9900000985	盒装	安利香皂	盒装安利香皂	1	18
12	9900000985	散装	中骏枣	散装中骏枣	1	30
13	9900000986	简装	通心面	简装通心面	1	3

图 2-72

❸ 选中 D 列数据，按 Ctrl+C 组合键执行复制，然后右击，在弹出的快捷菜单中选择“值”命令，如图 2-73 所示。接下来，删除原来的 B 列和 C 列，即可得到新的数据。

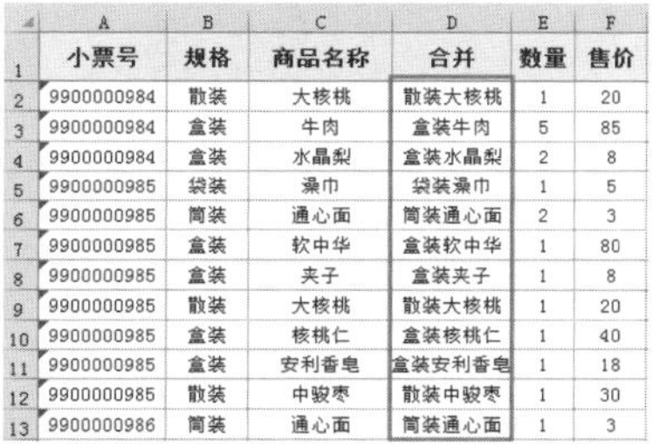

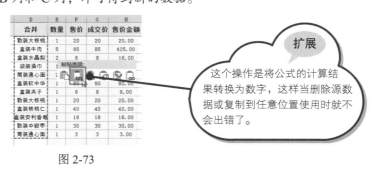

D	E	F	G	H
合并	数量	售价	成交价	售价金额
散装大核桃	1	20	20	20.00
盒装牛肉	5	85	85	425.00
盒装水晶梨	2	8	8	16.00
袋装澡巾	1			
简装通心面	2			
盒装软中华	1	80	80	80.00
盒装夹子	1	8	8	8.00
散装大核桃	1	20	20	20.00
盒装核桃仁	1	40	40	40.00
盒装安利香皂	1	18	18	18.00
散装中骏枣	1	30	30	30.00
简装通心面	1	3	3	3.00

扩展

这个操作是将公式的计算结果转换为数字，这样当删除源数据或复制到任意位置使用时就不会出错了。

图 2-73

2.6.2 应对一列多属性

多属性的数据也不应记录在同一列，否则同样会造成无法对数据进行统计分析。当遇到一列多属性的情况时，最常用的解决方式就是利用分列的方式让其多列显示。

例如，当前表格中在记录物品总价时，将购买时间与金额同时记录到了一列中，此时可通过分列操作整理数据。

❶ 选中要拆分的单元格区域，在"数据"选项卡的"数据工具"组中单击"分列"按钮，如图 2-74 所示。打开"文本分列向导-第 1 步，共 3 步"对话框，选中"分隔符号"单选按钮，如图 2-75 所示。

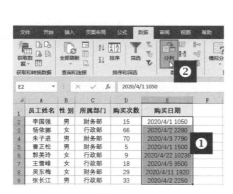

图 2-74

图 2-75

❷ 单击"下一步"按钮，在"分隔符号"栏中勾选"空格"复选框，如图 2-76 所示。单击"完成"按钮，即可将单列数据分组为两列。效果如图 2-77 所示。

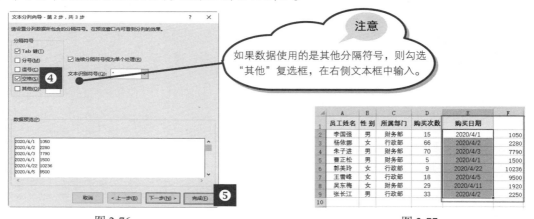

图 2-76

图 2-77

经验之谈

值得注意的是，分列数据需要数据具有一定的规律，如宽度相等、使用同一种间隔符号（空格、逗号、分号均可）间隔等。默认有"Tab 键""分号""逗号""空格"几种符号，其他没有的符号，只要能保障格式统一，都可以使用"其他"这个复选框来自定义分隔符号。

另外，如果要分列的单元格区域不是最后一列，则在执行分列操作前，一定要在待拆分的那一列的右侧先插入一个空白列，否则在拆分后，右侧一列的数据会被分列后的数据替换掉。

练一练

练习题目： 解决如图 **2-78** 所示中 **C** 列数据一列多属性问题。

操作要点： 使用分列功能，分隔符号为"："。

	A	B	C	D
1	序号	公司名称	应收金额	付款期(天)
2	001	弘扬科技	2018/1/20:25000	15
3	002	灵运商贸	2018/2/22:58000	60
4	003	安广彩印	2018/2/22:5000	90
5	004	兰苑包装	2018/2/5:12000	20
6	005	兰苑包装	2018/3/12:23000	40
7	006	华宇包装	2018/3/12:29000	60
8	007	通达科技	2018/3/17:50000	30
9	008	华宇包装	2018/3/20:4000	10
10	009	华宇包装	2018/4/3:18500	25
11	010	中汽出口贸易	2018/4/13:5000	15
12	011	安广彩印	2018/4/14:28000	90
13	012	弘扬科技	2018/4/18:24000	60
14	013	中汽出口贸易	2018/4/28:6000	15

图 2-78

2.7 必备技能

技能 1：一键批量删除对象

使用 Excel 中的智能定位功能，可以实现一次性定位目标数据、定位后可以进行一键删除、一键更改单元格的格式等。例如，在下面的数据表中，存在一些不规范的文本数据，那么我们可以使用定位的办法一次性找到并删除对象，重新处理数据。

❶ 选中 D 列与 E 列包含有文本数据的单元格区域（见图 2-79），按 F5 功能键打开"定位条件"对话框，选中"常量"单选按钮，接着再勾选下面的"文本"复选框，如图 2-80 所示。

	A	B	C	D	E	F
1			员工社保缴费表			
2	姓名	部门	养老保险	医疗保险	失业保险	合计
3	王琪	行政部	232元	68	65	68
4	陈潇	行政部	156元	49	19.5	68.5
5	张点点	行政部	124元	41	15.5	56.5
6	于青青	财务部	264元	76	33	109
7	邓兰兰	财务部	156元	85	19.5	19.5
8	蔡静	客户部	236元	69	29.5	98.5
9	陈媛	客户部	232元	68	27	68
10	王密	客户部	180元	55	22.5	77.5
11	吕芬芬	客户部	100元	85	12.5	12.5
12	路高泽	客户部	236元	69	29.5	98.5
13	岳庆浩	客户部	224元	68	27.5	68
14	李雪儿	客户部	156元	49	19.5	68.5

图 2-79

图 2-80

❷ 单击"确定"按钮，即可一次性选中所有文本数字的单元格，如图 2-81 所示。按 Delete 键，即可一次性删除，如图 2-82 所示。

	姓名	部门	养老保险	医疗保险	失业保险	合计
			员工社保缴费表			
3	王琪	行政部	232元	68		68
4	陈潇	行政部	156元	49	19.5	68.5
5	张点点	行政部	124元	41	15.5	56.5
6	于青青	财务部	264元	76	33	109
7	邓兰兰	财务部	156元	85	19.5	19.5
8	蔡静	客户部	236元	69	29.5	98.5
9	陈媛	客户部	232元	68	27	68
10	王密	客户部	180元	55	22.5	77.5
11	吕芬芬	客户部	100元	85	12.5	12.5
12	路高泽	客户部	236元	69	29.5	98.5
13	岳庆浩	客户部	224元	68	27.5	68
14	李雪儿	客户部	156元	49	19.5	68.5

图 2-81

	姓名	部门	养老保险	医疗保险	失业保险	合计
			员工社保缴费表			
3	王琪	行政部	232元	68		68
4	陈潇	行政部	156元	49	19.5	68.5
5	张点点	行政部	124元	41	15.5	56.5
6	于青青	财务部	264元	76	33	109
7	邓兰兰	财务部	156元		19.5	19.5
8	蔡静	客户部	236元	69	29.5	98.5
9	陈媛	客户部	232元	68		68
10	王密	客户部	180元	55	22.5	77.5
11	吕芬芬	客户部	100元		12.5	12.5
12	路高泽	客户部	236元	69	29.5	98.5
13	岳庆浩	客户部	224元	68		68
14	李雪儿	客户部	156元	49	19.5	68.5

图 2-82

❸ 可以保持选中状态，将单元格的格式恢复为"数值"格式。

技能 2：忽略空值单元格同增、同减同一数据

图 2-83 所示为商品库存表，现在商店要从仓库中拿货做促销活动，每个产品各取 100 件（有库存的前提下），在重新计算库存时，要求 C 列数据除空单元格外，同时减去 100 件，得到最新库存表。

❶ 在空白单元格中输入数字 100，选中该单元格，按 Ctrl+C 组合键复制，然后选中库存单元格区域，如图 2-84 所示。

	产品名称	规格	库存
2	水能量倍润滋养霜	50g	310
3	水能量套装（洁面+水+乳）	套	
4	柔润盈透洁面泡沫	150g	150
5	水嫩精明星美肌水	100ml	
6	深层修护润发乳	240ml	288
7	水能量去角质素	100g	
8	水能量鲜活水盈润肤水	120ml	
9	气韵焕白套装	套	265
10	气韵焕白盈透精华水	100ml	119
11	水嫩量鲜活水盈乳液	100ml	
12	气韵焕白保湿精华乳液	100ml	198
13	水嫩精纯明星眼霜	15g	
14	水嫩精纯明星修饰乳	40g	143
15	水嫩精纯肌底精华液	30ml	267
16	水嫩净透精华洁面乳	95g	125
17	气韵焕白保湿精华霜	50g	
18	水嫩精纯明星睡眠面膜	200g	138

Sheet1　Sheet2　⊕

图 2-83

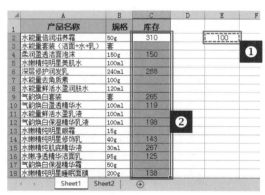

图 2-84

❷ 按 F5 键后打开"定位条件"对话框，选择定位条件为"常量"，如图 2-85 所示。

❸ 单击"确定"按钮即可选中所有常量（空值不被选中）。然后在"开始"选项卡的"剪贴板"组中单击"粘贴"下拉按钮，在弹出的下拉菜单中选择"选择性粘贴"命令，如图 2-86 所示。

图 2-85

图 2-86

❹ 打开"选择性粘贴"对话框，在"运算"栏中选中"减"单选按钮，如图 2-87 所示。单击"确定"按钮，可以看到所有被选中的单元格同时进行了减 100 的操作，得到新的库存表，如图 2-88 所示。

图 2-87

扩展

按相同的方法，在"运算"栏中还可以选择进行加、乘、除等运算。

图 2-88

技能 3：跳过有数据的单元格批量建立公式

当前表格中的"返利"列中存在一些"特价无返"文字，如图 2-89 所示。现在要求跳过这些单元格批量建立公式，一次性计算出各条销售记录的返利金额。

	产品名称	单价	数量	总金额	返利
2	带腰带短款羽绒服	355	10	¥3,550.00	
3	低领烫金毛衣	69	22	¥1,518.00	特价无返
4	毛呢短裙	169	15	¥2,535.00	
5	泡泡袖风衣	129	12	¥1,548.00	
6	OL风长款毛呢外套	398	8	¥3,184.00	
7	薰衣草飘袖冬装裙	309	3	¥927.00	
8	修身荷花袖外套	58	60	¥3,480.00	特价无返
9	热卖混搭超值三件套	178	23	¥4,094.00	
10	修身低腰牛仔裤	118	15	¥1,770.00	
11	OL气质风衣	88	15	¥1,320.00	特价无返
12	双排扣复古长款呢大衣	429	2	¥858.00	

图 2-89

❶ 选中 E 列，按 F5 键后打开"定位条件"对话框。选择定位条件为"空值"，如图 2-90 所示。

❷ 单击"确定"按钮，将 E 列中所有空值单元格都选中，如图 2-91 所示。

图 2-90

图 2-91

❸ 将光标定位到公式编辑栏中，输入正确的计算公式，如图 2-92 所示。

❹ 按 Ctrl+Enter 组合键，即可跳过有数据的单元格批量建立公式，如图 2-93 所示。

图 2-92

图 2-93

技能 4：分列巧妙批量删除数据单位

当数值数据后带上了文本单位时，如果参与计算就会出现计算错误（见图 2-94）。可以使用分列功能批量处理掉这些数据单位。

❶ 在 D 列的右侧插入空白列，再选中要拆分的单元格区域，然后在"数据"选项卡的"数据工具"组中单击"分列"按钮，如图 2-95 所示。打开"文本分列向导-第 1 步，共 3 步"对话框，选中"分隔符号"单选按钮，如图 2-96 所示。

❷ 单击"下一步"按钮，在"分隔符号"栏中勾选"其他"复选框，并输入"元"，如图 2-97 所示。单击"完成"按钮，即可将"售价"列中的所有单位批量删除。效果如图 2-98 所示。

图 2-94

图 2-95

图 2-96

图 2-97

扩展

如果是其他单位，则可以直接输入其他单位名称，如小时、分、秒、天等。

	A	B	C	D	E
1	小票号	商品名称	数量	售价	销售金额（元）
2	9900000984	散装大核桃	1	20	20.00
3	9900000984	盒装牛肉	5	85	425.00
4	9900000984	盒装水晶梨	2	8	16.00
5	9900000985	袋装澡巾	1	5	5.00
6	9900000985	筒装通心面	2	3	6.00
7	9900000985	盒装软中华	1	80	80.00
8	9900000985	盒装夹子	1	8	8.00
9	9900000985	散装大核桃	1	20	20.00
10	9900000985	盒装核桃仁	1	40	40.00
11	9900000985	盒装安利香皂	1	18	18.00
12	9900000985	散装中骏枣	1	30	30.00
13	9900000986	筒装通心面	1	3	3.00

图 2-98

技能5：文本数据整理为明细数据

不规范的数据展现形式多种多样。例如，在图 2-99 中，生产部提交上来的各个产品的月生产成本显示在同一单元格中，这样的表格显然不便于统计。可以通过分列功能配合其他功能经过多次整理来获取规范数据。整理后的数据可以达到如图 2-100 所示的效果。

❶ 选中 A1 单元格，在"数据"选项卡的"数据工具"组中单击"分列"按钮，如图 2-101 所示。打开"文本分列向导-第1步，共3步"对话框，选中"分隔符号"单选按钮，如图 2-102 所示。

	A	B	C
1	原材料	数量(吨)	金额
2	原材料A	2	68560
3	原材料B	3.2	1105600
4	原材料C	2.7	38000
5	原材料D	4.3	120540
6	原材料E	2.2	43500
7			

图 2-99　　　　　　　　　图 2-100　　　　　　　　　图 2-101

❷ 单击"下一步"按钮，在"分隔符号"栏中勾选"空格"复选框，如图 2-103 所示。

❸ 单击"完成"按钮，可以看到 A2 单元格中的数据以空格为分隔符号分布于各个不同列中，如图 2-104 所示。

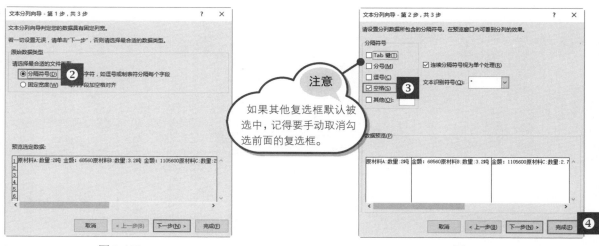

图 2-102　　　　　　　　　　　　　　　　　图 2-103

图 2-104

❹ 选中 A1:E1 单元格区域，按 Ctrl+C 组合键进行复制，然后选中 A2 单元格，在"开始"选项卡的"剪贴板"组中单击"粘贴"下拉按钮，在弹出的下拉菜单中选择"转置"命令，如图 2-105 所示，即可得到如图 2-106 所示的粘贴结果。

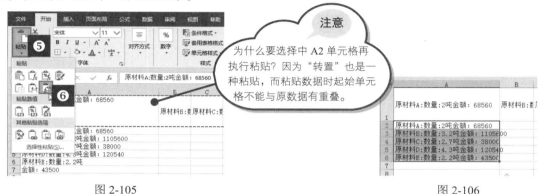

注意

为什么要选择中 A2 单元格再执行粘贴？因为"转置"也是一种粘贴，而粘贴数据时起始单元格不能与原数据有重叠。

图 2-105

图 2-106

❺ 选中 A2:A6 单元格区域，再次打开"文本分列向导"对话框。保持默认选项，进入"文本分列向导-第 2 步，共 3 步"对话框，在"分隔符号"栏中勾选"其他"复选框，并在其后的文本框中输入"："，如图 2-107 所示。

❻ 单击"完成"按钮，得到的表格如图 2-108 所示。

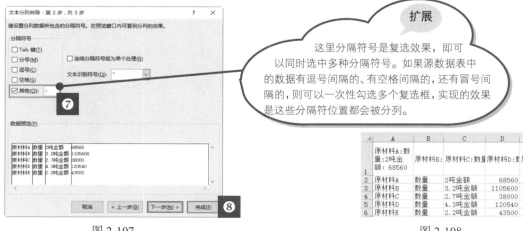

扩展

这里分隔符号是复选效果，即可以同时选中多种分隔符号。如果源数据表中的数据有逗号间隔的、有空格间隔的，还有冒号间隔的，则可以一次性勾选多个复选框，实现的效果是这些分隔符位置都会被分列。

图 2-107

图 2-108

❼ 选中 C2:C6 单元格区域，再次打开"文本分列向导"对话框。保持默认选项，进入"文本分列向导-第 2 步，共 3 步"对话框，在"分隔符号"栏中勾选"其他"复选框，并在其后的文本框中输入"吨"，如图 2-109 所示。

❽ 单击"完成"按钮，得到的分列效果如图 2-110 所示。删除 B 列、D 列，重新整理表格的有用数据，并为表格添加列标识，即可达到如图 2-100 所示效果。

图 2-109

图 2-110

经验之谈

在设置分隔符号时要区分全角和半角。如果勾选"分号"或"逗号"复选框，则只能识别半角状态的分号与逗号。如果数据中使用的恰巧是中文状态下的逗号与分号该怎么办呢？这时可以勾选"其他"复选框，手动输入全角状态的符号即可实现分列。

第 3 章

从标准到精准：数据的筛查

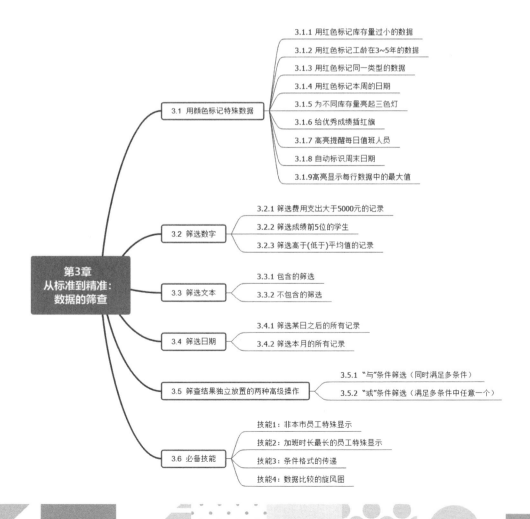

第3章
从标准到精准：
数据的筛查

3.1 用颜色标记特殊数据
- 3.1.1 用红色标记库存量过小的数据
- 3.1.2 用红色标记工龄在3~5年的数据
- 3.1.3 用红色标记同一类型的数据
- 3.1.4 用红色标记本周的日期
- 3.1.5 为不同库存量亮起三色灯
- 3.1.6 给优秀成绩插红旗
- 3.1.7 高亮提醒每日值班人员
- 3.1.8 自动标识周末日期
- 3.1.9 高亮显示每行数据中的最大值

3.2 筛选数字
- 3.2.1 筛选费用支出大于5000元的记录
- 3.2.2 筛选成绩前5位的学生
- 3.2.3 筛选高于(低于)平均值的记录

3.3 筛选文本
- 3.3.1 包含的筛选
- 3.3.2 不包含的筛选

3.4 筛选日期
- 3.4.1 筛选某日之后的所有记录
- 3.4.2 筛选本月的所有记录

3.5 筛查结果独立放置的两种高级操作
- 3.5.1 "与"条件筛选（同时满足多条件）
- 3.5.2 "或"条件筛选（满足多条件中任意一个）

3.6 必备技能
- 技能1：非本市员工特殊显示
- 技能2：加班时长最长的员工特殊显示
- 技能3：条件格式的传递
- 技能4：数据比较的旋风图

3.1　用颜色标记特殊数据

Excel 中的"条件格式"功能可以从庞大的数据库中快速找到满足条件的数据，并让满足条件的数据以特殊的格式显示出来，方便查看和分析数据。例如，找到所有销售额大于 50000 元的记录、找到所有指定班级的成绩记录、找到工资额排名前 5 名的记录等。这项功能是进行简易数据分析的必备工具。

3.1.1　用红色标记库存量过小的数据

在"条件格式"的规则中有"突出显示单元格规则"，其中包含有"大于""小于""介于""等于"，这几项常用于对数值数据或日期数据的判断。本例为某库存表的部分数据，现在需要将库存小于 20 件的数据特殊显示出来。

❶ 选中要设置的单元格区域，在"开始"选项卡的"样式"组中单击"条件格式"下拉按钮，在弹出的下拉菜单中选择"突出显示单元格规则"→"小于"命令，如图 3-1 所示。

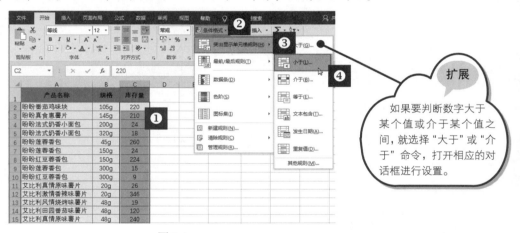

图 3-1

❷ 打开"小于"对话框，在数值框中删除原有值，输入想设定的数值，"设置为"后面是默认的格式，如图 3-2 所示。

图 3-2

❸ 单击"确定"按钮，数值小于 20 的单元格即会以特殊格式显示。效果如图 3-3 所示。

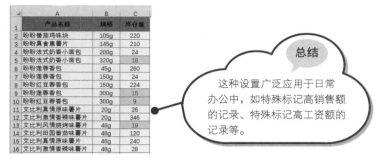

总结

这种设置广泛应用于日常办公中，如特殊标记高销售额的记录、特殊标记高工资额的记录等。

图 3-3

经验之谈

使用条件格式规则对满足条件的数据进行标记后，如果数据量非常巨大、数据分散也会不便于查看，这时可以使用"筛选"功能将有相同颜色标记的单元格筛选出来，或者利用"排序"功能将有相同颜色标记的单元格全部排列显示在最上方，这些操作将在 4.1 节中进行介绍。

3.1.2 用红色标记工龄在 3~5 年的数据

本例为某档案表的部分，现在需要将工龄在 3~5 年的记录特殊显示出来。完成这样筛查，仍然是使用"条件格式"规则中的"突出显示单元格规则"。

❶ 选中要设置的单元格区域，在"开始"选项卡的"样式"组中单击"条件格式"下拉按钮，在弹出的下拉菜单中选择"突出显示单元格规则"→"介于"命令，如图 3-4 所示。

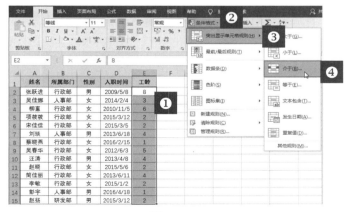

图 3-4

❷ 打开"介于"对话框，在数值框中输入想设定的数值，如本例为 3 到 5，如图 3-5 所示。

扩展

这个介于值是包含关系，即例中设置 3 和 5，则包含 3 和 5 这两个数。

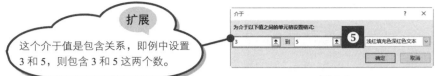

图 3-5

❸ 单击"确定"按钮，数值在 3 和 5 之间（包括 3 和 5）的即会以特殊格式显示。效果如图 3-6 所示。

	A	B	C	D	E
1	姓名	所属部门	性别	入职时间	工龄
2	张跃进	行政部	男	2009/5/8	8
3	吴佳娜	人事部	女	2014/2/4	3
4	柳蕙	行政部	女	2010/11/5	6
5	项被被	行政部	女	2015/3/12	2
6	宋佳佳	行政部	女	2015/3/5	2
7	刘琰	人事部	男	2013/6/18	4
8	蔡晓燕	行政部	女	2016/2/15	1
9	吴春华	行政部	女	2012/6/3	5
10	汪涛	行政部	男	2013/4/8	4
11	赵晓	行政部	女	2015/5/6	2
12	简佳丽	行政部	女	2013/6/11	4
13	李敏	行政部	女	2015/1/2	2
14	彭宇	人事部	男	2016/4/18	1
15	赵扬	研发部	男	2015/3/12	2

图 3-6

3.1.3 用红色标记同一类型的数据

对同一类型数据的筛选，实际类似于我们在查找时使用通配符，它需要使用"突出显示单元格规则"中的"文本包含"规则。

❶ 选中要设置的单元格区域，在"开始"选项卡的"样式"组中单击"条件格式"下拉按钮，在弹出的下拉菜单中选择"突出显示单元格规则"→"文本包含"命令，如图 3-7 所示。

图 3-7

❷ 打开"文本中包含"对话框，在"为包含以下文本的单元格设置格式"文本框中输入文本值，如"合肥市"，如图 3-8 所示。

注意

这个"文本包含"即无论开头是、中间是、结尾是，则都将作为满足条件的对象。

图 3-8

❸ 单击"确定"按钮，可以看到所有包含有"合肥市"的单元格以特殊格式显示。效果如图 3-9 所示。

图 3-9

3.1.4 用红色标记本周的日期

本例中统计了公司员工的加班日期，需要将本周加班的记录以特殊格式显示。这一项操作是对发生日期的筛查，仍然可以应用"突出显示单元格规则"中的规则。

❶ 选中要设置的单元格区域，在"开始"选项卡的"样式"组中单击"条件格式"下拉按钮，在弹出的下拉菜单中选择"突出显示单元格规则"→"发生日期"命令，如图 3-10 所示。

图 3-10

❷ 打开"发生日期"对话框，在"为包含以下日期的单元格设置格式"下拉列表框中选择"本周"，"设置为"后面是默认的格式，如图 3-11 所示。

❸ 单击"确定"按钮，即可让所有本周的日期以特殊格式显示，如图 3-12 所示。

扩展

这里有多个"发生日期"选项可供选择，可以根据实际需要选择相应的发生日期，得到不同的显示结果。

图 3-11

图 3-12

3.1.5　为不同库存量亮起三色灯

要求根据库存量不同而显示不同的亮灯提示，需要使用"图标集"的规则。图标集规则就是根据单元格的值区间采用不同颜色的图标进行标记，图标的样式与值区间的设定都是可以自定义设置的。

例如，在本例中选择"三色灯"图标，通过设置可以让绿色灯表示库存充足，红色灯表示库存紧缺，以起到警示的作用等。例如，本例中要求当库存量大于等于 500 时显示绿色图标；当库存量在 500 至 200 之间时显示黄色图标；当库存量小于 200 时显示红色图标。

❶ 选中要设置条件格式的单元格区域（C2:C19 单元格区域），切换到"开始"选项卡，在"样式"组中单击"条件格式"下拉按钮，在下拉菜单中选择"图标集"→"其他规则"命令（见图 3-13），打开"新建格式规则"对话框。

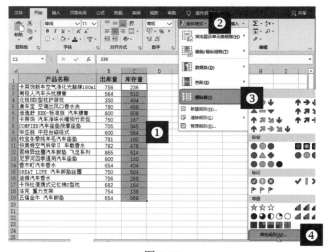

图 3-13

❷ 由于默认的值类型都是"百分比"，因此首先单击"类型"下各个设置框右侧的下拉按钮，从打开的列表中选择"数字"格式，如图 3-14 所示。

❸ 在"图标"区域设置绿色圆形图标后的值为">=500"，如图 3-15 所示。

图 3-14   图 3-15

❹ 按相同的方法设置黄色圆形图标后的值为">=200"的值，红色圆形图标后自动显示为"<200"，如图 3-16 所示。

❺ 单击"确定"按钮，返回工作表中，可以看到在 C2:C19 单元格区域使用不同的图标集显示出库存量（库存较少的显示红色圆点，可特殊关注），如图 3-17 所示。

图 3-16

	A	B	C
1	产品名称	出库量	库存量
2	卡莱饰新车空气净化光触媒180ml	756	236
3	南极人汽车头枕腰靠	564	510
4	北极绒型枕护颈枕	350	494
5	康车宝 空调出风口香水夹	780	488
6	倍逸舒 EBK-标准版 汽车腰靠	800	508
7	卡莱饰 汽车净味长嘴狗竹炭包	750	167
8	COMFIER汽车座垫按摩座垫	705	345
9	毕亚兹 中控台磁吸式	600	564
10	牧宝冬季纯羊毛汽车座垫	781	180
11	快美特空气科学Ⅱ 车载香水	782	476
12	固特异丝圈汽车脚垫 飞足系列	865	514
13	尼罗河四季通用汽车脚垫	800	140
14	香木町汽车香水	654	404
15	GREAT LIFE 汽车脚垫绒圈	750	504
16	途雅汽车香水	756	289
17	卡饰社便携式记忆棉U型枕	682	164
18	洛克 重力支架	754	138
19	五福金牛 汽车脚垫	654	568

图 3-17

3.1.6 给优秀成绩插红旗

如果要实现给模考成绩大于 600 分的插红旗，也是使用"条件格式"中的"图标集"规则，其操作方法如下。

❶ 选择目标区域后切换到"开始"选项卡，在"样式"组中单击"条件格式"下拉按钮，在下拉菜单中选择"图标集"→"其他规则"命令，打开"新建格式规则"对话框。首先需要更改图标的样式，单击第一个图标右侧的下拉按钮，在打开的列表中选择红旗，如图 3-18 所示。

❷ 接着设置数值为"＞=600"（注意要先选择类型为"数字"后再设置数值），如图 3-19 所示。

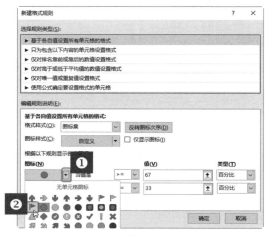

图 3-18   图 3-19

❸ 单击第二个图标右侧的下拉按钮，然后在打开的列表中选择"无单元格图标"，即取消图标，如图 3-20 所示。按相同的方法再取消第三个图标，如图 3-21 所示。

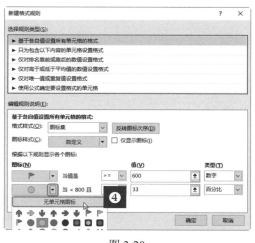

图 3-20   图 3-21

❹ 完成设置后单击"确定"按钮，可以看到在"模考成绩"列只给大于等于 600 的数字前添加了红旗图标，如图 3-22 所示。

序号	姓名	性别	模考成绩
1	王晗	女	592
2	陈亮	男	611
3	周学成	男	564
4	陶毅	男	589
5	于泽	男	612
6	方小飞	男	592
7	钱诚	男	525
8	程明宇	男	599
9	牧渔风	男	605
10	王成博	女	597
11	陈雅丽	女	595
12	权城	男	613
13	李烟	女	575
14	周松	男	568
15	放明亮	男	555
16	赵晓波	女	578

图 3-22

3.1.7 高亮提醒每日值班人员

本例中统计了每位员工的值班日期,下面需要通过"条件格式"根据系统当前的日期,把将要进行值班的日期以红色底纹标记出来。例如,当前的系统日期是 2020/6/1。

❶ 选中要设置的单元格区域,在"开始"选项卡的"样式"组中单击"条件格式"下拉按钮,在弹出的下拉菜单中选择"突出显示单元格规则"→"等于"命令,如图 3-23 所示。打开"等于"对话框,在左侧"为等于以下值的单元格设置格式"文本框中输入公式,如图 3-24 所示。

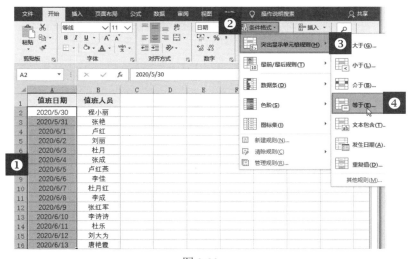

图 3-23

❷ 单击"确定"按钮,即可把要值班的日期(系统日期后一天)以红色底纹标记。效果如图 3-25 所示。

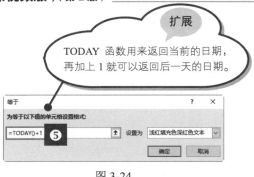

图 3-24

图 3-25

3.1.8 自动标识周末日期

"条件格式"列表中的最前最后规则、突出显示规则、图标集规则等，都是直接选择相应命令得到结果的，操作起来也是比较容易的。但根据数据条件的特殊性，有些判断却是内置条件格式无法达到的。这时就可以使用公式设置条件格式规则，程序会根据公式自动将满足条件的单元格突出显示出来。

本例中统计了公司员工的加班日期，需要将双休日加班的记录以特殊格式显示。

❶ 选中要设置的单元格区域，在"开始"选项卡的"样式"组中单击"条件格式"下拉按钮，在弹出的下拉菜单中选择"新建规则"命令，如图 3-26 所示。

图 3-26

❷ 打开"新建格式规则"对话框。在"选择规则类型"列表框中选中"使用公式确定要设置格式的单元格"选项，然后输入公式"=WEEKDAY(A2,2)>5"，如图 3-27 所示。

❸ 单击"格式"按钮，打开"设置单元格格式"对话框。选择"填充"选项卡，设置填充颜色，如图 3-28 所示。

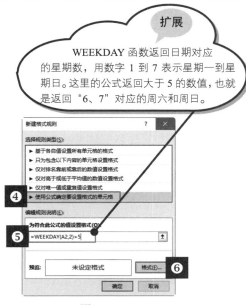

图 3-27

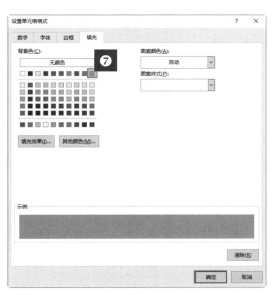

图 3-28

❹ 单击"确定"按钮，可以看到预览效果，如图 3-29 所示。再次单击"确定"按钮，即可把周末日期标记出来。效果如图 3-30 所示。

图 3-29

	A	B	C	D
1	加班日期	加班人员		
2	2020/5/8	程小丽		
3	2020/5/9	张艳		
4	2020/5/15	卢红		
5	2020/5/16	刘丽		
6	2020/5/17	杜月		
7	2020/5/18	张成		
8	2020/5/28	卢红燕		
9	2020/5/29	刘丽		
10	2020/5/30	杜月红		
11	2020/5/31	李成		
12	2020/6/1	张红军		
13	2020/6/2	李诗诗		
14	2020/6/3	杜月红		
15	2020/6/4	刘大为		
16	2020/6/5	张艳		

图 3-30

3.1.9 高亮显示每行数据中的最大值

要突出显示每行中的最大值也需要使用公式来进行条件格式的设置，本例中通过设置突出显示每列中的最大值，可以很直观地看到每位学生在几次月考中哪一次的成绩是最好的。

❶ 选中目标单元格区域，在"开始"选项卡的"样式"组中单击"条件格式"下拉按钮，在弹出的下拉菜单中选择"新建规则"命令（如图 3-31 所示），打开"新建格式规则"对话框。

❷ 在"选择规则类型"栏中选择"使用公式确定要设置格式的单元格"选项，在下面的文本框中输入公式"=B2=MAX($B2:$G2)"，如图 3-32 所示。

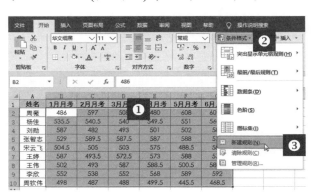

图 3-31　　　　　　　　　　　　　　　　图 3-32

❸ 单击"格式"按钮，打开"设置单元格格式"对话框，选择"填充"选项卡，设置填充颜色，如图 3-33 所示。

❹ 设置完成后，依次单击"确定"按钮，即可看到每位学生的最高一次月考成绩以特殊颜色标记，如图 3-34 所示。

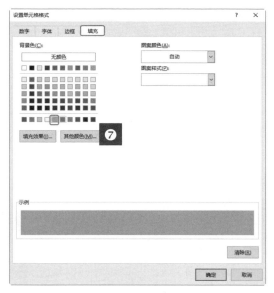

图 3-33

	A	B	C	D	E	F	G
1	姓名	1月月考	2月月考	3月月考	4月月考	5月月考	6月月考
2	周薇	486	597	508	480	608	606.5
3	杨佳	535.5	540.5	540	549.5	551	560.5
4	刘勋	587	482	493	501	502	588
5	张智志	529	589.5	587.5	587	588	578
6	宋云飞	504.5	505	503	575	488.5	581
7	王婷	587	493.5	572.5	573	588	574
8	王伟	502	493	587	588.5	500.5	580.5
9	李欣	552	538	552	568	589	592
10	周钦伟	498	487	488	499.5	445.5	468.5
11							

图 3-34

练一练

练习题目：突出显示每行的最大值和最小值，如图 3-35 所示。

操作要点：（1）使用公式"=A2=MAX($A2:$K2)"，设置橙色格式。

（2）使用公式"=A2=MIN($A2:$K2)"，设置蓝色格式。

	A	B	C	D	E	F	G	H	I	J	K
1	廖凯	邓敏	刘小龙	陆路	王辉会	崔衡	张鲞	李凯	罗成佳	陈晓	刘明
2	69	77	90	66	81	78	89	76	71	68	56
3	80	76	67	82	80	86	65	82	77	80	91
4	56	65	62	77	70	70	81	77	88	79	91
5	56	82	91	90	70	96	88	82	91	88	90
6	91	88	77	88	88	68	92	77	88	90	88
7	91	69	79	70	91	86	72	93	84	87	90

图 3-35

3.2 筛选数字

在大数据表中，能快速筛选出满足条件的数据是数据分析中必备工作之一。数字筛选是数据分析时最常用的筛选方式，如以支出费用、成绩、销售额等作为字段进行筛选。数字筛选的类型有"等于""不等于""大于""大于或等于""小于""小于或等于""介于"等，不同的筛选类型可以得到不同的筛选结果。

3.2.1 筛选费用支出大于 5000 元的记录

本例表格中统计了不同部门的费用支出情况，下面需要将费用支出在 5000 元以上的记录单独筛选出来，这里可以使用"大于"筛选功能。

❶ 选中表格中的任意单元格，在"数据"选项卡的"排序和筛选"组中单击"筛选"按钮，如图 3-36 所示，即可为表格列标识添加自动筛选按钮。

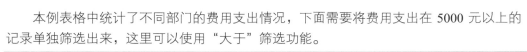

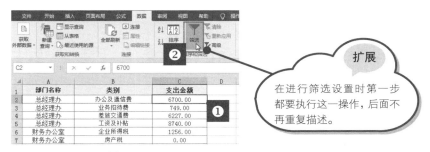

图 3-36

扩展

在进行筛选设置时第一步都要执行这一操作，后面不再重复描述。

❷ 单击"支出金额"列标识右侧的下拉按钮，在"数字筛选"子菜单中选择"大于"命令，如图 3-37 所示。

图 3-37

❸ 打开"自定义自动筛选方式"对话框，选择筛选方式为"大于"并输入支出金额，如图 3-38 所示。

❹ 单击"确定"按钮后，即可将支出金额在 5000 元以上的记录筛选出来，效果如图 3-39 所示。

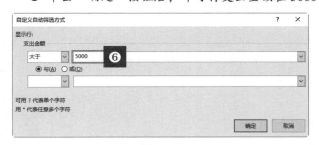

图 3-38

图 3-39

3.2.2　筛选成绩前 5 位的学生

本例表格统计了学生的总成绩，可以使用"前 10 项"功能将总分排名前 5 的记录筛选出来。

❶ 为表格添加自动筛选按钮之后，单击"总分"列标识右侧下拉按钮，在"数字筛选"子菜单中选择"前 10 项"命令，如图 3-40 所示。打开"自动筛选前 10 个"对话框，设置自动筛选的条件为"最大"→"5"，如图 3-41 所示。

❷ 单击"确定"按钮，即可筛选出排名前 5 的记录。效果如图 3-42 所示。

图 3-40

图 3-41

扩展

如果要筛选后 5 名的记录，在此下拉列表中选择"最小"选项。

班级	学号	姓名	C语言	高等数学	英语	离散数学	逻辑学	总分
计算机一班	201402004	左子健	88	95	81	79	95	438
计算机一班	201402005	陈潇	93	95	63	78	80	409
计算机一班	201402014	吴志刚	83	89	82	94	88	436
计算机二班	201402008	王玲玲	87	58	95	83	83	406
计算机一班	201402008	李媛媛	76	63	78	93	93	403

图 3-42

练一练

练习题目：筛选出指定时间区域的来访记录，如图 **3-43** 所示。

操作要点：时间值也可以如同数值一样进行大小判断，可以使用"介于"条件设置。

来访时间	来访人员	楼层	到访公司
10:09	陈晓	11层	东莞市创洁电子科技有限公司
10:22	崔衡	25层	东莞市佑信电子科技有限公司
10:30	邓敏	22层	深圳市睿彩纸品包装有限公司
11:10	霍晶	27层	深圳市诚遥光电数码有限公司
11:19	姜旭旭	29层	深圳市瑞宸高科技有限公司
11:20	李德印	22层	深圳市宝佳精科照明有限公司
11:45	李凯	22层	东莞金舜数码科技有限公司

图 3-43

3.2.3　筛选高于（低于）平均值的记录

在进行数据筛选时，还具有对数据的简易分析能力。例如，可以筛选出一组高于（低于）平均值的记录。

本例表格统计了学生的总成绩，可以快速筛选出总分高于平均成绩的记录。

❶ 为表格添加自动筛选按钮之后，单击"总分"列标识右侧的下拉按钮，在"数字筛选"子菜单中

选择"高于平均值"命令，如图 3-44 所示。

❷ 执行上述命令后，即可筛选出高于平均值的记录，如图 3-45 所示。

图 3-44

学号	姓名	C语言	高等数学	英语	离散数学	逻辑学	总分
201402001	王乐乐	83	70	58	95	86	392
201402004	左子健	88	95	81	79	95	438
201402005	陈潇	93	95	63	78	80	409
201402014	吴志刚	83	89	82	94	88	436
201402008	王玲玲	87	58	95	83	83	406
201402008	周伟渡	58	81	79	88	88	394
201402008	李缓缓	76	63	78	93	93	403
201402008	张端	81	82	94	56	83	396
201402008	杨阳洋	89	85	65	76	82	397

图 3-45

3.3　筛　选　文　本

筛选文本，顾名思义，就是针对文本字段的筛选。因此可以筛选出"包含"某文本、"开头是"某文本或者"结尾是"某文本的记录。

3.3.1　包含的筛选

如果要筛选出包含某个文本的记录，可以使用搜索筛选器自动筛选出符合要求的记录。例如，本例中要筛选出品名中有"风衣"文字的销售记录。

❶ 为表格添加自动筛选按钮之后，单击"品名"列标识右侧的下拉按钮，弹出下拉菜单，在搜索框内输入"风衣"，如图 3-46 所示。

❷ 单击"确定"按钮，即可看到系统筛选出品名中包含"风衣"的记录。效果如图 3-47 所示。

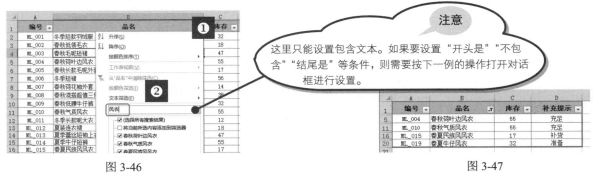

注意

这里只能设置包含文本。如果要设置"开头是""不包含""结尾是"等条件，则需要按下一例的操作打开对话框进行设置。

图 3-46

图 3-47

3.3.2 不包含的筛选

在进行文本筛选时也可以实现排除某文本的筛选。例如，要筛选出除了冬季服装之外的所有商品记录，可以使用"不包含"功能自动剔除包含指定文本的记录。

❶ 为表格添加自动筛选按钮之后，单击"品名"列标识右侧的下拉按钮，在"文本筛选"子菜单中选择"不包含"命令，如图 3-48 所示。

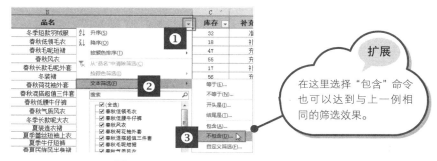

图 3-48

❷ 打开"自定义自动筛选方式"对话框，从中自定义自动筛选方式，设置不包含文本为"冬季"，如图 3-49 所示。

❸ 单击"确定"按钮后，即可筛选出品名中排除"冬季"文字的商品记录。效果如图 3-50 所示。

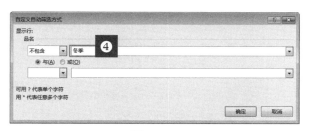

图 3-49

	编号	品名	库存	补充提示
1				
3	ML_002	春秋低领毛衣	18	补货
4	ML_003	春秋毛呢短裙	47	充足
5	ML_004	春秋风衣	55	充足
6	ML_005	春秋长款毛呢外套	17	补货
8	ML_007	春秋荷花袖外套	14	补货
9	ML_008	春秋混搭超值三件套	38	准备
10	ML_009	春秋低腰牛仔裤	32	准备
11	ML_010	春秋气质风衣	55	充足
13	ML_012	夏装连衣裙	18	补货
14	ML_013	夏季蕾丝短袖上衣	47	充足
15	ML_014	夏季牛仔短裤	55	充足
16	ML_015	春夏民族风半身裙	17	补货
19	ML_018	夏季吊带衫	38	准备

图 3-50

练一练

练习题目： 从竞赛成绩表中排除某个学校的记录。图 3-51 所示为源数据表，图 3-52 所示为排除"实验中学"后的筛选结果。

操作要点： 打开"自定义自动筛选方式"对话框，通过下拉列表选择条件为"不等于"。

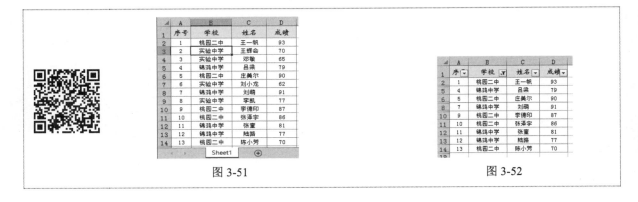

图 3-51 图 3-52

3.4 筛 选 日 期

使用日期筛选可以筛选出符合指定日期条件的所有记录，用户可以设置某个日期"之后""之前"或者筛选出"今天""昨天""上月""本周"的记录。

3.4.1 筛选某日之后的所有记录

本例中需要将 6 月之后的所有销售记录筛选出来，此筛选关键在于日期的设置。

❶ 为表格添加自动筛选按钮之后，单击"销售日期"列标识右侧的下拉按钮，在"日期筛选"子菜单中选择"之后"命令，如图 3-53 所示。

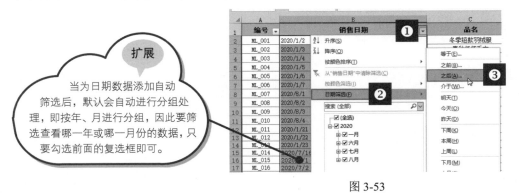

扩展

当为日期数据添加自动筛选后，默认会自动进行分组处理，即按年、月进行分组，因此要筛选查看哪一年或哪一月份的数据，只要勾选前面的复选框即可。

图 3-53

❷ 打开"自定义自动筛选方式"对话框，从中自定义自动筛选方式，在右侧选择日期为 2020-6-30，如图 3-54 所示。

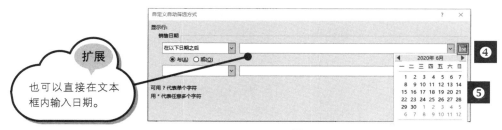

图 3-54

❸ 单击"确定"按钮后，即可筛选出指定日期之后的记录。效果如图 3-55 所示。

图 3-55

3.4.2 筛选本月的所有记录

本例中需要根据借出日期筛选出本月的所有借出记录，可以使用自动筛选功能，在日期筛选中选择"本月"选项。

❶ 为表格添加自动筛选按钮之后，单击"借出日期"列标识右侧的下拉按钮，在"日期筛选"子菜单中选择"本月"命令，如图 3-56 所示。

图 3-56

|83|

❷ 执行上述命令后即可筛选出本月的记录。效果如图 3-57 所示。

	A	B	C	D	E	F
1	图书编号	借出日期	图书分类	作者	出版社	价格
3	00007280	2020/1/4	现当代小说 小说	吴渡胜	北京出版社	29.80元
8	00017478	2020/1/23	军事史 军事 政治与军事	陈冰	长城出版社	38.00元
9	00028850	2020/1/12	现当代小说 小说	胡春辉 周立波	时代文艺出版社	10.00元
10	00018583	2020/1/12	科学技术 少儿 科普百科	钦明 杨宁松 徐永	辽宁少年儿童出版社	23.80元
12	00012330	2020/1/12	现当代小说 小说	紫鱼儿	凤凰出版传媒集团	28.00元
15	00016452	2020/1/1	识字 汉语 幼儿启蒙 少儿	朱自强	青岛出版社	17.80元
16	00018586	2020/1/1	现当代小说 小说	兰樾 兰樾	企业管理出版社	28.00元
17	00017493	2020/1/1	散文杂著集 作品集 文学	沈夏	武汉出版社	21.80元
18	00011533	2020/1/1	言情小说 小说	阿飞	华文出版社	28.00元
19	00016443	2020/1/16	代小说（1949年以后） 小说	天如玉	海南出版社	19.80元
24	00039441	2020/1/22	现当代小说 小说	陆杨	湖北少年儿童出版社	15.00元

图 3-57

练一练

练习题目：**筛选任意指定月份的报名记录**，如图 **3-58** 所示。

操作要点：在日期数据添加自动筛选后，日期会自动被分组，有多年的数据先按年份分组，年下面再按月细分，可以筛选查看任意指定月份的数据。

	A	B	C	D	E
1	序	报名时间	姓名	所报课程	学费
9	8	2020/3/1	吴可佳	轻黏土手工	780
10	9	2020/3/1	蔡晶	线描画	980
11	10	2020/3/2	张云翔	水墨画	980
15	14	2020/3/12	刘雨	水墨画	980
15	15	2020/3/10	张梦云	水墨画	980
17	16	2020/3/10	张春阳	卡漫	1080
19	18	2020/3/11	李小蝶	卡漫	1080
20	19	2020/3/17	黄新磊	卡漫	1080
21	20	2020/3/17	冯祺	水墨画	980

图 3-58

3.5 筛查结果独立放置的两种高级操作

使用自动筛选都是在原有表格中实现数据的筛选，被排除的记录行自动被隐藏；而使用高级筛选功能则可以将筛选出的结果存放在其他位置上，以便得到单一的分析结果，便于使用。在高级筛选方式下可以实现只满足一个条件的筛选（即"或"条件筛选），也可以实现同时满足两个条件的筛选（即"与"条件筛选）。高级筛选中筛选条件的设置是至关重要的，它会决定筛选出的数据记录是否符合要求。

3.5.1 "与"条件筛选（同时满足多条件）

使用"与"条件筛选可以实现将同时满足多个条件的记录全部筛选出来，只要有一个条件不符合要求都不会被选中。本例中要将销售 2 部中需要二次培训的记录筛选出来，即同时要满足"销售 2 部"与"二次培训"两个条件。

❶ 在 A20:B21 单元格区域建立筛选条件，切换到"数据"选项卡，在"排序和筛选"组中单击"高

级"按钮，如图 3-59 所示。

❷ 打开"高级筛选"对话框，设置"列表区域"地址（整个数据区域）、"条件区域"地址（第 1 步中设置条件的单元格区域），选中"将筛选结果复制到其他位置"单选按钮，设置"复制到"的单元格地址，如图 3-60 所示。

图 3-59   图 3-60

❸ 单击"确定"按钮，返回到工作表中，即可筛选出销售 2 部需要二次培训的人员记录，如图 3-61 所示。

图 3-61

经验之谈

只要源数据表是标准的数据明细表，"高级筛选"对话框中的"列表区域"一般会自动显示为整个表格区域。如果默认的区域不正确或人为地想使用其他的数据区域，都可以单击后面的拾取器按钮返回到数据表中重新选择。

🎯 练一练

练习题目：筛选出指定时间、指定课程的报名记录。

操作要点：如图 3-62 所示，要求筛选出 2020-1-10 前报名的所有手工课的记录。由于手工课有两种类型，分别为"轻黏土手工"与"剪纸手工"，因此使用"*手工"作为条件。

	A	B	C	D	E	F	G	H	I	J	K
1	序号	报名时间	姓名	所报课程	学费		报名时间	所报课程			
2	1	2020/1/2	陆路	轻黏土手工	780		<2020/1/10	*手工			
3	2	2020/1/1	陈小旭	线描画	980						
4	3	2020/1/6	李林杰	剪纸手工	1080						
5	4	2020/1/7	李成曦	轻黏土手工	780		序号	报名时间	姓名	所报课程	学费
6	5	2020/1/11	罗成佳	水墨画	980		1	2020/1/2	陆路	轻黏土手工	780
7	6	2020/1/8	姜旭旭	剪纸手工	1080		3	2020/1/6	李林杰	剪纸手工	1080
8	7	2020/1/15	崔心怡	水墨画	980		4	2020/1/7	李成曦	轻黏土手工	780
9	8	2020/1/8	吴可佳	轻黏土手工	780		6	2020/1/8	姜旭旭	剪纸手工	1080
10	9	2020/1/1	蔡晶	线描画	980		8	2020/1/1	吴可佳	轻黏土手工	780
11	10	2020/1/2	张云翔	水墨画	980		11	2020/1/4	刘成璃	轻黏土手工	780
12	11	2020/1/4	刘成璃	轻黏土手工	780		16	2020/1/9	张春阳	剪纸手工	1080
13	12	2020/1/5	张凯	水墨画	980						
14	13	2020/1/5	刘梦凡	线描画	980						
15	14	2020/1/9	刘萌	水墨画	980						
16	15	2020/1/9	张梦云	水墨画	980						
17	16	2020/1/9	张春阳	剪纸手工	1080						
18	17	2020/1/11	杨一帆	轻黏土手工	780						
19	18	2020/1/9	李小蝶	剪纸手工	1080						
20	19	2020/1/17	黄新磊	线描画	1080						
21	20	2020/1/17	冯琪	水墨画	980						

图 3-62

3.5.2　"或"条件筛选（满足多条件中任意一个）

　　"或"条件筛选是指筛选的数据只要满足两个或多个条件中的一个，即可作为满足条件的对象被筛选出来。例如，在入职考试表中需要筛选出笔试高于 90 分（包含 90 分）或者面试高于 90 分（包含 90 分）或者综合高于 90 分（包含 90 分）的记录，即三项成绩中只要有一项达到 90 分就被筛选出来。

　❶ 在 F1:H4 单元格区域建立筛选条件，切换到"数据"选项卡，在"排序和筛选"组中单击"高级"按钮，如图 3-63 所示。

　❷ 打开"高级筛选"对话框，设置"列表区域""条件区域"地址，选中"将筛选结果复制到其他位置"单选按钮，设置"复制到"的单元格地址，如图 3-64 所示。

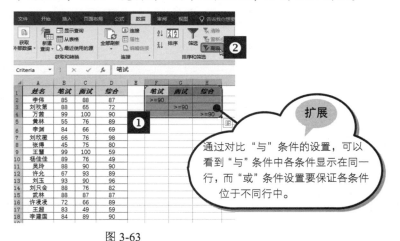

图 3-63

图 3-64

❸ 单击"确定"按钮，返回到工作表中，即可筛选出笔试高于90分（包含90分）、面试高于90分（包含90分）、综合高于90分（包含90分）的记录。效果如图3-65所示。

	A	B	C	D	E	F	G	H	I
1	姓名	笔试	面试	综合		笔试	面试	综合	
2	李伟	85	88	87		>=90			
3	刘欣蕾	88	65	72			>=90		
4	万薰	99	100	90				>=90	
5	黄林	55	76	89					
6	李洲	84	66	69		姓名	笔试	面试	综合
7	刘欣薇	66	76	98		万薰	99	100	90
8	张得	45	75	80		刘欣薇	66	76	98
9	王慧	99	100	59		王慧	99	100	59
10	杨佳佳	89	76	49		吴玲	88	90	90
11	吴玲	88	90	90		许允	67	93	89
12	许允	67	93	89		刘玉	93	90	96
13	刘玉	93	90	96		李建国	84	89	90
14	刘只余	88	76	82					
15	蒙林	88	87	87					
16	许凌凌	72	66	89					
17	王超	83	49	59					
18	李建国	84	89	90					
19									

图 3-65

练一练

练习题目：在下面的员工社保缴费表中，需要筛选出技术部或者缴费合计大于300元的记录，如图3-66所示。

操作要点：注意条件区域的列标识要与源表完全一致。

	A	B	C	D	E	F	G	H	I	J	K	L	M	N	O
1			员工社保缴费表						部门	合计					
2	序号	姓名	部门	养老保险	医疗保险	失业保险	合计		技术部						
3	NL001	王琪	行政部	232	68	29	319			>300					
4	NL002	于青青	财务部	264	76	33	363								
5	NL003	蔡静	客户部	236	69	29.5	324.5		序号	姓名	部门	养老保险	医疗保险	失业保险	合计
6	NL004	陈媛	客户部	232	68	29	319		NL001	王琪	行政部	232	68	29	319
7	NL005	聆高泽	客户部	236	69	29.5	324.5		NL002	于青青	财务部	264	76	33	363
8	NL006	岳庆浩	客户部	204	61	25.5	280.5		NL003	蔡静	客户部	236	69	29.5	324.5
9	NL007	廖晚	客户部	204	61	25.5	280.5		NL004	陈媛	客户部	232	68	29	319
10	NL008	吴华波	技术部	168	52	21	231		NL005	聆高泽	客户部	236	69	29.5	324.5
11	NL009	张丽君	技术部	172	53	21.5	236.5		NL007	廖晚	客户部	204	61	25.5	280.5
12	NL010	陈潇	行政部	156	49	19.5	214.5		NL008	吴华波	技术部	168	52	21	231
13	NL011	李雷儿	客户部	156	49	19.5	214.5		NL009	张丽君	技术部	172	53	21.5	236.5
14	NL012	张点点	行政部	124	41	15.5	170.5								
15	NL013	邓兰兰	财务部	156	49	19.5	214.5								
16	NL014	罗羽	财务部	100	35	12.5	137.5								
17	NL015	王丽	客户部	180	55	22.5	247.5								
18	NL016	吕芬芬	客户部	100	35	12.5	137.5								
19	NL017	陈山	客户部	124	41	15.5	170.5								

图 3-66

3.6 必 备 技 能

技能 1：非本市员工特殊显示

本例表格为公司员工通信录，要求将所有非合肥地区的员工信息标识出来。在进行条件格式设置时，在实现排除某文本之后其他的都特殊标记，需要打开条件格式对话框才能设置。

❶ 选中要设置的单元格区域，在"开始"选项卡的"样式"组中单击"条件格式"下拉按钮，在弹出的下拉菜单中选择"新建规则"命令，如图 3-67 所示。

❷ 打开"新建格式规则"对话框，在"选择规则类型"列表框中选中"只为包含以下内容的单元格设置格式"选项，在"编辑规则说明"栏中依次将各项设置为"特定文本""不包含""合肥市"，如图 3-68~图 3-70 所示。

图 3-67

图 3-68

图 3-69

图 3-70

❸ 单击"格式"按钮，打开"设置单元格格式"对话框，单击"填充"标签，设置填充颜色，如图 3-71 所示。

❹ 设置后依次单击"确定"按钮，即可让所有非"合肥市"的以特殊格式显示，如图 3-72 所示。

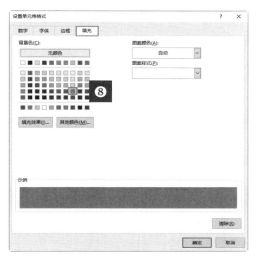

图 3-71

图 3-72

技能 2：加班时长最长的员工特殊显示

关于最大值的判定及突出显示，通过灵活的变换公式又可以达到不同的可视化显示目的。例如，在下面的例子中，要求将加班时长最长的员工姓名特殊显示出来，其操作方法如下。

❶ 选中目标单元格区域，在"开始"选项卡的"样式"组中单击"条件格式"下拉按钮，在弹出的下拉菜单中选择"新建规则"命令（见图 3-73），打开"新建格式规则"对话框。

图 3-73

❷ 在"选择规则类型"栏中选择"使用公式确定要设置格式的单元格"选项，在下面的文本框中输

入公式"=E2=MAX(E\$2:E\$19)"，然后单击"格式"按钮，打开"设置单元格格式"对话框，设置格式后返回，如图 3-74 所示。

❸ 单击"确定"按钮，即可看到"加班耗时"这一列中的最大值所对应的"加班员工"这一列中的姓名以特殊颜色标记，如图 3-75 所示。

图 3-74

	A	B	C	D	E
1	加班日期	加班员工	加班开始时间	加班结束时间	加班耗时
2	2020/4/1	王艳	17:30:00	19:30:00	2
3	2020/4/2	周全	17:30:00	21:00:00	3.5
4	2020/4/3	韩燕飞	18:00:00	19:30:00	1.5
5	2020/4/4	陶毅	11:00:00	16:00:00	5
6	2020/4/6	伍先泽	17:30:00	21:00:00	3.5
7	2020/4/7	方小飞	17:30:00	19:30:00	2
8	2020/4/8	钱丽丽	17:30:00	20:00:00	2.5
9	2020/4/11	彭红	12:00:00	13:30:00	1.5
10	2020/4/11	夏守梅	11:00:00	16:00:00	5
11	2020/4/12	陶菊	11:00:00	16:00:00	5
12	2020/4/14	张明亮	17:30:00	18:30:00	1
13	2020/4/16	石兴红	17:30:00	20:30:00	3
14	2020/4/19	周燕飞	14:00:00	17:00:00	3
15	2020/4/20	周松	19:00:00	22:30:00	3.5
16	2020/4/21	何嘉燕	17:30:00	21:00:00	3.5
17	2020/4/22	李丽	18:00:00	19:30:00	1.5

图 3-75

❹ 当源数据发生改变时，条件格式的规则会自动地发生改变而重新标记，如图 3-76 所示。

	A	B	C	D	E	F
1	加班日期	加班员工	加班开始时间	加班结束时间	加班耗时	主管核实
2	2020/4/1	王艳	17:30:00	19:30:00	2	王勇
3	2020/4/2	周全	17:30:00	21:00:00	3.5	李南
4	2020/4/3	韩燕飞	18:00:00	19:30:00	1.5	王丽义
5	2020/4/4	陶毅	11:00:00	16:00:00	5	叶小菲
6	2020/4/6	伍先泽	17:30:00	21:00:00	3.5	林佳
7	2020/4/7	方小飞	17:30:00	19:30:00	2	彭力
8	2020/4/8	钱丽丽	17:30:00	20:00:00	2.5	范琳琳
9	2020/4/11	彭红	12:00:00	13:30:00	1.5	易亮
10	2020/4/11	夏守梅	11:00:00	17:45:00	6.75	黄燕
11	2020/4/12	陶菊	11:00:00	16:00:00	5	李嘉
12	2020/4/14	张明亮	17:30:00	18:30:00	1	蔡敏
13	2020/4/16	石兴红	17:30:00	20:30:00	3	吴小莉
14	2020/4/19	周燕飞	14:00:00	17:00:00	3	陈述
15	2020/4/20	周松	19:00:00	22:30:00	3.5	张芳

图 3-76

技能 3：条件格式的传递

在下面表格的 C 列中设置了前 3 名突出显示的格式（如图 3-77 所示），现在希望 D 列与 E 列也应用相同的格式。针对已经设置好的条件格式，如果其他位置也需要使用，可以直接使用格式刷来传递格式。

❶ 选中要设置的单元格区域，在"开始"选项卡的"剪贴板"组中双击"格式刷"按钮，此时鼠标指针为小刷子形状，如图 3-78 所示。

❷ 在 D 列上单击，接着再在 E 列上单击，即可快速引用格式，如图 3-79 所示。

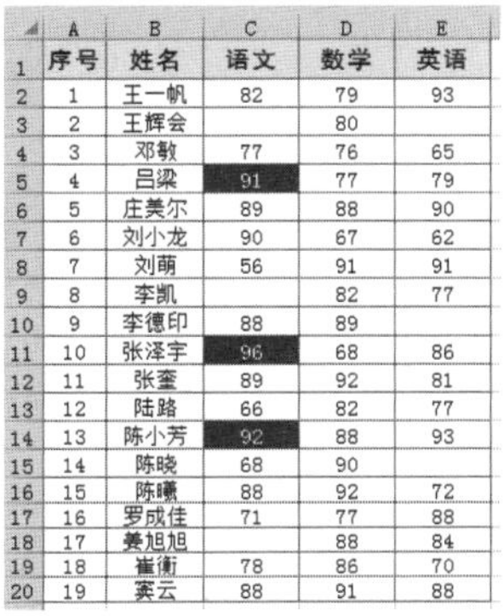

图 3-77

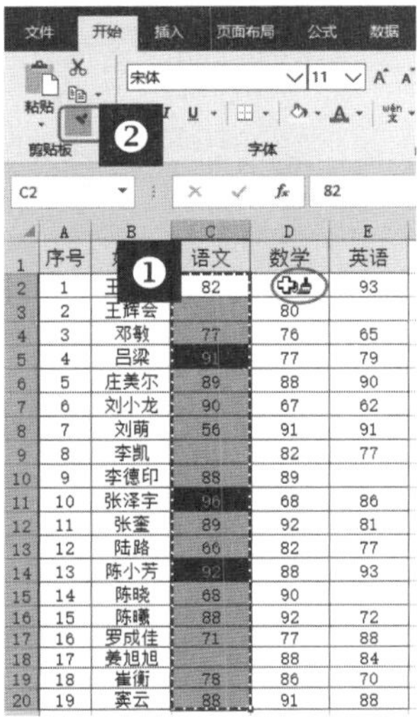

图 3-78

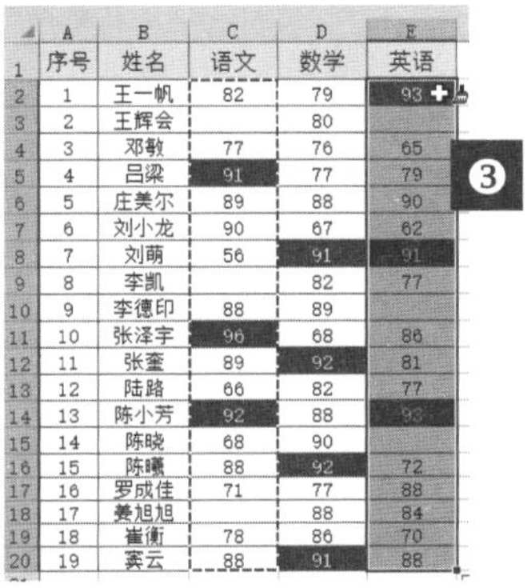

图 3-79

技能 4：数据比较的旋风图

旋风图通常用于两组数据之间的对比，它的展示效果非常直观，两组数据孰强孰弱一眼就能够看出来。本例中统计了最近几年公司的出口和内销额，下面需要使用 Excel 条件格式实现旋风图设计。

❶ 选中"出口"列数据，在"开始"选项卡的"样式"组中单击"条件格式"下拉按钮，在弹出的下拉菜单中选择"数据条"命令，在"渐变填充"子列表中选择数据条样式，如图 3-80 所示。

❷ 按相同方法为"内销"列数据添加相同的数据条，如图 3-81 所示。

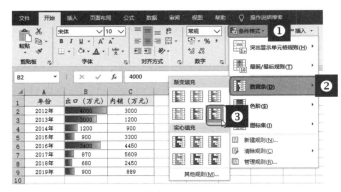

图 3-80

图 3-81

❸ 接着再选中 B2:B9 单元格区域，再次单击"条件格式"下拉按钮，在弹出的下拉菜单中依次选择"数据条"→"其他格式"命令，打开"新建格式规则"对话框。保持各默认选项不变，单击"条形图方向"下拉按钮，在打开的下拉列表中选择"从右到左"命令（见图 3-82），即可更改数据条的方向，得到旋风图效果，如图 3-83 所示。

图 3-82

	A	B	C
1	年份	出口（万元）	内销（万元）
2	2012年	4000	3000
3	2013年	3000	1200
4	2014年	1200	900
5	2015年	900	3300
6	2016年	3400	4450
7	2017年	870	5609
8	2018年	680	2450
9	2019年	900	889

图 3-83

第 4 章

从分析到汇报：数据统计分析神器

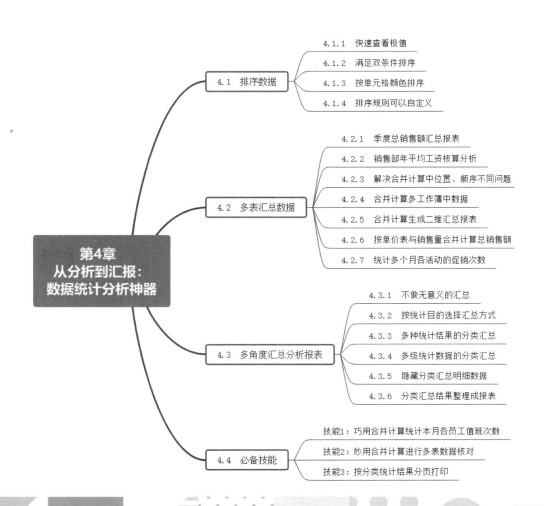

第4章
从分析到汇报：
数据统计分析神器

- 4.1 排序数据
  - 4.1.1 快速查看极值
  - 4.1.2 满足双条件排序
  - 4.1.3 按单元格颜色排序
  - 4.1.4 排序规则可以自定义

- 4.2 多表汇总数据
  - 4.2.1 季度总销售额汇总报表
  - 4.2.2 销售部年平均工资核算分析
  - 4.2.3 解决合并计算中位置、顺序不同问题
  - 4.2.4 合并计算多工作簿中数据
  - 4.2.5 合并计算生成二维汇总报表
  - 4.2.6 按单价表与销售量合并计算总销售额
  - 4.2.7 统计多个月各活动的促销次数

- 4.3 多角度汇总分析报表
  - 4.3.1 不做无意义的汇总
  - 4.3.2 按统计目的选择汇总方式
  - 4.3.3 多种统计结果的分类汇总
  - 4.3.4 多级统计数据的分类汇总
  - 4.3.5 隐藏分类汇总明细数据
  - 4.3.6 分类汇总结果整理成报表

- 4.4 必备技能
  - 技能1：巧用合并计算统计本月各员工值班次数
  - 技能2：妙用合并计算进行多表数据核对
  - 技能3：按分类统计结果分页打印

4.1　排　序　数　据

在进行大数据分析时，排序是一个既简单又常用的功能。例如，对数值进行排序可以迅速查看数据的大小、查看极值；对文本进行排序可以方便地对数据进行集中查看、对比、分析等。

4.1.1　快速查看极值

按单个数据排序是最简单的排序方法，主要注意点是在执行排序命令前准确地定位单元格。例如，针对本例的数据，不管当前数据表有多少条目，都能够快速查看所有销售员的销售额排名情况。

❶ 首先选中 C 列中的任意某个单元格，如 C4，然后在"数据"选项卡的"排序和筛选"组中单击"降序"按钮，如图 4-1 所示。

❷ 此时可以看到"一月份"列中的数据按照从高到低排列。效果如图 4-2 所示。

图 4-1　　　　　　　　　　　　　　　　　　　　图 4-2

4.1.2　满足双条件排序

本例的工资表中，要求查看相同部门中工资额的高低情况，则可以设置"所属部门"为主要关键字，再设置次要关键字为"应发合计"，即按双关键字排序。

❶ 选中表格区域中的任意单元格，在"数据"选项卡的"排序和筛选"组中单击"排序"按钮，如图 4-3 所示。

❷ 打开"排序"对话框，设置主要关键字，并设置排序次序，如图 4-4 和图 4-5 所示。

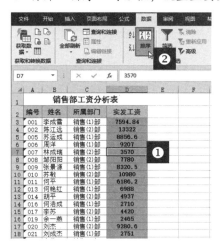

图 4-3

注意

要想显示出这些与表格中一致的字段，注意源表格一定要是规范的明细表，如列标识不能有合并单元格等。

图 4-4

图 4-5

扩展

这里有一个"自定义序列"选项，用于让数据按自定义的规则排序，在 4.1.3 小节中将会介绍。

❸ 单击"添加条件"按钮，设置次关键字，并设置排序次序，如图 4-6 和图 4-7 所示。

图 4-6

图 4-7

❹ 单击"确定"按钮，即可将数据首先按照所属部门排序，再将每个部门的工资按照降序排序。效果如图 4-8 所示。

	A	B	C	D
1		销售部工资分析表		
2	编号	姓名	所属部门	实发工资
3	002	陈江远	销售(2)部	13322
4	010	苏敏	销售(2)部	10980
5	020	刘杰	销售(2)部	9280.6
6	008	邹阳阳	销售(2)部	7780
7	025	杨海洋	销售(2)部	6256
8	024	彭丽	销售(2)部	6220
9	014	胡平	销售(2)部	4937
10	017	李苏	销售(2)部	4420
11	007	林成瑞	销售(2)部	3570
12	030	胡光霞	销售(2)部	3282
13	006	周洋	销售(1)部	9207
14	005	苏运成	销售(1)部	8856.6
15	009	张景源	销售(1)部	8320.5
16	001	李成雷	销售(1)部	7594.84
17	013	何艳红	销售(1)部	6988
18	011	何平	销售(1)部	6186.2
19	022	李萍	销售(1)部	4385
20	026	肖沼阳	销售(1)部	2793.5
21	021	刘成杰	销售(1)部	2751
22	016	何浩成	销售(1)部	2710
23	019	余一燕	销售(1)部	2465

图 4-8

练一练

练习题目：查看各应聘职位中的成绩排名情况，如图 4-9 所示。

操作要点：双关键字排序，主要关键字"应聘职位"和次要关键字"考核分数"。

	A	B	C
1	姓名	应聘职位	考核分数
2	陆路	办公室文员	92
3	陈小芳	办公室文员	87
4	王辉会	办公室文员	75
5	邓敏	办公室文员	70.5
6	陈曦	客服	92
7	蔡晶	客服	89
8	吕梁	客服	88
9	张海	客服	78
10	张泽宇	客服	77
11	刘小龙	客服	70
12	庄美尔	销售代表	95
13	李德印	销售代表	88.5
14	王一帆	销售代表	86
15	罗成佳	销售代表	82.5
16	崔衡	销售代表	78

图 4-9

4.1.3　按单元格颜色排序

数据在排序时默认以数值大小为依据，除此之外，还可以设置以单元格的颜色、字体颜色、条件格式图标为排序依据。在前面第 3 章中讲解了很多利用条件格式功能用颜色来标记特殊数据的例子，如果在大数据中将这些有颜色的单元格排到前面，则更加方便数据的查看。

例如，在本例的数据表中设置了条件格式，即为库存量较少的单元格设置了底纹色，这时为了更快速、更直观地查看库存量较少的产品，可以将设置了底纹色的单元格排序到顶端。

❶ 选中表格区域中的任意单元格，在"数据"选项卡的"排序和筛选"组中单击"排序"按钮，如图 4-10 所示。

❷ 打开"排序"对话框，分别设置主要关键字为"库存量"，排序依据为"单元格颜色"，如图 4-11 所示。次序如图 4-12 所示。

❸ 单击"确定"按钮，效果如图 4-13 所示。

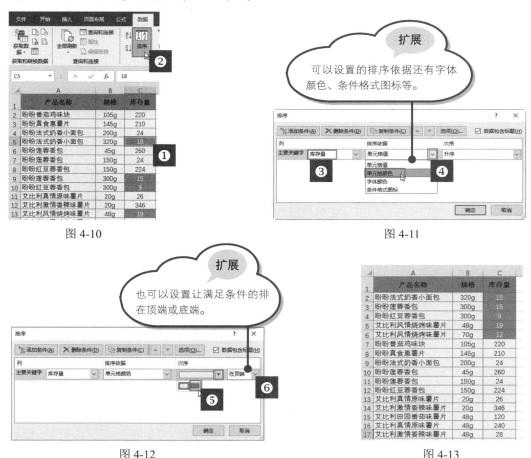

图 4-10

图 4-11

图 4-12

图 4-13

练一练

练习题目：将高账龄的账款全部排列在最上方，如图 **4-14** 所示（红灯图标为高账龄）。

操作要点：设置排序依据为"条件格式图标"，次序为红灯图标。

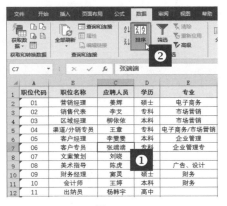

图 4-14

4.1.4　排序规则可以自定义

Excel 中数据排序时，对于数据值按数值大小排序，对于文字按首文字的笔画或首文字的首字母的顺序排列。除了这种排序规则，还可以设置自定义排序规则。例如，按指定的学历顺序、地域顺序、部门顺序等自定义排序。

例如，在本例中想按照"学历"从高到低排序，即按"硕士、本科、专科、高中"的顺序排列。

❶ 选中表格区域中的任意单元格，在"数据"选项卡的"排序和筛选"组中单击"排序"按钮，如图 4-15 所示。

❷ 打开"排序"对话框，设置主要关键字为"学历"，然后单击"次序"右侧的下拉按钮，在弹出的下拉列表中选择"自定义序列"选项，如图 4-16 所示。

图 4-15

图 4-16

❸ 打开"自定义序列"对话框，在"输入序列"列表框中依次输入自定义序列内容，如图 4-17 所示。单击"添加"按钮，将其添加到左侧的"自定义序列"列表框中，如图 4-18 所示。

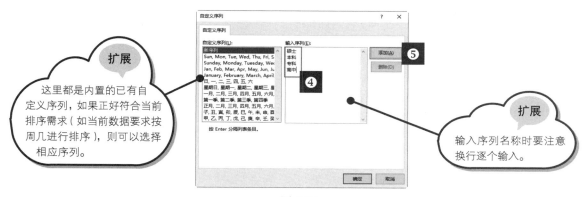

扩展

这里都是内置的已有自定义序列，如果正好符合当前排序需求（如当前数据要求按周几进行排序），则可以选择相应序列。

扩展

输入序列名称时要注意换行逐个输入。

图 4-17

❹ 单击"确定"按钮返回工作表，即可将"学历"列按照自定义序列排序。效果如图 4-19 所示。

图 4-18

	A	B	C	D	E
1	职位代码	职位名称	应聘人员	学历	专业
2	01	营销经理	姜辉	硕士	电子商务
3	09	财务经理	窦灵	硕士	财务
4	14	制造工程师	李勋	硕士	化工专业
5	03	区域经理	柳依依	本科	市场营销
6	05	客户经理	李雯雯	本科	企业管理
7	10	会计师	王婷	本科	财务
8	02	销售代表	李艾	专科	市场营销
9	04	渠道/分销专员	王童	专科	电子商务/市场营销
10	06	客户专员	张端端	专科	企业管理专
11	08	美术指导	陈虎	专科	广告、设计
12	12	生产主管	王影	专科	化工
13	07	文案策划	刘晓	高中	
14	11	出纳员	杨韩宇	高中	

图 4-19

经 验 之 谈

如第一季度、第二季度……，一、二、三……这样的数据看似具有递增特性，可是在排序时却无法按这个顺序排序，它们按首字母的顺序排序。这时要实现排序，则需要通过"自定义序列"来完成。在"自定义序列"对话框的"自定义序列"列表框中程序已经给出了一些常用的序列，如果没有，则自行创建。

4.2 多表汇总数据

多表数据的汇总统计除了使用函数公式外，在 Excel 中还有一项特殊的功能就是"合并计算"，利用此功能可以将多个分散表中的数据按照项目进行匹配并合并计算。例如，在日常工作中我们经常会将数据分门别类地存放在不同的表格，如按月存放、按部门存放、按销售区域存放等。那么在季末或是月末一般都需要进行合并汇总统计。这个时候就需要使用"合并计算"的功能了。数据汇总的方式包括求和、计数、平均值、最大值、最小值等。

4.2.1　季度总销售额汇总报表

　　如图 4-20～图 4-22 所示分别为 3 个月的销售记录表（各产品每月的销售情况分别记录在多张结构相同的表格中），现在需要根据现有的数据进行计算，建立一张汇总表格，将三张表格中的销售金额汇总，得到每个产品本季度的总销售金额。观察一下这三张表格，可以看到需要合并计算的数据存放的位置相同（顺序和位置均相同），因此可以按位置进行合并计算。

| | 图 4-20 | 图 4-21 | 图 4-22 |

图 4-21

图 4-22

　　❶ 新建一张工作表，重命名为"季度合计"，建立基本数据。选中 B2 单元格，在"数据"选项卡的"数据工具"组中单击"合并计算"按钮，如图 4-23 所示。打开"合并计算"对话框，使用默认的求和函数，单击"引用位置"右侧的拾取器按钮，如图 4-24 所示。

图 4-23

图 4-24

扩展

默认是求和函数，单击下拉按钮还可以选择其他函数，下一例中将使用平均值函数。

❷ 切换到"1月"工作表，选择待计算的区域 C2:C12 单元格区域（注意不要选中列标识），如图 4-25 所示。

❸ 再次单击拾取器按钮，返回"合并计算"对话框。单击"添加"按钮，完成第一个计算区域的添加，如图 4-26 所示。按相同的方法依次将"2月"工作表中的 C2:C12 单元格区域、"3月"工作表中的 C2:C12 单元格区域都添加为计算区域，如图 4-27 所示。

图 4-25

图 4-26

❹ 单击"确定"按钮，即可看到"季度合计"工作表中合并计算后的结果，如图 4-28 所示。

图 4-27

扩展

如果出现添加错误的区域，在选中后单击"删除"按钮即可。

图 4-28

4.2.2 销售部年平均工资核算分析

合并计算时默认使用的函数是求和函数，除此之外，还有求平均值、最大值、计数等其他函数。本例中是按月份记录销售部员工的工资（见图 4-29 和图 4-30，当前显示 3 个月），并且每张表格的结构完全相同。现在需要计算出这一季度中每位销售员的月平均工资。

	A	B	C	D
1	编号	姓名	所属部门	应发合计
2	001	陈春洋	销售部	2989
3	002	侯淑媛	销售部	4710
4	003	孙丽萍	销售部	3450
5	004	李平	销售部	5000
6	005	王保国	销售部	12132
7	006	杨和平	销售部	3303.57
8	007	张文轩	销售部	8029.2
9	008	彭丽丽	销售部	19640
10	009	韦余强	销售部	3507
11	010	阎绍红	销售部	2650
12	011	罗婷	销售部	6258.33
13	012	杨增	销售部	17964.8
14	014	姚磊	销售部	3469

图 4-29

	A	B	C	D
1	编号	姓名	所属部门	应发合计
2	001	陈春洋	销售部	5500
3	002	侯淑媛	销售部	4510
4	003	孙丽萍	销售部	3250
5	004	李平	销售部	3800
6	005	王保国	销售部	5932
7	006	杨和平	销售部	4103.57
8	007	张文轩	销售部	8829.2
9	008	彭丽丽	销售部	20440
10	009	韦余强	销售部	7500
11	010	阎绍红	销售部	3250
12	011	罗婷	销售部	7058.33
13	012	杨增	销售部	8764.8
14	013	姚磊	销售部	8939.29

图 4-30

❶ 新建一张工作表，重命名为"月平均工资计算"，建立基本数据。选中 B2 单元格，在"数据"选项卡的"数据工具"组中单击"合并计算"按钮，如图 4-31 所示。打开"合并计算"对话框，单击"函数"右侧的下拉按钮，在弹出的下拉列表中选择"平均值"选项，然后单击"引用位置"右侧的拾取器按钮，如图 4-32 所示。

图 4-31

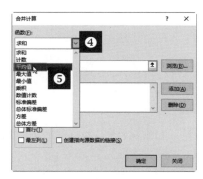

图 4-32

❷ 切换到"一月"工作表，选择待计算的区域 D2:D14 单元格区域（注意不要选中列标识），如图 4-33 所示。

❸ 再次单击拾取器按钮，返回"合并计算"对话框。单击"添加"按钮，完成第一个计算区域的添加，如图 4-34 所示。按相同的方法依次将"二月"工作表中的 D2:D14 单元格区域、"三月"工作表中的 D2:D14 单元格区域都添加为计算区域，如图 4-35 所示。

❹ 单击"确定"按钮，即可看到"月平均工资计算"工作表中工资平均计算后的结果，如图 4-36 所示。

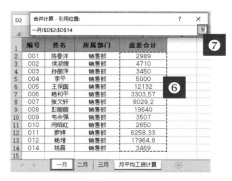

图 4-33

图 4-34

图 4-35

图 4-36

练一练

练习题目：各个部门的支出费用是分表统计的，并同时统计了一季度与二季度，现在要进行汇总统计得到这两个季度中各项费用的合计金额，得到如图 4-37 所示的统计结果。

操作要点：费用名称的项目名与顺序都一致，因此逐一添加合并计算的区域后，不需要勾选"最左列"复选框。

图 4-37

4.2.3　解决合并计算中位置、顺序不同问题

在进行分类汇总时，有时表格的数据结构并非完全相同。例如，数据记录顺序不同，条目也不完全相同，此时在完成多表数据的合并计算时，则需要按类别进行合并计算。

对于图 4-38 和图 4-39 所示的表格，产品的名称有相同的也有不同的，显示顺序也不尽相同，要对这两张售货单中各商品的销售数量进行合并计算，让相同商品的数量能够自动累加，即只要是相同的产品名称就进行合并计算，无论它分布于哪张表中，同表中的相同名称也一次性进行合计统计。

	A 产品名称	B 销售数量	C 销售金额
2	时尚流苏短靴	5	890
3	侧拉时尚长简靴	15	2385
4	韩版百搭透气小白鞋	8	1032
5	韩版时尚内增高小白鞋	4	676
6	时尚流苏短靴	15	1485
7	贴布刺绣中简靴	10	1790
8	韩版过膝磨砂长靴	5	845
9	英伦风切尔西靴	8	1112
10	复古雕花擦色单靴	10	1790
11	侧拉时尚长简靴	6	954
12	磨砂格子女靴	4	276
13	韩版时尚内增高小白鞋	6	1014
14	贴布刺绣中简靴	4	716
15	简约百搭小皮靴	10	1490
16	真皮百搭系列	2	318
17	韩版过膝磨砂长靴	4	676
18	真皮百搭系列	12	1908
19	简约百搭小皮靴	5	745
20	侧拉时尚长简靴	6	954

图 4-38

	A 产品名称	B 销售数量	C 销售金额
2	甜美花朵女靴	10	900
3	时尚流苏短靴	5	890
4	韩版百搭透气小白鞋	8	1032
5	韩版时尚内增高小白鞋	4	676
6	时尚流苏短靴	15	1485
7	韩版过膝磨砂长靴	5	845
8	时尚流苏短靴	10	1890
9	韩版过膝磨砂长靴	5	845
10	英伦风切尔西靴	4	556
11	甜美花朵女靴	5	450
12	贴布刺绣中简靴	15	2685
13	侧拉时尚长简靴	8	1272
14	英伦风切尔西靴	5	695
15	韩版百搭透气小白鞋	12	1548
16	甜美花朵女靴	10	900
17	韩版过膝磨砂长靴	4	676
18	侧拉时尚长简靴	6	954
19	潮流亮片女靴	5	540

图 4-39

❶ 在另一张工作表中建立表格的标识，选中 A2 单元格，在"数据"选项卡的"数据工具"组中单击"合并计算"按钮，如图 4-40 所示。

❷ 打开"合并计算"对话框，单击"引用位置"右侧的拾取器按钮，如图 4-41 所示。返回到"销售单 1"工作表中，选中 A2:C20 单元格区域（注意不要选中列标识），如图 4-42 所示。

图 4-40

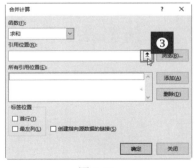

图 4-41

❸ 单击拾取器按钮，返回"合并计算"对话框。单击"添加"按钮，将选择的引用位置添加到"所有引用位置"列表框中，如图 4-43 所示。

图 4-42 　　　　　　　　　　　　　　　　　图 4-43

❹ 再次单击"引用位置"右侧的拾取器按钮，返回到"销售单2"工作表中，选中 A2:C19 单元格区域，依次按相同的方法添加此区域为第二个引用位置。然后在"标签位置"栏中勾选"最左列"复选框，如图 4-44 所示。

❺ 单击"确定"按钮，即可进行合并计算，得到如图 4-45 所示的统计结果。

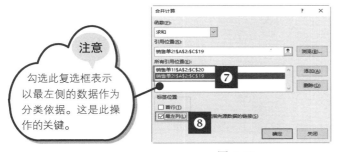

> **注意**
> 勾选此复选框表示以最左侧的数据作为分类依据。这是此操作的关键。

图 4-44 　　　　　　　　　　　　　　　　　图 4-45

练一练

练习题目： 分类汇总所有销售员在两个月中的销售业绩总额，如图 4-46 所示。

操作要点： 由于销售员的流动性，"一月业绩"表与"二月业绩"表中的销售员有相同的也有不相同的，因此逐一添加合并计算的区域后，一定要勾选"最左列"复选框。

图 4-46

4.2.4 合并计算多工作簿中数据

如果要合并计算的多张表格不在同一个工作簿中，则首先依次打开所有工作簿，然后在"合并计算"对话框中引用正确的单元格数据区域即可。它的设置方法其实和同工作簿多张不同工作表合并计算的方法是相同的，关键就在于引用方式的不同，一个是引用工作表的名称，一个是引用工作簿的名称。

本例在文件夹中分别有 A 区、B 区、C 区销售统计表，如图 4-47~图 4-49 所示。现在需要将其汇总到统计表中，无论产品是否叠加，最后统计的是整体的销售金额。

图 4-47 　　　　　　　　　　图 4-48 　　　　　　　　　　图 4-49

❶ 将各区的销售统计表打开，即 3 个不同的工作簿都同时打开。

❷ 打开汇总表，选中 A1 单元格，在"数据"选项卡的"数据工具"组中单击"合并计算"按钮，如图 4-50 所示。

注意

如果每个表中的类别相同，则可以事先在汇总表中建立好行、列标识，再进行合并计算。如果当前各表中类别不同，不要先建立行、列标识，可通过在后面的"合并计算"对话框中勾选"首行"与"最左列"两个复选框，让行、列标识自动生成。

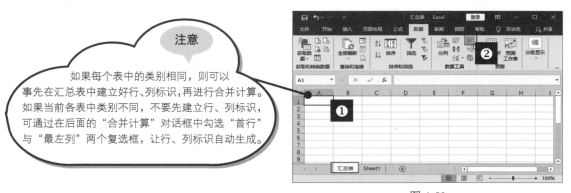

图 4-50

❸ 打开"合并计算"对话框，在"函数"下拉列表中选择"求和"选项，单击"引用位置"右侧的拾取器按钮，如图4-51所示。此时返回到工作表中，选择并拾取"A区销售统计表"工作簿中的A2:D14单元格，拾取后再次单击 按钮返回，如图4-52所示。

图 4-51

图 4-52

❹ 此时回到"合并计算"对话框，单击"添加"按钮，拾取的数据即被添加到引用位置，如图4-53所示。

❺ 单击"引用位置"右侧的拾取器按钮，按相同的方法拾取"B区销售统计表"工作簿中要参与计算的数据，并添加到引用位置区域。接着再添加"C区销售统计表"工作簿中要参与计算的数据。全部添加后勾选"首行"和"最左列"复选框，如图4-54所示。

图 4-53

> **扩展**
>
> 因为引用的数据在不同的工作簿中，所以引用位置前显示了工作簿名称。

图 4-54

❻ 单击"确定"按钮，完成多工作簿数据的合并计算。结果如图4-55所示。

月份	单方精油系列	基础油系列	复方油系列	纯露	香薰周边
1月	15369	19232	16654	18428	7852
2月	25630	19822	19540	19548	6520
3月	45263	19770	21482	17494	7425
4月	32562	24490	21372	17314	6930
5月	42530	19804	19403	17488	6660
6月	32020	19474	19495	14519	6258
7月	33080	17474	19105	14711	6897
8月	20152	15474	18046	17572	7000
9月	20458	24490	17714	15300	7890
10月	25423	30506	18321	17155	8960
11月	32120	32810	18608	18153	9008
12月	30069	23629	18948	15049	8900

图 4-55

经 验 之 谈

本例的合并计算表按类别对数据进行合并计算，如果汇总表格已经指定了需要汇总的行标题和列标题，那么 Excel 只支持合并计算指定的字段，并将结果汇总到指定的单元格中。如图 4-56 所示就指定了几个月份（不是全部），也指定了几个系列名称（不是全部）。

因此，要想只对指定的部分进行合并计算，必须事先在汇总表中指定想合并计算的项目。例如，上面的统计结果，先要按图 4-57 所示指定好，然后选中这一块区域，再打开"合并计算"对话框进行设置。

月份	单方精油系列	基础油系列	纯露
1月	15369	19232	18428
3月	45263	19770	17494
5月	42530	19804	17488
7月	33080	17474	14711
9月	20458	24490	15300
11月	32120	32810	18153

图 4-56

月份	单方精油系列	基础油系列	纯露
1月			
3月			
5月			
7月			
9月			
11月			

图 4-57

4.2.5 合并计算生成二维汇总报表

本例统计了各个分部中各产品的销售额，下面需要将各个分部的销售额汇总在一张表格中显示（也就是既显示各分部名称，又显示各个不同产品对应的销售额）。因为表格具有相同的列标识（见图 4-58～图 4-60），所以，如果直接合并，就会将两个表格的数据按最左侧数据直接合并出金额，因此要想显示出多个分部，需要先对原表数据的列标识进行处理。

商品	销售额（万元）
A商品	78
B商品	90
C商品	12.6
D商品	33
E商品	45
F商品	76
G商品	88.9

上海销售分部　南京销

图 4-58

商品	销售额（万元）
B商品	21
A商品	88
D商品	22.8
E商品	61.3
F商品	29.4

南京销售分部

图 4-59

商品	销售额（万元）
B商品	77
F商品	45.9
G商品	55
C商品	80
D商品	90.5
E商品	22.8

合肥销售分部

图 4-60

❶ 依次将各个表中 B1 单元格的列标识更改为"上海-销售额""南京-销售额""合肥-销售额"，即让它们分别显示出不同的列标识。

❷ 首先在"统计表"中选中 A1 单元格，在"数据"选项卡的"数据工具"组中单击"合并计算"按钮，如图 4-61 所示。

图 4-61

❸ 打开"合并计算"对话框，单击"引用位置"右侧的拾取器按钮，设置第一个引用位置为"上海销售分部"工作表的 A1:B8 单元格区域，如图 4-62 所示。继续设置第二个引用位置为"南京销售分部"工作表的 A1:B6 单元格区域，如图 4-63 所示。设置最后一个引用位置为"合肥销售分部"工作表的 A1:B7 单元格区域，如图 4-64 所示。这样就得到了所有合并计算需要应用的区域。

图 4-62   图 4-63   图 4-64

❹ 返回"合并计算"对话框后，勾选"首行"和"最左列"复选框，如图 4-65 所示。

❺ 单击"确定"按钮完成合并计算，在"统计表"中可以看到各产品在各分部的总销售额，如图 4-66 所示。

图 4-65

	A	B	C	D
1	商品	合肥-销售额（万元）	南京-销售额（万元）	上海-销售额（万元）
2	B商品	77	21	90
3	F商品	45.9	29.4	76
4	G商品	55		88.9
5	C商品	80		12.6
6	A商品		88	78
7	D商品	90.5	22.8	33
8	E商品	22.8	61.3	45

图 4-66

4.2.6　按单价表与销售量合并计算总销售额

本例工作簿中分两个工作表分别统计了商品的单价和商品的销售数量（见图 4-67 和图 4-68）。利用合并计算功能可以迅速得到总销售额统计表，其操作方法如下。

图 4-67　　　　　　　　　　　　　　　　图 4-68

❶ 建立"总销售额报表"，并建立列标识（见图 4-69），打开"合并计算"对话框，选择函数为"乘积"，如图 4-70 所示。

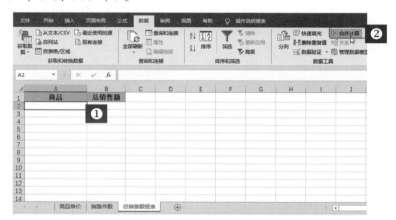

图 4-69

图 4-70

❷ 分别拾取"商品单价"工作表中的 A2:B13 单元格区域、"销售件数"工作表中的 A2:B13 单元格区域，将它们都添加到"合并计算"对话框的引用位置列表中，并勾选"最左列"复选框，如图 4-71 所示。

❸ 单击"确定"按钮，返回"总销售额报表"工作表后，即可计算出每一种商品的总销售额，如图 4-72 所示。

图 4-71

图 4-72

4.2.7 统计多个月各活动的促销次数

图 4-73 和图 4-74 所示的两张工作表分别记录了 1 月和 2 月各大店铺所做的促销活动，现在要统计各类产品的总促销活动次数，就需要合并两表中的数据统计次数。在"合并计算"功能中选择"计数"函数选项可以达到这一统计目的。

图 4-73

图 4-74

❶ 在另一张工作表中建立表格的标识，选中 A2 单元格，在"数据"选项卡的"数据工具"组中单击"合并计算"按钮，如图 4-75 所示。

❷ 打开"合并计算"对话框，单击"函数"右侧的下拉按钮，在打开的下拉列表中选择"计数"选项，如图 4-76 所示。

图 4-75

图 4-76

❸ 单击"引用位置"中的拾取器按钮，返回到工作表中设置第一个引用位置为"1 月促销"工作表中 A2:B14 单元格区域，如图 4-77 所示。

❹ 继续设置第二个引用位置为"2 月促销"工作表的 A2:B14 单元格区域。返回到"合并计算"对话框中，勾选"最左列"复选框，如图 4-78 所示。

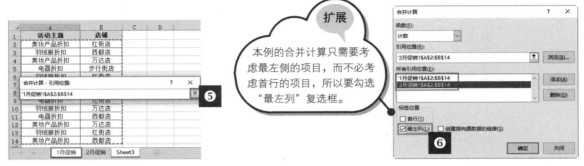

扩展

本例的合并计算只需要考虑最左侧的项目，而不必考虑首行的项目，所以要勾选"最左列"复选框。

| 图 4-77 | 图 4-78 |

❺ 单击"确定"按钮，即可以计数的方式合并计算两张表格的数据，计算出各类别产品的促销活动次数，如图 4-79 所示。

图 4-79

4.3　多角度汇总分析报表

分类汇总可以为同一类别的记录自动添加合计或小计。例如，计算同一类数据的总和、平均值、最大值等，从而得到分散记录的合计数据。因此，这项功能是数据分析（特别是大数据分析）中常用的命令之一。

4.3.1　不做无意义的汇总

所谓分类汇总，顾名思义，至少要有"类"可分，如果数据不具有分类属性，就不必做无意义的汇总。如图 4-80 所示的数据，无论是哪一列数据，都找不出分类属性，因此这样的表无法进行分类汇总。

再比如图 4-81 所示的数据表，“班级”列已经具备了分类属性，但如果直接对数据分类汇总，也将是无意义的汇总。如图 4-82 所示的汇总表毫无意义。

	A	B	C	D	E
1	姓名	语文	数学	英语	总分
2	李成雪	81	80	70	231
3	苏瑞瑞	91	77	79	247
4	陈江远	90	67	62	219
5	刘澈	56	91	91	238
6	苏俊成	96	68	86	250
7	张泽宇	89	65	81	235
8	林成瑞	66	82	77	225
9	王辉会	90	88	70	248
10	张景源	68	90	79	237
11	杨冰冰	88	92	72	252
12	肖诗雨	91	88	84	263
13	田心贝	78	86	70	234
14	何心怡	90	91	88	269
15	徐梓瑞	82	88	69	239
16	胡晓阳	69	80	56	205

图 4-80

	A	B	C	D	E	F
1	班级	姓名	语文	数学	英语	总分
2	高三（2）班	李成雪	81	80	70	231
3	高三（2）班	苏瑞瑞	56	91	91	238
4	高三（1）班	陈江远	91	77	79	247
5	高三（3）班	刘澈	90	67	62	219
6	高三（3）班	苏俊成	96	68	86	250
7	高三（2）班	张泽宇	89	65	81	235
8	高三（1）班	林成瑞	66	82	77	225
9	高三（2）班	王辉会	90	88	70	248
10	高三（3）班	张景源	68	90	79	237
11	高三（1）班	杨冰冰	88	92	72	252
12	高三（1）班	肖诗雨	91	88	84	263
13	高三（2）班	田心贝	78	86	70	234
14	高三（1）班	何心怡	90	91	88	269
15	高三（3）班	徐梓瑞	82	88	69	239
16	高三（3）班	胡晓阳	69	80	56	205

图 4-81

因此，正确的做法是必须对待分类的字段先进行排序，将相同的分类排到一起，然后才能对各个类别进行汇总统计，如图 4-83 所示。

	A	B	C	D	E	F
1	班级	姓名	语文	数学	英语	总分
2	高三（2）班	李成雪	81	80	70	231
3	高三（2）班	苏瑞瑞	56	91	91	238
4	**高三（2）班 平均值**					234.5
5	高三（1）班	陈江远	91	77	79	247
6	**高三（1）班 平均值**					247
7	高三（3）班	刘澈	90	67	62	219
8	高三（3）班	苏俊成	96	68	86	250
9	**高三（3）班 平均值**					234.5
10	高三（2）班	张泽宇	89	65	81	235
11	**高三（2）班 平均值**					235
12	高三（1）班	林成瑞	66	82	77	225
13	**高三（1）班 平均值**					225
14	高三（2）班	王辉会	90	88	70	248
15	**高三（2）班 平均值**					248
16	高三（3）班	张景源	68	90	79	237
17	**高三（3）班 平均值**					237
18	高三（1）班	杨冰冰	88	92	72	252
19	高三（1）班	肖诗雨	91	88	84	263
20	**高三（1）班 平均值**					257.5
21	高三（2）班	田心贝	78	86	70	234
22	**高三（2）班 平均值**					234
23	高三（1）班	何心怡	90	91	88	269
24	**高三（1）班 平均值**					269
25	高三（3）班	徐梓瑞	82	88	69	239
26	高三（3）班	胡晓阳	69	80	56	205

图 4-82

	A	B	C	D	E	F
1	班级	姓名	语文	数学	英语	总分
2	高三（1）班	陈江远	91	77	79	247
3	高三（1）班	林成瑞	66	82	77	225
4	高三（1）班	杨冰冰	88	92	72	252
5	高三（1）班	肖诗雨	91	88	84	263
6	高三（1）班	何心怡	90	91	88	269
7	**高三（1）班 平均值**					251.2
8	高三（2）班	李成雪	81	80	70	231
9	高三（2）班	苏瑞瑞	56	91	91	238
10	高三（2）班	张泽宇	89	65	81	235
11	高三（2）班	王辉会	90	88	70	248
12	高三（2）班	田心贝	78	86	70	234
13	**高三（2）班 平均值**					237.2
14	高三（3）班	刘澈	90	67	62	219
15	高三（3）班	苏俊成	96	68	86	250
16	高三（3）班	张景源	68	90	79	237
17	高三（3）班	徐梓瑞	82	88	69	239
18	高三（3）班	胡晓阳	69	80	56	205
19	**高三（3）班 平均值**					230
20	**总计平均值**					239.4667

图 4-83

4.3.2 按统计目的选择汇总方式

分类汇总的计算函数有求和、求平均值、求最大/最小值、计算等。对于选用哪一种汇总方式，由统计目的来决定。例如，本例中要统计出各个图书分类的总销量，因此在进行汇总时需要进行求和计算。

❶ 选中“图书分类”列中任一单元格，然后在“数据”选项卡的“排序和筛选”组中单击“降序”按钮，将“图书分类”列的数据降序排列，如图 4-84 所示。

❷ 在“数据”选项卡的“分级显示”组中单击“分类汇总”按钮，如图 4-85 所示。

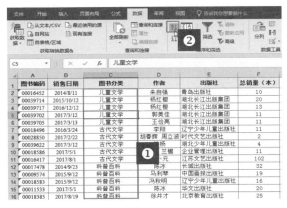

图 4-84　　　　　　　　　　　　　　　　　　　图 4-85

❸ 打开"分类汇总"对话框，单击"分类字段"右侧的下拉按钮，在打开的下拉列表中选择"图书分类"选项，设置"汇总方式"为"求和"，勾选"总销量（本）"复选框，如图 4-86 和图 4-87 所示。

注意

分类字段一定是具有分类属性的字段。简单来说，就是我们排序的那个字段。

注意

默认是求和，如果要使用其他汇总方式，则单击下拉按钮进行选择。

图 4-86　　　　　　　　　　　　　　　　　　　图 4-87

❹ 单击"确定"按钮，即可按图书分类统计出总销量，如图 4-88 所示。

	A	B	C	D	E	F
1	图书编码	销售日期	图书分类	作者	出版社	总销量（本）
2	00016452	2014/8/11	儿童文学	朱自强	青岛出版社	10
3	00039714	2015/10/12	儿童文学	杨红樱	湖北长江出版集团	20
4	00039717	2016/12/12	儿童文学	杨红樱	湖北长江出版集团	13
5	00039702	2017/3/12	儿童文学	郭美佳	湖北长江出版集团	11
6	00039705	2017/3/13	儿童文学	王伦亮	湖北长江出版集团	11
7			儿童文学 汇总			65
8	00018496	2016/3/24	古代文学	李翔	辽宁少年儿童出版社	11
9	00028850	2017/2/22	古代文学	胡春辉 周立波	时代文艺出版社	2
10	00039622	2017/3/12	古代文学	陆杨	湖北少年儿童出版社	4
11	00018586	2017/5/1	古代文学	兰樾 兰樾	企业管理出版社	11
12	00016417	2017/8/1	古代文学	苗卜元	江苏文艺出版社	102
13			古代文学 汇总			130
14	00017478	2014/9/23	科普百科	陈冰	长城出版社	32
15	00009574	2015/9/12	科普百科	马利琴	中国画报出版社	19
16	00018583	2015/9/12	科普百科	冯秋明	辽宁少年儿童出版社	16
17	00011533	2017/5/1	科普百科	陈冰	华文出版社	20
18	00018385	2017/8/19	科普百科	徐井才	北京教育出版社	25
19	00017354	2017/8/20	科普百科	韩寒	天津人民出版社	26
20			科普百科 汇总			138
21	00017415	2015/3/21	现当代小说	俞鑫	北京时代华文书局	22

图 4-88

练一练

练习题目：分类汇总统计各个班级的最高分，如图 **4-89** 所示。

操作要点：设置汇总方式为"最大值"。

图 4-89

4.3.3　多种统计结果的分类汇总

多种统计结果的分类汇总指的是并不仅仅显示一种分类汇总结果，而是同时显示多种统计结果，如同时显示求和值、最大值、平均值等。如本例中要同时显示出各个班级的最大值与平均值两项分类汇总的结果。

❶ 针对本例数据源，首先对"班级"字段进行排序，将相同班级的数据排到一起。在"数据"选项卡的"分级显示"组中单击"分类汇总"按钮，如图 4-90 所示。

❷ 打开"分类汇总"对话框，设置"分类字段"为"班级"，设置"汇总方式"为"平均值"，"选定汇总项"为"总分"，如图 4-91 所示。

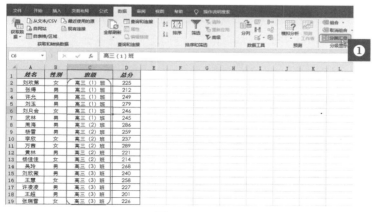

图 4-90

图 4-91

❸ 单击"确定"按钮得到第一次分类汇总的结果，如图 4-92 所示。

❹ 按相同的方法再次打开"分类汇总"对话框。重新设置"汇总方式"为"最大值"，取消勾选下方的"替换当前分类汇总"复选框，如图 4-93 所示。

❺ 单击"确定"按钮完成设置，此时可以看到表格中分类汇总的结果是两种统计结果，如图 4-94 所示。

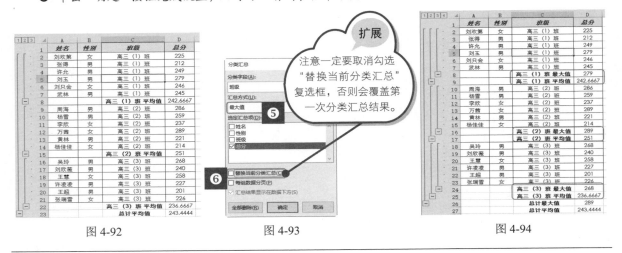

图 4-92　　　　　　　　　图 4-93　　　　　　　　　图 4-94

4.3.4　多级统计数据的分类汇总

　　　多级分类汇总指的是对一级数据汇总后，该级数据下还有下级分类，再对下级数据也按类进行汇总。例如，下面数据中"系列"作为第一级分类，在同一"系列"下还对应不同的商品，再按不同商品进行汇总。在创建多级分类汇总之前的一个最重要的步骤就是先要进行双字段排序。

❶ 打开表格，在"数据"选项卡的"排序和筛选"组中单击"排序"按钮，如图 4-95 所示。

❷ 打开"排序"对话框，设置"主要关键字"为"系列"，"次要关键字"为"商品"，如图 4-96 所示。

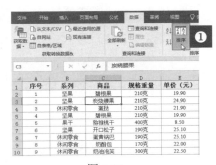

图 4-95

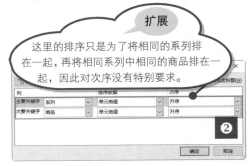

图 4-96

❸ 单击"确定"按钮，即可得到排序结果。效果如图4-97所示。在"数据"选项卡的"分级显示"组中单击"分类汇总"按钮，打开"分类汇总"对话框。

❹ 单击"分类字段"右侧的下拉按钮，在打开的下拉列表中选择"系列"选项，设置"汇总方式"为"求和"，并勾选下方的"销量"复选框，如图4-98所示。

图 4-97　　　　　　　　　　　　　　　　　　图 4-98

❺ 单击"确定"按钮，得到一级分类汇总结果。再次打开"分类汇总"对话框，单击"分类字段"右侧的下拉按钮，在打开的下拉列表中选择"商品"选项，并取消勾选下方的"替换当前分类汇总"复选框，如图4-99所示。

❻ 单击"确定"按钮，得到多级分类汇总结果（先按系列得到总销量统计，再按商品得到总销量统计）。效果如图4-100所示。

扩展

如果要删除分类汇总，选中数据区域任意单元格，单击此按钮即可。

图 4-99　　　　　　　　　　　　　　　　　图 4-100

4.3.5　隐藏分类汇总明细数据

在进行分类汇总后，统计的结果会显示在每个分类的下方，如果数据量较大，则会不便于对统计结果的查看。这时则需要对明细数据进行隐藏，而只显示分类汇总的结果。

在执行了分类汇总后，操作区域的左上角位置会出现几个按钮，这几个按钮就是用来控制数据的显示级别的。例如，沿用上面的实例，针对当前本例中的统计结果，单击显示级别 3，显示的统计结果如图 4-101 所示。单击显示级别 2，显示的统计结果如图 4-102 所示。

注意

这里的显示级别跟当前的统计级别相关，统计的级别越多，数字越多。

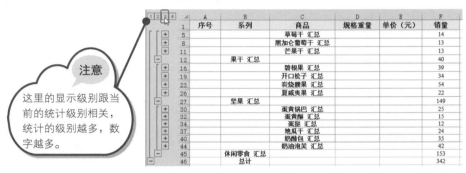

图 4-101

图 4-102

4.3.6　分类汇总结果整理成报表

在利用分类汇总功能获取统计结果后，可以通过复制使用汇总结果并进行格式整理而形成用于汇报的汇总报表。但是在复制分类汇总结果时，会自动将明细数据全部粘贴过来。如果只想把汇总结果复制下来，则需要按如下方法操作。

❶ 打开创建了分类汇总的表格，先选中有统计数据的单元格区域，如图 4-103 所示。

❷ 按下 F5 键即可打开"定位条件"对话框，选中"可见单元格"单选按钮，如图 4-104 所示。

❸ 单击"确定"按钮，即可将选中单元格区域中的所有可见单元格区域选中，再按 Ctrl+C 组合键执行复制命令，如图 4-105 所示。

图 4-103

图 4-104

图 4-105

❹ 打开新工作表后，按下 Ctrl+V 组合键执行粘贴命令，即可实现只将分类汇总结果粘贴到新表格中，如图 4-106 所示。

❺ 将一些没有统计项的列删除，对表格稍做整理。报表如图 4-107 所示。

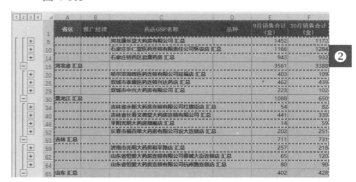

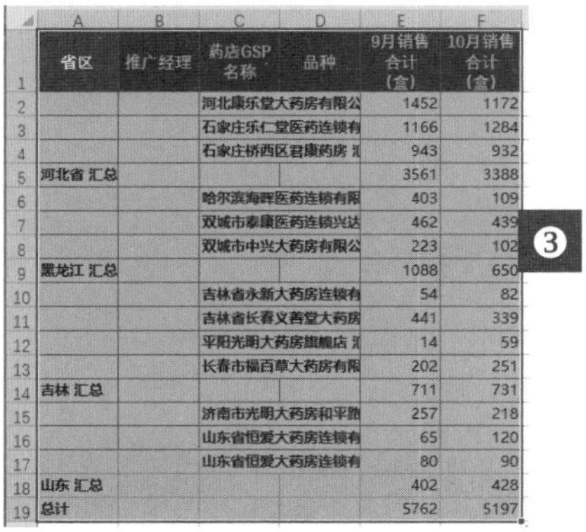

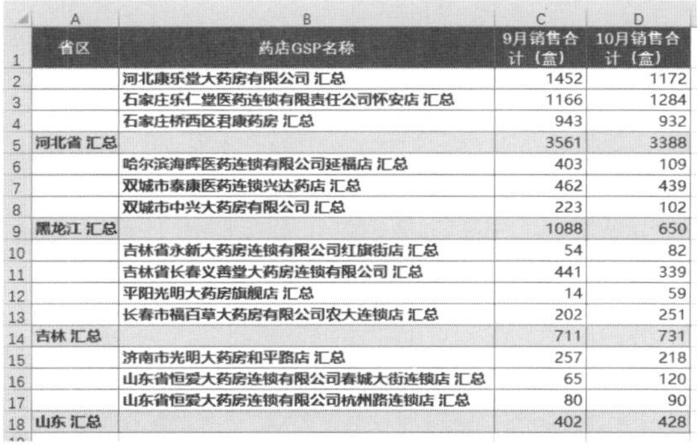

图 4-106

图 4-107

❻ 按 Ctrl+H 组合键打开"查找和替换"对话框，在"查找内容"文本框中输入"汇总"，"替换为"文本框中保持空白。报表如图 4-108 所示。

❼ 单击"全部替换"按钮即可将报表中的"汇总"文字删除，然后再为报表添加标题，最终形成可用于工作汇报的报表，如图 4-109 所示。

A	B	C	D
各省区各药店销售数量统计			
省区	药店GSP名称	9月销售合计（盒）	10月销售合计（盒）
	河北康乐堂大药房有限公司	1452	1172
	石家庄乐仁堂医药连锁有限责任公司怀安店	1166	1284
	石家庄桥西区君康药房	943	932
河北省		3561	3388
	哈尔滨海珲医药连锁有限公司延福店	403	109
	双城市泰康医药连锁兴达药店	462	439
	双城市中兴大药房有限公司	223	102
黑龙江		1088	650
	吉林省永新大药房有限公司红旗店	54	82
	吉林省长春义善堂大药房连锁有限公司	441	339
	平阳光明大药房旗舰店	14	59
	长春市楠百草大药房有限公司农大连锁店	202	251
吉林		711	731
	济南市光明大药房和平路店	257	218
	山东省恒爱大药房连锁有限公司春城大街连锁店	65	120
	山东省恒爱大药房连锁有限公司杭州路连锁店	80	90
山东		402	428

图 4-108　　　　　　　　　　　　　　　　　　　　图 4-109

4.4　必备技能

技能 1：巧用合并计算统计本月各员工值班次数

针对如图 4-110 所示的表格，不使用函数公式，而使用合并计算功能也能统计出本月各员工值班次数。

❶ 在表格的空白处建立表格的标识，选中 D3 单元格，在"数据"选项卡的"数据工具"组中单击"合并计算"按钮，打开"合并计算"对话框。选择"函数"为"计数"，添加引用位置为 Sheet1(2)的 A2:B16 单元格区域，勾选"最左列"复选框，如图 4-111 所示。

图 4-110　　　　　　　　　　　　　　　　图 4-111

❷ 单击"确定"按钮，统计结果如图 4-112 所示。

❸ 统计出的值班次数默认显示为日期格式，将其重新修改为"常规"格式。统计结果如图 4-113 所示。

	A	B		D	E
1	值班人员	值班日期			
2	肖凯	6月1日		值班人员	值班次数
3	陈雨洋	6月2日		肖凯	1月3日
4	程泽平	6月3日		陈雨洋	1月2日
5	程泽平	6月4日		程泽平	1月6日
6	陈雨洋	6月5日		刘越	1月3日
7	肖凯	6月6日		王一凡	1月1日
8	程泽平	6月7日			
9	刘越	6月8日			
10	程泽平	6月9日			
11	王一凡	6月10日			
12	程泽平	6月11日			
13	程泽平	6月12日			
14	刘越	6月18日			
15	肖凯	6月20日			
16	刘越	6月22日			

图 4-112

	A	B		D	E
1	值班人员	值班日期			
2	肖凯	9月1日		值班人员	值班次数
3	陈雨洋	9月2日		肖凯	3
4	程泽平	9月3日		陈雨洋	2
5	程泽平	9月4日		程泽平	6
6	陈雨洋	9月5日		刘越	3
7	肖凯	9月6日		王一凡	1
8	程泽平	9月7日			
9	刘越	9月8日			
10	程泽平	9月9日			
11	王一凡	9月10日			
12	程泽平	9月11日			
13	程泽平	9月12日			
14	刘越	9月18日			
15	肖凯	9月20日			
16	刘越	9月22日			

图 4-113

技能 2：妙用合并计算进行多表数据核对

在 Excel 中实现多表数据核对的方法有很多，通过"合并计算"功能中的"标准偏差"计算方式就可以判断两表数据是否有差异。如图 4-114 和图 4-115 所示是一个工作簿中的两个工作表，现在要求快速比较出两个工作表中对员工报销金额的统计是否一致。

	A	B
1	报销人员	报销金额
2	唐艳霞	4300
3	张恬	250
4	李丽敏	5000
5	马燕	12000
6	张小丽	400
7	刘艳	122
8	彭畅	200
9	范俊弟	1000
10	杨伟健	654
11	马路刚	334
12	李辉	560
13	郝艳芬	450
14	李成	900
15		

表1 表2 Sheet3

图 4-114

	A	B
1	报销人员	报销金额
2	唐艳霞	4300
3	张恬	200
4	李丽敏	5000
5	马燕	12000
6	张小丽	400
7	刘艳	122
8	彭畅	190
9	范俊弟	300
10	杨伟健	654
11	马路刚	334
12	李辉	560
13	郝艳芬	440
14	李成	900
15		

表1 表2 Sheet3

图 4-115

❶ 新建工作表并选中 A1 单元格，在"数据"选项卡的"数据工具"组中单击"合并计算"按钮，打开"合并计算"对话框。单击"函数"右侧的下拉按钮，在打开的下拉列表中选择"标准偏差"选项，如图 4-116 所示。

❷ 单击"引用位置"右侧的拾取器按钮，回到工作表中，设置第一个引用位置为"表 1"工作表中 A1:B14 单元格区域，继续设置第二个引用位置为"表 2"工作表的 A1:B14 单元格区域。勾选"首行"和"最左列"复选框，如图 4-117 所示。

❸ 单击"确定"按钮，即可生成差异表，如图 4-118 所示。在 B 列中，返回值为 0，表示数据不存

在差异；返回值非0，表示数据存在差异，即不同。

图 4-116

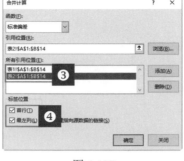

图 4-117

图 4-118

经验之谈

当合并计算的源数据表中数据进行了改动后，合并计算的结果不会自动变更。如果要对经常变动的数据建立合并计算汇总表，则可以在"合并计算"对话框中所有设置完成后，勾选"创建指向源数据的链接"复选框，再单击"确定"按钮。

技能 3：按分类统计结果分页打印

分类汇总的结果是将一类数据添加小计，这样既做到了分类，又得到了统计结果。在打印这类报表时，有时需要按各个不同的分类来分页打印。为了达到这一效果，需要在"分类汇总"对话框中启用一个选项。

❶ 对于已经进行了分类汇总的报表，在"数据"选项卡的"分级显示"组中单击"分类汇总"按钮，重新打开"分类汇总"对话框，勾选"每组数据分页"复选框，如图 4-119 所示。

图 4-119

❷ 单击"确定"按钮，这就实现了将分类汇总结果的每组数据后面都添加了一个分页符，从而实现分页打印的效果。重新进入到打印预览，可以看到每个组都分别显示到单一的页中。如图 4-120 所示为第 1 页，图 4-121 所示为第 2 页。

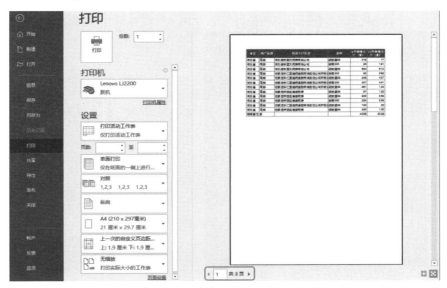

图 4-120

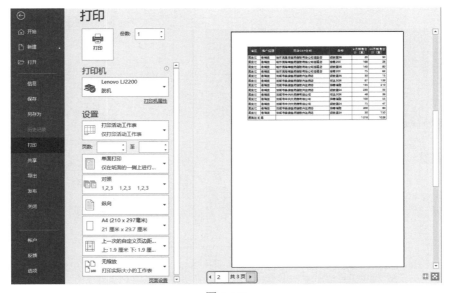

图 4-121

第 5 章

从简约到精致：直线提升
表格颜值

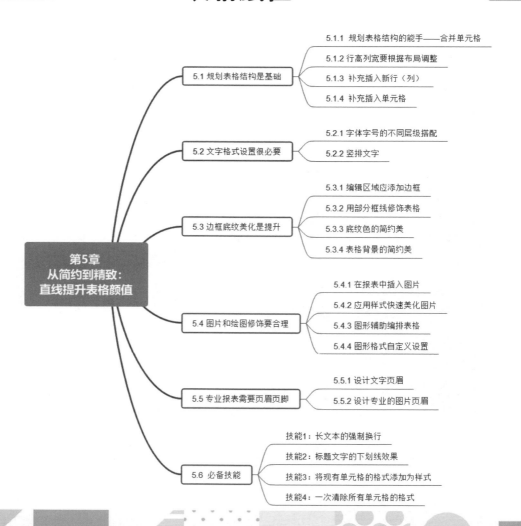

第5章
从简约到精致：
直线提升表格颜值

5.1 规划表格结构是基础
- 5.1.1 规划表格结构的能手——合并单元格
- 5.1.2 行高列宽要根据布局调整
- 5.1.3 补充插入新行（列）
- 5.1.4 补充插入单元格

5.2 文字格式设置很必要
- 5.2.1 字体字号的不同层级搭配
- 5.2.2 竖排文字

5.3 边框底纹美化是提升
- 5.3.1 编辑区域应添加边框
- 5.3.2 用部分框线修饰表格
- 5.3.3 底纹色的简约美
- 5.3.4 表格背景的简约美

5.4 图片和绘图修饰要合理
- 5.4.1 在报表中插入图片
- 5.4.2 应用样式快速美化图片
- 5.4.3 图形辅助编排表格
- 5.4.4 图形格式自定义设置

5.5 专业报表需要页眉页脚
- 5.5.1 设计文字页眉
- 5.5.2 设计专业的图片页眉

5.6 必备技能
- 技能1：长文本的强制换行
- 技能2：标题文字的下划线效果
- 技能3：将现有单元格的格式添加为样式
- 技能4：一次清除所有单元格的格式

5.1 规划表格结构是基础

建立报表是一个不断调整的过程，可以根据需求先在纸上绘制大致框架草图，然后再进入 Excel 软件中通过合并单元格调整行高列宽、插入行列等多项操作，最终获取满足要求的表格结构。

5.1.1 规划表格结构的能手——合并单元格

单元格合并是规划表格结构时的一项最常用功能项。可以随时进行单元格合并及取消合并的操作，直到将表格结构调整到合理。一般用在表格的标题上，或者用于表达一对多的对应关系，有时也为了创建更大的文本书写空间。

❶ 向表格中输入基本数据，选中 A1:H1 单元格区域，在"开始"选项卡的"对齐方式"组中单击"合并后居中"按钮，如图 5-1 所示。

❷ 执行命令后，可以看到报表的标题已经是跨多列而居中显示的效果，如图 5-2 所示。

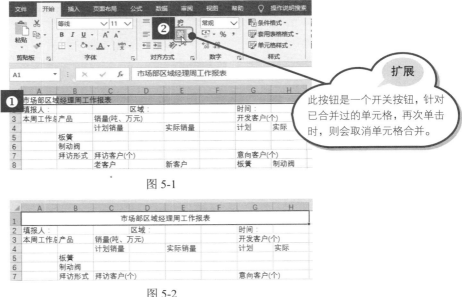

图 5-1

图 5-2

❸ 选中 A3:A23 单元格区域，在"开始"选项卡的"对齐方式"组中单击"合并后居中"按钮（见图 5-3），可以看到报表的标题已经是跨多行而合并居中的显示效果，如图 5-4 所示。

图 5-3

图 5-4

❹ 无论横向的多单元格还是纵向的多单元格，都可以按相同的操作方法进行单元格合并。多处合并后的表格如图 5-5 所示。

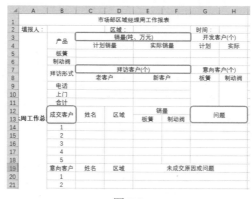

图 5-5

5.1.2　行高列宽要根据布局调整

　　行高列宽的调整是一项简单且使用频繁的操作，在表格的调整过程中发现哪里不合适都可以随时调整，调整的过程也是规划表格结构的过程。例如，表格标题所在行一般可通过增大行高、放大字体来提升整体视觉效果。表体区域也可以根据排版需求合理设置行高列宽。

❶ 将光标指向要调整行的边线上，当它变为双向对拉箭头形状时（见图 5-6），按住鼠标左键向下拖动（见图 5-7）即可增大行高。

❷ 调整标题行的行高后，通过放大字体可以提升表格的视觉效果，如图 5-8 所示。

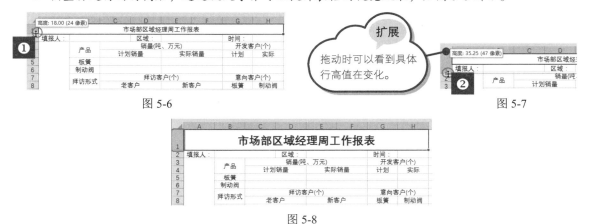

图 5-6　　　　　　　　　　　　　　　　　　　　　　　图 5-7

图 5-8

❸ 选中表体区域的所有行，并在行标上右击，在弹出的快捷菜单中选择"行高"命令，如图 5-9 所示。

❹ 打开"行高"对话框，输入精确的行高值，这里设置为 16.5，如图 5-10 所示。

❺ 单击"确定"按钮，即可调整选中行的行高。效果如图 5-11 所示。

图 5-9　　　　　　　　图 5-10

图 5-11

练一练

练习题目：**按排版需要调整列宽，如图 5-12 所示。**

操作要点：鼠标指针指向列标识的边线，按住鼠标左键拖动调整。

图 5-12

经验之谈

有时还需要一次调整多行的行高或多列的列宽，关键在于准确选中要调整的行或列。选中之后，调整的方法与单行单列的调整方法一样。

5.1.3　补充插入新行（列）

在规划表格结构时，有时会有缺漏、多余的情况。这时在已有的表格框架下，可以在任意需要的位置随时插入、删除单元格或行列。

例如，要在当前表格中的第 7 行上方插入新行。在第 7 行的行标上单击选中整行，并右击，在弹出的快捷菜单中选择"插入"命令（见图 5-13），即可在选中的行上方插入新行，如图 5-14 所示。

图 5-13

图 5-14

练一练

练习题目：一次性插入多个不连续的行，如图 5-15 所示。

操作要点：关键在于执行命令前对于行的选择，如果选中的行是不连续的，执行命令后则依次在选中行上方插入新行。

图 5-15

5.1.4　补充插入单元格

在规划表格结构时，有时漏掉的可能不是一行、一列，这时不用逐个插入，而是只需要在某处添加单元格，这时可以进行快速插入处理。

❶ 打开工作表，选中要在其前面或上面插入单元格的单元格。例如，选中 C2:C3 单元格区域，在"开始"选项卡的"单元格"选项组中单击"插入"下拉按钮，在展开的下拉菜单中选择"插入单元格"命令（如图 5-16 所示），弹出"插入"对话框。

❷ 选择在选定单元格之前还是上面插入单元格，本例选择"活动单元格右移"，如图 5-17 所示。

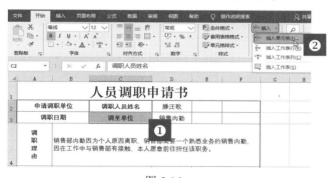

图 5-16

图 5-17

❸ 单击"确定"按钮，即可在选中的单元格前面插入单元格，而表格的其他结构并没有改变，如图 5-18 所示。

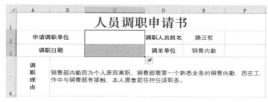

图 5-18

练一练

练习题目：在某个单元格上方插入连续的 **3** 个单元格，如图 **5-19** 所示。

操作要点：（1）同时选中 3 个单元格。

（2）执行"活动单元格下移"命令。

项目	金额
	200
	1980
	500
办公用品费	200
餐饮费	
商务费	
其他	

图 5-19

5.2　文字格式设置很必要

　　文字格式设置也是美化报表的一个重要方面，一般需要对标题文字着重美化及突出显示，列标识也需要着重显示，同时有些地方还需要进行竖排文字排版。通过设计字体后的表格，其辨识度则会更高。

5.2.1　字体字号的不同层级搭配

　　一张表格中的字体字号并非是保持一种状态，而是可以通过设置不同的字体字号来营造表格数据不同层次的效果，另一方面也提升表格的视觉效果。

　　例如，如图 5-20 所示为默认的文字格式，而如图 5-21 所示为设置不同文字格式后的效果，可以看到其视觉效果好了很多。尤其是针对待打印的报表，这种不同层级字体格式的设置是非常有必要的。

盛煜集团员工退休金发放待遇缴费年限规定			
（2019年最新规定）			
退休金发放年限	公司工作年限	累计缴纳社保年限	备注
2014	20	10	欠款员工退休时不满缴费年限的，需继续缴费至规定年限；享受的待遇不包括公司股份和重大疾病保险；如果工作年限没有达标的，退休金将减少到80%，且不享受公司股份和重大疾病保险。
2015	21	11	
2016	22	12	
2017	23	13	
2018	24	14	
2019	25	15	

图 5-20

盛煜集团员工退休金发放待遇缴费年限规定			
（2019年最新规定）			
退休金发放年限	公司工作年限	累计缴纳社保年限	备注
2014	20	10	◇欠款员工退休时不满缴费年限的，需继续缴费至规定年限； ◇享受的待遇不包括公司股份和重大疾病保险； ◇如果工作年限没有达标的，退休金将减少到80%，且不享受公司股份和重大疾病保险。
2015	21	11	
2016	22	12	
2017	23	13	
2018	24	14	
2019	25	15	

图 5-21

　❶　设置文字格式的方法是：选中单元格，在"开始"选项卡的"字体"组中可重新设置字体和字号，

还可以设置"加粗""倾斜"等字形，如图 5-22 所示。

❷ 值得注意的是，如果是同一单元格中的文字要设置不同样式的字体，则需要在单元格中用鼠标拖动的方法选中目标文字再进行设置，如图 5-23 所示。

图 5-22

图 5-23

5.2.2 竖排文字

在单元格输入的数据默认都是横向排列的，而有些表格中单元格数据需要呈现竖向排列，可以通过设置单元格格式来实现。

选中想显示为竖排文字的数据区域。在"开始"选项卡的"对齐方式"组中单击"方向"下拉按钮，在弹出的下拉菜单中选择"竖排文字"选项（如图 5-24 所示），即可得到竖排文本效果，如图 5-25 所示。

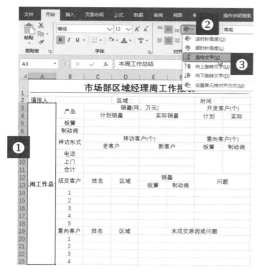

图 5-24

图 5-25

5.3 边框底纹美化是提升

Excel 2019 默认显示的网格线是用于辅助单元格编辑的，实际上这些线条是不存在的（如果进入打印预览状态，则可以看到不包含任意框线）。对于编辑完成的待打印的报表，需要为其添加边框。另外，为了增强表格的表达效果，特定区域的底纹设置也是很常用的一项操作。

5.3.1 编辑区域应添加边框

需要添加边框的区域一般是数据的编辑区域，其他非编辑区域无须添加。因此添加边框前应准确选中数据区域。

❶ 例如，在本例中选中 A3:H23 单元格区域，在"开始"选项卡的"对齐方式"组中单击对话框启动器按钮，如图 5-26 所示。

❷ 打开"设置单元格格式"对话框，选择"边框"选项卡，在"样式"列表框中选择线条样式，在"颜色"下拉列表框中选择要使用的线条颜色，在"预置"栏中单击"外边框"和"内部"按钮，即可将设置的样式和颜色同时应用到表格内外边框中去，如图 5-27 所示。

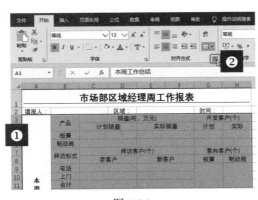

图 5-26

图 5-27

❸ 设置完成后，单击"确定"按钮，即可看到边框的效果，如图 5-28 所示。

市场部区域经理周工作报表

填报人：			区域：			时间：	
本周工作总结	产品	销量(吨、万元)				开发客户(个)	
		计划销量		实际销量		计划	实际
	板簧						
	制动阀						
	拜访形式	拜访客户(个)				意向客户(个)	
		老客户		新客户		板簧	制动阀
	电话						
	上门						
	合计						
	成交客户	姓名	区域	销量		问题	
				板簧	制动阀		
	1						
	2						
	3						
	4						
	5						
	意向客户	姓名	区域	未成交原因或问题			
	1						
	2						
	3						
	4						

图 5-28

5.3.2　用部分框线修饰表格

单元格的框线并非是选中哪一块区域就一定在该区域设置全部的外边框与内边框，也可以只应用部分框线来达到分隔、修饰等目的。如图 5-29 所示，表格在表头部分，选择性地只使用下划线，打造出的效果是很好的。

2019迎新活动费用预算表

活动时间：

活动地点：

参加人数：　100人（预计）

基金支出项分类预算

支出分类	支出项目	预算金额	实际金额	备注
场地费用	场地租赁费	3000		
	宴席费用	10000		
	烟酒、饮料	2000		
广告费	公仔设计	1000		
	公仔制作	2500		25*100计算
	视频制作	1000		
	背景、签到墙设计	3500		
表演费用	化妆	1500		
	舞蹈老师	2000		
	《**》节目费用	1600		衣服100*12、鞋子200、道具200
	《**》节目费用	200		服装100*2
	《**》节目费用	500		衣服200*2、头饰200*1

图 5-29

❶ 选中要设置的单元格或单元格区域，本例中先选中 B1 单元格，在“开始”选项卡的“对齐方式”组中单击对话框启动器按钮，打开“设置单元格格式”对话框。

❷ 先设置线条样式与颜色，然后在选择应用范围时，只需单击“下框线”按钮即可，如图 5-30 所示。同理，如果想将线条应用于其他位置，就单击相应的按钮。设置完成后可以看到表格的标题部分只

显示一条下划线效果，如图 5-31 所示。

图 5-30

图 5-31

❸ 按相同的方法再选中 B2:C2 单元格区域，并为这个区域只设置下框线。

5.3.3　底纹色的简约美

　　底纹设置一方面可以突显一些数据，另一方面合理的底纹效果也可以起到美化表格的作用。当然为表格配色要遵循简约的原则，用颜色突出特定的数据，强调需要引起关注的地方，区别不同的类别等都是合理的做法。我们也不是反对为了让图表更美观而合理地使用颜色，但是绝对反对毫无理由、毫无意义地使用各种颜色，把图表装扮得五颜六色。下面给出两点配色建议。

（1）协调自然的同色深浅。

　　同色系的配色组合其优点为给人感觉高雅、文静、协调自然，并且操作简易。主题色中的每一个竖列的颜色就是一组同色深浅色。

（2）黑色/灰色与鲜亮彩色的搭配。

　　就像人们穿衣服一样，黑色与灰色被称为百搭色。在心理学角度而言，灰色带有严肃、含蓄、高雅的心理暗示，可让所搭配的鲜亮颜色轻易融入稳重的商务会议。因此黑色/灰色与鲜亮彩色也可以有不凡的表现，如橙灰搭配、黑蓝搭配、黑黄搭配等，都有很好的效果。

　　❶ 选中要设置底纹的 A1 单元格，在"开始"选项卡的"字体"组中单击"填充颜色"下拉按钮 ，在弹出的下拉列表中选择一种填充色，鼠标指针指向时预览，单击即可应用，如图 5-32 所示。

　　❷ 按相同方法可设置其他区域的填充色。该表中应用两处底纹色后的效果如图 5-33 所示。

图 5-32

图 5-33

例如，在如图 5-34 所示的表格中，用间隔的底纹色给整个表格布局，也是一种不错的做法。

图 5-34

5.3.4　表格背景的简约美

关于表格的背景，不是所有的表格都适用，合理并适度地使用才能获取好的展现效果。因此，本例中给出简约的应用效果及操作方法，读者可以根据本例的方法举一反三，选择性地应用于合适的表格中。日常工作中我们一定见到这样的背景，如图 5-35 和图 5-36 所示。这样的背景不如不设置。

为表格设置背景至少要遵循以下几个要点。

（1）背景图片的长宽比例应该与纸张长宽比例相近。如图 5-35 所示为只有半面纸张显示了背景，没有显示到整个页面。

（2）背景图片应使用不影响主体内容的浅色系。如图 5-35 所示为背景图片的色彩影响了表格主体。

（3）不要使用程序自带的"页面设置"→"背景"功能。如图 5-36 所示为表格使用了程序自带的背景功能，背景图片呈平铺状态，显示效果不好，并且以这种方式添加的背景只能在表格中显示，如果该报表需要打印，则背景是无法显示的。

图 5-35

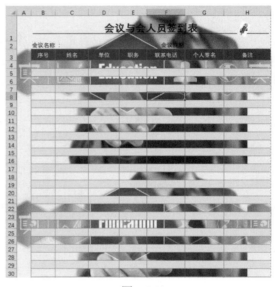

图 5-36

那么，如果要为表格添加背景，则按上面的要求首先找到合适的背景图片，然后借助"页眉页脚工具"来实现插入。

❶ 在"插入"选项卡的"文本"选项组中单击"页眉和页脚"按钮，进入页眉页脚编辑状态。首先将光标定位到页面中部的框中，在"页眉和页脚工具-设计"选项卡的"页眉和页脚元素"选项组中单击"图片"按钮（见图 5-37），弹出"插入图片"提示窗口。

❷ 单击"浏览"按钮（见图 5-38），弹出"插入图片"对话框。进入图片的保存位置并选中图片，如图 5-39 所示。

❸ 单击"插入"按钮，完成插入图片后默认显示的是图片的链接，而并不显示真正图片本身，如图 5-40 所示。

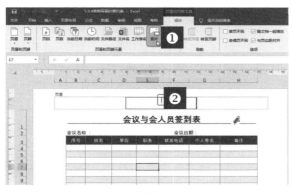

图 5-37　　　　　　　　　　　　　　　　　　图 5-38

图 5-39　　　　　　　　　　　　　　　　　　图 5-40

❹ 在"大小"选项卡中设置图片的"高度"和"宽度"，注意把这两个值设置为与纸张大小差不多，如当前用的 A4 纸，则可以按 A4 纸的尺寸来设置，如图 5-41 所示。

❺ 如果图片的色彩比较艳丽，则可以切换到"图片"选项卡中，单击"颜色"右侧的下拉按钮，在下拉列表中选择"冲蚀"效果（即水印效果），如图 5-42 所示。

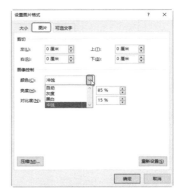

图 5-41　　　　　　　　　　　　　　　　　　图 5-42

❻ 设置完成后单击"确定"按钮退出，在页眉编辑区域以外的任意位置上单击一次鼠标即可看到图片背景。如图 5-43 和图 5-44 所示均为合格的背景效果。

图 5-43

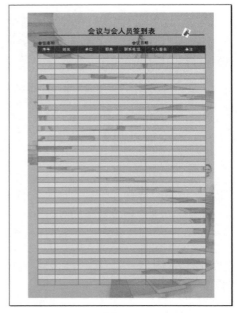

图 5-44

5.4　图片和绘图修饰要合理

表格美化不仅包括前面介绍的文字格式、边框底纹、对齐方式等的设置，还有为表格应用图片、自定义图形、SmartArt 图形等内容。与前面讲解的设置表格背景一样，并不是所有表格都需要使用这种修饰效果，我们在学习应用方法后，可以选择性地应用于合适的表格中。

5.4.1　在报表中插入图片

打开目标报表，在程序功能区中执行插入命令即可实现快速插入。

❶ 在"插入"选项卡的"插图"组中单击"图片"按钮（见图 5-45），打开"插入图片"对话框。

❷ 找到图片所在的文件夹路径并单击选中图片，如图 5-46 所示。

❸ 单击"插入"按钮，即可把图片插入表格。

图 5-45　　　　　　　　　　　　　　　　图 5-46

❹ 选中插入的图片后，默认的大小与位置一般都是需要进行调整的。选中图片，其四周会出现控制点，将鼠标指针指向拐角控点，此时鼠标指针变成双向对拉箭头（见图 5-47），按住鼠标左键拖动可改变图片大小；如果要移动图片的位置，可以指向非控点的其他任意位置，鼠标指针为四向箭头（见图 5-48），按住鼠标左键拖动可移动图片到任意位置。

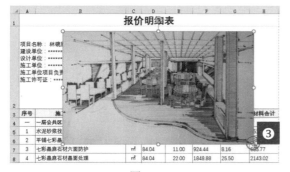

图 5-47

图 5-48

❺ 如图 5-49 所示为将该图片调整到合适大小并移动到目标位置后的效果。

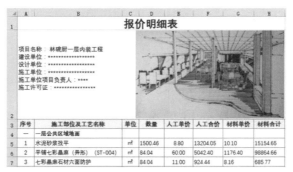

图 5-49

5.4.2　应用样式快速美化图片

　　插入图片后，只要选中图片就会出现"图片工具-格式"选项卡，在此选项卡下可以通过套用图片样式快速美化图片外观。

❶ 选中图片，在"图片工具-格式"选项卡的"图片样式"组中可以单击图片样式，如图 5-50 所示。

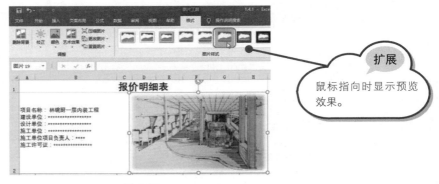

图 5-50

❷ 单击"图片样式"右侧的☑按钮可以展开完整的样式库。例如，单击"旋转 白色"样式（见图 5-51）。应用效果如图 5-52 所示。

图 5-51

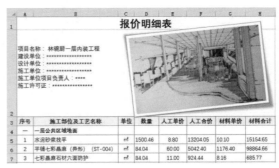

图 5-52

5.4.3　图形辅助编排表格

　　合理地使用图形可以提升表格的可视化效果，但注意要根据设计思路合理应用。如果表格并没有图形设计的思路，就不必强行使用图形。

❶ 打开目标表格后，在"插入"选项卡的"插图"组中单击"形状"下拉按钮，在打开的下拉列表中选择图形样式，如本例中选择"六边形"图形，如图 5-53 所示。

❷ 按住鼠标左键拖动，即可绘制一个图形，如图 5-54 所示。

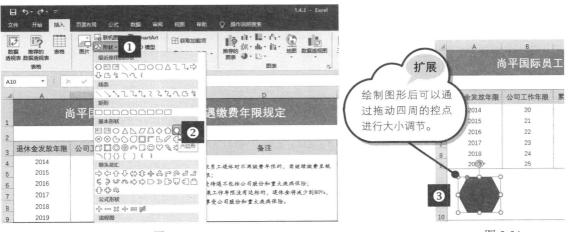

图 5-53

图 5-54

❸ 根据当前范例的设计思路，依次绘制如图 5-55 所示的多个不同图形。

❹ 在图形上右击，在弹出的快捷菜单中选择"编辑文字"命令（见图 5-56），即可进入文字编辑状态，输入文字后，可以在"字体"组中重新设置字体或字号，如图 5-57 所示。

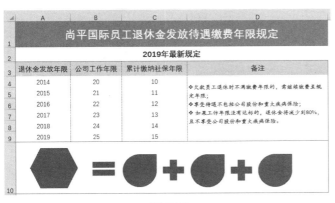

图 5-55

图 5-56

❺ 按相同的方法依次在各个图形上添加文字。最后呈现如图 5-58 所示的效果。

图 5-57

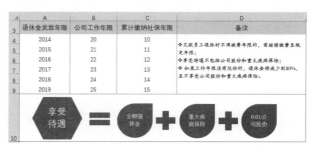

图 5-58

5.4.4　图形格式自定义设置

绘制的图形有默认的颜色和默认的边框，根据设计需要也可以重新进行填充色及边框的美化设置。

❶ 选择形状后，在"绘图工具-格式"选项卡的"形状样式"组中单击右下角的对话框启动器按钮，打开右侧"设置形状格式"的窗格，如图 5-59 所示。在"填充"栏中可以设置图形的各种填充效果，在"线条"栏中则用于设置图形的边框样式。

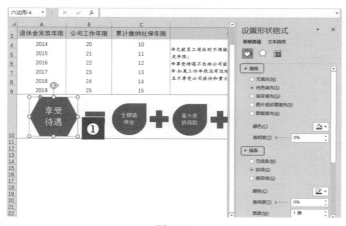

图 5-59

❷ 例如，在本例中设置填充色如图 5-60 所示。设置线条样式如图 5-61 所示。设置格式后图形的效

果如图 5-62 所示。

图 5-60

图 5-61

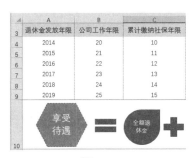

图 5-62

❸ 按相同的方法依次设置各个图形的外观样式。最后呈现如图 5-63 所示的效果。

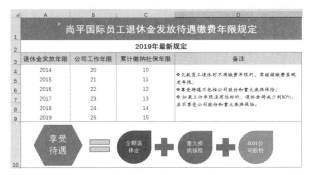

图 5-63

经验之谈

当设置了一个图形的格式后，如果其他图形也要使用相同的格式，则不必重新设置，可以使用"格式刷"来快速引用格式。应用方法是选中已经设置了格式的对象，单击一次，然后鼠标移到目标对象上单击一次即可应用相同的格式。需要注意的是，如果单击一次格式刷，引用一次格式后自动退出。如果双击格式刷，则可以无限次引用格式。当不再使用时需要再次单击"格式刷"按钮退出引用。

"格式刷"是表格数据编辑中非常实用的一个功能按钮，它不仅用于图形格式的使用，还包含文字格式、数字格式、边框样式及单元格样式等，都可以快速引用。

5.5 专业报表需要页眉页脚

有时用于打印的工作表需要添加页眉效果，尤其是一些总结报表、对外商务报表等，尤其需要专业的设计。

5.5.1 设计文字页眉

添加文字页眉操作相对简单，编辑文字后对字体格式的设置是美化的关键。

❶ 在"插入"选项卡的"文本"选项组中单击"页眉和页脚"按钮，进入页眉页脚编辑状态，如图 5-64 所示。

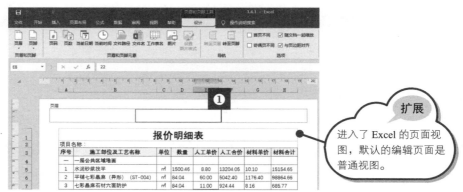

扩展

进入了 Excel 的页面视图，默认的编辑页面是普通视图。

图 5-64

❷ 页眉区域包括三个编辑框，定位到目标框中输入文字，如图 5-65 所示。

❸ 选中文本，在"开始"选项卡的"字体"选项组中可对文字的格式进行设置。例如，在本例中我们设置了大小不同的页眉文字，呈现错落有致的效果，如图 5-66 所示。

图 5-65

图 5-66

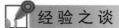
经验之谈

只有在页面视图中才可以看到页眉页脚，我们日常编辑表格时都是在普通视图中，普通视图是看不到页眉的。当执行插入页眉页脚命令后，所进入的就是页面视图。另外，还可以在"视图"选项卡的"工作簿视图"选项组中进行几种视图的切换。

5.5.2 设计专业的图片页眉

在添加页眉时不但可以使用文字页眉，还可以使用图片页眉。例如，将企业 LOGO 图片添加到页眉是一种常见做法，此法可以让办公表格更专业、更美观。但添加到页眉中的图片不像 Word 文档中一样所见即所得，而是图片链接，因此在添加后需要按如下的方法进行合理的调整。

❶ 在"插入"选项卡的"文本"选项组中单击"页眉和页脚"按钮，进入页眉页脚编辑状态。首先定位插入图片页眉的位置，如图 5-67 所示。

图 5-67

❷ 在"页眉和页脚工具-设计"选项卡的"页眉和页脚元素"选项组中单击"图片"按钮，弹出"插入图片"提示窗口。

❸ 单击"浏览"按钮（见图 5-68），弹出"插入图片"对话框。进入图片的保存位置并选中图片，如图 5-69 所示。

图 5-68

图 5-69

❹ 单击"插入"按钮，完成插入图片后默认显示的是图片的链接，而并不显示真正图片本身，如图 5-70 所示。要想查看到图片，则在页眉区以外任意位置单击一次即可看到图片页眉，如图 5-71 所示。

图 5-70

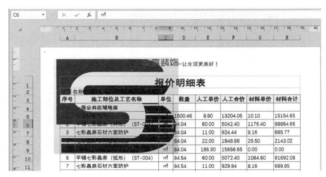

图 5-71

❺ 从上图中看到页眉图片的大小显然很不合适，此时需要对图片调整。光标定位到图片所在的编辑框，选中图片链接，在"页眉和页脚工具-设计"选项卡的"页眉和页脚元素"选项组中单击"设置图片格式"按钮（见图 5-72），打开"设置图片格式"对话框。

❻ 在"大小"选项卡中设置图片的"高度"和"宽度"（显示到页眉中的图片不宜过大，一般可估计尺寸在 1cm 左右即可），如图 5-73 所示。

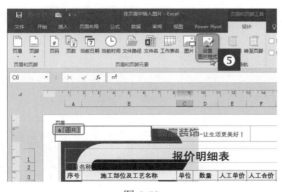

图 5-72

图 5-73

❼ 设置完成后，单击"确定"按钮，即可完成图片的调整。页眉效果如图 5-74 所示。

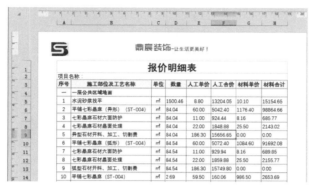

图 5-74

5.6 必 备 技 能

技能 1：长文本的强制换行

在 Excel 单元格输入文本时，不像在 Word 文档中想换一行时就按 Enter 键。Excel 单元格中的文本不会自动换行，因此在输入文本时，若想让整体排版效果更加合理，有时需要强制换行。

例如，如图 5-75 所示的 A24:E24 单元格区域是一个合并后的区域，首先输入了"说明："文字，显然后面的说明内容是条目显示的，每一条应分行显示。要想随意进入下一行的输入，就要强制换行。

❶ 输入"说明："文字后，按 Alt+Enter 组合键即可进入下一行，可以看到光标在下一行中闪烁，如图 5-76 所示。

❷ 输入第一条文字后，按 Alt+Enter 组合键，光标切换到下一行，输入文字即可，如图 5-77 所示。

图 5-75

图 5-76

图 5-77

技能 2：标题文字的下划线效果

标题文字添加下划线效果是一种很常见的修饰标题的方式。

❶ 在"开始"选项卡的"字体"组中单击对话框启动器按钮（见图 5-78），打开"设置单元格格式"对话框。

❷ 选择"字体"选项卡，在"下划线"下拉列表框中选择"会计用单下划线"选项（见图 5-79），单击"确定"按钮，即可得到如图 5-80 所示的效果。

图 5-78

图 5-79

图 5-80

技能 3：将现有单元格的格式添加为样式

如果对表格进行的一些格式设置在每次美化表格时使用的频率很高，那么可以将这个格式添加为单元格样式。添加的样式会保存在 Excel 的样式库中，可随时选择套用。

❶ 选中已经设置好样式的单元格（如本例中的标题行已经设置了格式），在"开始"选项卡的"样式"组中单击"单元格样式"下拉按钮，在打开的下拉列表中选择"新建单元格样式"命令（如图 5-81 所示），打开"样式"对话框。

❷ 在"样式名"文本框中输入样式名称，如"我的标题"，如图 5-82 所示。

图 5-81

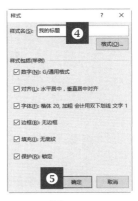

图 5-82

❸ 单击"确定"按钮完成样式添加，再次打开"单元格样式"列表后，可以在"自定义"标签下显示刚才添加的样式。如果其他表格的标题也需要使用相同的样式，则选中目标单元格，进入"单元格样式"列表中，单击即可一键套用，如图 5-83 所示。

图 5-83

技能 4：一次清除所有单元格的格式

如果表格使用了一些格式，现在不再想使用这种格式了，则可以使用"清除格式"命令一次性将表格中的格式全部删除。

❶ 选中目标区域，在"开始"选项卡的"编辑"组中单击"清除"下拉按钮，在打开的下拉菜单中选择"清除格式"命令，如图 5-84 所示。

图 5-84

❷ 此时可以看到表格的所有底纹、对齐方式、框线等格式全部被清除，并只保留文本内容，如图 5-85 所示。

图 5-85

第 6 章

学理论会应用：数据分析方法与应用工具

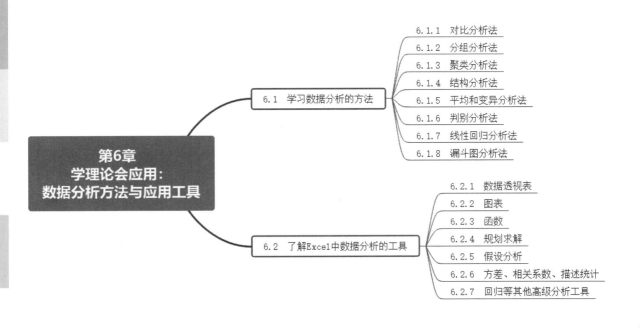

6.1　学习数据分析的方法

数据分析是指有目的地收集数据、分析数据，使之成为信息的过程。简言之，就是指用适当的统计方法对收集来的大量第一手资料数据和第二手资料数据进行分析，提炼出数据中的有用信息。例如，一个企业要通过数据分析判定市场动向（主要客户群体、往年的销售状况等）、投放广告的效率，从而制定合适的生产及销售计划等。

6.1.1　对比分析法

对比分析法也叫比较分析法或者趋势分析法，是通过实际数与基数的对比来提示实际数与基数之间的差异。这种方法最常用、最简单。

具体数据操作中通常是把两个或两个以上相互联系的指标数据进行比较，从数量上展示和说明研究对象规模的大小、水平的高低、速度的快慢，以及各种关系是否协调。在对比分析中，选择合适的对比标准是十分关键的步骤，选择得合适，才能做出客观的评价；选择得不合适，评价可能得出错误的结论。

例如，在 Excel 中可以合并两张相对应的数据表，将其数据纵向对比或者横向对比；也可以使用综合对比法，就是在总体大方向上面进行差别的比对。

如图 6-1 所示为一个典型的对比分析表，从横向可以对各个月份在两年中的销售额进行比较，同时计算出增长或减少的金额；从纵向可以对同一年份中不同月份的销售额进行比较。

月份	2017年销售额(万)	2018年销售额(万)	两年同期相比
1月	192.67	190.45	-2.22
2月	167.7	188.82	21.12
3月	152.22	155.2	2.98
4月	122.4	140.87	18.47
5月	134.23	134.8	0.57
6月	155.6	152.2	-3.4

图 6-1

如图 6-2 所示也是一个比较分析表，从横向可以对各个商品在不同销售分部的销售情况进行比较；从纵向可以对各个分部中不同商品的销售情况进行比较。

商品	合肥-销售额(万元)	南京-销售额(万元)	上海-销售额(万元)
B商品	77	21	90
F商品	45.9	29.4	76
G商品	55		88.9
C商品	80		12.6
A商品		88	78
D商品	90.5	22.8	33
E商品	22.8	61.3	45

上海销售分部　南京销售分部　合肥销售分部　统计表

图 6-2

扩展

由于数据是按分部分表统计的，要得到这样的比较统计表，需要使用合并计算的功能，这是一项很实用的统计。统计方法详见 4.2.6 小节。

6.1.2　分组分析法

分组分析法是指按某一标准将研究对象分成若干不同性质的组成部分，将相同性质的对象归纳在一起，说明和分析总体内部的结构变动和总体中各指标间的关系的一种方法。这种方法可以反映出被研究对象的本质和特征。

分组时必须遵循两个原则：穷尽原则和互斥原则。所谓穷尽原则，就是使总体中的每一个单位都应有组可归。所谓互斥原则，就是在特定的分组标志下，总体中的任何一个单位只能归属于某一个组，而不能同时或可能归属于几个组。

分组分析的步骤如下：

（1）确定分组的标志。按照数值大小分、按照不同类别分、按照相互关系分等。

（2）确定分组的组距和组数。

（3）选用工具进行分组计算或统计。

如图 6-3 所示，分组标志为销售单价区间，然后统计各个区间的销售数量合计数。

如图 6-4 所示，分组标志为两种不同的账龄区间，然后统计各个区间的账款金额。

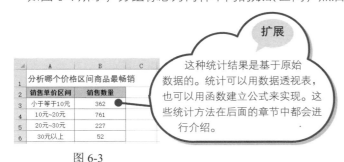

图 6-3

	A	B	C	D	E	F
1	公司名称	开票日期	应收金额		账龄	金额
2	通达科技	19/1/4	￥ 5,000.00		12月以内	￥ 146,700.00
3	中汽出口贸易	19/1/5	￥ 10,000.00		12月以上	￥ 101,800.00
4	兰苑包装	18/7/8	￥ 22,800.00			
5	安广彩印	19/1/10	￥ 8,700.00			
6	弘扬科技	19/1/20	￥ 25,000.00			
7	灵运商贸	19/1/22	￥ 58,000.00			
8	安广彩印	19/4/30	￥ 5,000.00			
9	兰苑包装	19/5/5	￥ 12,000.00			
10	兰苑包装	19/3/12	￥ 23,000.00			
11	华宇包装	18/4/12	￥ 29,000.00			
12	通达科技	18/5/17	￥ 50,000.00			

图 6-4

扩展

这种统计结果是基于原始数据的。统计可以用数据透视表，也可以用函数建立公式来实现。这些统计方法在后面的章节中都会进行介绍。

6.1.3　聚类分析法

聚类分析是指将物理或抽象对象的集合分组成为由类似的对象组成的多个类的分析过程。聚类分析的目标就是在相似的基础上收集数据来分类。从实际应用的角度看，聚类分析是数据挖掘的主要任务之一。而且聚类能够作为一个独立的工具获得数据的分布状况，观察每一簇数据的特征，集中对特定的聚簇集合作进一步的分析。

简言之，聚类分析法与分组分析法类似，只是聚类分析法的概念要更详尽一些，是把同属性的数据放在一起类比，这样产生的对比就更加一目了然。

聚类分析的步骤如下。

（1）衡量数据之间的关系，确定分类的条件。

（2）选用工具进行统计或计算。

（3）对聚类分析结果进行研究。

怎样对如图 6-5 所示的表格中的数据进行聚类分析呢？先确定数据的属性。例如，只想对果干类的销售情况进行比较，则可以得到如图 6-6 所示的统计结果，然后进行比较查看。

序号	系列	商品	规格重量	单价（元）	销量
1	坚果	碧根果	210克	19.90	12
2	坚果	炭烧腰果	210克	24.90	11
3	坚果	碧根果	210克	19.90	22
4	果干	草莓干	170克	13.10	5
5	休闲零食	蛋黄锅巴	190克	25.10	14
6	休闲零食	奶酪包	170克	22.00	10
7	休闲零食	奶油泡芙	300克	22.50	20
8	果干	芒果干	200克	10.10	2
9	果干	芒果干	200克	10.10	11
10	坚果	炭烧腰果	210克	24.90	33
11	休闲零食	奶油泡芙	300克	22.50	10
12	休闲零食	奶油泡芙	300克	22.50	10
13	休闲零食	奶酪包	170克	22.00	15
14	坚果	碧根果	210克	19.90	5
15	坚果	炭烧腰果	210克	24.90	11
16	休闲零食	蛋黄锅巴	190克	25.10	11
17	果干	草莓干	170克	13.10	7
18	果干	草莓干	170克	13.10	2

图 6-5

系列	商品	规格重量		
	草莓干 汇总			14
	芒果干 汇总			13
果干 汇总				27
	碧根果 汇总			39
	炭烧腰果 汇总			54
坚果 汇总				93
	蛋黄锅巴 汇总			25
	奶酪包 汇总			35
	奶油泡芙 汇总			42
休闲零食 汇总				102
总计				222

图 6-6

> **扩展**
>
> 这是分类汇总的统计结果，用法详见 4.3 节。

6.1.4　结构分析法

结构分析法是在统计分组的基础上计算各组成部分所占比重，进而分析某一总体现象的内部结构特征、总体的性质。结构分析法的基本表现形式就是计算结构指标。结构指标就是各个部分占总体的比重，通过结构分析可以认识总体构成的特征。例如，通过分析某一种产品的销售额在整体销售额中所占的比例，这样可以更好地确定销售产品的方向。特别是在日常的产值和经济方面的研究工作上，经常需要用到结构分析法来分析数据。

图 6-7 所示的统计表显示的是不同年龄段的人数在总人数中的占比情况。图 6-8 所示是使用图表展示结构指标，从分析结果中可以直观地得出"企业员工趋于年轻化"的结论。

年龄	人数比例
23~32	57.95%
33~42	34.09%
43~52	6.82%
53~62	1.14%

图 6-7

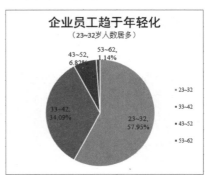

图 6-8

6.1.5 平均和变异分析法

平均和变异分析法是利用平均指标和变异指标分析社会经济现象的一般水平及差异的方法。

平均指标是指总体中各单位某一指标值的平均数字，反映总体在一定时间、地点条件下的一般水平，如平均工资、单位产品成本、单位面积产量、平均单价等（在 Excel 中平均值可以使用 AVERAGE 函数计算）。

变异指标是反映总体中各单位指标值差异程度的指标。常用的变异指标是标准差和标准差系数（在 Excel 中标准差可以使用 STDEV.S 函数计算）。

平均指标与变异指标结合运用，全面认识和评价总体，既能说明总体的一般水平，又能说明总体内部差异的程度。

例如，从两个公司中抽样 10 名销售员的工资数据，A 公司计算数据如图 6-9 所示；B 公司计算数据如图 6-10 所示。

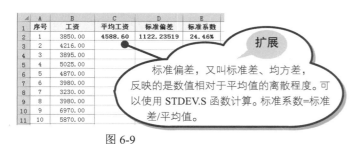

图 6-9

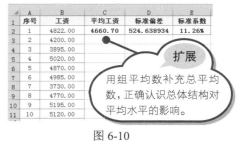

图 6-10

从计算结果可以说明，B 公司的工资水平高于 A 公司，同时差异程度也低于 A 公司，因此平均工资的代表性就是 B 公司高于 A 公司。

6.1.6 判别分析法

判别分析法是指通过一些具有市场经验的经营管理人员或专家对企业的某一特定时期的产品销售业务情况进行综合研究，并做出推测和判断。

判别分析法又称"分辨法"，是在分类确定的条件下，根据某一研究对象的各种特征值判别其类型归属问题的一种多变量统计分析方法。

例如，本季度某公司笔记本电脑的销售量总额度是 X 万元，比去年同期增长了 9%；手机市场销售

量总额度是 Y 万元，比去年同期增长了 5%，而且 X 又大于 Y。所以根据这样的变化趋势可以简单地判别，接下来的时间肯定要将极大的精力投入到笔记本电脑的市场销售中去。

6.1.7　线性回归分析法

线性回归是利用数理统计中的回归分析来确定两种或两种以上变量间相互依赖的定量关系的一种统计分析方法，应用十分广泛。

线性回归按照自变量和因变量之间的关系类型，可分为一元线性回归分析和多元线性回归分析。只包括一个自变量和一个因变量，且二者的关系可用一条直线近似表示，这种回归分析称为一元线性回归分析。如果回归分析中包括两个或两个以上的自变量，且因变量和自变量之间是线性关系，则称为多元线性回归分析。

在 Excel 的高级分析工具中有"回归"分析工具，可以利用此工具快速得到分析结论，如图 6-11 所示。

	A	B	C	D	E	F	G	H	I	J
1	历年投资与收益情况				SUMMARY OUTPUT					
2	年 份	投资金额(万)	收益值(万)							
3	2005年	32	60		回归统计					
4	2006年	40	75		Multiple	0.989455				
5	2007年	45	120		R Square	0.979022				
6	2008年	55	135		Adjusted	0.977274				
7	2009年	60	142		标准误差	19.18139				
8	2010年	72	150		观测值	14				
9	2011年	87	154							
10	2012年	117	213		方差分析					
11	2013年	137	189			df	SS	MS	F	Significance F
12	2014年	187	305		回归分析	1	206050.6	206050.6	560.0329	1.94006E-11
13	2015年	237	380		残差	12	4415.111	367.9259		
14	2016年	287	490		总计	13	210465.7			
15	2017年	337	565							
16	2018年	437	825							

> **扩展**
> R^2 值为 0.979022，表示投资金额与收益值之间存在直接的线性相关关系。

图 6-11

6.1.8　漏斗图分析法

漏斗图分析法是指逐层分析寻找错误所在的原因，和层次分析法有些相近，是将与决策总体有关的元素分解成目标、准则、方案等层次，在此基础之上进行定性和定量分析的决策方法。

所谓层次分析法，是指将一个复杂的多目标决策问题作为一个系统，将目标分解为多个目标或准则，进而分解为多指标（准则或约束）的若干层次。

漏斗图分析法一般是使用图形表示（见图 6-12）或使用图表表示（见图 6-13）。

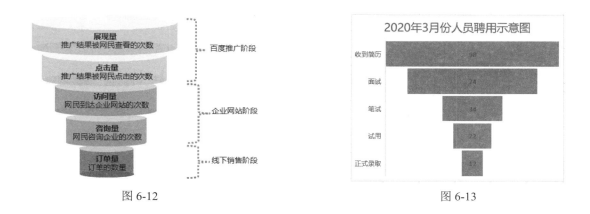

图 6-12 　　　　　　　　　　　　　　　　　图 6-13

6.2　了解 Excel 中数据分析的工具

　　Excel 自带的数据分析工具有很多，如数据透视表、图表、函数、规划求解、假设分析、方差分析、协方差、相关系数等。甚至在前面第 4 章中介绍的条件格式设置、数据的排序筛选、数据分类汇总、合并计算等操作也是数据统计分析的过程，用抽取的数据配合相应的分析方法，获取有用的结论。

　　在处理数据的时候要对自己的目的有清晰的认识，如此才能确定怎样去实现这个目的，该利用什么分析工具去获取结果。

　　如图 6-14 所示为人事信息数据表，通过这些原始数据，可以对在职人员的结构进行统计（见图 6-15），也可以对离职原因进行分析（见图 6-16）等。

员工工号	姓名	所属部门	性别	身份证号码	年龄	学历	职位	入职时间	离职时间	工龄	离职原因
NO.001	章晔	行政部	男	342701198802138572	30	大专	行政副总	2011/5/8		7	
NO.002	姚磊	人事部	女	340025199103170540	27	大专	HR专员	2012/6/4		6	
NO.003	闫绍红	行政部	女	342701198908148521	29	大专	网络编辑	2013/11/5		4	
NO.004	焦文雷	设计部	女	340025199205162522	26	大专	主管	2013/3/12		5	
NO.005	魏义成	行政部	女	342001198011202528	38	本科	行政文员	2015/3/5	2017/5/19	2	工资太低
NO.006	李秀秀	人事部	男	340042198610160517	32	本科	HR经理	2010/6/18		8	
NO.007	焦文全	市场部	男	340025196902268563	49	本科	网络编辑	2014/2/15		4	
NO.008	郑立媛	设计部	女	340222196312022562	55	初中	保洁	2010/6/3		8	
NO.009	马同燕	设计部	男	340222197805023652	40	高中	网管	2013/4/8		5	
NO.010	莫云	行政部	女	340042198810160527	30	大专	网管	2013/5/6	2017/11/15	4	转换行业
NO.011	陈芳	行政部	男	342122199111035620	27	本科	网管	2014/6/11		4	
NO.012	钟华	行政部	女	342222198902252520	29	本科	网络编辑	2015/1/2		3	
NO.013	张燕	人事部	男	340025197902281235	39	大专	HR专员	2013/3/1	2018/5/1	5	家庭原因
NO.014	柳小续	研发部	男	340001197803088452	40	本科	研究员	2013/3/1		5	
NO.015	许开	行政部	女	342701198904018543	29	本科	行政专员	2013/3/1	2016/1/22	2	转换行业
NO.016	陈建	市场部	女	340025199203240647	26	本科	总监	2013/4/1	2016/10/11	3	转换行业
NO.017	万茜	财务部	男	340025196902138578	49	大专	主办会计	2013/4/1		5	
NO.018	张亚明	市场部	男	340025198306100214	35	本科	市场专员	2013/4/1		5	

图 6-14

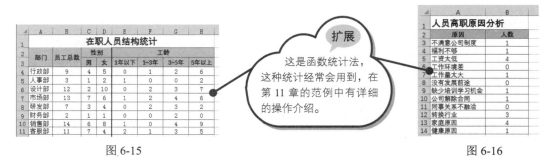

图 6-15 图 6-16

如图 6-17 所示是销售数据表，通过数据透视表可以按系列进行汇总统计，分析哪个系列产品销售最好；可以按价格区间统计销售数量，分析哪个价格区间的商品更畅销等。

图 6-17

6.2.1 数据透视表

数据透视表是一种交互式报表，能够将筛选、排序和分类汇总等操作依次完成，并生成汇总表格，是 Excel 中一个既易学又强大的数据处理工具。之所以称为数据透视表，是因为可以动态地改变其版面布置，以便按照不同方式分析数据；每一次改变版面布置时，数据透视表会立即按照新的布置重新计算数据。另外，如果原始数据发生变化，则可以更新数据透视表。

数据透视表是日常工作中使用最频繁也是最重要的数据分析工具之一，它以极灵活的统计方式给日常工作中的常用统计操作带来便利。

图 6-18 所示是对各应聘职位人数的统计，这个统计结果可以辅助人事部门对各应聘职位人员的管理。

	姓名	应聘职位	面试成绩	口语成绩	平均分
2	王梓	销售总监	88	90	89
3	赵晗月	公室文员	80	56	68
4	刘珊源	出纳	90	79	84.5
5	邓敏	公室文员	76	65	70.5
6	丁晶晶	出纳	88	91	89.5
7	罗成佳	客服	77	88	82.5
8	张泽宇	销售总监	68	86	77
9	蔡晶	客服	88	69	78.5
10	柯天翼	销售总监	88	70	79
11	卢佳	销售总监	92	72	82
12	黄俊豪	出纳	82	77	79.5
13	张伟梁	客服	77	79	78

行标签	计数项:姓名
出纳	3
公室文员	2
客服	3
销售总监	4
总计	12

注意

由于篇幅限制，这里只列举少量数据。

图 6-18

图 6-19 所示是对某次竞赛中各个班级的最高分、最低分、平均分的统计，通过统计结果可以直观地对几个班级的情况进行对比。

	班级	姓名	语文	数学	英语	总分
2	高三（1）班	王一帆	82	79	93	254
3	高三（2）班	王辉会	81	80	70	231
4	高三（2）班	邓敏	77	76	65	218
5	高三（1）班	吕梁	91	77	79	247
6	高三（4）班	庄美尔	90	88	90	268
7	高三（3）班	刘小龙	90	67	62	219
8	高三（2）班	刘萌	56	91	91	238
9	高三（4）班	李凯	76	82	77	235
10	高三（4）班	李德印	88	90	87	265
11	高三（3）班	张泽宇	96	68	86	250
12	高三（2）班	张董	89	65	81	235
13	高三（1）班	陆路	66	82	77	225
14	高三（2）班	陈小芳	90	88	70	248
15	高三（3）班	陈晓	68	90	79	237
16	高三（3）班	陈晴	88	92	72	252
17	高三（1）班	罗成佳	71	77	88	236
18	高三（1）班	姜旭旭	91	88	84	263
19	高三（3）班	崔衡	88	86	70	234
20	高三（1）班	窦云	90	91	88	269
21	高三（3）班	蔡晶	82	88	69	239

班级	最高分	最低分	平均分
高三（1）班	269	225	251.666667
高三（2）班	248	218	234
高三（3）班	250	205	231
高三（4）班	268	235	254.25
总计	269	205	241.6818

图 6-19

经验之谈

由于数据透视表工具对日常办公中的数据分析工作极其重要，所以在后面的第 7 章中专项介绍此内容。因为数据透视表涵盖的知识很多，要想深入挖掘数据透视表的统计功能，是需要掌握多种设置操作的。

6.2.2 图表

数据计算、统计、分析的过程可以帮助我们从海量的数据中提取有用的数据、找出其中隐藏的规律，而可视化设计则可以让结果更加直观。

数据可视化有多种不同途径，Excel 图表设计隶属于视觉传达设计范畴。它是对知识挖掘和信息直观生动感受起关键作用的图形结构，是一种很好的将对象属性数据直观、形象地"可视化"的手段。它具有直观形象、应用广泛的特点，更重要的是只要通过学习即可手到擒来、应用自如。一张制作完善的图表至少具有以下几个方面的作用：

（1）迅速传达信息。这是应用图表的首要目的，能一目了然地反映数据的特点和内在规律，在较小的空间里最大承载较多有用的结论，为决策提供辅助。

（2）直接专注重点。让数据结论可视化，瞬间将重点传入脑海，摒弃非重点信息，提升工作效率。

（3）塑造可信度。真实数据传达给人的是专业性与信任感。而图表是服务于数据的，将数据转化为图表，可以增强数据传达的可视化效果。

（4）使信息的表达简明生动。图表让枯燥的数据更加生动，无论撰写报告还是商务演示，制作精良的商务图表应用起来都能在传达信息的同时丰富版面效果。

如图 6-20 和图 6-21 所示为用图表分析数据的范例。

图 6-20

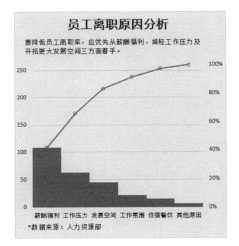

图 6-21

6.2.3　函数

Excel 中的函数具有极其强大的数据计算能力，并且各函数间可以根据设计者的思路进行不同的嵌套使用，为解决复杂的问题带来了无限可能性，因此函数实际具有数据计算、统计、分析、判断等多方位的能力。

如图 6-22 所示，可以利用函数对 12 个月以内的账款与 12 个月以上的账款分别核算。

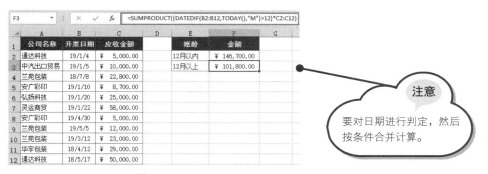

图 6-22

例如，在应收账款表格中，利用函数不仅可以对应收账款进行账龄判断（要根据开票日期与当前日期进行判断），如图 6-23 所示；还可以对各个应收公司各个账龄段的金额进行汇总统计（使用 SUMIF 函数进行按条件求和），如图 6-24 所示。

图 6-23

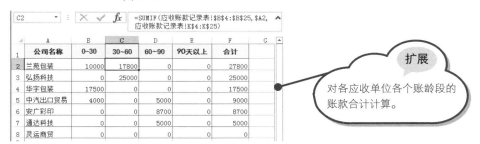

图 6-24

如图 6-25 所示是对考试成绩中各个分数区间的人数进行分组统计。

图 6-25

6.2.4　规划求解

　　规划求解是一组命令的组成部分，这些命令有时也称作假设分析工具。借助"规划求解"，可求得工作表中某个单元格（被称为目标单元格）中公式的最优值。"规划求解"将对直接或间接与目标单元格中公式相关联的一组单元格中的数值进行调整，最终在目标单元格公式中求得期望的结果。在创建模型过程中，可以对"规划求解"模型中的可变单元格数值应用约束条件，而且约束条件可以引用其他影响目标单元格公式的单元格。

　　规划求解的应用也很广泛，它可以解决产品组合问题、配料问题、下料问题、物资调运问题、任务分配问题、投资效益问题、合理布局问题等。

经验之谈

这里只介绍分析工具，应用范例学习请参见第 8 章。

6.2.5　假设分析

　　假设分析是在单元格中更改值以查看这些更改将如何影响工作表中公式结果的过程。Excel 附带了三种假设分析工具：单变量求解、模拟运算和方案。

　　模拟运算可以处理一个或两个变量，可以接收这些变量的众多不同的值。使用数据表可以轻松快速地查看可能的区域。由于只关注一个或两个变量，因此可以轻松读取结果并以表格形式共享。如图 6-26 所示，对某项贷款某期付款额的核算，当利率不断发生变化时，可以通过模拟运算一次性得到各不同利率下对应的月付款额。

图 6-26

单变量求解是解决假定一个公式要取的某一结果值，其中变量的引用单元格应取值为多少的问题。例如，一个最简单的例子，如图 6-27 所示。全年的销售额目标值为 100000 元，前三个季度的销售额已根据实际销售情况做过统计，要求解第四季度销售额必须得到多少才能完成全年 100000 元的销售计划。规划求解可以很轻松地实现求解。

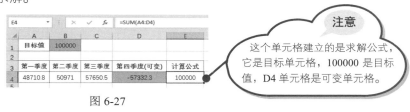

图 6-27

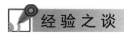

这里只介绍分析工具，其他范例学习请参见第 8 章。

6.2.6　方差、相关系数、描述统计、回归等其他高级分析工具

方差和标准差是测度数据变异程度的最重要、最常用的指标，用来描述一组数据的波动性（集中还是分散）。方差是各个数据与其算术平均数的离差平方和的平均数，通常用 σ^2 表示。方差的计量单位和量纲不便于从经济意义上进行解释，所以实际统计工作中多用方差的算术平方根——标准差来测度统计数据的差异程度。标准差又称均方差，一般用 σ 表示。方差值越小表示数据越稳定。另外，标准差和方差一般是用来描述一维数据的，当遇到含有多维数据的数据集时，在概率论和统计学中，用协方差来衡量两个变量的总体误差。

另外，还有相关系数、描述统计、移动平均、回归等分析工具在日常工作中也比较常用，因此通过不同的分析可以得出不同的结论。在 Excel 中提供了一个"数据分析"工具包，这其中包含了多种分析工具，为数据分析工作提供了极大的便利，如图 6-28 所示。关于这些分析工具的应用环境及操作方法将在第 8 章中给予介绍。

图 6-28

提升篇

展技能秀风采

第 7 章

从静态到动态：数据的多维度透视分析

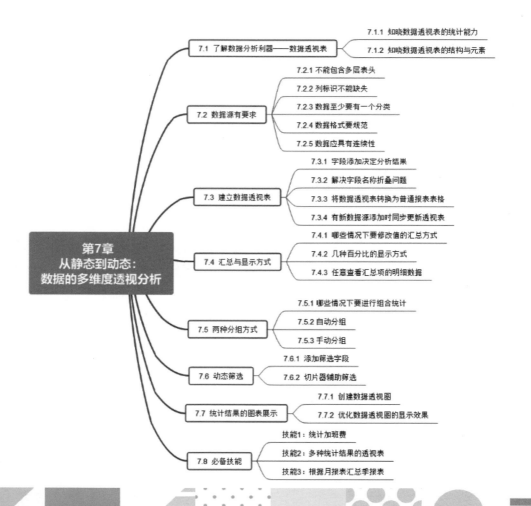

第7章
从静态到动态：
数据的多维度透视分析

- 7.1 了解数据分析利器——数据透视表
  - 7.1.1 知晓数据透视表的统计能力
  - 7.1.2 知晓数据透视表的结构与元素
- 7.2 数据源有要求
  - 7.2.1 不能包含多层表头
  - 7.2.2 列标识不能缺失
  - 7.2.3 数据至少要有一个分类
  - 7.2.4 数据格式要规范
  - 7.2.5 数据应具有连续性
- 7.3 建立数据透视表
  - 7.3.1 字段添加决定分析结果
  - 7.3.2 解决字段名称折叠问题
  - 7.3.3 将数据透视表转换为普通报表表格
  - 7.3.4 有新数据源添加时同步更新透视表
- 7.4 汇总与显示方式
  - 7.4.1 哪些情况下要修改值的汇总方式
  - 7.4.2 几种百分比的显示方式
  - 7.4.3 任意查看汇总项的明细数据
- 7.5 两种分组方式
  - 7.5.1 哪些情况下要进行组合统计
  - 7.5.2 自动分组
  - 7.5.3 手动分组
- 7.6 动态筛选
  - 7.6.1 添加筛选字段
  - 7.6.2 切片器辅助筛选
- 7.7 统计结果的图表展示
  - 7.7.1 创建数据透视图
  - 7.7.2 优化数据透视图的显示效果
- 7.8 必备技能
  - 技能1：统计加班费
  - 技能2：多种统计结果的透视表
  - 技能3：根据月报表汇总季报表

7.1 了解数据分析利器——数据透视表

数据透视表是汇总、分析数据的好工具，它可以按所设置的字段对数据表进行快速汇总统计与分析，并根据分析目的的不同，可以再次更改字段位置重新获取统计结果。并且数据透视表可以进行的数据计算方式也是多样的，如求和、平均值、最大值及计数等，不同的数据分析需求可以选择相应的汇总方式。

7.1.1 知晓数据透视表的统计能力

数据透视表所具有的统计能力永远无法用语言描述出来。下面给出几个实例，通过对源数据与统计结果的查看，可以了解数据透视表能达到哪些统计目的。

例 1：统计各店铺的总销售额

如图 7-1 所示表格按日期统计了各个店铺的销售额，轻松建立数据透视表可以快速统计出各个店铺的总销售额，如图 7-2 所示。

	A	B	C	D
1	日期	店铺	销售金额	
2	1/1	长江路专卖	2570	
3	1/2	鼓楼店	1340	
4	1/3	步行街专卖	1880	
5	1/4	长江路专卖	1590	
6	1/5	鼓楼店	2260	
7	1/6	步行街专卖	1440	
8	1/7	长江路专卖	1225	
9	1/8	鼓楼店	2512	
10	1/9	鼓楼店	1720	
11	1/10	长江路专卖	1024	
12	1/11	鼓楼店	2110	
13	1/12	步行街专卖	2450	
14	1/13	长江路专卖	2136	
15	1/14	鼓楼店	2990	
16	1/15	鼓楼店	1180	
17	1/16	鼓楼店	2296	
18	1/17	步行街专卖	2352	
19	1/18	长江路专卖	3354	
20	1/19	鼓楼店	1416	
21	1/20	长江路专卖	1590	
22	1/21	鼓楼店	1528	
23	1/22	鼓楼店	1110	

图 7-1

行标签 ▼	求和项:销售金额
步行街专卖	8122
鼓楼店	20462
长江路专卖	13489
总计	42073

图 7-2

例 2：统计各班级的最高分、最低分、平均分

图 7-3 所示的表格为某次竞赛考试的成绩表，表格数据涉及 4 个班级，现在想对各个班级的最高分、最低分、平均分进行统计。通过建立如图 7-4 所示的数据透视表即可快速达到统计目的。

	A	B	C	D	E	F
1	班级	姓名	语文	数学	英语	总分
2	高三（1）班	王一帆	82	79	93	254
3	高三（2）班	王辉会	81	80	70	231
4	高三（2）班	邓敏	77	76	65	218
5	高三（1）班	吕梁	91	77	79	247
6	高三（4）班	庄美尔	90	88	90	268
7	高三（3）班	刘小龙	90	67	62	219
8	高三（2）班	刘萌	56	91	91	238
9	高三（4）班	李凯	76	82	77	235
10	高三（4）班	李德印	88	90	87	265
11	高三（3）班	张泽宇	96	68	86	250
12	高三（2）班	张奎	89	65	81	235
13	高三（1）班	陆路	66	82	77	225
14	高三（2）班	陈小芳	90	88	70	248
15	高三（3）班	陈晓	68	90	79	237
16	高三（1）班	陈曦	88	92	72	252
17	高三（3）班	罗成佳	71	77	88	236
18	高三（1）班	姜旭旭	91	88	84	263
19	高三（2）班	崔衡	78	86	70	234
20	高三（1）班	窦云	90	91	88	269
21	高三（3）班	蔡晶	82	88	69	239
22	高三（3）班	廖凯	69	80	56	205
23	高三（4）班	霍晶	70	88	91	249

图 7-3

	A	B	C	D
4	班级	最大值项:总分	最小值项:总分2	平均值项:总分3
5	高三（1）班	269	225	251.6666667
6	高三（2）班	248	218	234
7	高三（3）班	250	205	231
8	高三（4）班	268	235	254.25
9	总计	269	205	241.6818182

图 7-4

例 3：统计应聘者中各学历有多少人

如图 7-5 所示的表格中统计了公司某次招聘中应聘者的相关数据。通过建立数据透视表可以快速统计出各个学历层次的人数，如图 7-6 所示；通过更改“学历”字段的值显示方式还可以直观看到各个学历的占比情况，如图 7-7 所示。

	A	B	C	D	E	F
1	员工	职位代码	学历	专业考核	业绩考核	平均分
2	蔡晶	05资料员	高中	88	69	78.5
3	陈曦	05资料员	研究生	92	72	82
4	陈小芳	04办公室主任	研究生	88	70	79
5	陈晓	03出纳员	研究生	90	79	84.5
6	崔衡	01销售总监	研究生	86	70	78
7	邓敏	04办公室主任	研究生	76	65	70.5
8	窦云	05资料员	高中	91	88	89.5
9	霍晶	02科员	专科	88	91	89.5
10	姜旭旭	05资料员	高职	88	84	86
11	李德印	01销售总监	本科	90	87	88.5
12	李凯	04办公室主任	专科	82	77	79.5
13	廖凯	06办公室文员	研究生	80	56	68
14	刘兰芝	03出纳员	研究生	76	90	83
15	刘萌	01销售总监	专科	91	91	91

图 7-5

	A	B
3	计数项:员工	
4	学历	汇总
5	高中	5
6	高职	2
7	专科	5
8	本科	2
9	研究生	10
10	总计	24

图 7-6

	A	B
3	计数项:员工	
4	学历	汇总
5	高中	20.83%
6	高职	8.33%
7	专科	20.83%
8	本科	8.33%
9	研究生	41.67%
10	总计	100.00%

图 7-7

例 4：统计员工的薪酬分布

如图 7-8 所示表格为某月的工资表。下面需要按部门统计人数，并统计出各个部门的平均工资。通过建立数据透视表即可得到想要的统计结果，如图 7-9 所示。

本 月 工 资 统 计 表

编号	姓名	所属部门	基本工资	工龄工资	福利补贴	提成或奖金	加班工资	满勤奖金	应发合计
001	郑立媛	销售部	800	1100	800	9603.2	380.95	0	8684.15
002	艾羽	财务部	2500	1600	500		740.48	500	5840.48
003	章晔	企划部	1800	1300	550		495.24	0	3445.24
004	钟文	企划部	2500	900	550	0	748.81	0	4698.81
005	朱安婷	网络安全部	2000	800	650		316.67	0	3766.67
006	钟武	销售部	800	500	700	4480	0	500	6980
007	梅香菱	网络安全部	3000	600	650		175	0	4425
008	李霞	行政部	1500	400	500		642.86	0	3042.86
009	苏海涛	销售部	2200	1100	700	23670.4	0	500	18170.4
010	喻可	财务部	1500	1100	500	200	742.86	0	4042.86
011	苏曼	销售部	800	400	800	2284.5	214.29	0	4498.79
012	蒋苗苗	企划部	1800	1000	650	1000	325	0	4775
013	胡子强	销售部	800	1000	700	1850	271.43	0	4621.43
014	刘玲燕	行政部	1500	1200	500		532.14	0	3732.14
015	韩要荣	网络安全部	2000	1100	550		815.48	0	4465.48
016	侯淑媛	销售部	800	1000	800	510	0	0	3110
017	孙丽萍	行政部	1500	600	500		250	0	2850
018	李平	行政部	1500	500	400		0	0	2400
019	王保国	销售部	800	500	700	10032	0	500	7532
020	杨和平	网络安全部	2000	800	550		391.67	0	3741.67
021	张文轩	销售部	800	900	500	17879.2	150	0	20429.2
022	彭丽丽	销售部	2300	700	800	26240	0	0	30040
023	韦余强	企划部	1800	900	550		771.43	0	4021.43

图 7-8

所属部门	数据 人数	平均值项:应发合计
财务部	3	¥4,311.11
行政部	6	¥3,050.20
企划部	4	¥4,235.12
网络安全部	6	¥4,637.50
销售部	11	¥10,481.80
总计	30	¥6,376.66

图 7-9

7.1.2　知晓数据透视表的结构与元素

数据透视表创建完成后，就可以在工作表中显示数据透视表的结构与组成元素，有专门用于编辑数据透视表的菜单，并显示字段列表，如图 7-10 所示。

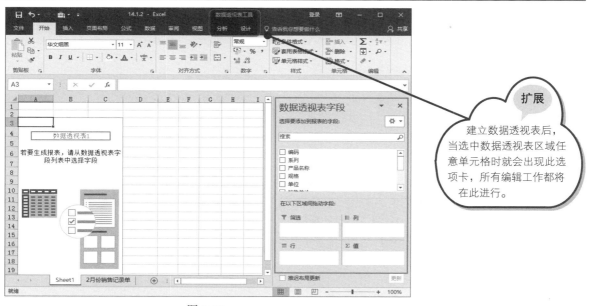

图 7-10

在数据透视表中一般包含的元素有字段、项、数值和报表筛选，下面来逐一认识这些元素的作用。

1．字段

建立数据透视表后，源数据表中的列标识都会产生相应的字段，如字段列表框中显示的都是字段，如图 7-11 所示。

图 7-11

对于字段列表中的字段，根据其设置不同又分为行字段、列字段和数值字段。如图 7-11 所示的数据透视表中，"系列"字段被设置为行标签，"销售员"字段被设置为列标签，"销售金额"字段被设置为值字段。

2．项

项是字段的子分类或成员。如图 7-11 所示，"行标签"下的具体系列名称及"列标签"下的具体销售员姓名都称作项。

3．数值

数值是用来对数据字段中的值进行合并的计算类型。数据透视表通常为包含数字的数据字段使用 SUM 函数，而为包含文本的数据字段使用 COUNT 函数。建立数据透视表并设置汇总后，可选择其他汇总函数，如 AVERAGE、MIN、MAX 和 PRODUCT。

4．报表筛选

字段下拉列表中显示了可在字段中显示的项，利用该下拉列表可以进行数据的筛选。当包含▼按钮时，则可单击打开下拉列表，如图 7-12 和图 7-13 所示。

扩展

通过复选框的勾选或取消勾选得到的是筛选统计的结果。

图 7-12　　　　　　　　　　　　　　　　图 7-13

练一练

练习题目：**了解数据透视表的经典布局。**

操作要点：在日常工作中建立数据透视表时，有时会遇到如图 7-14 所示的布局样式，这是早期版本的经典布局样式，它对分析结果无任何影响，只要按实际分析需求设置相应字段即可。

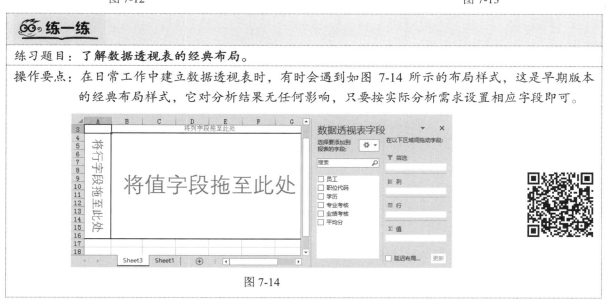

图 7-14

7.2　数据源有要求

　　数据透视表的功能虽然非常强大，但使用之前需要规范数据源表格，否则会给后期创建和使用数据透视表带来层层阻碍，甚至无法创建数据透视表。很多新手不懂得如何规范数据源，下面介绍一些创建数据透视表的表格应当避免的误区。

7.2.1　不能包含多层表头

在日常建表时，为了排版美观，经常会配合合并单元格的方式使用双层表头，如图 7-15 所示。但如果使用这样的数据进行数据透视分析，则会让程序无法为数据透视表生成字段，如图 7-16 所示。正确的做法是把表头整理成如图 7-17 所示的样式。

	基本数据			应发明细					应扣明细			实发工资
工号	姓名	部门	基本工资	工龄工资	绩效奖金	加班工资	漏勤奖	考勤扣款	代扣代缴	个人所得税		
NO.001	童晔	行政部	3200	1400		200	0	280	920	0		3600
NO.002	姚磊	人事部	3500	1000		200	300	0	900	0		4100
NO.003	闫绍红	行政部	2800	400		400	300	0	640	0		3260
NO.004	焦文雷	设计部	4000	1000		360	0	190	1000	0		4170
NO.005	魏义成	行政部	2800	400		280	300	0	640	0		3140
NO.006	李秀秀	人事部	4200	1400			0	100	1120	0		4380
NO.007	焦文全	销售部	2800	400	8048	425	300	0	640	423.3		10909.7
NO.008	郑立媛	设计部	4500	1400		125	0	20	1180	0		4825
NO.009	马同燕	设计部	4000	1000		175	0	20	1000	0		4155
NO.010	莫云	销售部	2200	1200	10072	225	0	20	680	589.7		12407.3
NO.011	陈芳	研发部	3200	300		360	300	0	700	0		3460
NO.012	钟华	研发部	4500	100		280	0	90	920	0		3870
NO.013	张燕	人事部	3500	1200		320	0	60	940	0		4020
NO.014	柳小续	研发部	5000	1000			300	0	1200	3		5097
NO.015	许开	研发部	3500	1200		425	0	20	940	0		4165
NO.016	陈建	销售部	2500	1200	5664	125	0	400	740	124.9		8224.1
NO.017	万茜	财务部	4200	1000		200	0	0	1040	0		4330
NO.018	张亚明	销售部	2000	1000	7248	225	300	0	600	307.3		9865.7

图 7-15

图 7-16

工号	姓名	部门	基本工资	工龄工资	绩效奖金	加班工资	漏勤奖	考勤扣款	代扣代缴	个人所得税	实发工资
NO.001	童晔	行政部	3200	1400		200	0	280	920	0	3600
NO.002	姚磊	人事部	3500	1000		200	300	0	900	0	4100
NO.003	闫绍红	行政部	2800	400		400	300	0	640	0	3260
NO.004	焦文雷	设计部	4000	1000		360	0	190	1000	0	4170
NO.005	魏义成	行政部	2800	400		280	300	0	640	0	3140
NO.006	李秀秀	人事部	4200	1400			0	100	1120	0	4380
NO.007	焦文全	销售部	2800	400	8048	425	300	0	640	423.3	10909.7
NO.008	郑立媛	设计部	4500	1400		125	0	20	1180	0	4825
NO.009	马同燕	设计部	4000	1000		175	0	20	1000	0	4155
NO.010	莫云	销售部	2200	1200	10072	225	0	20	680	589.7	12407.3

图 7-17

7.2.2　列标识不能缺失

数据表的列标识不能出现缺失，如图 7-18 所示，因为漏输了一个列标识，在创建数据透视表时弹出了错误提示。

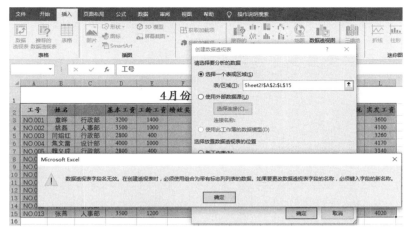

图 7-18

7.2.3 数据至少要有一个分类

数据透视表分析是要达到一个分类统计分析的目的，如果数据表一个分类都找不到，那么对其创建数据透视表是无任何意义的。

例如，如图 7-19 所示表格没有任何分类，这种表无论怎么统计还是这个结果，而图 7-20 所示表格则可以按班级进行分类统计。

图 7-19

图 7-20

扩展

至少要有一个分类。这时就可以按班级统计最高分、平均分等。

7.2.4 数据格式要规范

数据格式规范对数据透视表的创建也很重要，不规范的数据会导致统计结果出错，甚至无法达到统计。

例如，数据表中存在文本数字，即使只有一个数据是文本，当建立数据透视表并将这个字段作为数值字段时，就无法进行"求和"计算（如图 7-21 所示），而只能进行"计数"运算。

图 7-21

例如，数据源中包含有无意义的空格，看似很小的一个问题，但对于数据透视表而言，它会把这样的数据当作两个不同的标签进行统计。如图 7-22 所示，"曼茵"与"曼 茵"将作为两个统计项，显然这个统计结果是错误的。

另外，如果数据表中使用的日期不是规范的，那么在进行数据透视统计时则会导致无法按年、月、日进行分组统计。（关于日期数据的分组统计，在后面的内容中也会着重地介绍。）

图 7-22

7.2.5 数据应具有连续性

数据表应具有连续性，不要使用小计、空白行等进行中断。例如，如图 7-23 所示的表格中添加了"合计"行，那么在建立数据透视表时，很显然统计结果是错误的（注意看图中框住的部分）。

图 7-23

如果不是要打印这样的明细表，在表格中添加这样的小计则是没有必要的，如图 7-24 所示，待建立了数据透视表之后，要想分月统计支出金额，只要拖动添加两个字段即可，这是极其简单的事情。

另外，数据表中也不要使用空行让数据中断，否则程序无法获取完整的数据源，即使手动添加数据源，也会在统计结果中产生空白数据。

日期	费用类别	产生部门	支出金额
2020/4/1	办公用品采购费	企划部	￥8,200
2020/4/11	差旅费	销售部	￥1,500
2020/4/19	办公用品采购费	人事部	￥550
2020/4/25	办公用品采购费	行政部	￥1,050
2020/4/28	招聘培训费	人事部	￥1,200
2020/5/5	会务费	财务部	￥560
2020/5/11	差旅费	企划部	￥5,400
2020/5/16	招聘培训费	人事部	￥2,800
2020/5/21	业务拓展费	人事部	￥1,400
2020/5/25	办公用品采购费	行政部	￥1,600
2020/5/30	福利品采购费	财务部	￥500

行标签	求和项：支出金额
⊞4月	12500
⊞5月	12260
总计	24760

图 7-24

7.3　建立数据透视表

创建数据透视表的过程中需要确定字段的位置、引用的数据区域，以及透视表的放置位置等。默认建立的数据透视表是空白状态，需要通过添加字段及相应的编辑才能得到需要的统计结果。本节先介绍如何进行数据透视表的创建及字段的添加。

7.3.1　字段添加决定分析结果

数据透视表的强大功能体现在字段的设置上，不同的字段组合可以获取不同的统计效果，因此可以随时调整字段位置多角度分析数据。下面以如图 7-25 所示的销售记录单为例，介绍字段的设置及调整方法。这其中涉及字段位置的设置、顺序的调整等知识点。

销售记录单

日期	类别	产品名称	尺码	销售单价	销售数量	销售金额	销售员	部门
2/2	雪地靴	甜美花朵女靴	35-39	¥ 90.00	10	¥ 900.00	何许诺	销售一部
2/3	马丁靴	时尚流苏短靴	35-40	¥ 178.00	5	¥ 890.00	张怡聆	销售二部
2/3	雪地靴	潮流亮片女靴	35-41	¥ 108.00	15	¥ 1,620.00	林欣	销售三部
2/5	高筒靴	侧拉时尚长筒靴	35-42	¥ 159.00	15	¥ 2,385.00	何佳怡	销售三部
2/6	小白鞋	韩版百搭透气小白鞋	35-43	¥ 129.00	8	¥ 1,032.00	秦玲	销售二部
2/6	雪地靴	潮流亮片女靴	35-44	¥ 108.00	10	¥ 1,080.00	何许诺	销售一部
2/7	小白鞋	韩版时尚内增高小白鞋	35-45	¥ 169.00	4	¥ 676.00	何佳怡	销售三部
2/8	马丁靴	时尚流苏短靴	35-46	¥ 99.00	15	¥ 1,485.00	张怡聆	销售二部
2/9	雪地靴	贴布刺绣中筒靴	35-47	¥ 179.00	10	¥ 1,790.00	秦玲	销售二部
2/9	高筒靴	韩版过膝磨砂长靴	35-48	¥ 169.00	5	¥ 845.00	秦玲	销售二部
2/9	雪地靴	磨砂格子女靴	35-49	¥ 69.00	11	¥ 759.00	何佳怡	销售三部
2/10	马丁靴	英伦风切尔西靴	35-50	¥ 139.00	8	¥ 1,112.00	崔宁	销售二部
2/10	雪地靴	甜美花朵女靴	35-51	¥ 90.00	12	¥ 1,080.00	张佳茜	销售一部
2/10	短靴	复古雕花擦色单靴	35-52	¥ 179.00	10	¥ 1,790.00	何许诺	销售一部
2/11	高筒靴	侧拉时尚长筒靴	35-53	¥ 159.00	6	¥ 954.00	崔宁	销售二部
2/11	雪地靴	磨砂格子女靴	35-54	¥ 69.00	4	¥ 276.00	黄玉梅	销售三部
2/11	小白鞋	韩版时尚内增高小白鞋	35-55	¥ 169.00	6	¥ 1,014.00	何佳怡	销售三部
2/11	雪地靴	贴布刺绣中筒靴	35-56	¥ 179.00	4	¥ 716.00	何许诺	销售一部
2/12	马丁靴	时尚流苏短靴	35-57	¥ 189.00	10	¥ 1,890.00	张佳茜	销售一部
2/12	高筒靴	韩版过膝磨砂长靴	35-58	¥ 169.00	5	¥ 845.00	秦玲	销售二部

2月份销售记录单

图 7-25

例 1：各类别商品销售数量及金额统计报表

利用如图 7-25 所示的数据源创建统计各类别商品销售数量及金额的报表。

❶ 选中数据源表格中的任意单元格，在"插入"选项卡的"表格"组中单击"数据透视表"按钮，如图 7-26 所示。

❷ 打开"创建数据透视表"对话框，在"表/区域"参数框中默认选择当前工作表的全部单元格区域，选中"新工作表"单选按钮，如图 7-27 所示。

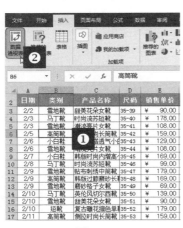

图 7-26

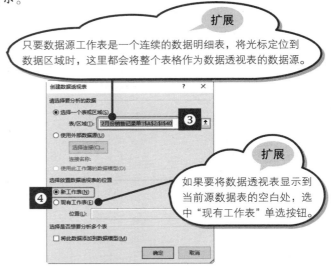

图 7-27

❸ 单击"确定"按钮，即可在新工作表中创建数据透视表，如图 7-28 所示。

图 7-28

❹ 在字段列表中将光标指向"类别"字段，按住鼠标左键将其拖动至"行"区域中，然后按相同方法将"销售数量""销售金额"字段拖动到"值"区域中，即可得到分析各类别商品销售情况的数据透视

表，如图 7-29 所示。

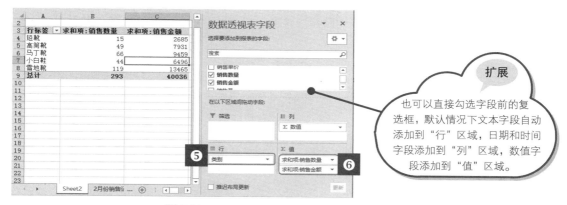

图 7-29

❺ 在 Sheet2 工作表中右击鼠标，在弹出的快捷菜单中选择"重命名"命令，如图 7-30 所示。将工作表重命名为"各类别商品销售分析"，如图 7-31 所示。

图 7-30

图 7-31

经验之谈

在建立数据透视表时，并不是一定要使用所有数据，也可以根据分析目的只选中部分数据创建数据透视表。但选中的部分数据必须是连续的列。

例2：各部门业绩统计报表

利用图 7-25 所示的数据源创建各部门业绩统计报表。

❶ 按例 1 中的方法创建数据透视表。

❷ 拖动"部门"字段和"类别"字段到"行"区域中，拖动"销售金额"字段到"值"区域中，即可得到各部门业绩统计报表，如图 7-32 所示。

❸ 将工作表重命名为"各部门业绩分析"，如图 7-33 所示。

图 7-32

图 7-33

例 3：各销售员业绩统计报表

利用图 7-25 所示的数据源创建各销售员业绩统计报表。

❶ 按例 1 中的方法创建数据透视表。

❷ 拖动"销售员"字段到"行"区域中，拖动"销售金额"字段到"值"区域中，即可得到各销售员业绩统计报表，如图 7-34 所示。

❸ 按例 1 中的方法将工作表重命名为"各销售员业绩分析"，如图 7-35 所示。

图 7-34

图 7-35

例 4：各类别商品各月份销售统计报表

假设当前数据表中涉及多月的数据，还可以分月统计销售总额。

❶ 此处假设销售记录表中有 1 月数据与 2 月数据，如图 7-36 所示。按例 1 中的方法创建数据透视表。

❷ 拖动"类别"字段和"日期"字段到"行"区域中，拖动"销售金额"字段到"值"区域中，即可让各个类别商品的销售额按月份统计，如图 7-37 所示。

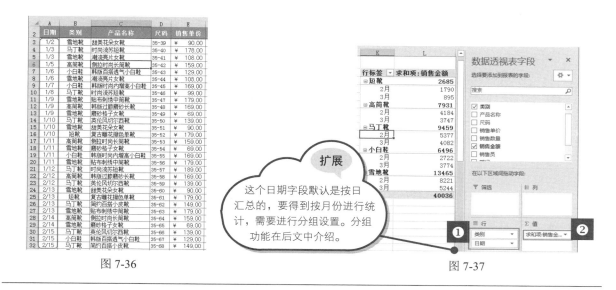

图 7-36

图 7-37

扩展

这个日期字段默认是按日汇总的，要得到按月份进行统计，需要进行分组设置。分组功能在后文中介绍。

7.3.2　解决字段名称折叠问题

建立数据透视表时，默认以压缩形式显示。例如，如图 7-38 所示的数据透视表有"系列"与"销售员"两个行标签，却没有看到，而是只显示"行标签"字样，真正的标签名称被隐藏了。如果设置报表的布局为"以表格形式显示"，则可以获取更好的显示效果。

❶ 选中数据透视表，在"数据透视表工具-设计"选项卡的"布局"组中单击"报表布局"下拉按钮，在弹出的下拉菜单中选择"以表格形式显示"命令，如图 7-39 所示。

图 7-38

图 7-39

扩展

单击"空行"按钮，可以实现让每个项下面用空行间隔，读者可以自己尝试设置。

❷ 执行上述命令后，数据透视表的显示效果如图 7-40 所示。

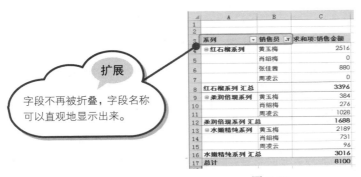

图 7-40

7.3.3 将数据透视表转换为普通报表表格

数据透视表是一种统计报表，对于这种统计结果，很多时候都需要复制到其他的地方使用。因此，在得到统计结果后可以将其转换为普通表格，方便使用。

❶ 选中整张数据透视表，按 Ctrl+C 组合键执行复制，如图 7-41 所示。

❷ 在当前工作表或新工作表中选中一个空白单元格，在"开始"选项卡的"剪贴板"组中单击"粘贴"下拉按钮，在弹出的下拉菜单中单击（"值和源格式"）按钮（如图 7-42 所示），即可将数据透视表中当前数据转换为普通表格，如图 7-43 所示。

❸ 把透视表统计结果转换为普通数据后，就得到了想要的统计结果，表格可以重新进行格式整理与设计，得到如图 7-44 所示的表格。然后可以复制到任意需要的位置上去使用。

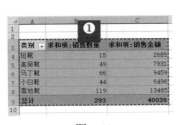

图 7-41

图 7-42

图 7-43

图 7-44

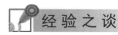 经验之谈

数据透视表是一个整体，不能单一地删除其中任意单元格的数据（删除时会弹出错误提示），如果需要删除，则需要选中数据透视表所在的全部区域，然后按 Delete 键，即可删除整张工作表。

7.3.4　有新数据源添加时同步更新透视表

若原工作表中的数据发生变化，则需要通过刷新才能让原数据透视表重新得到正确的统计结果。

选中数据透视表，在"数据透视表工具-分析"选项卡的"数据"组中单击"刷新"下拉按钮，从弹出的下拉菜单中选择"刷新"命令，如图 7-45 所示，即可让数据透视表按新数据源重新得出统计结果。

图 7-45

 经验之谈

在刷新数据透视表后经常会出现原来的某个字段自动从数据透视表中消失了的情况，这是因为更改了原数据表中的列标识，导致数据透视表的字段名称更改了，这时它就会被自动删除，需要重新添加。

7.4　汇总与显示方式

建立初始的数据透视表后，可以对数据透视表进行一系列的编辑操作。例如，更改统计字段的算法可以达到不同的统计目的，更改值的显示方式也能得到不同的统计结果。

7.4.1　哪些情况下要修改值的汇总方式

当设置了某个字段为数值字段后，数据透视表会自动对数据字段中的值进行合并计算。其默认的计算方式为：如果字段下是数值数据，则会自动使用 SUM 函数进行求和运算；如果字段下是文本数据，则会自动使用 COUNT 函数进行计数统计。除了根据字段的性质自动生成汇总方式外，如果想得到其他的计算结果，如求最大值、最小值、平均值等，则需要修改对数值字段中值的合并计算类型。下面介绍重新更改汇总方式的两个实例。

例 1：本例中原先将各个班级的成绩进行了求和汇总，这种数据统计结果没有任何意义，这时需要将"求和"更改为"计数"汇总方式，从而统计出各个班级中有多少人在前 30 名中。

❶ 打开数据透视表，选中汇总项中的任意单元格，右击，在弹出的快捷菜单中选择"值字段设置"命令，如图 7-46 所示。

图 7-46

❷ 打开"值字段设置"对话框，将"选择用于汇总所选字段数据的计算类型"更改为"计数"，并自定义名称为"入围人数"，如图 7-47 所示。单击"确定"按钮，即可汇总出各个班级入围的人数。效果如图 7-48 所示。

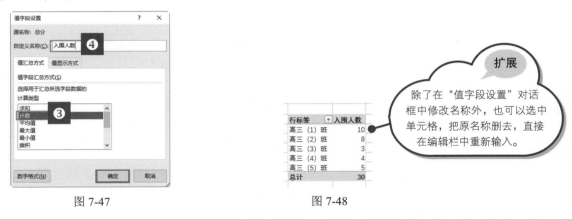

图 7-47   图 7-48

例 2：在本例中，从各个班级中抽取 8 人的成绩组成抽样统计表，现在需要统计出各个班级的平均分。

❶ 选中汇总项中的任意单元格，右击鼠标，在弹出的快捷菜单中选择"值字段设置"命令，如图 7-49 所示。

❷ 打开"值字段设置"对话框，在"选择用于汇总所选字段数据的计算类型"列表框中选择"平均值"，并自定义名称为"平均分"，如图 7-50 所示。单击"确定"按钮，即可得到各个班级的平均分。效果如图 7-51 所示。

图 7-49

图 7-50

图 7-51

练一练

练习题目：按班级统计最高分、最低分，如图 7-52 所示。

操作要点： （1）要将"总分"字段添加两次到"值"字段区域。

（2）分别设置"最大值"与"最小值"值汇总方式。

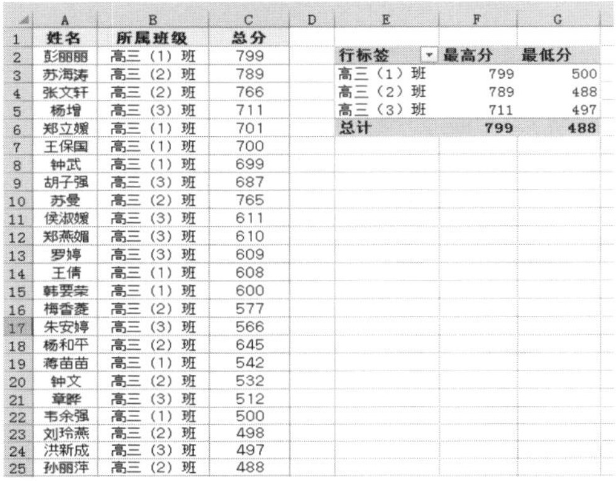

图 7-52

7.4.2　几种百分比的显示方式

将数值字段添加到"值"字段框中时，默认的汇总方式为求和，求和值只是其中的一种显示方式。除此之外还有占总和的百分比显示方式、占行汇总的百分比、累计显示等。下面举例介绍几种不同的百分比的显示方式。

例 1：显示为总计的百分比

例如，在如图 7-53 所示的数据透视表中统计了各个部门的销售总额。现在要求显示各个部门的销售额占总销售额的百分比。

❶ 选中列字段下的任意单元格，右击鼠标，在弹出的快捷菜单中依次选择"值显示方式"→"总计的百分比"命令，如图 7-54 所示。

❷ 按上述操作完成设置后，即可看到各部门的销售额占总销售额的百分比。效果如图 7-55 所示。

行标签	求和项:总销售额
销售1部	211500
销售2部	289210
销售3部	196826
总计	697536

图 7-53

图 7-54

扩展

更改值显示方式后，这个名称可以根据实际需要重新更改。

行标签	求和项:总销售额
销售1部	30.32%
销售2部	41.46%
销售3部	28.22%
总计	100.00%

图 7-55

例 2：显示占行汇总的百分比

在有列标签的数据透视表中，可以设置值的显示方式为占行汇总的百分比。在此显示方式下横向观察报表，可以看到各个项所占百分比情况。如图 7-56 所示的数据透视表为默认统计结果，需要查看每个系列产品在各个店铺中的销售占总销售额的百分比情况。

求和项:销售金额 店铺				
系列	鼓楼店	步行街专卖	长江路专卖	总计
水能量系列	1160	3644	4226	9030
水嫩精纯系列	4194	1485	4283	9962
气韵焕白系列	2808	5548	384	8740
佳洁日化	800		1120	1920
总计	8962	10677	10013	29652

2月份销售记录单　各店销售分析

图 7-56

❶ 选中列字段下的任意单元格，右击鼠标，在弹出的快捷菜单中依次选择"值显示方式"→"行汇总的百分比"命令，如图 7-57 所示。

图 7-57

❷ 按上述操作完成设置后，即可看到各系列在不同商场的销售占比。例如，"水能量系列"产品鼓楼店占 12.85%，步行街专卖店占 40.35%，长江路专卖店占 46.80%，如图 7-58 所示。

求和项:销售金额	店铺			
系列	鼓楼店	步行街专卖	长江路专卖	总计
水能量系列	12.85%	40.35%	46.80%	100.00%
水嫩精纯系列	42.10%	14.91%	42.99%	100.00%
气韵焕白系列	32.13%	63.48%	4.39%	100.00%
佳活日化	41.67%	0.00%	58.33%	100.00%
总计	30.22%	36.01%	33.77%	100.00%

图 7-58

例 3：父行汇总的百分比

如果设置了双行标签，可以设置值的显示方式为占父行汇总的百分比。在此显示方式下可以看到每一个父级下的各个类别各占的百分比。如图 7-59 所示的数据透视表为默认统计结果，通过设置"父行汇总的百分比"的显示方式则可以直观地看到在每个月份中每一种支出项目所占的百分比情况，如图 7-60 所示。

日期	项目	求和项:金额
⊟1月		12963
	差旅费	863
	办公用品	650
	餐饮费	5400
	福利	1500
	会务费	2200
	交通费	1450
	通信费	900
⊟2月		9405
	差旅费	3800
	办公用品	200
	餐饮费	2350
	福利	500
	会务费	380
	交通费	1675
	通信费	500
⊟3月		12300.5
	差旅费	2800
	办公用品	732
	餐饮费	4568.5
	福利	800
	会务费	2600
	交通费	800

图 7-59

日期	项目	求和项:金额
⊟1月		37.39%
	差旅费	6.66%
	办公用品	5.01%
	餐饮费	41.66%
	福利	11.57%
	会务费	16.97%
	交通费	11.19%
	通信费	6.94%
⊟2月		27.13%
	差旅费	40.40%
	办公用品	2.13%
	餐饮费	24.99%
	福利	5.32%
	会务费	4.04%
	交通费	17.81%
	通信费	5.32%
⊟3月		35.48%
	差旅费	22.76%
	办公用品	5.95%
	餐饮费	37.14%
	福利	6.50%
	会务费	21.14%
	交通费	6.50%

图 7-60

❶ 选中列字段下的任意单元格，右击鼠标，在弹出的快捷菜单中依次选择"值显示方式"→"父行汇总的百分比"命令，如图 7-61 所示。

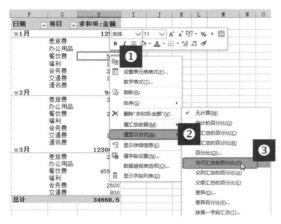

图 7-61

❷ 按上述操作完成设置后，即可看到每个月份下各个不同的支出项目所占的百分比，同时也显示出一季度中各个月份支出额占总支出额的百分比。

7.4.3 任意查看汇总项的明细数据

建立数据透视表之后，通过对各个字段、数值进行汇总统计之后，如果需要查看明细数据，可以通过以下方法实现。

下面要查看"柔润倍现系列"的明细数据和"水嫩精纯系列"中"黄玉梅"这位销售员的明细数据。

❶ 双击 B9 单元格（见图 7-62），即可新建一个工作表用于显示"柔润倍现系列"的明细数据，如图 7-63 所示。

图 7-62

图 7-63

❷ 双击 B14 单元格，显示同时满足"水嫩精纯系列"与"黄玉梅"两个条件的明细数据，如图 7-64 所示。得到的明细表如图 7-65 所示。

注意

只有双字段时才可能同时满足两个条件，否则只能满足一个条件。

图 7-64

图 7-65

练一练

练习题目：在如图 7-66 所示的数据透视表中想查某一位人员的所有加班记录，如图 7-67 所示。

操作要点：在目标人员的求和项单元格中双击鼠标。

图 7-66

图 7-67

7.5　两种分组方式

对字段进行分组是指对过于分散的统计结果进行分段、分类等统计，从而获取某一个阶段（如年龄段、日期段）一类数据的统计结果。下面通过例子来学习。

7.5.1　哪些情况下要进行组合统计

在学习分组前我们需要了解在什么情况下需要对数据进行分组，概括地说就是当统计结果比较分散时，可以通过分组的办法让统计结果分段显示。例如，如图 7-68 所示的数据透视表，想达到的统计目的是：统计出"三星以上商务酒店"的数量。但默认的统计结果可以说毫无意义，如果通过分组则可以得到如图 7-69 所示的效果，即可直观看到各个数量区间分别对应有多少个城市。

图 7-68

图 7-69

❶ 选中要分组字段下的任意单元格，在"数据透视表工具-分析"选项卡的"组合"组中单击"分组选择"按钮，如图 7-70 所示。打开"组合"对话框，勾选"起始于"和"终止于"复选框，并根据分析需求设置步长。例如，本例中设置"步长"为 100，表示以 100 为间隔来统计数量，如图 7-71 所示。

❷ 单击"确定"按钮，即可得到如图 7-69 所示的分组统计效果。

注意

只有选中行标签或列标签字段下的任意项，才能让"组合"组中的命令按钮处于激活状态。如果选中的是其他单元格，则这些命令按钮将呈灰色状态。

扩展

对于起始值与终止值，程序可以根据当前数据情况自动生成。

图 7-70

图 7-71

7.5.2 自动分组

自动分组包括按上面设定的步长分组，同时日期数据也经常应用自动分组。如果数据表中使用的是标准的日期数据，当添加日期字段后会自动进行分组，数据涉及多月份时自动按月分组，数据涉及多季度时自动按季度分组。

如图 7-72 所示，当添加"日期"字段到行标签后，"月"字段是自动生成的。可以单击月前面的 ⊞ 按钮查看明细数据，如图 7-73 所示。

图 7-72

图 7-73

如果想按指定的日数为步长进行分组，则操作如下：

❶ 在字段列表中取消勾选"月"字段前的复选框，然后选中要分组字段下的任意单元格，在"数据透视表工具-分析"选项卡的"组合"组中单击"分组选择"按钮，如图 7-74 所示。

❷ 打开"组合"对话框，在"步长"列表框中选择"日"，"天数"设置为 7，如图 7-75 所示。

❸ 单击"确定"按钮，即可得到如图 7-76 所示的按 7 日分组统计的结果。

图 7-74

图 7-75

图 7-76

7.5.3　手动分组

在进行数据分组时，除了使用程序默认的步长，还可以根据实际情况自定义分组，即手动分组。

如图 7-77 所示的透视表想达到的统计结果是各个提成区间的人数有多少，但设置"提成金额"为行标签，"姓名"字段为值标签时，默认统计结果很分散。下面要对此统计结果进行手动分组。

图 7-77

❶ 选中要分为一组的多个项，在"数据透视表工具-分析"选项卡的"组合"组中单击"分组选择"按钮（如图 7-78 所示），即可建立"数据组 1"，如图 7-79 所示。

❷ 选中"数据组 1"单元格，重命名为"5000 以下"，如图 7-80 所示。

图 7-78

图 7-79

图 7-80

❸ 在数据透视表中选中要分为第二个组的多个项，在"数据透视表工具-分析"选项卡的"组合"组中单击"分组选择"按钮（如图 7-81 所示），即可建立"数据组 2"，如图 7-82 所示。

❹ 选中"数据组 2"单元格，重命名为"5000-7000"，如图 7-83 所示。

图 7-81

图 7-82

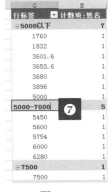

图 7-83

❺ 按相同的方法进行第三个分组，重命名为"7000 以上"，如图 7-84 所示。单击组前面的 ⊟ 按钮，将下面的明细项折叠起来，如图 7-85 所示。最终的分组效果如图 7-86 所示。

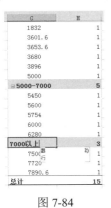

图 7-84

图 7-85

图 7-86

7.6 动 态 筛 选

数据透视表的统计结果也是可以进行筛选的，即筛选符合要求的数据参与汇总，不符合要求的数据不参与汇总计算。在数据透视表中进行动态的筛选统计有两种方式，一是添加筛选字段；二是添加切片器。

7.6.1　添加筛选字段

通过添加字段到"报表筛选"标签中也可以实现对数据透视表的筛选，从而有选择地统计目标数据。

❶ 添加"商品类别"字段到"筛选"框中，如图 7-87 所示。

❷ 在数据透视表中单击筛选字段"商品类别"右侧的下拉按钮，勾选"选择多项"复选框，然后取消勾选"全部"复选框，勾选要显示的项目前面的复选框，如"图书"，如图 7-88 所示。

图 7-87　　　　　　　　　　　　　　　　　图 7-88

❸ 单击"确定"按钮，当前数据透视表的统计结果则只是针对图书销售记录的，其他商品类别则不在统计范围内，如图 7-89 所示。

❹ 在进行筛选统计时，也可以一次性选中多个项目。如图 7-90 所示为同时选中"图书"与"玩具"两个项目。

❺ 单击"确定"按钮，当前数据透视表的统计结果则是针对"图书"与"玩具"类别的统计结果，如图 7-91 所示。

图 7-89　　　　　　　　　　图 7-90　　　　　　　　　　图 7-91

7.6.2 切片器辅助筛选

切片器是 Excel 2013 以后版本中的新增功能，它提供了一种可视性极强的筛选方式。插入切片器后，即可使用多个按钮对数据进行快速筛选统计，仅显示所需要的数据。

❶ 选中数据透视表中的任意单元格，在"数据透视表-分析"选项卡的"筛选"组中单击"插入切片器"按钮，如图 7-92 所示。打开"插入切片器"对话框，如图 7-93 所示。

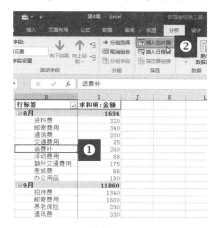

图 7-92

图 7-93

> 注意
>
> 添加为切片器的应该是具有分类性质的字段，否则筛选也不具备意义。

❷ 在"插入切片器"对话框中勾选要为其创建切片器的数据透视表字段复选框，单击"确定"按钮，即可创建一个切片器，如图 7-94 所示。

❸ 在切片器中单击要筛选的项目，即可显示筛选统计结果。如图 7-95 所示显示的是"第一车间"费用支出的统计结果。

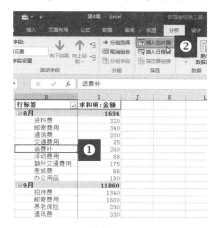

图 7-94

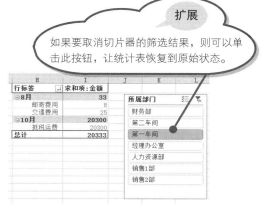

> 扩展
>
> 如果要取消切片器的筛选结果，则可以单击此按钮，让统计表恢复到原始状态。

图 7-95

❹ 要同时筛选出多个项目，可以按住 Ctrl 键不放，接着使用鼠标左键依次选择即可。如图 7-96 所示显示的是多个筛选结果。

图 7-96

练一练

练习题目：如图 **7-97** 所示，筛选统计某一日的总销售额。

操作要点：添加"日期"为切片器。

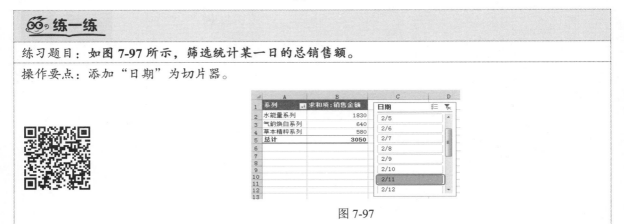

图 7-97

7.7 统计结果的图表展示

数据透视图是以图形的方式直观、动态地展现数据透视表的统计结果，当数据透视表的统计结果发生变化时，数据透视图也做出相应的变化。

7.7.1 创建数据透视图

数据透视图的类型与普通图表类型一样，不同的图表类型所表达的重点不同，针对要分析的数据的重点，应当选择合适的图表类型。在第 9 章中将对图表进行更加系统的介绍，也会对图表类型的选择做出相关的分析。

本例中的数据透视表统计了所有员工的销售金额，现在要比较项目的大小，通常用柱形图和条形图。

❶ 选择数据透视表的任意单元格，在"数据透视图工具-分析"选项卡的"工具"组中单击"数据透视图"按钮，如图 7-98 所示。

图 7-98

❷ 打开"插入图表"对话框，从中选择合适的图表。根据数据情况，这里选择"簇状柱形图"，如图 7-99 所示。

❸ 单击"确定"按钮，即可在当前工作表中插入柱形图。选中数据透视图，通过拖动四周的按钮调整图表的大小，如图 7-100 所示。

图 7-99

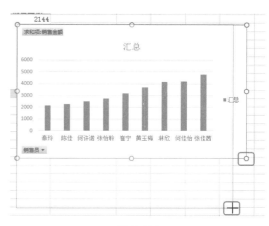

图 7-100

❹ 选择图表，在"数据透视表工具-设计"选项卡的"图表样式"组中选择套用的样式，单击即可套用样式，如图 7-101 所示。

❺ 输入图表的标题，如图 7-102 所示。

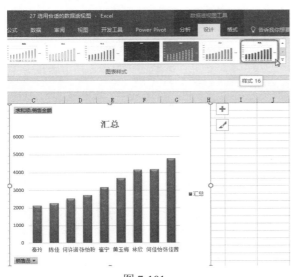

图 7-101

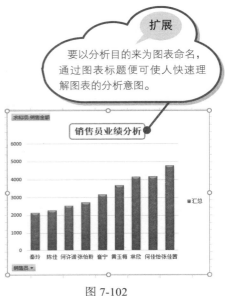

> **扩展**
>
> 要以分析目的来为图表命名，通过图表标题便可使人快速理解图表的分析意图。

图 7-102

🔍 练一练

练习题目：**建立各系列商品销售占比分析的饼图，如图 7-103 所示。**

操作要点：创建数据透视表后，创建饼图数据透视图。

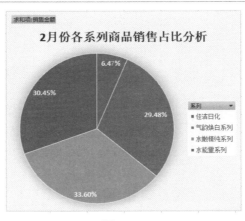

图 7-103

7.7.2　优化数据透视图的显示效果

插入数据透视图之后，如果对创建的图表不满意，则可以重新更改数据透视图的类型，为图表添加数据标签，还可以美化图表。

本例中需要将创建好的柱形图更改为饼图图表，不需要重新根据数据透视表创建图表，直接在图表中更改就可以了。

❶ 打开图表，在"数据透视图工具-设计"选项卡的"类型"组中单击"更改图表类型"按钮，如图 7-104 所示。打开"更改图表类型"对话框，按照图 7-105 所示更改图表类型。

❷ 单击"确定"按钮，即可更改为饼图图表。效果如图 7-106 所示。

图 7-104

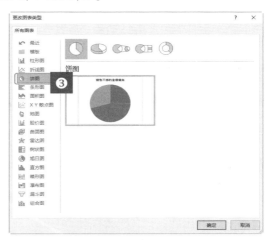

图 7-105

另外，为了能在图中直观地查看数据，还可以在图表中添加数据标签。

❶ 选中数据透视图，单击其右侧的 ➕ 按钮，在展开的"图表元素"列表中勾选"数据标签"复选框，即可为饼图添加"值"数据标签，如图 7-107 所示。

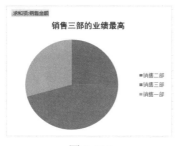

图 7-106

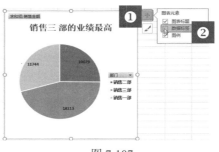

图 7-107

❷ 在数据标签上再单击一次，选中全部数据标签，然后单击鼠标右键，在弹出的快捷菜单中选择"设置数据标签格式"命令，如图 7-108 所示。

❸ 打开"设置数据标签格式"窗格，在"标签选项"栏中取消勾选"值"复选框，勾选"百分比"复选框，如图 7-109 所示。

图 7-108

图 7-109

❹ 在"数字"栏中将"小数位数"设置为 2，如图 7-110 所示。返回到数据透视图中，得到的效果如图 7-111 所示。

图 7-110

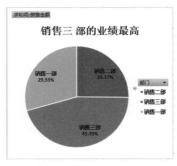

图 7-111

7.8 必 备 技 能

技能 1：统计加班费

在建立数据透视表时，灵活地设置字段，可以得到不同的统计结果。例如，在下面的表格中可以进行不同的加班费统计。

设置"员工姓名"为行字段，设置"加班费"为值字段，统计得到每位加班人员的加班费合计金额，如图 7-112 所示。

图 7-112

设置"加班性质"为行字段，设置"加班费"为值字段，统计得到不同加班类型应支付的加班费合计金额，如图 7-113 所示。

图 7-113

技能 2：多种统计结果的透视表

在建立数据透视表后，同一个字段可以多次添加作为值字段，然后去修改它的汇总方式，从而得到多种统计结果的透视表。例如，下面例子可以通过如下操作实现，同时统计出各个班级的最高分、最低分、平均分。

❶ 建立数据透视表之后，将"总分"这个字段添加三次到"值"区域中（可以看到默认的计算方式都为求和），如图 7-114 所示。

图 7-114

❷ 双击 F2 单元格的值字段，打开"值字段设置"对话框，先选择计算类型为"平均值"，再更改名称为"平均分"，如图 7-115 所示；双击 G2 单元格的值字段，打开"值字段设置"对话框，先选择计算类型为"最大值"，再更改名称为"最高分"，如图 7-116 所示；双击 H2 单元格的值字段，打开"值字段设置"对话框，先选择计算类型为"最小值"，再更改名称为"最低分"，如图 7-117 所示。

图 7-115

图 7-116

图 7-117

❸ 完成设置后，可以看到三种统计结果，如图 7-118 所示。

所属班级	平均分	最高分	最低分
高三（1）班	643.625	799	500
高三（2）班	632.5	789	488
高三（3）班	600.375	711	497
总计	625.5	799	488

图 7-118

技能 3：根据月报表汇总季报表

对于日期数据，当我们添加字段后，一般都会自动按月汇总生成月统计报表，根据月报表则可以快速生成季度报表。

❶ 针对如图 7-119 所示的月统计报表，选中行标签下的任意单元格，在"数据透视表工具-分析"选项卡的"组合"组中单击"分组选择"按钮，打开"组合"对话框，在"步长"列表框中选择"季度"，如图 7-120 所示。

图 7-119

图 7-120

❷ 单击"确定"按钮，即可建立季度统计报表，如图 7-121 所示。

行标签	求和项:金额
第一季	16200
第二季	11295
第三季	13820
第四季	17900
总计	59215

图 7-121

第 8 章

够专业才出彩：高级分析
工具的应用

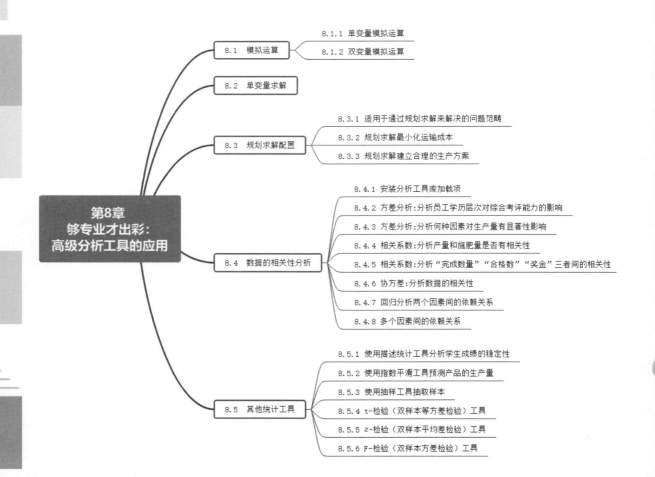

第8章
够专业才出彩：
高级分析工具的应用

- 8.1 模拟运算
  - 8.1.1 单变量模拟运算
  - 8.1.2 双变量模拟运算
- 8.2 单变量求解
- 8.3 规划求解配置
  - 8.3.1 适用于通过规划求解来解决的问题范畴
  - 8.3.2 规划求解最小化运输成本
  - 8.3.3 规划求解建立合理的生产方案
- 8.4 数据的相关性分析
  - 8.4.1 安装分析工具库加载项
  - 8.4.2 方差分析：分析员工学历层次对综合考评能力的影响
  - 8.4.3 方差分析：分析何种因素对生产量有显著性影响
  - 8.4.4 相关系数：分析产量和施肥量是否有相关性
  - 8.4.5 相关系数：分析"完成数量""合格数""奖金"三者间的相关性
  - 8.4.6 协方差：分析数据的相关性
  - 8.4.7 回归分析两个因素间的依赖关系
  - 8.4.8 多个因素间的依赖关系
- 8.5 其他统计工具
  - 8.5.1 使用描述统计工具分析学生成绩的稳定性
  - 8.5.2 使用指数平滑工具预测产品的生产量
  - 8.5.3 使用抽样工具抽取样本
  - 8.5.4 t-检验（双样本等方差检验）工具
  - 8.5.5 z-检验（双样本平均差检验）工具
  - 8.5.6 F-检验（双样本方差检验）工具

8.1 模 拟 运 算

模拟运算表是一个单元格区域，它可以显示一个或多个公式中替换不同值时的结果，即尝试以可变值产生不同的结果。例如，根据不同的贷款金额或贷款利率，模拟每期的应偿还额。

模拟运算表根据行、列变量的个数，可分为两种类型：单变量模拟运算表和双变量模拟运算表。模拟运算表无法容纳两个以上的变量，但每个变量可以设置为任意数值。如果要分析两个以上的变量，则应改用方案分析。

8.1.1 单变量模拟运算

若要了解一个或多个公式中一个变量的不同值如何改变这些公式的结果，可以使用单变量模拟运算表。例如，可以使用单变量模拟运算表来查看不同的利率对使用 PMT 函数计算的每月按揭还款的影响。在单列或单行中输入变量值后，结果便会在相邻的列或行中显示。

如图 8-1 所示为贷款买房的基本情况，现在需要使用单变量模拟运算表来计算出不同的贷款年限下每月应偿还的金额。

❶ 选中 B6 单元格，在公式编辑栏中输入公式"=PMT(B4/12,B5*12,B3,0,0)"，按 Enter 键得出结果，如图 8-1 所示。

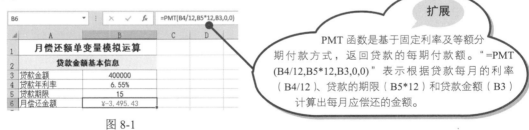

图 8-1

> 扩展
>
> PMT 函数是基于固定利率及等额分期付款方式，返回贷款的每期付款额。"=PMT(B4/12,B5*12,B3,0,0)"表示根据贷款每月的利率（B4/12）、贷款的期限（B5*12）和贷款金额（B3）计算出每月应偿还的金额。

❷ 在 A9:A14 单元格区域中输入想模拟的不同的贷款年限，在 B9 单元格中输入和 B6 单元格相同的公式，如图 8-2 所示。在"数据"选项卡的"预测"组中单击"模拟分析"下拉按钮，在弹出的下拉菜单中选择"模拟运算表"命令，如图 8-3 所示。

❸ 打开"模拟运算表"对话框，按如图 8-4 所示设置"输入引用列的单元格"，单击"确定"按钮，即可得出其他贷款年限下每期应偿还的金额，如图 8-5 所示。

图 8-2

图 8-3

图 8-4

图 8-5

扩展

因为模拟的不同年限显示在列中（A9:A14 单元格区域），所以这时设置引用列的单元格。如果不同的年限显示在行中，则要设置引用行的单元格。

练一练

练习题目：**建立销售业绩奖金计算模型，计算不同销售金额对应的业绩奖金，如图 8-6 所示。**

操作要点：单变量模拟运算。

图 8-6

8.1.2 双变量模拟运算

使用双变量模拟运算表可以查看一个公式中两个变量的不同值对该公式结果的影响。例如，可以使用双变量模拟运算表来查看不同的贷款年限和不同贷款金额下对应的每期应偿还的金额。

本例表格统计了某公司员工购房基本信息，下面需要使用双变量模拟运算表分析不同总贷款金额、不同借款期限下对应的分期等额还款金额。

❶ 选中 C6 单元格并输入公式得到还款总期数，如图 8-7 所示。继续在 C7 单元格中输入公式 "=PMT($C$3/$C$5,$C$6,$C$2,)"，计算得到分期等额还款的金额，如图 8-8 所示。

图 8-7

图 8-8

❷ 在表格中输入不同的借款期限、不同的总贷款金额，并把 C7 单元格的公式复制到 B10 单元格。然后选中 C11:H16 单元格区域，在"数据"选项卡的"预测"组中单击"模拟分析"下拉按钮，在弹出的下拉菜单中选择"模拟运算表"命令，如图 8-9 所示。

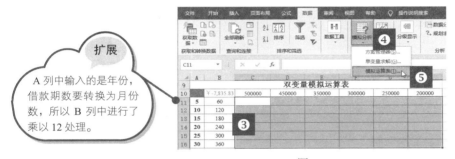

扩展

A 列中输入的是年份，借款期数要转换为月份数，所以 B 列中进行了乘以 12 处理。

图 8-9

❸ 打开"模拟运算表"对话框，设置"输入引用行的单元格"为"$C$2"，设置"输入引用列的单元格"为"$C$6"，如图 8-10 所示。

❹ 单击"确定"按钮，即可依次计算出不同总贷款金额、不同借款期限下对应的分期等额还款金额。效果如图 8-11 所示。

扩展

因为行中是总贷款金额，对应基本数据中的 C2；列中是不同贷款期数，对应基本数据中的 C6。

图 8-10

图 8-11

练一练

练习题目：建立销售业绩奖金计算模型（业绩与提成率都变动，如图 8-12 所示）。

操作要点：双变量模拟运算。

销售业绩奖金计算模型					
销售金额	48000				
销售提成率	8%				
业绩奖金	3840				
业绩奖金			浮动奖金提成率		
3840	8.00%	9.00%	10.00%	11.00%	
50000	4000	4500	5000	5500	
65000	5200	5850	6500	7150	
80000	6400	7200	8000	8800	
10000	800	900	1000	1100	
12000	960	1080	1200	1320	

图 8-12

8.2 单变量求解

单变量求解是解决假定一个公式要取的某一结果值，其中变量的引用单元格应取值为多少的问题。在 Excel 中，单变量求解是根据提供的目标值，将引用单元格的值不断调整，直至达到所需的公式目标值时，变量的值才能确定。

本例表格中统计了各区域的销量并给出了产品单价，下面需要使用单变量求解预测如果总销售额达到 350000 时，"上海"地区的销售量应该达到多少。

❶ 选中 C13 单元格，在公式编辑栏中输入公式"=SUM(C5:C12)*B2"，按 Enter 键得出结果，如图 8-13 所示。

图 8-13

❷ 在"数据"选项卡的"预测"组中单击"模拟分析"下拉按钮，在弹出的下拉菜单中选择"单变

量求解"命令，如图 8-14 所示。打开"单变量求解"对话框，按图 8-15 所示设置单变量求解的参数，单击"确定"按钮，打开"单变量求解"对话框。

图 8-14   图 8-15

❸ 在"目标值"文本框里输入 350000，继续设置"可变单元格"为"$C$5"，如图 8-16 和图 8-17 所示。单击"确定"按钮，打开"单变量求解状态"对话框显示求解状态，如图 8-18 所示。

图 8-16   图 8-17   图 8-18

❹ 单击"确定"按钮，即可求解出要满足 350000 这个目标值时"上海"的销售量，如图 8-19 所示。

	A	B	C
1	各店销售统计		
2	单价	58	
3			
4	地域	城市	销售量
5		上海	835.4827586
6	华东	江苏	440
7		安徽	990
8		浙江	1200
9		北京	880
10	华北	天津	340
11		河北	550
12		山西	799
13	总计		350000

图 8-19

练一练

练习题目： 贷款金额为 **100 万元**，贷款的年利率为 **5.8%**，能承受的年偿还额为 **20 万元**，求解可贷款年限，如图 **8-20** 所示。

操作要点：（1）B4 单元格使用公式"=-PMT(B1,B2,B3)"。
　　　　　　（2）设置目标单元格为 B4、目标值为 20、可变单元格为 B2。

	A	B
1	年利率	5.80%
2	借款期限	6.074610521
3	贷款金额（万元）	100
4	年偿还额（万元）	¥20.00
5		

图 8-20

8.3　规划求解配置

规划求解调整决策变量单元格中的值，以满足单元格的限制条件，并为目标单元格生成所需的结果，即找出基于多个变量的最佳值。因此借助于这一功能可以从多个方案中得出最优方案。

8.3.1　适用于通过规划求解来解决的问题范畴

　　规划求解是 Microsoft Excel 加载项程序，可用于模拟分析。使用"规划求解"可以在满足所设定的限制条件的同时查找一个单元格（称为目标单元格）中公式的优化（最大或最小）值。"规划求解"调整决策变量单元格中的值以满足约束单元格的限制，并产生用户对目标单元格期望的结果。

适用于规划求解的问题范围如下：

➥ 　使用"规划求解"可以从多个方案中得出最优方案，如最优生产方案、最优运输方案、最佳值班方案安排等。

➥ 　使用规划求解确定资本预算。

➥ 　使用规划求解进行财务规划。

例如，下例中需要找出 A 列哪些数字加在一起等于目标值 1000。由于在 Excel 2019 中规划求解工具不作为默认命令显示在选项卡中，在使用规划求解工具之前，先要进行加载。

❶ 选择"文件"→"选项"命令，打开"Excel 选项"对话框，如图 8-21 所示。选择"加载项"选项卡，单击"转到"按钮，打开"加载项"对话框，如图 8-22 所示。勾选"规划求解加载项"复选框，单击"确定"按钮，即可新增"规划求解"命令，如图 8-23 所示。

图 8-21

图 8-22

图 8-23

❷ 选中 D4 单元格，在编辑栏中输入公式"=SUMPRODUCT(A2:A9,B2:B9)"，按 Enter 键，如图 8-24 所示。

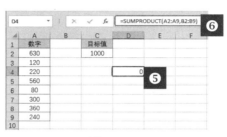

图 8-24

❸ 在"数据"选项卡的"分析"组中单击"规划求解"按钮，打开"规划求解参数"对话框，如图 8-25 所示。"设置目标"设置为单元格 D4，在"目标值"文本框中输入 1000，"通过更改可变单元格"设置为"$B$2:$B$9"，如图 8-26 所示。

图 8-25

图 8-26

❹ 单击"添加"按钮，打开"添加约束"对话框，选取 B2:B9 的约束条件为 bin（二进制，只有 0 和 1 两种类型的数字），如图 8-27 所示。

❺ 单击"确定"按钮，返回到"规划求解参数"对话框，然后单击"求解"按钮，如图 8-28 所示。

图 8-27

图 8-28

❻ 返回"规划求解结果"对话框，如图 8-29 所示。

❼ 单击"确定"按钮，在 B 列会生成 0 和 1 两种数字，所有填充 1 的单元格所在行的 A 列数字即为所需求的数值，如图 8-30 所示。

图 8-29

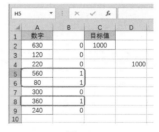

图 8-30

8.3.2　规划求解最小化运输成本

　　某公司拥有 2 个处于不同地理位置的生产工厂和 5 个位于不同地理位置的客户，现在需要将产品从 2 个工厂运往 5 个客户。已知 2 个工厂的最大产量均为 60000，5 个客户的需求总量分别为 30000、23000、15000、32000、16000，从各工厂到各客户的单位产品运输成本如图 8-31 所示，要求计算出使总成本最小的运输方案。

规格	客户1	客户2	客户3	客户4	客户5
		单位产品运输成本			
工厂A	1.75	2.25	1.50	2.00	1.50
工厂B	2.00	2.50	2.50	1.50	1.00

图 8-31

❶ 选中 B11 单元格并输入公式"=SUM(B9:B10)"，按 Enter 键后拖动填充柄向右填充到 F11 单元格，计算出各客户需求合计总量，如图 8-32 所示。

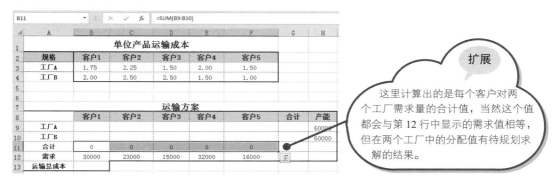

图 8-32

❷ 选中 G9 单元格并输入公式"=SUM(B9:F9)"，按 Enter 键后拖动填充柄向下填充到 G10 单元格，计算出两个工厂的合计总量，如图 8-33 所示。

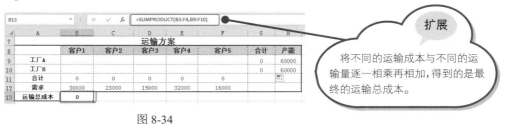

图 8-33

❸ 选中 B13 单元格并输入公式"=SUMPRODUCT(B3:F4,B9:F10)"，按 Enter 键，计算出运输总成本，如图 8-34 所示。

图 8-34

❹ 保持 B13 单元格选中状态，在"数据"选项卡的"分析"组中单击"规划求解"按钮，如图 8-35 所示。

❺ 打开"规划求解参数"对话框，按图 8-36 所示设置目标值及可更改单元格，然后单击"添加"按钮打开"添加约束"对话框。

图 8-35

图 8-36

❻ 分别按图 8-37~图 8-39 所示设置第一个约束条件、第二个约束条件和第三个约束条件。

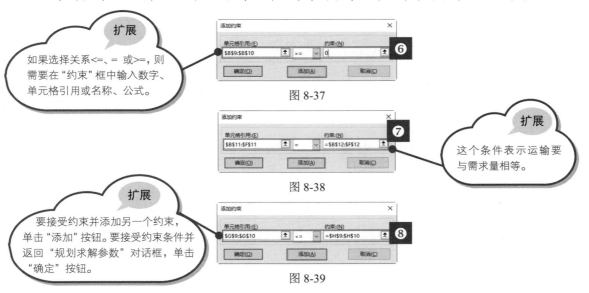

如果选择关系<=、= 或>=，则需要在"约束"框中输入数字、单元格引用或名称、公式。

图 8-37

这个条件表示运输要与需求量相等。

图 8-38

要接受约束并添加另一个约束，单击"添加"按钮。要接受约束条件并返回"规划求解参数"对话框，单击"确定"按钮。

图 8-39

❼ 单击"确定"按钮返回"规划求解参数"对话框，再选中"最小值"单选按钮，如图 8-40 所示。

图 8-40

❽ 单击"求解"按钮后返回"规划求解结果"对话框，如图 8-41 所示。

❾ 单击"确定"按钮即可得到最优运输方案，如图 8-42 所示。从结果可知，当使用 B9:F10 单元格中的运输方案时，可以让运输成本达到最小。

图 8-41

	A	B	C	D	E	F	G	H
1				单位产品运输成本				
2	规格	客户1	客户2	客户3	客户4	客户5		
3	工厂A	1.75	2.25	1.50	2.00	1.50		
4	工厂B	2.00	2.50	2.50	1.50	1.00		
5								
6								
7				运输方案				
8		客户1	客户2	客户3	客户4	客户5	合计	产能
9	工厂A	30000	15000	15000	0	0	60000	60000
10	工厂B	0	8000	0	32000	16000	56000	60000
11	合计	30000	23000	15000	32000	16000		
12	需求	30000		23000	15000	32000	16000	
13	运输总成本	192750						

图 8-42

8.3.3 规划求解建立合理的生产方案

在生产或销售策划过程中，需要考虑最低成本以及最大利润问题。使用"规划求解"功能可以实现科学指导生产或销售。本例中给出了三个车间生产 A、B、C 三种产品所消耗的时间，以及每种产品的利润，同时还给出了每个车间完成三种产品的时间限制。例如，第一车间完成指定量的三种产品的总耗费时间不得大于 200 小时，如图 8-43 所示。

本例中就需要根据已知的条件判断出该如何分配生产各产品的数量，才可以达到最大利润值。

❶ 选中 D1 单元格并输入公式"=$B$6*$B$8+$C$6*$C$8+$D$6*$D$8"，按 Enter 键后得到数据，如图 8-44 所示。

车间	A用品	B用品	C用品	完成时间
第一车间	2小时	1小时	1小时	200小时以内
第二车间	1小时	2小时	1小时	240小时以内
第三车间	1小时	1小时	2小时	280小时以内
单位利润	156元/件	130元/件	121元/件	

图 8-43

图 8-44

❷ 选中 E3 单元格并输入公式"=B3*$B$8+C3*$C$8+D3*$D$8"，按 Enter 键后得到数据，如图 8-45 所示。然后向下填充公式到 E5 单元格中，得到其他车间数据，如图 8-46 所示。

图 8-45

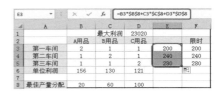

图 8-46

❸ 保持 D1 单元格选中状态，在"数据"选项卡的"分析"组中单击"规划求解"按钮，如图 8-47 所示。

❹ 打开"规划求解参数"对话框，按如图 8-48 所示设置目标值和可变单元格，然后单击"添加"按钮，打开"添加约束"对话框。

扩展

因为打开对话框前选中了 D1，所以此处就会默认显示为 D1 作为目标值。

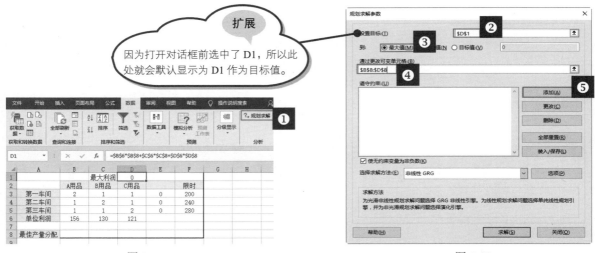

图 8-47

图 8-48

❺ 分别按图 8-49~图 8-52 所示设置约束条件。

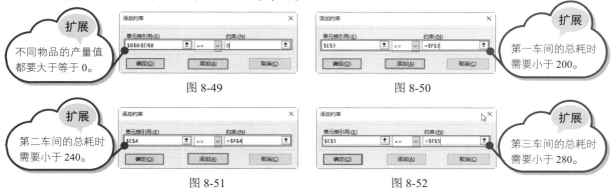

扩展
不同物品的产量值
都要大于等于 0。

图 8-49

扩展
第一车间的总耗时
需要小于 200。

图 8-50

扩展
第二车间的总耗时
需要小于 240。

图 8-51

扩展
第三车间的总耗时
需要小于 280。

图 8-52

❻ 设置后单击"确定"按钮返回"规划求解参数"对话框。单击"求解"按钮，如图 8-53 所示。打开"规划求解结果"对话框，如图 8-54 所示。

❼ 再次单击"确定"按钮，即可得到规划求解结果，如图 8-55 所示。从结果可知在满足所有约束条件时，A 用品产量为 20 件、B 用品产量为 60 件、C 用品产量为 100 件时，可以得到最大利润。

图 8-53

图 8-54

	A	B	C	D	E	F
1			最大利润	23020		
2		A用品	B用品	C用品		限时
3	第一车间	2	1	1	200	200
4	第二车间	1	2	1	240	240
5	第三车间	1	1	2	280	280
6	单位利润	156	130	121		
7						
8	最佳产量分配	20	60	100		

图 8-55

8.4 数据的相关性分析

Excel 中的统计分析功能，包括算术平均数、加权平均数、方差、标准差、协方差、相关系数、统计图形、随机抽样、参数点估计、区间估计、假设检验、方差分析、移动平均、指数平滑、回归分析。

8.4.1 安装分析工具库加载项

要想使用分析工具对表格数据分析，首先需要安装分析工具库加载项，下面来看具体的加载办法。

❶ 打开表格，选择"文件"→"选项"命令，如图 8-56 所示。打开"Excel 选项"对话框，选择"加载项"选项卡，单击"转到"按钮，如图 8-57 所示。

❷ 打开"加载项"对话框，勾选"分析工具库"复选框，单击"确定"按钮，如图 8-58 所示。然后在"数据"选项卡的"分析"组中单击"数据分析"按钮，如图 8-59 所示。打开"数据分析"对话框，在"分析工具"列表框中可以看到各种分析工具名称，如图 8-60 所示。

图 8-56

图 8-57

图 8-58

图 8-59

图 8-60

8.4.2　方差分析：分析员工学历层次对综合考评能力的影响

"分析工具库"中提供了三种工具，可用来分析方差。具体使用哪一种工具，则根据因素的个数以及待检验样本总体中所含样本的个数而定。此分析工具通过简单的方差分析，对两个以上样本均值进行相等性假设检验（抽样取自具有相同均值的样本空间）。此方法是对双均值检验（如 *t*-检验）的扩充。

方差分析又称"变异数分析"或"*F*-检验"，它用于两个及两个以上样本均数差别的显著性检验。一个复杂的事物，其中往往有许多因素互相制约，又互相依存，方差分析的目的是通过数据分析找出对事物有显著影响的因素、各因素之间的交互作用，以及显著影响因素的最佳水平等。

例如，医学界研究几种药物对某种疾病的疗效；农业研究土壤、肥料、日照时间等因素对某种农作物产量的影响；不同化学药剂对作物害虫的杀虫效果等，都可以使用方差分析方法去解决。在本例中某企业对员工进行综合考评后，需要分析员工学历层次对综合考评能力的影响。此时可以使用"方差分析：单因素方差分析"进行分析。

❶　如图 8-61 所示是学历与综合考评能力的统计表，可以将数据整理成 E2:G9 单元格区域的样式。

	A	B	C	D	E	F	G
1			学历与综合考评能力分析				
2	序号	学历	综合考评能力		大专	本科	研究生
3	1	本科	90.50		89.50	90.50	99.50
4	2	本科	94.50		75.00	94.50	98.00
5	3	大专	89.50		76.70	81.00	96.00
6	4	本科	81.00		77.50	91.00	87.00
7	5	大专	75.00		74.50	76.50	
8	6	研究生	99.50		81.50	89.50	
9	7	研究生	98.00			82.50	
10	9	大专	76.70				
11	9	大专	77.50				
12	10	本科	72.50				
13	11	本科	91.00				
14	12	大专	74.50				
15	13	研究生	96.00				
16	14	研究生	87.00				
17	15	大专	81.50				
18	16	本科	76.50				
19	17	本科	89.50				
20	19	本科	82.50				

扩展

可以将左侧的原始数据整理成这种样式（先按学历筛选再复制数据），后面会对这组数据的相关性进行分析。

图 8-61

❷　在"数据"选项卡的"分析"组中单击"数据分析"按钮，打开"数据分析"对话框，在"分析工具"列表框中选择"方差分析：单因素方差分析"，如图 8-62 所示。

❸　单击"确定"按钮，打开"方差分析：单因素方差分析"对话框。分别设置"输入区域"和"输出区域"等参数并且勾选"标志位于第一行"复选框，如图 8-63 所示。

图 8-62

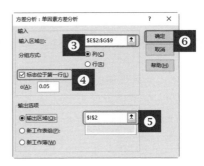

图 8-63

❹ 单击"确定"按钮，即可得到方差分析结果，如图 8-64 所示。

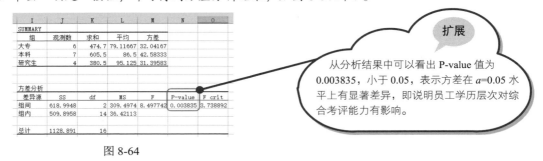

图 8-64

> 扩展
>
> 从分析结果中可以看出 P-value 值为 0.003835，小于 0.05，表示方差在 $a=0.05$ 水平上有显著差异，即说明员工学历层次对综合考评能力有影响。

8.4.3 方差分析：分析何种因素对生产量有显著性影响

双因素方差分析用于分析两个因素，即行因素和列因素，对试验结果的影响。当两个因素对试验结果的影响是相互独立的，且可以分别判断出行因素和列因素对试验数据的影响时，可使用双因素方差分析中的无重复双因素分析，即无交互作用的双因素方差分析方法。

当这两个因素不仅会对试验数据单独产生影响，还会因二者搭配而对结果产生新的影响时，便可使用可重复双因素分析方法，即有交互作用的双因素方差分析方法。下面介绍一个可重复双因素分析的实例。

例如，某企业用两种机器生产 3 种不同花型样式的产品，想了解两台机器（因素 1）生产不同样式（因素 2）产品的生产量情况。分别用两台机器去生产各种样式的产品，现在各提取 5 天的生产量数据，如图 8-65 所示。要求分析不同样式、不同机器，以及两者相交互分别对生产量的影响。

	A	B	C	D
1		样式1	样式2	样式3
2		50	47	52
3		45	45	44
4	机器A	52	48	50
5		48	50	45
6		49	52	44
7		51	48	57
8		54	40	58
9	机器B	55	49	54
10		53	47	50
11		50	42	51

图 8-65

❶ 在"数据"选项卡的"分析"组中单击"数据分析"按钮，打开"数据分析"对话框，在"分析工具"列表框中选择"方差分析：可重复双因素分析"，如图8-66所示。

❷ 单击"确定"按钮，打开"方差分析：可重复双因素分析"对话框，分别设置"输入区域"等各项参数，如图8-67所示。

图 8-66

图 8-67

❸ 单击"确定"按钮，返回到工作表中，即可得出输出结果，如图8-68所示。

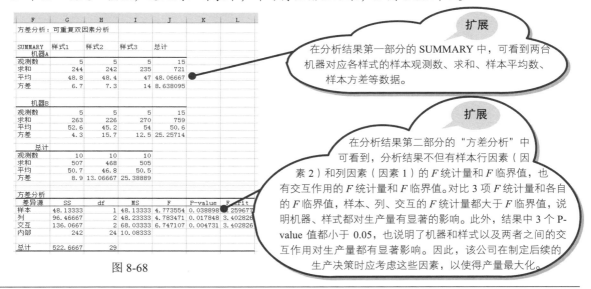

图 8-68

> **扩展**
>
> 在分析结果第一部分的 SUMMARY 中，可看到两台机器对应各样式的样本观测数、求和、样本平均数、样本方差等数据。

> **扩展**
>
> 在分析结果第二部分的"方差分析"中可看到，分析结果不但有样本行因素（因素2）和列因素（因素1）的 F 统计量和 F 临界值，也有交互作用的 F 统计量和 F 临界值。对比3项 F 统计量和各自的 F 临界值，样本、列、交互的 F 统计量都大于 F 临界值，说明机器、样式都对生产量有显著的影响。此外，结果中3个 P-value 值都小于0.05，也说明了机器和样式以及两者之间的交互作用对生产量都有显著影响。因此，该公司在制定后续的生产决策时应考虑这些因素，以使得产量最大化。

8.4.4 相关系数：分析产量和施肥量是否有相关性

相关系数用于描述两组数据集（可以使用不同的度量单位）之间的关系。可以使用"相关系数"分析工具来确定两个区域中数据的变化是否相关，即一个集合的较大数据是否与另一个集合的较大数据相对应（正相关）；或者一个集合的较小数据是否与另一个集合的较小数据相对应（负相关）；还是两个集合中的数据互不相关（相关性为零）。

下面以图 8-69 所示的数据来分析某作物的产量和施肥量是否存在关系，或者具有怎样程度的相关性。

❶ 首先打开"数据分析"对话框，然后选中"相关系数"，如图 8-70 所示。

图 8-69   图 8-70

❷ 单击"确定"按钮，打开"相关系数"对话框，分别设置"输入区域"和"输出区域"，如图 8-71 所示。

❸ 单击"确定"按钮，返回到工作表中，即可得到输出结果，如图 8-72 所示。C14 单元格的值表示产量与施肥量之间的关系，这个值为 0.152223128，表示产量与施肥量之间为弱相关性。

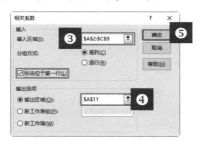

图 8-71

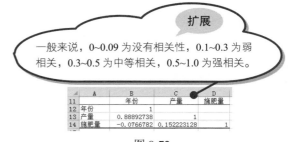

扩展

一般来说，0~0.09 为没有相关性，0.1~0.3 为弱相关，0.3~0.5 为中等相关，0.5~1.0 为强相关。

图 8-72

8.4.5 相关系数：分析"完成数量""合格数""奖金"三者间的相关性

本例中统计了各个月份下"完成数量""合格数""奖金"数据，如图 8-73 所示。下面需要使用相关系数分析这三者之间的相关性。

❶ 首先打开"数据分析"对话框，然后选中"相关系数"，如图 8-74 所示。

图 8-73   图 8-74

❷ 单击"确定"按钮，打开"相关系数"对话框。设置"输入区域"和"输出区域"参数并且勾选"标志位于第一行"复选框，如图 8-75 所示。

❸ 单击"确定"按钮，返回工作表中，得到的输出表为"完成数量""合格数""奖金"三个变量的相关系数矩阵，如图 8-76 所示。从分析结果可知完成数量和奖金没有相关性，合格数具有显著相关性。

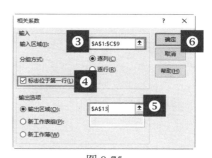

图 8-75

扩展

当计算出的相关系数值越接近 1 表示二者的相关性越强。这个值为负值表示完成数量与奖金无相关性。

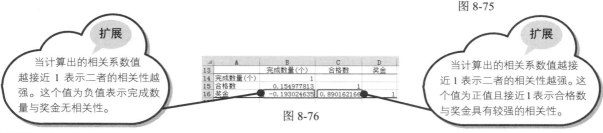

图 8-76

扩展

当计算出的相关系数值越接近 1 表示二者的相关性越强。这个值为正值且接近 1 表示合格数与奖金具有较强的相关性。

8.4.6 协方差：分析数据的相关性

在概率论和统计学中，协方差用于衡量两个变量的总体误差。如果结果为正值，则说明两者是正相关的；如果结果为负值，则说明两者是负相关的；如果结果为 0，也就是统计上说的"相互独立"。

例如，以 16 个调查地点的地方性甲状腺肿患病量与其食品、水中含碘量的调查数据为基础，现在通过计算协方差可判断甲状腺肿与含碘量是否存在显著关系。

❶ 如图 8-77 所示统计了各个年份的历史数据。打开"数据分析"对话框，然后选择"协方差"，如图 8-78 所示。单击"确定"按钮，打开"协方差"对话框，按如图 8-79 所示设置各项参数。

图 8-77

图 8-78

❷ 单击"确定"按钮，返回工作表中，即可看到数据分析结果，输出表为"患病量""含碘量"两

个变量的协方差矩阵，如图 8-80 所示。

图 8-79

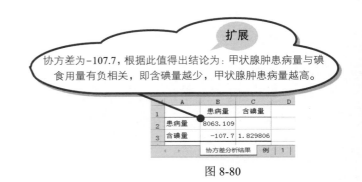

扩展

协方差为 -107.7，根据此值得出结论为：甲状腺肿患病量与碘食用量有负相关，即含碘量越少，甲状腺肿患病量越高。

图 8-80

8.4.7　回归分析两个因素间的依赖关系

回归分析是将一系列影响因素和结果进行一个拟合，找出哪些影响因素对结果造成影响。回归分析基于观测数据建立变量间适当的依赖关系，以分析数据内在规律，并可用于预测、控制等问题。

回归分析按照涉及的自变量的多少，分为简单回归分析和多重回归分析；按照因变量的多少，可分为一元回归分析和多元回归分析；按照自变量和因变量之间的关系类型，可分为线性回归分析和非线性回归分析。

如果在回归分析中，只包括一个自变量和一个因变量，且二者的关系可用一条直线近似表示，这种回归分析称为一元线性回归分析。

如图 8-81 所示的表格中统计了各个不同的生产数量对应的单个成本，下面需要使用回归工具来分析生产数量与单个成本之间有无依赖关系，同时也可以对任意生产数量时的单个成本进行预测。

❶ 打开"数据分析"对话框，然后选择"回归"，如图 8-82 所示。单击"确定"按钮，打开"回归"对话框，按如图 8-83 所示设置各项参数。

图 8-81

图 8-82

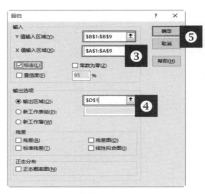

图 8-83

❷ 单击"确定"按钮，返回工作表中，即可看到表中添加的回归统计结果，如图 8-84 所示。

	Coefficient	标准误差	t Stat	P-value	Lower 95%	Upper 95%	下限 95.0%	上限 95.0%

SUMMARY OUTPUT

回归统计
Multiple	0.9666974
R Square	0.9345039
Adjusted	0.9235879
标准误差	2.2650673
观测值	8

方差分析
	df	SS	MS	F	Significance F
回归分析	1	439.2168	439.2168	85.6084688	9.00458E-05
残差	6	30.78318	5.13053		
总计	7	470			

	Coefficient	标准误差	t Stat	P-value		Lower 95%	Upper 95%	下限 95.0%	上限 95.0%
Intercept	41.465735	1.175804	35.26585	3.4649E-08		38.5886461	44.34282	38.58865	44.34282
生产数量	-0.204906	0.022146	-9.25248	9.0046E-05		-0.259095914	-0.15072	-0.2591	-0.15072

图 8-84

第 1 张表是"回归统计表"，得到的结论如下：

❥ Multiple 对应的是相关系数，值为 0.9666974。

❥ R Square 对应的数据为测定系数，或称拟合优度，它是相关系数的平方，值为 0.9345039。

❥ Adjusted R Square 对应的是校正测定系数，值为 0.9235879。

这几项值都接近于 1，说明生产数量与单个成本之间存在直接的线性相关关系。

第 2 张表是"方差分析表"。

主要作用是通过"F-检验"来判定回归模型的回归效果。Significance F（F 显著性统计量）的 P 值远小于显著性水平 0.05，所以说该回归方程回归效果显著。

第 3 张表是"回归参数表"。

A 列和 B 列对应的线性关系式为 $y=ax+b$，根据 E17:E18 单元格的值得出估算的回归方程为 $y=-0.2049x+41.4657$。有了这个公式则可以实现对任意生产量时单位成本的预测了。

（1）预测当生产量为 90 件的单位成本，则使用公式 $y=-0.2049×90+41.4657$。

（2）预测当生产量为 120 件的单位成本，则使用公式 $y=-0.2049×120+41.4657$。

8.4.8 多个因素间的依赖关系

如果回归分析中包括两个或两个以上的自变量，且因变量和自变量之间是线性关系，则称为多重线性回归分析。

如图 8-85 所示的表格中统计了完成数量、合格数和奖金，下面需要进行任意完成数量的合格数时的奖金的预测。

❶ 打开"数据分析"对话框，然后选择"回归"，如图 8-86 所示。单击"确定"按钮，打开"回归"对话框，按如图 8-87 所示设置各项参数。

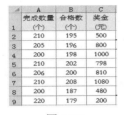

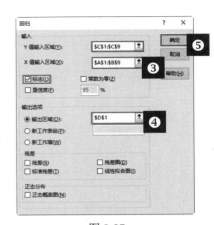

图 8-85   图 8-86   图 8-87

❷ 单击 "确定" 按钮, 返回工作表中, 即可看到表中添加的回归统计结果, 如图 8-88 所示。

图 8-88

第 1 张表是 "回归统计表", 得到的结论如下:

⤵ Multiple R 对应的是相关系数, 值为 0.939133。

⤵ R Square 对应的数据为测定系数, 或称拟合优度, 它是相关系数的平方, 值为 0.881971。

⤵ Adjusted R Square 对应的是校正测定系数, 值为 0.834759。

这几项值都接近于 1, 说明奖金与合格数之间存在直接的线性相关关系。

第 2 张表是 "方差分析表"。

主要作用是通过 "F-检验" 来判定回归模型的回归效果。Significance F (F 显著性统计量) 的 P 值远小于显著性水平 0.05, 所以说该回归方程回归效果显著。

第 3 张表是 "回归参数表"。

A 列和 B 列对应的线性关系式为 $z = ax + by + c$, 根据 E17:E19 单元格的值得出估算的回归方程为 $z = -10.8758x + 27.29444y + (-2372.89)$。有了这个公式则可以实现对任意完成数量的合格数时的奖金的预测。

（1）预测当完成量为 70 件、合格数为 50 件时的奖金，则使用公式 $z=-10.8758\times70+27.29444\times50+(-2372.89)$。

（2）预测当完成量为 300 件、合格数为 280 件时的奖金，则使用公式 $z=-10.8758\times300+27.29444\times280+(-2372.89)$。

再看表格中"合格数"的 t 统计量的 P 值为 0.00345，远小于显著性水平 0.05，因此"合格数"与"奖金"相关。

"完成数量"的 t 统计量的 P 值为 0.195227，大于显著性水平 0.05，因此"完成数量"与"奖金"关系不大。

8.5　其他统计工具

8.5.1　使用描述统计工具分析学生成绩的稳定性

在数据分析时，首先要对数据进行描述性统计分析，以便发现其内在的规律，再选择进一步分析的方法。描述性统计分析要对调查总体所有变量的有关数据作统计性描述，主要包括数据的集中趋势分析（包括平均数、众数、中位数等）、数据离散程度分析（包括方差、标准差等）、数据的分布状态（包括峰度、偏度等）。

本例中需要根据图 8-89 所示 3 名学生 10 次模拟考试的成绩来分析他们成绩的稳定性。

❶ 首先打开"数据分析"对话框，然后选中"描述统计"，如图 8-90 所示。单击"确定"按钮，打开"描述统计"对话框，分别设置"输入区域"等各项参数，如图 8-91 所示。

模考	李旭阳	王慧	刘婷婷
	数学十次模考成绩统计		
一模	98	90	88
二模	91	98	97
三模	88	92	85
四模	74	87	79
五模	68	77	65
六模	77	79	69
七模	65	81	70
八模	90	88	83
九模	87	78	90
十模	77	76	71

图 8-89

图 8-90

❷ 单击"确定"按钮，即可得到描述统计结果。效果如图 8-92 所示。在数据输出的工作表中，可以看到对 3 名学生 10 次模拟考试成绩的分析。其中第 3 行至第 18 行分别为平均值、标准误差、中位

数、众数、标准差、方差、峰度、偏度、区域、最小值、最大值、求和、观测数、最大（1）、最小（1）、置信度（95%概率）。

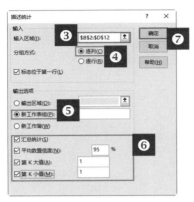

图 8-91

图 8-92

经验之谈

➥ 标准差是方差的算术平方根，所以标准差对数据离散程度的描述会更加准确一些。计算出的标准差越大时表示数据的离散程度较大，反之，标准差越小则数据离散程度较小。

➥ 偏度是描述取值分布形态对称性的统计量。偏度系数大于 0，称为右偏或正偏，表示不对称部分的分布更趋于正值；偏度系数小于 0，称为左偏或负偏，表示不对称部分的分布更趋向负值。

➥ 峰度用来表述分布的扁平或尖峰程度，正峰值表示相对尖锐的分布，表示数据分布的陡峭程度比正态分布大；负峰值表示相对平坦的分布，表示数据分布的陡峭程度比正态分布小。

8.5.2　使用指数平滑工具预测产品的生产量

　　对于不含趋势和季节成分的时间序列，即平稳时间序列，由于这类序列只含随机成分，只要通过平滑就可以消除随机波动，因此，这类预测方法也称为平滑预测方法。指数平滑使用以前全部数据来决定一个特别时间序列的平滑值。将本期的实际值与前期对本期预测值的加权平均作为本期的预测值。

　　根据情况的不同，其指数平滑预测的指数也不一样，下面举例介绍指数平滑预测。

　　如图 8-93 所示为某工厂 1—12 月份的生产量统计数据，假设阻尼系数为 0.6，现在要预测下期生产量。

　　❶ 打开"数据分析"对话框，然后选择"指数平滑"，如图 8-94 所示。单击"确定"按钮，打开"指数平滑"对话框，按如图 8-95 所示设置各项参数。

图 8-93

图 8-94

❷ 单击"确定"按钮返回工作表中，即可得出一次指数预测结果，如图 8-96 所示。C14 单元格的值即为下期的预测值。

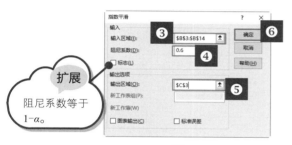

扩展

阻尼系数等于 $1-\alpha$。

图 8-95

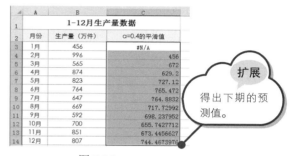

扩展

得出下期的预测值。

图 8-96

8.5.3　使用抽样工具抽取样本

如果分析的样本过大，分析起来就较为麻烦。例如，Excel 表格中一列有 3000 多个数据（显示在表格的一列中），如果想在这 3000 多个数据中随机抽取 200 个，就可以使用抽样的办法来对数据进行描述或者预测。抽样分析工具以数据源区域为总体，从而为其创建一个样本。当总体太大而不能进行处理或绘制时，可以选用具有代表性的样本。

抽样工具又分为"间隔抽样"和"随机抽样"。如果确认数据源区域中的数据是周期性的，还可以对一个周期中特定时间段中的数值进行采样，这就是"间隔抽样"。也可以采用随机抽样，保证抽样的代表性的要求。"随机抽样"是指直接输入样本数，计算机自行进行抽样，不用受间隔的规律限制。下面表格中统计了调查者的所有联系方式，这里需要使用抽样工具在一列庞大的手机号码数据中随机抽取 8 个样本电话号码。

❶ 打开表格，在"数据"选项卡的"分析"组中单击"数据分析"按钮，如图 8-97 所示。

❷ 打开"数据分析"对话框，选择"抽样"，如图 8-98 所示。单击"确定"按钮，打开"抽样"对话框。

图 8-97

图 8-98

❸ 按图 8-99 所示设置抽样的各项参数，单击"确定"按钮，即可得到抽样结果，如图 8-100 所示（这里得到的是随机抽样）。

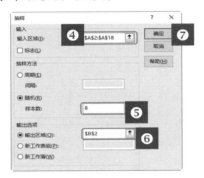

图 8-99

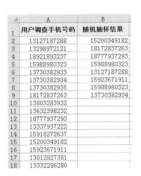

图 8-100

由于随机抽样时总体中的每个数据都可能被多次抽取，所以在样本中的数据一般都会有重复现象，这时可以使用"筛选"功能对所得数据进行筛选。

❶ 选中得到的样本数据列数据后，打开"高级筛选"对话框，勾选"选择不重复的记录"复选框，如图 8-101 所示。

❷ 单击"确定"按钮将 B 列中的重复值删除，效果如图 8-102 所示。

图 8-101

	A	B
1	用户调查手机号码	随机抽样结果
2	13127187288	15200349182
3	13298972121	18172837263
4	18921893237	18777937293
5	15988980323	15988980323
6	13730382933	13127187288
7	13730382934	15923671911
8	18172837263	13730382934
9	13803283932	
10	13632398232	
11	18777937293	
12	13337937222	
13	15918272637	
14	15200349182	
15	15923671911	
16	13012827381	
17	13332286280	

图 8-102

8.5.4　*t*-检验（双样本等方差检验）工具

"*t*-检验"是用 *t* 分布理论来推断差异发生的概率，从而比较两个平均数的差异是否显著，主要用于样本含量较小（如 $n<30$），总体标准差 σ 未知，呈正态分布的计量资料。若样本含量较大（如 $n\geq30$），或样本含量虽小，但总体标准差 σ 已知，则可采用 *z*-检验。

双样本等方差假设可以使用 Excel 中的高级分析工具：

➥　双侧检验：备择假设为 $\mu_1\neq\mu_2$。拒绝域为 $|t|>t\alpha/2(n_1+n_2-2)$。

➥　左侧检验：备择假设为 $\mu_1<\mu_2$。拒绝域为 $t<-t\alpha(n_1+n_2-2)$。

➥　右侧检验：备择假设为 $\mu_1>\mu_2$。拒绝域为 $t>t\alpha(n_1+n_2-2)$。

假设比较某两种新旧复合肥对产量的影响时，研究者选择面积相等、土壤等条件相同的 30 块地，分别施用新旧两种肥料，其产量数据如图 8-103 所示。两个总体方差未知，但值相等，假设显著性水平 α 为 5%，现需要作出两项分析：①比较两种肥料获得的平均产量有无明显差异；②使用新肥料后的平均产量是否比使用老肥料的平均产量高。

	A	B	C
1	序号	使用2015年复合肥的产量	使用2016年复合肥的产量
2	实验1	112	117
3	实验2	102	106
4	实验3	97	106
5	实验4	109	110
6	实验5	101	109
7	实验6	100	112
8	实验7	108	118
9	实验8	101	111
10	实验9	99	100
11	实验10	102	107
12	实验11	104	110
13	实验12	111	109
14	实验13	104	113
15	实验14	106	118
16	实验15	101	120

图 8-103

❶ 单击"数据"选项卡，在"分析"选项组中单击"数据分析"按钮，打开"数据分析"对话框，在列表框中选择"t-检验：双样本等方差假设"选项，如图 8-104 所示。

❷ 单击"确定"按钮，打开"t-检验：双样本等方差假设"对话框，设置"变量 1 的区域"为 B2:B16 单元格区域，设置"变量 2 的区域"为 C2:C16 单元格区域，在"假设平均差"文本框中输入 0，在 α 文本框中输入 0.05，设置"输出区域"为 E2 单元格，如图 8-105 所示。

图 8-104

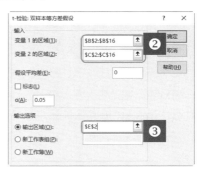

图 8-105

❸ 单击"确定"按钮，返回到工作表中，即可得出检验结果，如图 8-106 所示。

序号	使用2015年复合肥的产量	使用2016年复合肥的产量				
实验1	112	117		t-检验：双样本等方差假设		
实验2	102	106				
实验3	97	106			变量 1	变量 2
实验4	109	110		平均	103.8	111.0667
实验5	101	109		方差	20.17143	29.78095
实验6	100	112		观测值	15	15
实验7	108	118		合并方差	24.97619	
实验8	101	111		假设平均差	0	
实验9	99	100		df	28	
实验10	102	107		t Stat	-3.98201	
实验11	104	110		P(T<=t) 单尾	0.00022	
实验12	111	109		t 单尾临界	1.701131	
实验13	104	113		P(T<=t) 双尾	0.000441	
实验14	106	118		t 双尾临界	2.048407	
实验15	101	120				

图 8-106

问题 1 结论分析如下。

（1）双侧检验：备择假设为 H_1，即 $\mu_1 \neq \mu_2$，即两种肥料获得的平均产量有明显差异。

（2）拒绝域：$|t| > t\alpha/2(n_1+n_2-2)$；

$|t| = 3.98 > t\alpha/2(n_1+n_2-2) = 2.05$。

所以拒绝原假设，同意备择假设，即两种肥料获得的平均产量有明显差异。

问题 2 结论分析如下。

（1）左侧检验：备择假设为 H_1，即 $\mu_1 < \mu_2$，新肥料的平均产量高于旧肥料的平均产量。

（2）拒绝域：$t < -t\alpha/2(n_1+n_2-2)$；

$t = -3.98 < -t\alpha(n_1+n_2-2) = -1.70$。

所以拒绝原假设，同意备择假设，新肥料的平均产量高于旧肥料的平均产量。

8.5.5 z-检验（双样本平均差检验）工具

在 Excel 中，可以用 "z-检验" 分析工具进行方差已知的双样本均值检验，即检验两个总体均值之间存在差异的假设。

例如，在本例中为了验证某项专业培训是否有效，随机抽取 15 个未经培训的业务员和 15 个经过培训的业务员，分别统计其业绩，得到两组数据，如图 8-107 所示。假设显著性水平 α 为 5%，判断未培训和培训过的业务员的业绩有无显著差异。

❶ 首先使用 VAR.P 函数估计总体的标准方差，选中 B17 单元格，输入公式 "=VAR.P(B2:B16)" 估计出变量 1 的总体方差，如图 8-108 所示；选中 C17 单元格，输入公式 "=VAR.P(C2:C16)" 估计出变量 2 的总体方差，如图 8-109 所示。

	A	B	C
1	序号	员工培训前业绩(元)	员工培训后业绩(元)
2	1	14750	12320
3	2	11220	13660
4	3	10670	11660
5	4	11990	11100
6	5	11110	10990
7	6	10340	12210
8	7	9680	9980
9	8	11110	12210
10	9	10890	12000
11	10	11220	11770
12	11	11440	12100
13	12	10890	11990
14	13	12440	12930
15	14	11660	12980
16	15	12110	14200

图 8-107

B17　fx =VAR.P(B2:B16)

	A	B	C
1	序号	员工培训前业绩(元)	员工培训后业绩(元)
2	1	14750	12320
3	2	11220	13660
4	3	10670	11660
5	4	11990	11100
6	5	11110	10990
7	6	10340	12210
8	7	9680	9980
9	8	11110	12210
10	9	10890	12000
11	10	11220	11770
12	11	11440	12100
13	12	10890	11990
14	13	12440	12930
15	14	11660	12980
16	15	12110	14200
17	估算总体方差	1238371.6	

图 8-108

C17　fx =VAR.P(C2:C16)

	A	B	C
1	序号	员工培训前业绩(元)	员工培训后业绩(元)
2	1	14750	12320
3	2	11220	13660
4	3	10670	11660
5	4	11990	11100
6	5	11110	10990
7	6	10340	12210
8	7	9680	9980
9	8	11110	12210
10	9	10890	12000
11	10	11220	11770
12	11	11440	12100
13	12	10890	11990
14	13	12440	12930
15	14	11660	12980
16	15	12110	14200
17	估算总体方差	1238371.6	1027106.667

图 8-109

❷ 单击"数据"选项卡，在"分析"选项组中单击"数据分析"按钮，打开"数据分析"对话框，在列表框中选择"z-检验：双样本平均差检验"选项，如图 8-110 所示。

❸ 单击"确定"按钮，打开"z-检验：双样本平均差检验"对话框，如图 8-111 所示设置各项参数。

图 8-110

图 8-111

❹ 单击"确定"按钮，即可得到"z-检验：双样本均值分析"，如图 8-112 所示。

E	F	G
z-检验: 双样本均值分析		
	员工培训前业绩(元)	员工培训后业绩(元)
平均	11434.66667	12140
已知协方差	1238371	1027106
观测值	15	15
假设平均差	0	
z	-1.814931379	
P(Z<=z) 单尾	0.034767228	
z 单尾临界	1.644853627	
P(Z<=z) 双尾	0.069534456	
z 双尾临界	1.959963985	

图 8-112

结论分析如下。

（1）双侧检验：原假设为 H_0，即 $\mu_1=\mu_2$，即未培训和培训过的业务员的业绩无显著差异；备择假设为 H_1，即 $\mu_1\neq\mu_2$，即未培训和培训过的业务员的业绩有显著差异。

（2）拒绝域：$|z|>z\alpha/2(n_1+n_2-2)$。

（3）计算结果：$|z|=1.81<z\alpha/2(n_1+n_2-2)=1.95$。

所以不拒绝原假设，即未培训和培训过的业务员的业绩并无显著差异。

8.5.6　F-检验（双样本方差检验）工具

"F-检验"又叫作方差齐性检验。从两个研究总体中随机抽取样本，要对这两个样本进行比较的时候，首先要判断两总体方差是否相同，即方差齐性。若两总体方差相等，则直接用 t-检验。其中要判断两总体方差是否相等，就可以用 F-检验。

给出原假设为 H_0，即 $\sigma_1^2=\sigma_2^2$，显著性水平 α，其检验规则如下：

➥　双侧检验：备择假设为 $\mu_1=\mu_2$。拒绝域为 $F>F\alpha/2(n_1-1，n_2-1)$ 或 $F<F\alpha/2(n_1-1，n_2-1)$。

➥　左侧检验：备择假设为 $\mu_1<\mu_2$。拒绝域为 $F<F\alpha/2(n_1-1，n_2-1)$。

➥　右侧检验：备择假设为 $\mu_1>\mu_2$。拒绝域为 $F>F\alpha/2(n_1-1，n_2-1)$。

例如，有两种肥料应用于两块土壤相同的作物，一个月后随机抽取 A 肥料土地种植的 15 棵作物测量生长的厘米数；随机抽取 B 肥料土地种植的 12 棵作物测量生长的厘米数，数据如图 8-113 所示。现在在 0.95 的置信区间内判断这两种肥料的总体方差有无显著差异。

编号	A肥料 (生长厘米数)	B肥料 (生长厘米数)
1	24	24
2	17	26
3	26	27
4	17	25
5	15	25
6	22	21
7	27	29
8	14	28
9	27	25
10	22	22
11	23	27
12	23	25
13	19	
14	17	
15	22	

图 8-113

❶　单击"数据"选项卡，在"分析"选项组中单击"数据分析"按钮，打开"数据分析"对话框，在列表框中选择"F-检验：双样本方差"选项，如图 8-114 所示。

❷　单击"确定"按钮，打开"F-检验：双样本方差"对话框，设置"变量 1 的区域"为 B1:B16 单

元格区域，设置"变量 2 的区域"为 C1:C13 单元格区域，在 α 文本框中输入 0.05，设置"输出区域"为 E1 单元格，如图 8-115 所示。

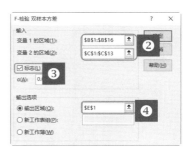

图 8-114   图 8-115

❸ 单击"确定"按钮，即可得出检验结果，如图 8-116 所示。

	A	B	C	D	E	F	G
1	编号	A肥料 (生长厘米数)	B肥料 (生长厘米数)		F-检验 双样本方差分析		
2	1	24	24				
3	2	17	26			A肥料 (生长厘米数)	B肥料 (生长厘米数)
4	3	26	27		平均	21	25.33333333
5	4	17	25		方差	18.14285714	5.333333333
6	5	15	25		观测值	15	12
7	6	22	21		df	14	11
8	7	27	29		F	3.401785714	
9	8	14	28		P(F<=f) 单尾	0.023892125	
10	9	27	25		F 单尾临界	2.738648214	
11	10	22	22				
12	11	23	27				
13	12	23	25				
14	13	19					
15	14	17					
16	15	22					

图 8-116

结论分析如下。

（1）双侧检验：原假设为 H_0，即 $\sigma_1{}^2 = \sigma_2{}^2$，即这两种肥料的总体方差无显著差异；备择假设为 H_1，即 $\sigma_1{}^2 \neq \sigma_2{}^2$，即这两种肥料的总体方差有显著差异。

（2）计算结果：$P = 0.024 < \alpha = 0.05$。

所以拒绝原假设，即这两种肥料的总体方差有显著差异。

第 9 章

会说话会表达：图表辅助数据可视化

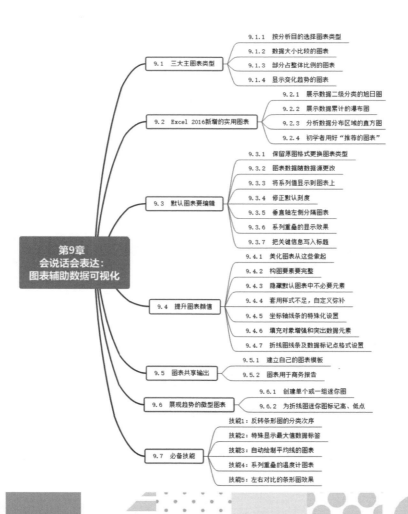

第9章
会说话会表达：
图表辅助数据可视化

9.1 三大主图表类型
- 9.1.1 按分析目的选择图表类型
- 9.1.2 数据大小比较的图表
- 9.1.3 部分占整体比例的图表
- 9.1.4 显示变化趋势的图表

9.2 Excel 2016新增的实用图表
- 9.2.1 展示数据二级分类的旭日图
- 9.2.2 展示数据累计的瀑布图
- 9.2.3 分析数据分布区域的直方图
- 9.2.4 初学者用好"推荐的图表"

9.3 默认图表要编辑
- 9.3.1 保留原图格式更换图表类型
- 9.3.2 图表数据随数据源更改
- 9.3.3 将系列值显示到图表上
- 9.3.4 修正默认刻度
- 9.3.5 垂直轴左侧分隔图表
- 9.3.6 系列重叠的显示效果
- 9.3.7 把关键信息写入标题

9.4 提升图表颜值
- 9.4.1 美化图表从这些做起
- 9.4.2 构图要素要完整
- 9.4.3 隐藏默认图表中不必要元素
- 9.4.4 套用样式不足，自定义弥补
- 9.4.5 坐标轴线条的特殊化设置
- 9.4.6 填充对象增强和突出数据元素
- 9.4.7 折线图线条及数据标记点格式设置

9.5 图表共享输出
- 9.5.1 建立自己的图表模板
- 9.5.2 图表用于商务报告

9.6 展现趋势的微型图表
- 9.6.1 创建单个或一组迷你图
- 9.6.2 为折线图迷你图标记高、低点

9.7 必备技能
- 技能1：反转条形图的分类次序
- 技能2：特殊显示最大值数据标签
- 技能3：自动绘制平均线的图表
- 技能4：系列重叠的温度计图表
- 技能5：左右对比的条形图效果

9.1　三大主图表类型

图表可以直观地展示统计信息的属性（时间性、数量性等），是一种将数据属性更直观、更形象地展示的很好的手段。图表的用途非常广泛，在很多领域都可以使用，因此学会制作图表非常重要。当然要创建出专业、规范的图表，首先需要对图表基础知识的牢固掌握。本章会通过一些实用的例子帮助大家理解图表中的基础知识，在掌握基本操作知识的基础上经过多操作、多积累、多学习、多思考，自然会设计出满意的图表。

三大主图表类型分别是"柱形图""折线图""饼图"。不同的图表类型可以表达出不同的数据关系。因此在创建图表之前，首先应当明确要表达的意思，然后选择合适的图表类型。

9.1.1　按分析目的选择图表类型

新用户在初次创建图表时常会陷入困惑，不清楚一组数据到底应该选择哪种类型的图表来分析才合适。其实不同类型的图表在表达数据方面是有讲究的，有些适合做对比，有些适合用来表现趋势，那么具体该如何选择呢？

首先需要了解数据通常有 5 种关系，即构成、比较、趋势、分布及联系。

（1）"构成"主要是关注每个部分占整体的百分比。例如，要表达的信息包括"份额""百分比""预计将达到百分之多少"，这些情况下都可以使用饼图图表。

（2）"比较"可以展示事物的排列顺序，是差不多，还是一个比另一个更多或更少。柱形图与条形图就可以通过柱子的长短展示数据的多与少。

（3）"趋势"是最常见的一种时间序列关系。它可以展示一组数据随着时间变化而变化，每周、每月、每年的变化趋势是增长、减少、上下波动或基本不变，这时可以使用折线图表达数据指标随时间呈现的趋势。

（4）"分布"是表示各数值范围内各包含了多少项目。典型的信息包含"集中""频率""分布"等，这类数据分析可以使用面积图、直方图等来展现。

（5）"联系"是判断一个因素是否对另一个因素造成影响，即两组数据间是否存在相关性。一般可使用散点图、气泡图展示这种数据关系。

本节会通过几个实例介绍如何按照分析目的选择合适的图表类型。

9.1.2　数据大小比较的图表

柱形图和条形图是用来比较数据大小的图表，将数据转化为图表后，对数据的大小比较就转换成了对柱子的高度或长度比较。因此对于数据的大小比较就更加直观了。

图 9-1 所示的簇状柱形图和图 9-2 所示的簇状条形图都可以很直观地比较各个月份里女装销售额和男装销售额的大小关系。

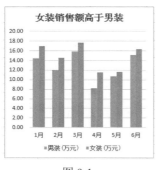

图 9-1

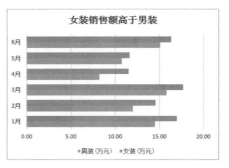

图 9-2

在柱形图或条形图类型中，又分为簇状的、堆积状的、百分比状的，而这些又都归为二维图表。对应的，如果柱子使用立体柱状，则称为三维图表。实际办公中，常用的是二维图表。

图 9-3 所示为簇状柱形图，而图 9-4 所示为堆积柱形图，虽然都是柱形图，但显然两者表达的意思是不同的。如图 9-3 所示的簇状柱形图明确地表达了在 1 月到 4 月期间，每个月中金鹰店的销售额都高于西都店，重于店铺间的比较。而在如图 9-4 所示的堆积柱形图中，更直观地表达了两个店铺的总销售在 3 月份达到最高、4 月份最低，重于对总销售额的比较。

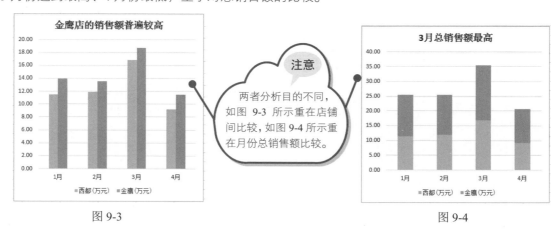

图 9-3

图 9-4

由此可见，选择正确的图表类型对准确传递信息至关重要。

9.1.3　部分占整体比例的图表

在日常办公中，经常要表达局部占总体的数据关系。例如，计算各个店铺的销售额占总销售额的百分比值、各年龄段人员占总人数的百分比、本月支出金额占全年支出金额的百分比等。部分占整体的比例关系通常都使用饼图来表达。

如图 9-5 所示的饼图是公司各项目的支出数据，其中最大的扇面是"差旅报销"，这直接反映了本期日常费用中在"差旅报销"上的支出最多。如图 9-6 所示的饼图中，不仅图表标题强调了四部的业绩未达标，并且设置了对比色，又将该扇面拖出，达到强调的目的。

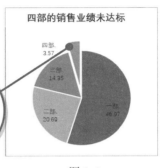

图 9-5　　　　　　　　　　　　　　　　　　　图 9-6

除了饼图外，圆环图也可以表示局部整体的关系，可以根据上面图表的数据源建立圆环图，如图 9-7 和图 9-8 所示。

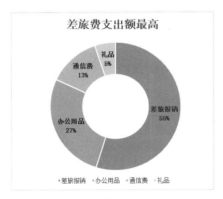

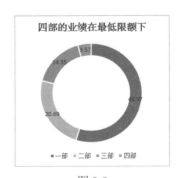

图 9-7　　　　　　　　　　　　　　　　　　　图 9-8

9.1.4　显示变化趋势的图表

如果要显示出一段时间内数据的波动趋势，应该选择折线图。折线图是以时间序列为依据，表达一段时间里事物的走势情况。

如图 9-9 所示的图表，可以看到上半年的销售利润呈直线下降趋势。折线图也可以表达多个数据系列，如图 9-10 所示。

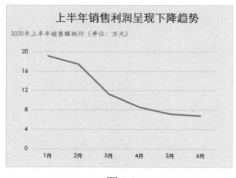

图 9-9

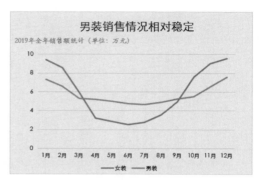

图 9-10

强调随时间变化的幅度时，除了折线图，也可以使用面积图。如图 9-11 所示的图表，从图表中可以看到随着时间的推移，数据呈现持续增长的趋势。

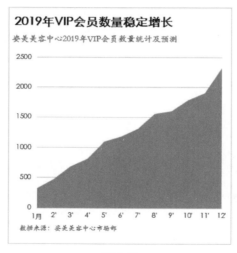

图 9-11

9.2　Excel 2016 新增的实用图表

Excel 2016 新增了几种非常实用的图表，分别是"旭日图""直方图""瀑布图"。本节会通过几个实例帮助用户理解这些新增的图表。

9.2.1　展示数据二级分类的旭日图

二级分类是指在大的一级的分类下，还有下级的分类，甚至更多级别（当然级别过多也会影响图表的表达效果）。如图 9-12 所示的表格中是公司 1~4 月份的支出金额，其中4 月份记录了各个项目的明细支出，现在根据这张数据源表格创建图表，如图 9-13 所示的柱形图也能体现二级分类的数据，但是却无法直观地展示 4 月份的总支出金额的大小。

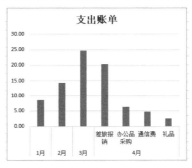

图 9-12

图 9-13

那么用哪种类型的图表既能比较各项支出金额的大小，又能比较 4 个月的总支出金额大小呢？使用Excel 2016 中新增的旭日图即可解决这个问题。

旭日图与圆环图类似，它是个同心圆环，最内层的圆表示层次结构的顶级，往外是下一级分类。

下面要根据公司 1~4 月份的支出金额数据源表格创建可以展现二级分类的旭日图。

❶ 选中 A1:C8 单元格区域，在"插入"选项卡的"图表"组中单击"插入层次结构图"下拉按钮，在弹出的下拉菜单中选择"旭日图"命令，即可创建旭日图，如图 9-14 和图 9-15 所示。

图 9-14

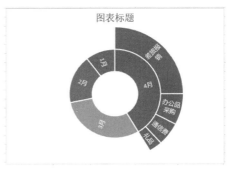

图 9-15

❷ 对创建的旭日图进行美化，如标题文字格式、套用指定样式等（后面的小节中会介绍图表美化的

相关操作）。效果如图 9-16 所示。

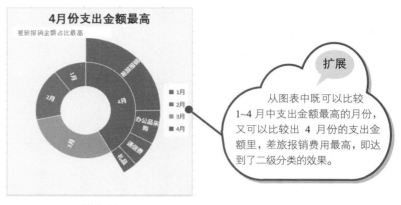

图 9-16

9.2.2　展示数据累计的瀑布图

　　之所以称为瀑布图，是因为其外观看起来像瀑布。它是柱形图的变形，用悬空的柱子代表数值的增减，通常用于表达数值之间的增减演变过程。瀑布图可以很直观地显示数据增加与减少后的累计情况。在理解一系列正值和负值对初始值的影响时，这种图表非常有用。

　　下面需要根据如图 9-17 所示的表格，创建图表对差旅费支出金额进行统计分析。

　❶　选中 A1:B6 单元格区域，在"插入"选项卡的"图表"组中单击"插入瀑布图或股价图"下拉按钮，在弹出的下拉菜单中选择"瀑布图"命令，即可创建瀑布图，如图 9-18 和图 9-19 所示。

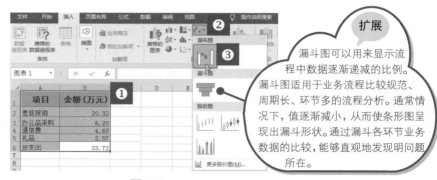

图 9-17　　　　　　　　　　　　　　　图 9-18

　❷　选中数据系列，然后在目标数据点"总支出"上单击一次，即可选中该数据点。单击鼠标右键，

在弹出的快捷菜单中选择"设置为汇总"命令（见图 9-20），即可得到如图 9-21 所示的效果。

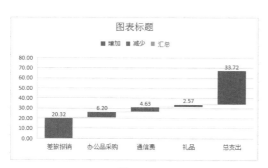

图 9-19

图 9-20

❸ 为图表添加标题，并做字体、布局等美化设置（后面的小节中会介绍图表美化的相关操作）。即可得到如图 9-22 所示的效果。从图表中可以看到差旅报销费用最高，"总支出"柱形图是所有费用类别支出额的总高度。

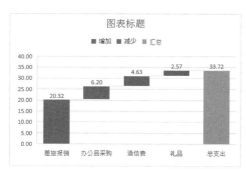

图 9-21

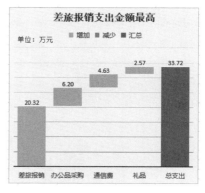

图 9-22

9.2.3 分析数据分布区域的直方图

直方图是分析数据分布比重和分布频率的利器。为了更加简便地分析数据的分布区域，Excel 2016 新增了直方图类型的图表，利用此图表可以让看似找寻不到规律的数据或大数据能在瞬间得出分析结果，从图表中可以很直观地看到这批数据的分布区间。

本例中需要根据如图 9-23 所示的表格，创建分析此次大赛中参赛者得分整体分布区间的直方图。

❶ 选中 A1:C13 单元格区域，在"插入"选项卡的"图表"组中单击"插入统计图表"下拉按钮，在弹出的下拉菜单中选择"直方图"命令（见图 9-24），即可创建直方图，如图 9-25 所示。

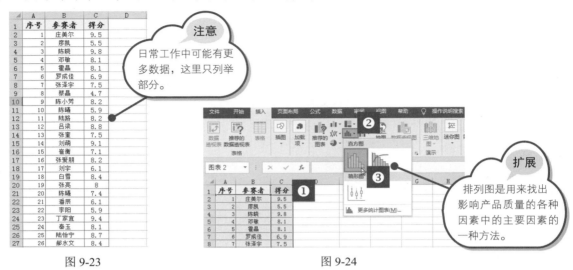

图 9-23　　　　　　　　　　　　　　　图 9-24

❷ 在水平轴上双击鼠标，打开"设置坐标轴格式"窗格，选中"箱数"单选按钮，勾选"溢出箱"复选框并在右侧文本框里输入 10.0，勾选"下溢箱"复选框并在右侧文本框里输入 5.0，如图 9-26 所示。完成设置后返回到工作表中，即可得到如图 9-27 所示的统计结果。

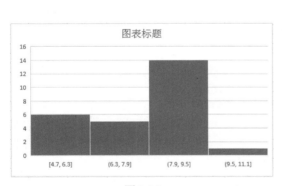

图 9-25

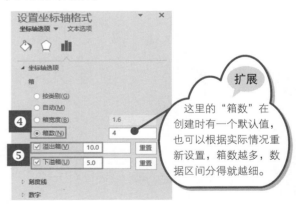

图 9-26

❸ 对图表进一步美化设置，即可得到如图 9-28 所示的效果。通过这个直方图，可以帮助用户从庞大的数据区域中找寻到相关的规律。例如，本例中就可以直接地判断出分布在 6.6~8.2 这个分数段的人数最多。

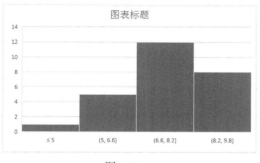

图 9-27

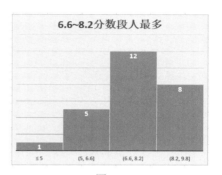

图 9-28

9.2.4　初学者用好"推荐的图表"

从 9.1.1 小节可以学习到，不同的图表类型可以展示不同的分析效果，因此对于图表类型的选择非常重要。Excel 从 2013 版本开始新增了一项"推荐的图表"功能，即程序会根据当前选择的数据源的特征给出一些推荐提示。这样用户则比较容易判断自己想使用的是什么样的图表了。

本例中统计了四个月两种产品的销量，如果想要比较两种产品的总销量在哪个月最高，则可以使用"堆积柱形图"。

❶ 例如，在如图 9-29 所示的数据表中，选中 A1:C5 单元格区域，在"插入"选项卡的"图表"组中单击"推荐的图表"按钮，打开"插入图表"对话框。

❷ 在"推荐的图表"选项卡下可以看到列表中出现多个推荐的图表，有簇状柱形图、折线图、堆积柱形图等，如图 9-30 所示。

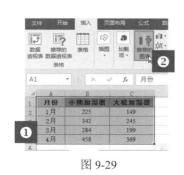

图 9-29

扩展

每选择一种图表都会在右侧显示预览效果，并对该图表进行说明。

图 9-30

❸ 可以根据预览效果选择合适的图表（这里选择"堆积柱形图"），单击"确定"按钮即可快速创建图表，如图 9-31 所示。

❹ 如果数据源中存在百分比值，可以看到推荐的图中有双坐标轴的柱形图与折线图的组合图样式，如图 9-32 所示。

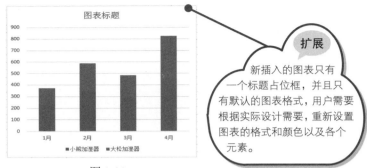

扩展

新插入的图表只有一个标题占位框，并且只有默认的图表格式，用户需要根据实际设计需要，重新设置图表的格式和颜色以及各个元素。

图 9-31

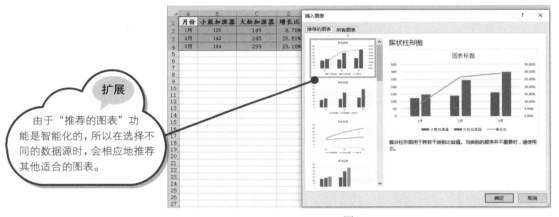

扩展

由于"推荐的图表"功能是智能化的，所以在选择不同的数据源时，会相应地推荐其他适合的图表。

图 9-32

练一练

练习题目：**使用推荐的图表快速创建漏斗图，如图 9-33 所示。**

操作要点：准备好适合使用漏斗图分析的数据源。

图 9-33

9.3 默认图表要编辑

图表的主要作用在于以更直观可见的方式来描述和展现数据。由于数据的关系和特性总是多样的，有些时候做出来的图表并不能很直观地展现出表达意图，或者说默认的图表设置掩盖和隐藏了图表中的一些特性，在这种情况下就需要借助一些编辑功能或手段进行处理，让图表提供更有价值的数据信息。

9.3.1 保留原图格式更换图表类型

创建图表之后如果要重新更改图表的类型，不需要重新选择单元格数据并创建图表，直接打开"更改图表类型"对话框进行设置就可以了。本例中需要将折线图图表更改为簇状柱形图，可以打开"更改图表类型"对话框进行更改。

❶ 选择图表后，在"图表工具-设计"选项卡的"类型"组中单击"更改图表类型"按钮，如图 9-34 所示。

❷ 打开"更改图表类型"对话框，更改图表类型为"簇状柱形图"即可，如图 9-35 所示。

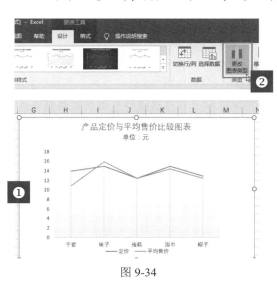

图 9-34

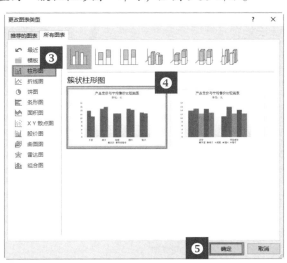

图 9-35

❸ 单击"确定"按钮，即可更改折线图为柱形图图表。效果如图 9-36 所示。根据柱形图的高低可以判断每种产品的定价和平均售价的差别。

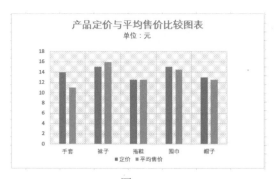

图 9-36

练一练

练习题目：**将簇状柱形图更改为堆积柱形图，如图 9-37 所示。**

操作要点：**打开"更改图表类型"对话框重新选择图表类型。**

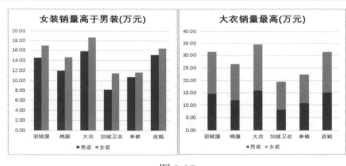

图 9-37

9.3.2　图表数据随数据源更改

建立图表后，如果需要重新更改图表的数据源，不需要重新建立图表，可以在当前图表中更改。因为在原图表上更改图表的数据比新建图表要省力得多，它会沿用原格式，并且更改图表数据源可以立即查看到不同的分析结果。下面以图 9-38 所示的图表为例，来学习更改图表数据源的方法及查看不同的分析结果。

❶ 选中图表，用于建立图表的数据源区域会显示几种颜色的框线，系列显示为红框、月份分类显示为紫框、数据区域显示为蓝框，如图 9-39 所示。

❷ 将鼠标指针指向蓝色边框的右下角，按住鼠标左键进行拖动；重新框选数据区域（见图 9-40），被包含的数据就绘制图表，不包含的就不绘制，通过这个方式就改变了图表的数据源。

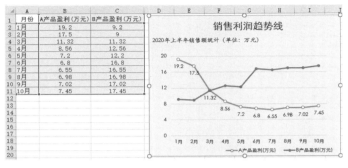

图 9-38　　　　　　　　　　　　　　　　　　图 9-39

图 9-40 所示为更改数据源及其对应的图表。

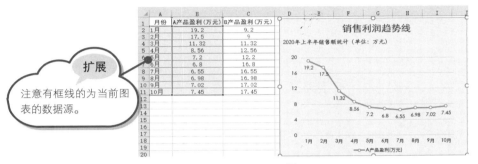

扩展

注意有框线的为当前图表的数据源。

图 9-40

图 9-41 所示为更改数据源后及其对应的图表。

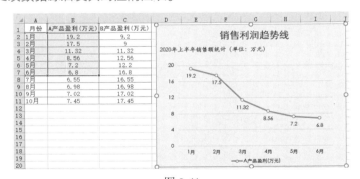

图 9-41

经验之谈

另外，当需要建立相同类型的图表时，如建立了 1 月份的图表，需要再建立 2 月份的图表、3 月份的图表等，可以先复制一份图表，然后只要重新修改数据源即可，可以省去很多编辑图表的过程。

9.3.3　将系列值显示到图表上

数据标签实际就是系列的值,很多时候在创建图表后都会添加上数据标签,这样会让显示效果更加直观。

❶ 当前图表有两个系列,选中要添加数据标签的系列,单击"图表元素"按钮,在弹出的菜单中指向"数据标签",单击右侧的黑色三角形,展开子菜单,则可以选择让数据标签显示在哪个位置,如图 9-42 所示。

❷ 添加了数据标签后,在数据标签上单击一次可以一次性选中所有数据标签,然后可以通过重新设置字号放大标签。效果如图 9-43 所示。

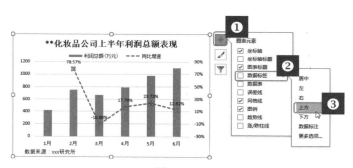

图 9-42

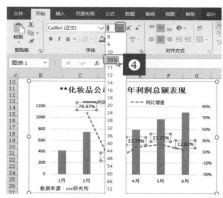

图 9-43

为图表快速添加数据标签后,默认只显示数值。但是数据标签还有其他类型。例如,饼图常常要显示出类别名称与百分比数据标签,这时需要打开"设置数据标签格式"窗格进行添加。

❶ 选中图表,单击右上角的"图表元素"按钮,在打开的菜单中选择"数据标签"→"更多选项"命令,如图 9-44 所示。

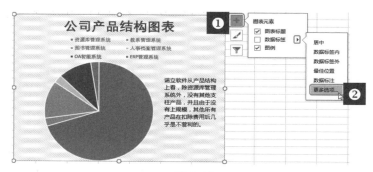

图 9-44

❷ 打开"设置数据标签格式"窗格，选择"标签选项"选项卡，在"标签选项"栏下勾选"类别名称"和"百分比"复选框，如图 9-45 所示。此时可以看到图表上方显示两种类型的数据标签。效果如图 9-46 所示。

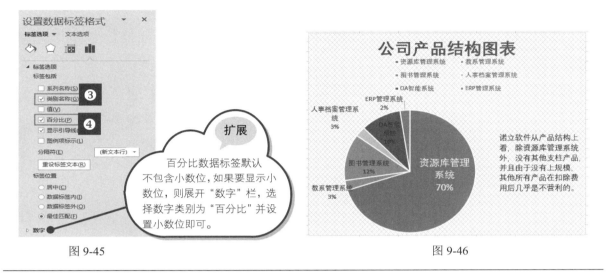

图 9-45

图 9-46

9.3.4　修正默认刻度

在建立图表时，程序会根据当前数据状况及选用的图表类型自动确认数值轴的最大值。默认的刻度在大多数时候都是适用的，但有时默认值虽然能说明问题，但影响了图表的表达效果。

图 9-47 所示的图表，右侧最大值 150 就够了，程序默认的是 200，这样造成图表右侧出现大面积空白。

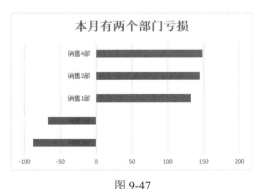

图 9-47

❶ 在垂直轴上双击鼠标，打开"设置坐标轴格式"窗格。

❷ 选择"坐标轴选项"选项卡，在"坐标轴选项"栏中将"最大值"更改为 150.0，如图 9-48 所示。设置后图表的效果如图 9-49 所示。

图 9-48

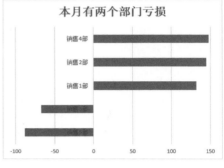

图 9-49

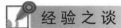 **经验之谈**

坐标轴的刻度如果经过重设，表示已经固定，即如果重新更换数据源，刻度不能再根据新数据源自动生成了。这时如果想恢复，则单击一次刻度值右侧的"重置"（单击后恢复为"自动"）。

在"设置坐标轴格式"窗格的"坐标轴选项"选项卡下还有"刻度线"栏，用于设置刻度线是否显示或显示在什么位置；还有"数字"栏，用于设置刻度的数字格式，如货币格式等。

9.3.5 垂直轴左侧分隔图表

图表的垂直轴默认显示在最左侧，如果当前的数据源具有明显的期间性，则可以通过操作将垂直轴移到分隔点显示，以得到分割图表的效果，这样的图表对比效果会很强烈。本例中需要将两个年度的升学率分割为两部分，此时可将垂直轴移至两个年份之间。

❶ 根据表格数据源创建柱形图，如图 9-50 所示。双击水平轴，打开"设置坐标轴格式"窗格。

❷ 在"分类编号"文本框内输入 6，如图 9-51 所示。

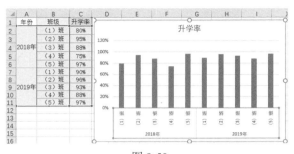

图 9-50

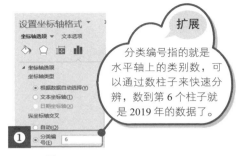

图 9-51

扩展

分类编号指的就是水平轴上的类别数，可以通过数柱子来快速分辨，数到第 6 个柱子就是 2019 年的数据了。

❸ 选中垂直轴后右击，在弹出的快捷菜单中单击"边框"下拉按钮，在打开的下拉列表中依次选择"粗细"→"2.25 磅"命令，如图 9-52 所示。

❹ 加粗垂直轴后，继续在打开的"边框"下拉列表中选择深红色（见图 9-53），即可为垂直轴添加轮廓颜色。

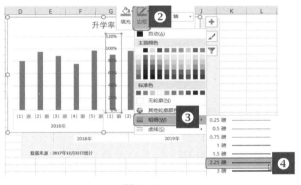

图 9-52

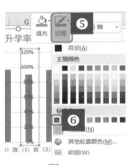

图 9-53

❺ 保持垂直轴数值标签的选中状态并双击，打开"设置坐标轴格式"窗格，单击"标签位置"右侧的下拉按钮，在打开的下拉列表中选择"低"选项，如图 9-54 所示。

❻ 依次为图表添加标题和副标题并设置样式。最终效果如图 9-55 所示。

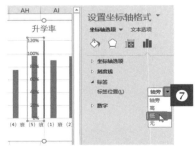

图 9-54

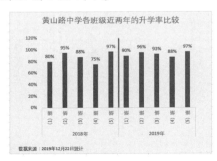

图 9-55

练一练

练习题目：重设坐标轴标签的位置，默认在轴旁，如图 9-56 所示，将其显示在图外，如图 9-57 所示。

操作要点：（1）在水平轴上双击打开"设置坐标轴格式"窗格。

（2）设置标签的位置为"低"。

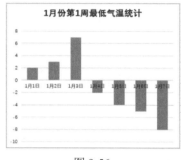

图 9-56

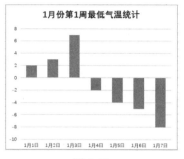

图 9-57

9.3.6　系列重叠的显示效果

数据系列可以设置重叠或分离显示，也可以通过设置分类间距来获取不同的图表效果。

❶ 在图表任意数据系列上双击鼠标，在右侧任务窗格中可以看到当前图表的"系列重叠"处的值（这是默认值），如图 9-58 所示。

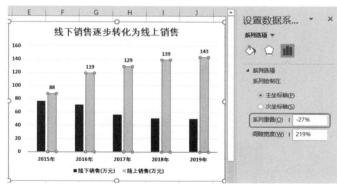

图 9-58

❷ 例如，将"系列重叠"处的值调整为 50%，图表的显示效果如图 9-59 所示。

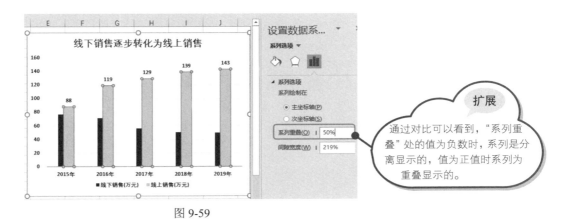

图 9-59

❸ 更改"间隙宽度"处的值可以让分类间的距离增大或减小，当减小间隙宽度时，可以让柱形图的柱子加宽，如图 9-60 所示。

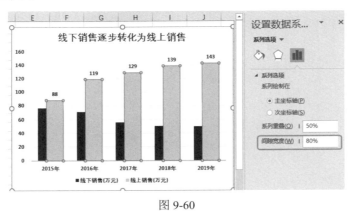

图 9-60

9.3.7 把关键信息写入标题

图表的标题是图表中的一个必要元素，但标题的命名并不只是一个摆设，而是可以利用图表标题来阐明想表达的信息。

对图表标题有两方面要求：一是图表的标题区要给出足够的空间位置，不能过于狭窄，而且要使用加大的字号；二是一定要把图表想表达的信息写入标题，因为通常标题明确的图表能够更快速地引导阅读者理解图表意思，读懂分析目的。可以使用如"会员数量持续增加""A、B 两种产品库存不足""新包装销量明显提升"等类似直达主题的标题。

图 9-61 和图 9-62 所示的图表标题都做到了明确表达图表关键点这一要求。

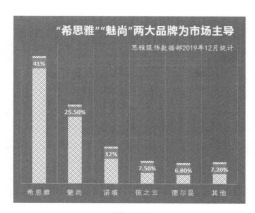

图 9-61

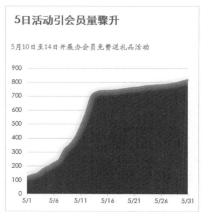

图 9-62

另外，现在的商务图表也习惯使用副标题来对图表信息进行更加详细的补充说明。如果使用副标题，则应让其紧接主标题，因为副标题无专用的占位符，因此一般以添加文本框的形式呈现。两项标题是靠左、靠右放置，还是居中放置，可根据设计思路而行。

9.4 提升图表颜值

选择数据源创建图表后，其默认是一种最简易的格式，甚至说是简陋的。为了让图表的外观效果更美观、更具辨识度，在创建图表后一定要进行两方面的调整：一是通过隐藏不必要的元素、图表横纵版面调整、文字格式设置等对默认布局进行调整；二是重新修改图表中对象的填充色、边框效果、线条格式等。

9.4.1 美化图表从这些做起

新手在创建图表时切忌追求过于花哨和颜色太过丰富的设计，尽量以简约整洁为设计原则，很多设计突出的图表都是以简洁取胜。太过复杂的图表会直接给使用者造成信息读取上的障碍。设计简洁的图表不但美观而且展示数据也更加直观。

图 9-63 所示的这张图表是一张默认的再普通不过的图表。但通过布局、色彩和调整达到了如图 9-64 所示的效果，视觉效果显然提升了几个等级。可见，图表的美化是极其重要的一个环节。

图 9-63

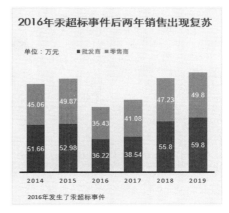

图 9-64

布局方面

在图表布局方面我们总结了以下要点：

（1）增大标题区所占面积，必要时用绘制文本框添加副标题。

（2）适当缩小绘图区所占面积，添加说明文字等备注信息让数据更加真实可靠。

（3）修改默认字体。

（4）最大化墨水比。

（5）改变默认的横向构图方式。

（6）更活跃的排版思路。可以在图表中辅助添加其他图形、文本框补充说明文字等。

这里要重点强调"最大化墨水比"。最大化数据墨水比这个设计理念应用到图表中来，指的是应增强和突出数据元素，减少和弱化非数据元素。一幅图表中，如柱形、条形、扇面等代表的是数据信息，网格线、坐标轴、填充色等都称为非数据信息。当然，我们也并不是说要把所有非数据元素都删除，这样的图表会过于简单，甚至简陋。非数据元素也有其存在的理由，它用于辅助显示、美化修饰，让图表富有个性色彩，具备较好的视觉效果。减少和弱化非数据元素可以通过以下操作以实现：

（1）背景填充色因图而异，需要时使用淡色。

（2）网格线有时不需要，需要时使用淡色。

（3）坐标轴有时不需要，需要时使用淡色。

（4）图例有时不需要。

（5）慎用渐变色。

（6）不需要应用 3D 效果。

配色方面

图表配色既要配得美观，同时还要保障图表更容易阅读、更易理解。因此，不能不考虑数据关系而给图表滥用"彩妆"。总结起来可以归纳为以下几个注意点。

（1）有目的地使用颜色。

我们作图表时使用颜色一方面是为了美化图表，另一方面也是为了更有效地展示数据关系。用颜色突出特定的数据，强调需要引起关注的地方，区别不同的类别等都是合理的做法。我们也不是反对为了让图表更美观而合理地使用颜色，但是绝对反对毫无理由、毫无意义地使用各种颜色，把图表装扮得五颜六色。

（2）颜色数量不宜过多。

优秀的配色方案用到的颜色数量总数一般少于 3~4 种。过于花哨的颜色将分散读者的注意力，让他们必须花更多的精力才能读懂图表。

（3）非数据元素使用浅色，数据元素使用亮色或突出色。

对于坐标轴、网格线等非数据元素，使用很淡的浅色即可，过度突出可能干扰读者对数据元素的阅读与理解，即也是我们前面所强调的最大化数据墨水比原则。图 9-65 和图 9-66 所示的图表都是用颜色突出强调数据源元素的范例。

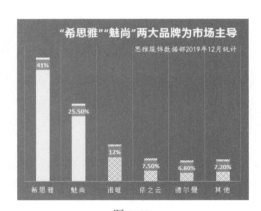

图 9-65

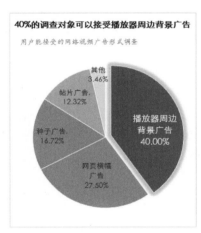

图 9-66

9.4.2　构图要素要完整

我们提倡图表要简洁，是指在保证重要元素不缺失的前提下删除一些不必要的元素，但关键信息是绝对不能缺失的。图表中凡是要传达信息的元素，不该省的一定不能省。让人一眼看明白图表要表达的信息是最基本要求，如果连表达的信息都模糊不清，则设计得再精美也没有用。

例如，图 9-67 所示的这张图表，找找它有什么毛病，想想你有没有做过这样的图表。这张图表最大的问题在于残缺不全。

这张图表存在问题如下：

（1）没有标题，不明白它想表达什么。

（2）没有图例，分不清不同颜色的柱子指的是什么项目。

（3）数据没有金额单位。

（4）对于出现显著变化的数据没有做出特殊标注或备注。

根据上面的几项问题，我们将图表修改成图 9-68 所示的样子。通过这个图表可以直观地表达出在这三个月份中，哪个月份的总金额较高，也能直观看到出现严重滑坡的项目。

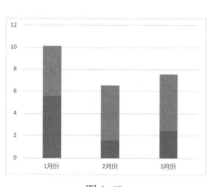

图 9-67

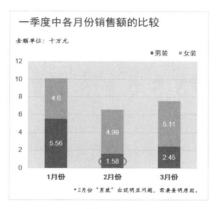

图 9-68

因此，在规划图表的结构时，注意重要元素一定不能缺失，有些元素可以进行减少和弱化处理，对于一些重要的数据元素可以进行强化处理。

9.4.3　隐藏默认图表中不必要元素

一张默认的图表中会包含多个对象，但在图表的编辑及美化过程中，为了达到满意的效果，往往会涉及多次进行对象的显示或隐藏设置。对于隐藏图表中的对象，可以直接利用删除的办法，而如果要重新显示出某个对象，则需要知道应该从哪里去开启。

如图 9-69 所示为图表默认情况下所包含的对象，如图 9-70 所示的图表则是删除了垂直轴和水平轴网格线，然后又添加了主要垂直轴网格线和值标签。

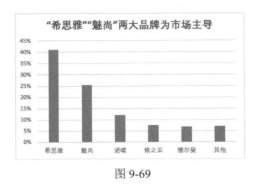

图 9-69

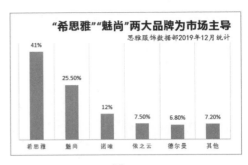

图 9-70

❶ 选中图表，然后鼠标指针指向垂直轴，单击即可选中（见图 9-71），按 Delete 键即可删除。接着鼠标指针指向水平轴网格线，按 Delete 键删除。如图 9-72 所示为删除两个对象后的图表效果。

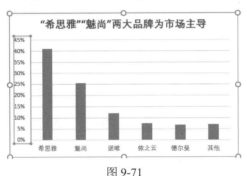

图 9-71

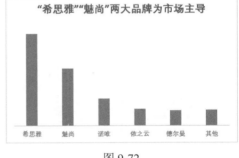

图 9-72

❷ 如果要为图表添加对象，则选中图表，单击右上角的"图表元素"按钮（一张图表包含的所有对象都在这个菜单中）。鼠标指针指向"网格线"，单击右侧的黑色三角形，勾选"主轴主要垂直网格线"复选框，可以看到图表中添加了垂直网格线，如图 9-73 所示。

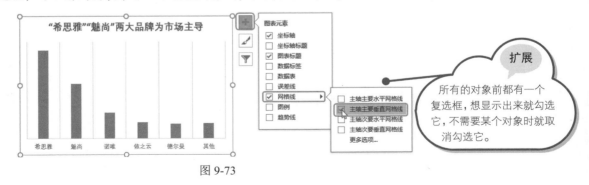

图 9-73

❸ 接着按相同的方法在"图表元素"菜单中为图表添加"值"数据标签。

练一练

练习题目：图 **9-74** 所示的图表隐藏众多元素。

操作要点：选中图表，通过图表右上角的"图表元素"按钮实现图表中对象的隐藏与显示。

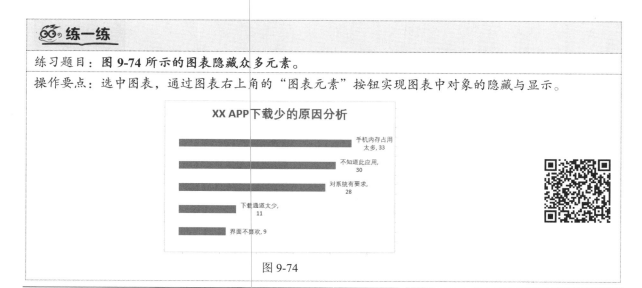

图 9-74

9.4.4　套用样式不足，自定义弥补

在创建图表之后，有两种样式可以直接套用，套用样式可以省去我们的多步优化编辑。但套用样式也不一定满足所有设计需求，所以正确的做法是建议先套用图表样式，然后再进行局部补充修整。

图表样式具有即时预览的效果，可以在选中图表后用鼠标指向样式，试用不同样式，当找到满足效果的样式时单击即可应用。

❶ 选中图表（当前是默认格式），单击右侧的"图表样式"按钮，在展开的下拉面板中选择"样式"选项卡，在子列表中可以选择想使用的样式，如图 9-75 所示。

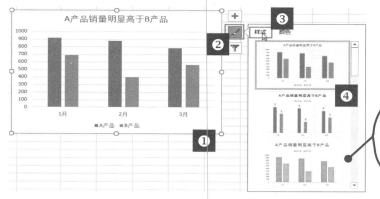

注意

在应用图表样式时，如果之前对图表进行了格式设置，其格式都将会被覆盖，而且布局样式也有可能被更改。可以先选择套用样式，然后再单独对某一个对象进行样式调整，直至达到自己满意的效果。

图 9-75

❷ 例如，单击"样式2"，应用效果如图 9-76 所示；单击"样式4"，应用效果如图 9-77 所示。

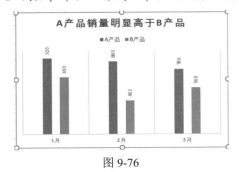

图 9-76

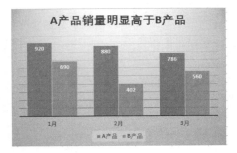

图 9-77

❸ 选择样式后，如果感觉还需要美化，则可以单独选中目标对象补充编辑。

另外，对于配色方案，程序也提供了一些可供套用的样式。同样的，在套用配色方案后，也可以再局部选中对象进行补充编辑。

❶ 选中图表，单击右侧的"图表样式"按钮，在打开的下拉面板中选择"颜色"选项卡，光标指向色块时可以即时预览，如图 9-78 所示。

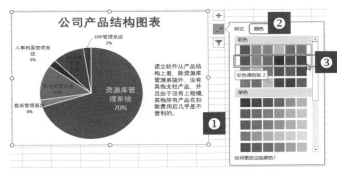

图 9-78

❷ 预备选用某一种颜色时，单击即可应用，如图 9-79 所示。

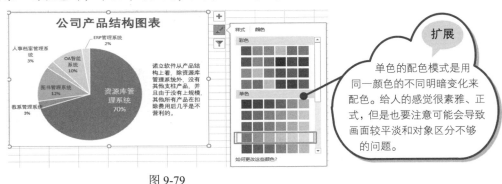

图 9-79

扩展

单色的配色模式是用同一颜色的不同明暗变化来配色。给人的感觉很素雅、正式，但是也要注意可能会导致画面较平淡和对象区分不够的问题。

9.4.5　坐标轴线条的特殊化设置

从 Excel 2016 版本之后，建立的图表默认不显示坐标轴的线条，那么可以通过设置显示出线条并自定义线条的格式。

❶ 选中图表汇总的纵坐标轴，并在右键快捷菜单中选择"设置坐标轴格式"命令，如图 9-80 所示。打开"设置坐标轴格式"窗格，在"填充"选项卡的"线条"栏中选中"实线"单选按钮，设置颜色为黑色，宽度为 2.5 磅，如图 9-81 所示。

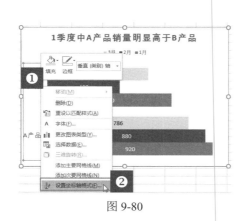

图 9-80

> **扩展**
>
> 如果要隐藏坐标轴线条，则可以选择"无线条"样式。

图 9-81

❷ 此时可以看到设置了格式的纵坐标轴。效果如图 9-82 所示。

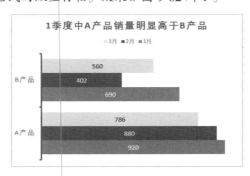

图 9-82

🔧 经验之谈

图表中还包含其他众多的边框和线条，如图表区的边框、绘图区的边框、网格线、折线图的线条等，这些线条如果需要特殊设置，其方法都与本例中介绍的相同，只要在操作前准确选中它们即可。

练一练

练习题目：为饼图的单个扇面设置边框线条，如图 9-83 所示。

操作要点：设置前一定要准确选中目标扇面。

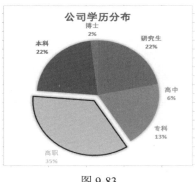

图 9-83

9.4.6 填充对象增强和突出数据元素

对图表中对象的填充一般都以增强和突出数据元素为目的。对于图中需要重点说明的重要元素，可以运用特殊的填充色达到强调，可以帮助使用者迅速抓住重要信息。

对象的填充包括纯色填充、渐变填充及图案、图片填充等。在设置填充效果时，注意一定要符合当前的图表主题，不要滥用颜色和样式。例如，本例中需要对最大值扇面设置特殊填充色进行强调。

❶ 选中最大的那个扇面，按住鼠标左键不放向外拖动（见图 9-84），将此扇面拖为分离的样式。

❷ 选中除最大扇面的其他任意扇面，在"图表工具-格式"选项卡的"形状样式"组中单击"形状填充"按钮，在下拉列表中选择颜色填充色，如图 9-85 所示。然后按相同的方法设置其他扇面的颜色。

❸ 选中最大扇面并右击，在弹出的快捷菜单中选择"设置数据点格式"命令，如图 9-86 所示。打开"设置数据点格式"窗格，选择"填充"选项卡，选中"图案填充"单选按钮，

图 9-84

选择想使用的图案填充样式，如图 9-87 所示。

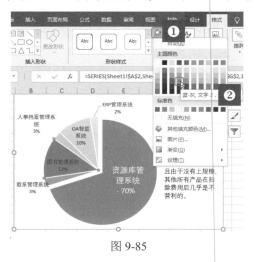

图 9-85

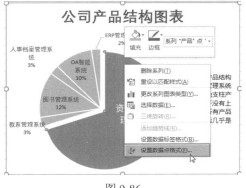

图 9-86

❹ 执行上述设置后，图表的最终效果如图 9-88 所示。

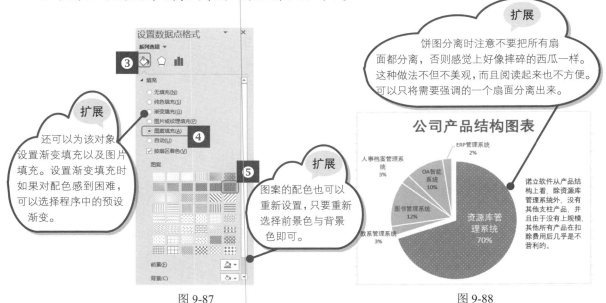

图 9-87

图 9-88

扩展

还可以为该对象设置渐变填充以及图片填充。设置渐变填充时如果对配色感到困难，可以选择程序中的预设渐变。

扩展

图案的配色也可以重新设置，只要重新选择前景色与背景色即可。

扩展

饼图分离时注意不要把所有扇面都分离，否则感觉上好像摔碎的西瓜一样。这种做法不但不美观，而且阅读起来也不方便。可以只将需要强调的一个扇面分离出来。

诺立软件从产品结构上看，除资源库管理系统外，没有其他支柱产品，并且由于没有上规模，其他所有产品在扣除费用后几乎是不营利的。

🐟 **练一练**

练习题目：设置图表区渐变填充效果，如图 **9-89** 所示。
操作要点：设置前一定要准确选中图表区这个对象。

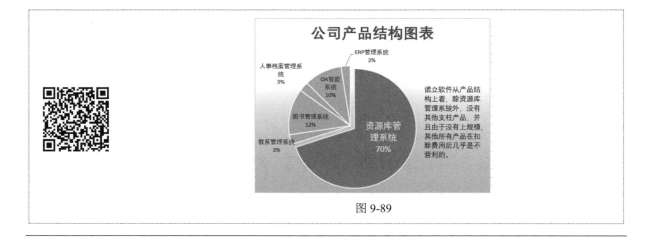

图 9-89

9.4.7　折线图线条及数据标记点格式设置

折线图相对于其他图表类型来说稍显特殊，它由线条与数据点组成。要设置其格式，需要分线条和数据点两部分进行，并且数据点默认会被隐藏，因此这里特殊介绍一下它们的格式设置方法。

如图 9-90 所示为默认样式，通过线条及数据标记点格式设置，可以让图表达到如图 9-91 所示的效果。

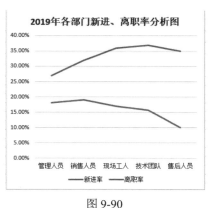

图 9-90

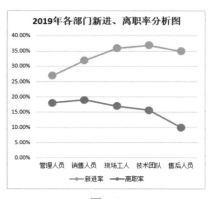

图 9-91

❶ 选中目标数据系列，在线条上（注意不要在标记点位置）双击鼠标打开"设置数据系列格式"窗格。

❷ 单击"线条"标签按钮，在展开的"线条"栏下选中"实线"单选按钮，设置折线图线条的颜色和宽度值，如图 9-92 所示。

❸ 单击"标记"标签按钮，在展开的"数据标记选项"栏下选中"内置"单选按钮，接着在"类型"下拉列表中选择标记样式，并设置大小，如图 9-93 所示。

❹ 展开"填充"栏（要注意是"标记"标签按钮下的"填充"栏），选中"纯色填充"单选按钮，设置填充颜色与线条的颜色一样，如图 9-94 所示。

图 9-92

图 9-93

图 9-94

❺ 展开"边框"栏，选中"无线条"单选按钮，如图 9-95 所示。设置完成后，可以看到"新进率"这个数据系列的线条和标记的效果，如图 9-96 所示。

图 9-95

图 9-96

❻ 选中"离职率"数据系列，打开"设置数据系列格式"窗格，可按相同的方法完成对线条及数据标签格式的设置。

9.5　图表共享输出

利用 Excel 可以制作出专业的图表，在日常工作中经常需要在其他地方使用这些图表，这时把图表保存为模板，或者将图表保存为图片，都可以实现图表的共享。

9.5.1　建立自己的图表模板

如果在其他人的计算机或者网上下载了好看的图表，而这种图表类型也经常需要使用，则可以将其保存为"模板"，方便下次直接套用该图表样式。

本例中需要把设置好样式的饼图图表保存为模板，若后期有别的图表需要使用该样式，则可以直接套用。

❶ 选中图表，单击鼠标右键，在弹出的快捷菜单中选择"另存为模板"命令，如图 9-97 所示。打开"保存图表模板"对话框，按如图 9-98 所示设置图表的保存位置和名称。

❷ 单击"确定"按钮，即可将其保存为模板。

❸ 假设当前一张条形图想使用这种饼图样式，可以在图表上单击鼠标右键，在弹出的快捷菜单中选择"更改图表类型"命令，如图 9-99 所示。打开"更改图表类型"对话框，在左侧选择"模板"，右侧则为所有自定义保存的模板样式，如图 9-100 所示。

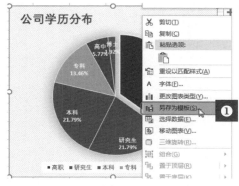

图 9-97

❹ 选择模板后，单击"确定"按钮即可快速应用指定图表模板。效果如图 9-101 所示。

图 9-98　　　　　　　　　　　　　　　　　　　图 9-99

图 9-100

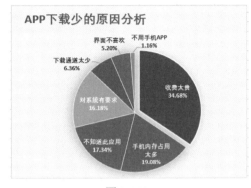

图 9-101

9.5.2 图表用于商务报告

图表也是增强报告说服力的有效工具，因此在撰写报告的很多时候都会使用到图表，一是增强数据说服力；二是还能丰富版面效果。因此在 Excel 中创建的图表可以先转换为图片，然后可以像普通图片一样使用。

❶ 打开图表并选中，按 Ctrl+C 组合键即可复制该图表，如图 9-102 所示。

❷ 打开要粘贴的工作表，在"开始"选项卡的"剪贴板"组中单击"粘贴"下拉按钮，在弹出的下拉菜单中选择"图片"命令（见图 9-103），即可将图表转换为图片格式。效果如图 9-104 所示。

图 9-102

图 9-103

❸ 再次使用复制粘贴快捷键，将图表图片直接粘贴至 Word 文档的相应位置即可。效果如图 9-105 所示。

图 9-104

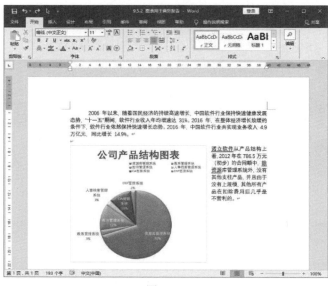

图 9-105

9.6　展现趋势的微型图表

如果只想对表格中的行、列数据进行对比分析，又不想新创建图表，就可以使用"迷你图"。迷你图是一种显示在单元格中的小图表，它以简洁的图形直观展示数据间的关系，如通过柱形的高低比较大小，通过折线的走向查看趋势等。

与前面介绍的图表不同，迷你图并非对象，它实际上是在单元格背景中显示的微型图表。迷你图主要有"折线图""柱形图""盈亏"3 种类型。

9.6.1　创建单个或一组迷你图

除了为一行或一列数据创建迷你图外，还可以通过在包含迷你图的相邻单元格上使用填充柄，为以后添加的数据行快速创建迷你图。

本例中需要对各个销售员前三个月的销售额进行一个对比，表格中新建了一列"迷你图"，把迷你图单独放在该列中，方便用户对迷你图表和数据进行比较查看。

❶ 选中 F3 单元格，在"插入"选项卡的"迷你图"组中单击"柱形图"按钮，如图 9-106 所示。

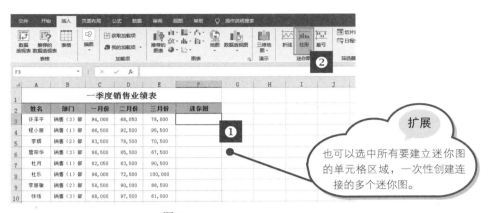

图 9-106

❷ 打开"创建迷你图"对话框，单击"数据范围"右侧的拾取器按钮（见图 9-107），按如图 9-108 所示拖动选取数据范围。

图 9-107

图 9-108

❸ 再次单击拾取器按钮，返回"创建迷你图"对话框。单击"确定"按钮，即可创建单个迷你图。效果如图 9-109 所示。

❹ 拖动 F3 单元格右下角的填充柄，即可快速填充迷你图。效果如图 9-110 所示。

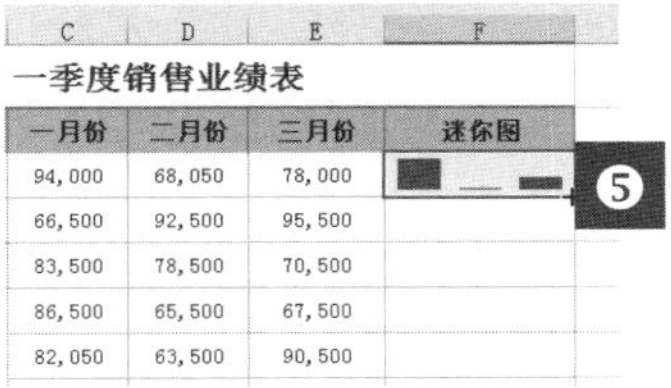

图 9-109

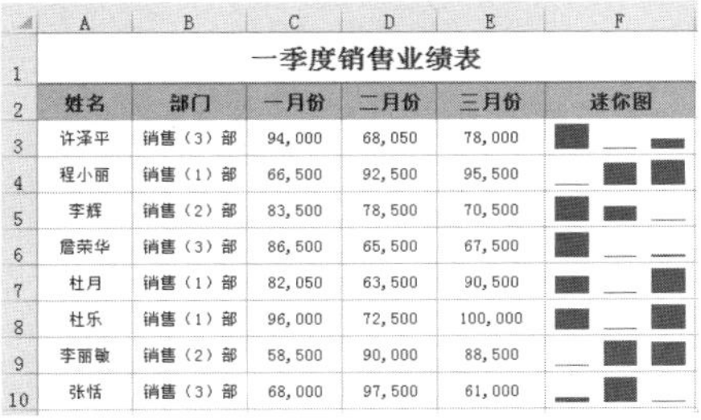

图 9-110

练一练

练习题目：创建折线图迷你图，如图 9-111 所示。

操作要点：使用纵向的数据创建迷你图。

	A	B	C
1	月份	客流量（2016年）	客流量（2015年）
2	1月	0.78	1.02
3	2月	1.05	2.05
4	3月	1.85	3.25
5	4月	4.05	3.5
6	5月	7.18	6.78
7	6月	2.77	4.34
8	7月	1.02	5.78
9	8月	1.79	6.69
10	9月	2.07	0.89
11	10月	8.2	7.5
12	11月	1.2	0.98
13	12月	1.14	1.17
14	趋势		

图 9-111

9.6.2 为折线图迷你图标记高、低点

创建迷你图之后会自动激活"迷你图工具"，在该工具下可以修改迷你图的外观、颜色、类型、标记颜色及显示效果等。为了快速找到一组数据的最高点和最低点，可以将高点标记为大红色，将低点标记为黑色。

❶ 选中折线图迷你图，在"迷你图工具-设计"选项卡的"样式"组中单击"标记颜色"下拉按钮，在弹出的下拉菜单中选择"高点"→"红色"命令（见图 9-112），即可为高点处添加红色标记。效果如图 9-113 所示。

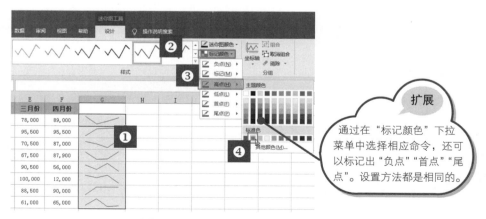

图 9-112

> **扩展**
>
> 通过在"标记颜色"下拉菜单中选择相应命令，还可以标记出"负点""首点""尾点"。设置方法都是相同的。

❷ 选中折线图迷你图，然后按相同的方法可以将低点标记为黑色。效果如图 9-114 所示。

	A	B	C	D	E	F	G
1	姓名	部门	一月份	二月份	三月份	四月份	
2	许泽平	销售（3）部	94,000	68,050	78,000	89,000	
3	程小丽	销售（1）部	66,500	92,500	95,500	95,500	
4	李辉	销售（2）部	83,500	78,500	70,500	87,000	
5	詹荣华	销售（3）部	86,500	65,500	67,500	87,900	
6	杜月	销售（1）部	82,050	63,500	90,500	56,000	
7	杜乐	销售（1）部	96,000	72,500	100,000	12,000	
8	李丽敏	销售（2）部	58,500	90,000	88,500	90,000	
9	张恬	销售（3）部	68,000	97,500	61,000	65,000	

图 9-113

	A	B	C	D	E	F	G
1	姓名	部门	一月份	二月份	三月份	四月份	
2	许泽平	销售（3）部	94,000	68,050	78,000	89,000	
3	程小丽	销售（1）部	66,500	92,500	95,500	95,500	
4	李辉	销售（2）部	83,500	78,500	70,500	87,000	
5	詹荣华	销售（3）部	86,500	65,500	67,500	87,900	
6	杜月	销售（1）部	82,050	63,500	90,500	56,000	
7	杜乐	销售（1）部	96,000	72,500	100,000	12,000	
8	李丽敏	销售（2）部	58,500	90,000	88,500	90,000	
9	张恬	销售（3）部	68,000	97,500	61,000	65,000	

图 9-114

9.7 必备技能

技能 1：反转条形图的分类次序

在建立条形图时，默认情况下分类轴的标签显示出来的都是与实际数据源顺序相反的。如图 9-115 所示的图表，数据源从 1 月到 6 月显示，但绘制出的图表却是从 6 月到 1 月。要解决这样的问题，也需要对分类轴的格式进行属性的设置。

图 9-115

❶ 在垂直轴（分类轴）上单击鼠标右键（条形图与柱形图相反，水平轴为数值轴），打开"设置坐标轴格式"窗格。

❷ 选择"坐标轴选项"标签，在"坐标轴选项"栏同时勾选"递序类别"复选框与"最大分类"单选按钮，如图 9-116 所示。设置完成后即可让条形图按正确的顺序建立，如图 9-117 所示。

图 9-116

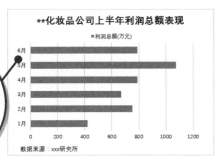

图 9-117

技能 2：特殊显示最大值数据标签

有时为了达到突出显示的目的会着重显示某一个数据标签，如最大值标签、最小值标签，甚至只显示最重要的数据标签。要达到这样的目的，最主要的是要能单独选中单个的数据标签，选中之后无论是进行删除还是特殊的格式化，设置就简单了。

❶ 添加数据标签后，在标签上单击一次，这时看到选中的是所有数据标签（见图 9-118），然后再在目标数据标签上单击一次就可以单独选中，如图 9-119 所示。

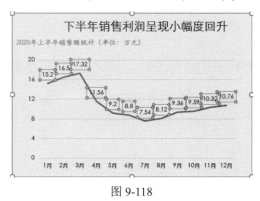

图 9-118

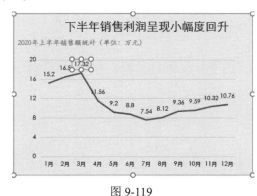

图 9-119

❷ 选中后则可以单独更改字号、设置颜色等，如图 9-120 所示。

❸ 在本例中按相同的方法选中最小值数据标签并特殊设置，然后再依次将其他的标签都删除，可以让图表达到如图 9-121 所示的效果。

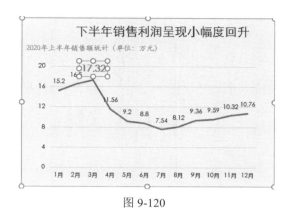

图 9-120

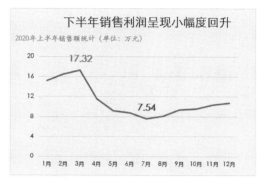

图 9-121

技能 3：自动绘制平均线的图表

通过在图表中添加平均线可以非常直观地实现数据对比。例如，在图 9-122 所示的图表中，因为有了平均线，可以直观看到有哪些月份的销售利润没有达到平均值。

❶ 在图 9-123 所示的数据表中，先添加一个"平均线"列，这一列用于计算平均值，整列数据保持一样。

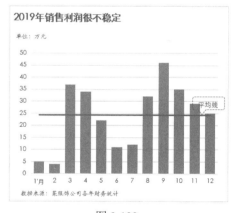

图 9-122

图 9-123

❷ 选中 A1: C13 单元格区域，在"插入"选项卡的"图表"组中单击"推荐的图表"按钮（见图 9-124），打开"插入图表"对话框，选择图表类型为"簇状柱形图-次坐标轴上的折线图"，如图 9-125 所示。

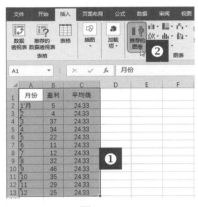

图 9-124

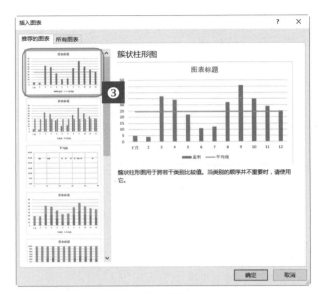

图 9-125

❸ 单击"确定"按钮，即可快速创建图表雏形，如图 9-126 所示。接着对图表进行美化，即可达到效果图中展示的效果。

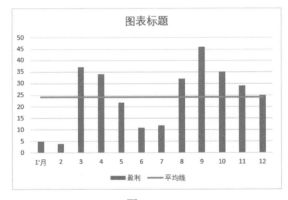

图 9-126

技能 4：系列重叠的温度计图表

温度计图表是一种常见的图表类型，它可以用来对两项指标进行很直观的比较。例如，比较实际与预算、今年与往年、毛利与收入、子项与总体等。

图 9-127 所示的图表是预计销售额与实际销售额相比较，从图中可以清楚地看到哪一月份销售额没有达标。

要完成此图表的创建，有两个关键点：一是要启用次坐标轴；二是对坐标轴刻度的重新设置。

❶ 使用如图 9-128 所示的数据建立柱形图，默认图表。

❷ 在图表中双击"实际销售额"系列，打开"设置数据系列格式"右侧窗格，选中"次坐标轴"单选按钮，接着将分类间距设置为 400%，如图 9-129 所示。设置后图表显示如图 9-130 所示的效果。

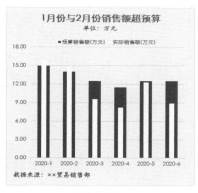

图 9-127

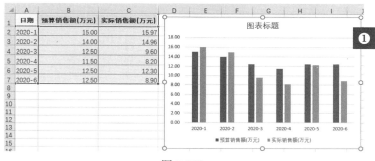

图 9-128

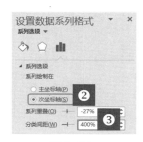

图 9-129

❸ 在"预算销售额"数据系列上双击，打开"设置数据系列格式"右侧窗格，设置间隙宽度为 110%（见图 9-131），即可实现让"实际销售额"系列位于"预算销售额"系列内部的效果，如图 9-132 所示。

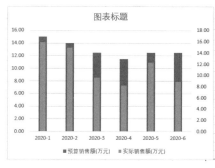

图 9-130

图 9-131

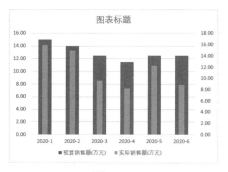

图 9-132

本例最主要的一项操作是使用次坐标轴，而使用次坐标轴的目的是让两个不同的系列拥有各自不同的分类间距，即上图中红色柱子显示在蓝色柱子内部的效果。但是二者的坐标轴值必须保持一致，在图 9-132 中可以看到左侧坐标轴的最大值为 16，右侧的最大值却为 18，这是程序默认生成的，这就造成了两个系列的量纲不一样，比较不具备意义，因此必须要把两个坐标轴的最大值固定为相同。

❶ 在主坐标轴上双击，打开"设置坐标轴格式"窗格，单击"坐标轴选项"标签按钮，在"最大值"数值框中输入 18.0，设置刻度的单位为 3.0，如图 9-133 所示。

❷ 按照相同的方法在次坐标轴上双击，也设置坐标轴的最大值为 18.0，刻度的单位为 3.0，从而保持主坐标轴和次坐标轴数值一致，如图 9-134 所示。

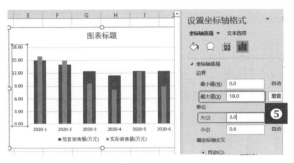

图 9-133

图 9-134

❸ 单击图表右上角的"图表元素"按钮，在弹出的菜单中指向"坐标轴"，单击右侧的黑色三角形，展开子菜单，取消勾选"次要纵坐标轴"复选框（见图 9-135），可隐藏次要纵坐标轴，如图 9-135 所示。

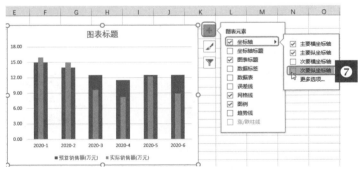

图 9-135

❹ 完成上面的操作步骤后，图表的雏形已经完成了，接着可进行其他美化与细节设置，如绘图区颜色、图表标题、文字格式，以及添加文本框输入副标题和数据来源。

技能5：左右对比的条形图效果

在建立条形图时，无论是簇状条形图还是堆积条形图，图形都是朝一个方向的。但通过合理设置可以建立左右对比的条形图效果，即将两个系列分别显示于左侧和右侧（见图9-136）。这种做法在商务图表中也比较常见。

图9-136

要完成此图表的创建，有两个关键点：一是要启用次坐标轴；二是对坐标轴刻度的重新设置。

❶ 以A1:C7单元格区域的数据建立默认条形图，如图9-137所示。在图表中双击"线上销售"系列，打开"设置数据系列格式"右侧窗格，选中"次坐标轴"（见图9-138）。此图表呈现如图9-139所示效果。

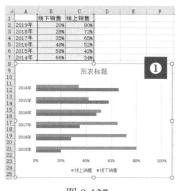

图9-137

图9-138

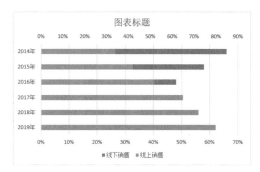

图9-139

❷ 双击次要水平坐标轴（上方的），打开"设置坐标轴格式"右侧窗格，单击"坐标轴选项"标签，设置最小值为−0.8，最大值为 0.8，如图 9-140 所示。

❸ 双击主要水平坐标轴（下方的），打开"设置坐标轴格式"右侧窗格，单击"坐标轴选项"标签，设置最小值为−0.8，最大值为 0.8，然后勾选下方的"逆序刻度值"复选框，如图 9-141 所示。

❹ 完成步骤 2 和步骤 3 的操作后，把图表改变成如图 9-142 所示的形式。

图 9-140

图 9-141

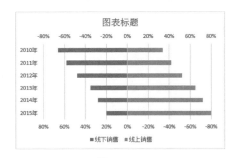

图 9-142

❺ 双击"线下销售"系列，打开"设置数据系列格式"右侧窗格，设置"间隙宽度"为 100%，如图 9-143 所示。按相同的方法设置"线上销售"系列，这个操作增大了条状的宽度，如图 9-144 所示。

图 9-143

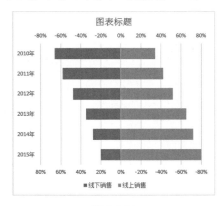

图 9-144

❻ 双击次要水平坐标轴（上方的），打开"设置坐标轴格式"右侧窗格，展开"标签"栏，单击"标

签位置"右侧的下拉按钮，在下拉列表中选择"无"选项（见图 9-145），这样可以实现隐藏次要水平坐标轴的标签。

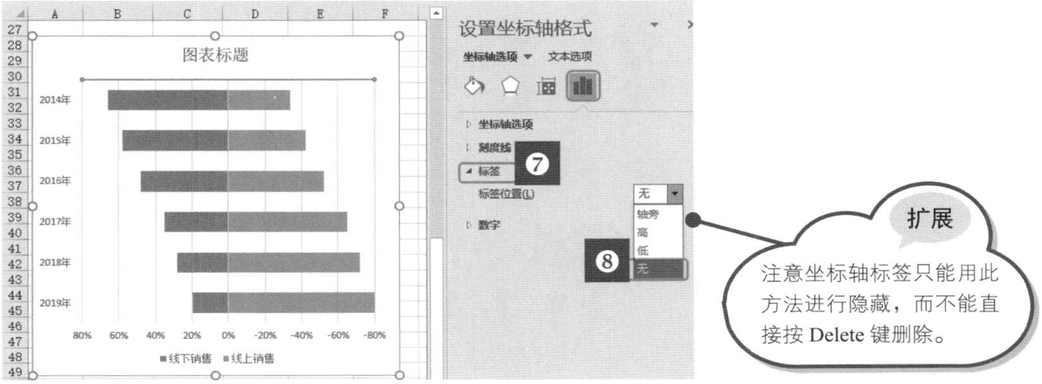

图 9-145

❼ 选中图表，单击右上角的"图表元素"按钮，在展开的列表中单击"数据标签"，为图表添加数据标签（操作方法在 9.3.3 小节中已作介绍）。至此图表的雏形已经完成了，接着可进行其他美化与细节设置，如绘图区颜色、图表标题、文字格式，以及添加文本框输入副标题和数据来源。

第 10 章

学函数掌技巧：数据快速
计算与统计

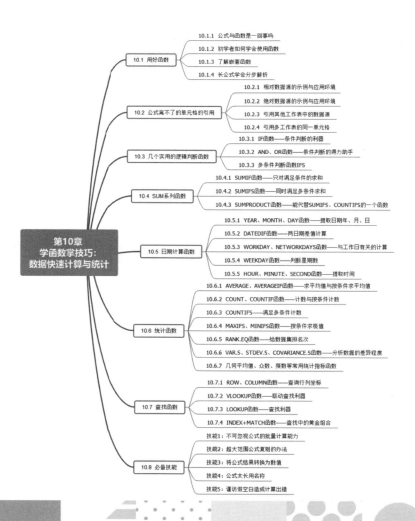

第10章
学函数掌技巧：
数据快速计算与统计

10.1 用好函数
- 10.1.1 公式与函数是一回事吗
- 10.1.2 初学者如何学会使用函数
- 10.1.3 了解嵌套函数
- 10.1.4 长公式学会分步解析

10.2 公式离不了的单元格的引用
- 10.2.1 相对数据源的示例与应用环境
- 10.2.2 绝对数据源的示例与应用环境
- 10.2.3 引用其他工作表中的数据源
- 10.2.4 引用多工作表的同一单元格

10.3 几个实用的逻辑判断函数
- 10.3.1 IF函数——条件判断的利器
- 10.3.2 AND、OR函数——条件判断的得力助手
- 10.3.3 多条件判断函数IFS

10.4 SUM系列函数
- 10.4.1 SUMIF函数——只对满足条件的求和
- 10.4.2 SUMIFS函数——同时满足多条件求和
- 10.4.3 SUMPRODUCT函数——能代替SUMIFS、COUNTIFS的一个函数

10.5 日期计算函数
- 10.5.1 YEAR、MONTH、DAY函数——提取日期年、月、日
- 10.5.2 DATEDIF函数——两日期差值计算
- 10.5.3 WORKDAY、NETWORKDAYS函数——与工作日有关的计算
- 10.5.4 WEEKDAY函数——判断星期数
- 10.5.5 HOUR、MINUTE、SECOND函数——提取时间

10.6 统计函数
- 10.6.1 AVERAGE、AVERAGEIF函数——求平均值与按条件求平均值
- 10.6.2 COUNT、COUNTIF函数——计数与按条件计数
- 10.6.3 COUNTIFS——满足多条件计数
- 10.6.4 MAXIFS、MINIFS函数——按条件求极值
- 10.6.5 RANK.EQ函数——给数据集排名次
- 10.6.6 VAR.S、STDEV.S、COVARIANCE.S函数——分析数据的差异程度
- 10.6.7 几何平均值、众数、频数等常用统计指标函数

10.7 查找函数
- 10.7.1 ROW、COLUMN函数——查询行列坐标
- 10.7.2 VLOOKUP函数——联动查找利器
- 10.7.3 LOOKUP函数——查找利器
- 10.7.4 INDEX+MATCH函数——查找中的黄金组合

10.8 必备技能
- 技能1：不可忽视公式的批量计算能力
- 技能2：超大范围公式复制的办法
- 技能3：将公式结果转换为数值
- 技能4：公式太长用名称
- 技能5：谨访假空白造成计算出错

10.1 用 好 函 数

10.1.1 公式与函数是一回事吗

公式是 Excel 中由使用者自行设计对数据进行计算、查找、匹配、统计和处理的计算式，如"=B2+C3+D2""=IF(B2>=80,"达标","不达标")""=SUM(B2:B20)*B21+90"等这种形式的表达式都称为公式。

我们看到公式不仅有常量的参与，更多的是对单元格的引用，同时最重要的一点是公式中还会引入函数完成特定的数据计算，因为如果只是常量的加、减、乘、除，那么就与使用计算器来运算无任何区别了，所以函数在公式运算中具有重要作用。

而函数却不能单独地使用，它必须应用于公式中，因为它必须以标志着公式开始的"="开头。如图 10-1 所示，单独使用函数，它就不是一个公式，因此也得不到计算结果；而输入时在前面加入"="转换为公式就得到了相应的计算结果，如图 10-2 所示。

图 10-1   图 10-2

使用上面的公式来看一下函数

=IF(B2>500,"达标","不达标")

IF 是一个函数，括号内是它的参数，它可以与其他单元格的引用、表达式、常量等各个参数间使用逗号间隔。当然每个函数参数的设置必须符合这个函数的语法，否则就会返回错误值。

10.1.2 初学者如何学会使用函数

不同的函数可以解决不同的运算，因此学习函数时首先要了解其功能，再学会它的参数设置规则，只有做到了这两点才能编制出解决问题的公式。初学者学习函数一般是使用函数的帮助文件。例如，本例中需要了解 SUMIF 函数的详细功能、语法，以及参数说明。

❶ 选中 E2 单元格，将光标定位于编辑栏中，输入"=SUMIF("，此时编辑栏下方出现函数提示，然

后移动光标至函数名上，单击函数名，如图 10-3 所示。

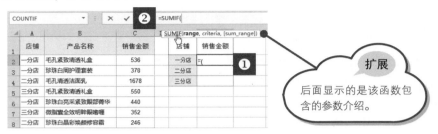

图 10-3

❷ 打开"Excel 帮助"对话框，在帮助文档中可看到函数的视频讲解、详细的功能、语法、参数说明，如图 10-4 所示。移动滚动条可看到下面的例子。

❸ 也可以使用百度搜索。例如，搜索"SUMIF 函数"关键字，则可以通过百度知道学习该函数，如图 10-5 所示。

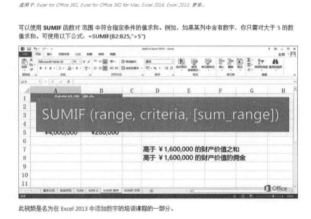

图 10-4

图 10-5

如果对于函数的应用已经熟悉了，可以在选中目标单元格后直接在编辑栏中输入公式。但对于初学者而言，也可以通过"插入函数"对话框来逐一设置各个参数，因为在此对话框中会对各个参数的用途给出提示。例如，下面要输入使用一个 IF 函数来判断销量是否达标。

❶ 选中 C2 单元格，在"公式"选项卡的"函数库"组中单击"插入函数"按钮，如图 10-6 所示。

❷ 打开"插入函数"对话框，在"选择函数"列表框中选择 IF 函数，如图 10-7 所示。单击"确定"按钮，打开"函数参数"对话框。

图 10-6

图 10-7

❸ 光标定位到第 1 个参数设置框中，输入"B2>=400"，如图 10-8 所示。

❹ 光标定位到第 2 个参数设置框中并输入"达标"，如图 10-9 所示；光标定位到第 3 个参数设置框中，输入"不达标"，如图 10-10 所示。

图 10-8

图 10-9

❺ 单击"确定"按钮返回工作表中，可以看到编辑栏中显示了完整的公式，如图 10-11 所示。

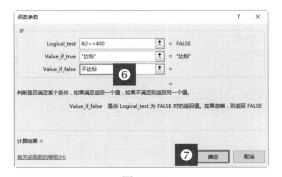

图 10-10

图 10-11

10.1.3 了解嵌套函数

为了进行更复杂的条件判断、完成更复杂的计算，很多时候还需要嵌套使用函数，用一个函数的返回结果来作为前面函数的参数使用。

日常工作中使用嵌套函数的场合很多。例如，要求判断两项成绩是否都大于 80 分，如果是，则返回 "合格"，否则返回 "不合格"。但 IF 函数只能判断一项条件，当条件满足时返回某值，不满足时返回另一值。要同时判断两个条件，单独使用一个 IF 函数则无法实现判断，此时在 IF 函数中嵌套了一个 AND 函数判断两个条件是否都满足，AND 函数就是用于判断给定的所有的条件是否都为 "真"（如果都为 "真"，则返回 TRUE，否则返回 FALSE），然后使用它的返回值作为 IF 函数的第 1 个参数。

❶ 选中要输入公式的 D2 单元格，首先输入 "=IF(AND(B2>80,C2>80)"，如图 10-12 所示。

❷ "AND(B2>80,C2>80)" 作为 IF 函数的第 1 个参数使用，因此在后面输入 "," 号来间隔参数，接着输入 IF 函数的第 2 个参数与第 3 个参数 "=IF(AND(B2>80,C2>80),"合格","不合格""，并输入表示公式参数设置完毕的右括号 ")"，如图 10-13 所示。

图 10-12　　　　　　　　　　　　　　　　图 10-13

❸ 按 Enter 键，即可判断出第一位员工成绩是否达标，向下复制公式，依次判断出其他员工是否达标，如图 10-14 所示。

姓名	理论	实践	是否合格
程利洋	98	87	合格
李君献	78	80	不合格
唐伊颖	80	66	不合格
魏晓丽	90	88	合格
肖周文	64	90	不合格
翟雨欣	85	88	合格
张宏良	72	70	不合格
张昊	98	82	合格
周逆风	75	80	不合格
李庆	65	89	不合格

图 10-14

🔍 练一练

练习题目：如图 10-15 所示，根据开票日期与付款期判断应收账款是否到期。

操作要点：（1）公式中使用了 IF 函数。

（2）将"TODAY()-B2>C2"这一部分的计算作为 IF 函数的第 1 个参数，因此也嵌套了函数。

	A	B	C	D	E
1	公司名称	开票日期	付款期(天)	是否到期	应收金额
2	金立广告	19/11/25	30	到期	¥ 20,000.00
3	光印刷	19/11/28	15	到期	¥ 6,700.00
4	宏图印染	19/12/3	60		¥ 6,900.00
5	金立广告	19/12/10	60		¥ 12,000.00
6	光印刷	19/12/20	20	到期	¥ 45,000.00
7	优乐商行	20/1/1	15	到期	¥ 9,600.00
8	优乐商行	20/3/13	90		¥ 22,400.00
9	宏图印染	20/5/2	40		¥ 5,650.00
10	金立广告	20/4/3	25		¥ 43,000.00
11	光印刷	20/4/24	40		¥ 58,500.00
12	伟业设计	20/4/22	60		¥ 5,600.00
13	伟业设计	20/5/2	10		¥ 4,320.00

图 10-15

经验之谈

要用好函数，最重要的是对其参数的设置，并且如果要完成一些复杂的运算及统计还要会嵌套函数。这些知识的学习并非一朝一夕之功，既要学习，还要实践运算、不断积累，才能更自如地应用函数解决实际问题。

10.1.4 长公式学会分步解析

利用"公式求值"功能可以按优先级逐步求解公式，因此无论是学习理解公式还是公式查错，学会对长公式的分步解析都是非常必要的。下面举例解说。

❶ 选中设置公式的 F2 单元格，在"公式"选项卡的"公式审核"组中单击"公式求值"按钮（见图 10-16），打开"公式求值"对话框。

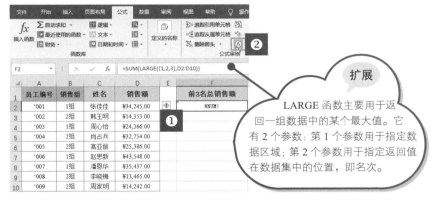

图 10-16

扩展

LARGE 函数主要用于返回一组数据中的某个最大值。它有 2 个参数：第 1 个参数用于指定数据区域；第 2 个参数用于指定返回值在数据集中的位置，即名次。

❷ 单击"求值"按钮，即可对公式在显示下划线部分进行求值。这里对"LARGE({1,2,3},D2:D10)"进行求值计算（见图 10-17），得出的结果是错误值，如图 10-18 所示。由此可知，LARGE 函数这一部分有误，导致返回错误值。这时可以重新查看 LARGE 函数参数的规则，重新修改公式。

图 10-17

图 10-18

10.2　公式离不了的单元格的引用

在使用公式对工作表进行计算时，基本都需要引用单元格数据参与计算。在引用单元格时可以进行相对引用、绝对引用或混合引用，在不同的应用场合中需要使用不同的引用方式，有时候为了进行一些特定的计算还需要引用其他工作表或工作簿中的数据。

10.2.1　相对数据源的示例与应用环境

相对数据源引用是指把单元格中的公式复制到新的位置时，公式中的单元格地址会随之改变。对多行或多列进行数据统计时，利用相对数据源引用是十分方便和快捷的，Excel 中默认的计算方法也是使用相对数据源引用。本例中统计了每位学生各科目的成绩，要求使用相对数据源引用计算出每位学生的成绩总和。

❶ 选中 E2 单元格，在公式编辑栏中可以看到该单元格的公式为"=SUM(B2:D2)"，如图 10-19 所示。

❷ 向下复制公式到 E7 单元格。选中 E4 单元格，在公式编辑栏中可以看到该单元格的公式为"=SUM(B4:D4)"，如图 10-20 所示；选中 E7 单元格，在公式编辑栏中可以看到该单元格的公式为"=SUM(B7:D7)"，如图 10-21 所示。

图 10-19

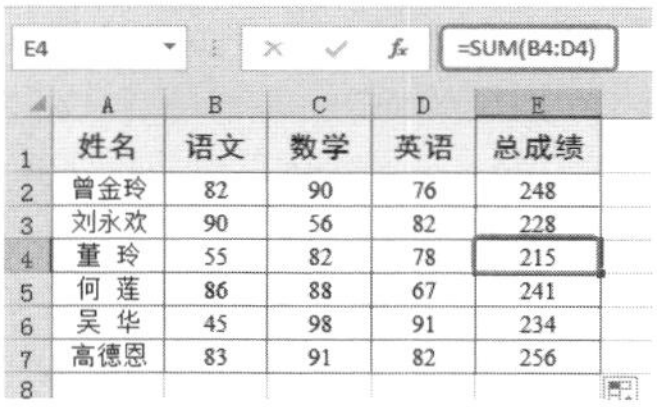
E4 =SUM(B4:D4)

姓名	语文	数学	英语	总成绩
曾金玲	82	90	76	248
刘永欢	90	56	82	228
董 玲	55	82	78	215
何 莲	86	88	67	241
吴 华	45	98	91	234
高德恩	83	91	82	256

图 10-20

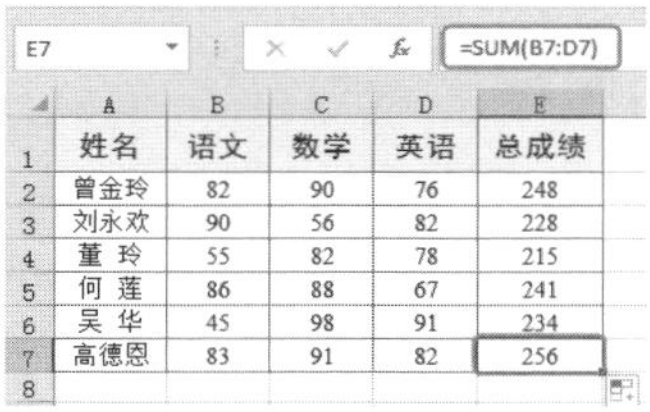
E7 =SUM(B7:D7)

姓名	语文	数学	英语	总成绩
曾金玲	82	90	76	248
刘永欢	90	56	82	228
董 玲	55	82	78	215
何 莲	86	88	67	241
吴 华	45	98	91	234
高德恩	83	91	82	256

图 10-21

经验之谈

通过对比 E2、E4、E7 单元格的公式可以发现，当向下复制 E2 单元格的公式时，相对引用的数据源也发生了相应的变化，这正是求解其他学生总成绩所需要的正确公式（复制公式是批量建立公式求值的一个最常见办法，有效避免了逐一输入公式的烦琐程序）。在这种情况下，用户需要使用相对引用的数据源。

10.2.2 绝对数据源的示例与应用环境

绝对数据源引用是指把公式复制或者填入到新位置时，公式中对单元格的引用保持不变。要对数据源采用绝对引用方式，需要使用“$”符号来标注，其显示形式为“$A$1”“$A$2:$B$2”等。

本例中要求计算每笔营业额在所有营业额中占百分比数据，这里对整体营业额数据（$B$2:$B$6）的引用应当自始至终不发生变化，因此需要使用绝对引用方式。

❶ 选中 C2 单元格，在公式编辑栏中可以看到该单元格的公式为“=B2/SUM ($B$2:$B$6)”，如图 10-22 所示。

❷ 向下复制公式到 C6 单元格。选中 C4 单元格，在编辑栏中可以看到该单元格的公式为“=B4/SUM($B$2:$B$6)”，如图 10-23 所示；选中 C6 单元格，在编辑栏中可以看到该单元格的公式为“=B6/SUM($B$2:$B$6)”，如图 10-24 所示。

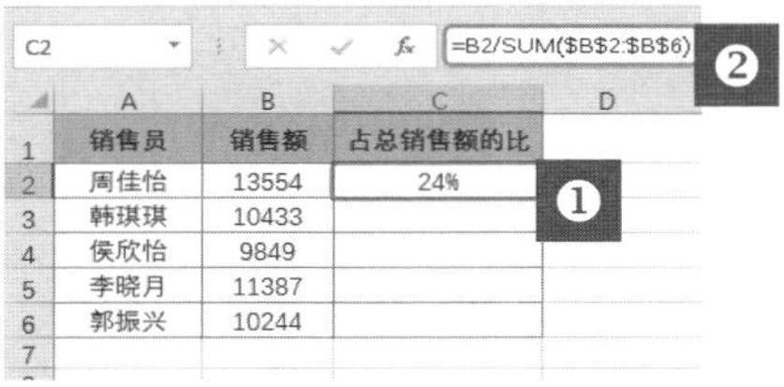
C2 =B2/SUM($B$2:$B$6)

销售员	销售额	占总销售额的比
周佳怡	13554	24%
韩琪琪	10433	
侯欣怡	9849	
李晓月	11387	
郭振兴	10244	

图 10-22

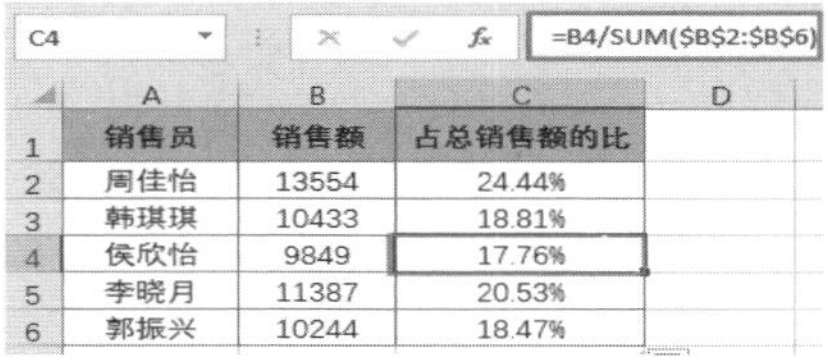
C4 =B4/SUM($B$2:$B$6)

销售员	销售额	占总销售额的比
周佳怡	13554	24.44%
韩琪琪	10433	18.81%
侯欣怡	9849	17.76%
李晓月	11387	20.53%
郭振兴	10244	18.47%

图 10-23

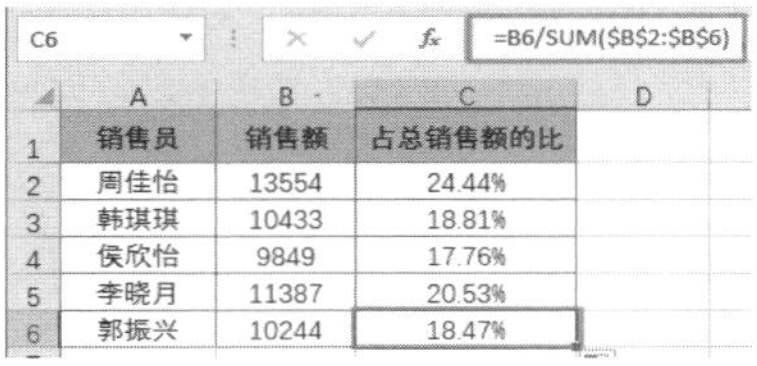
C6 =B6/SUM($B$2:$B$6)

销售员	销售额	占总销售额的比
周佳怡	13554	24.44%
韩琪琪	10433	18.81%
侯欣怡	9849	17.76%
李晓月	11387	20.53%
郭振兴	10244	18.47%

图 10-24

经验之谈

通过对比 C2、C4、C6 单元格的公式可以发现，只有相对引用的数据源发生相对变化，而绝对引用的数据源始终不发生变化。而在本例中正是要求用于求总和的除数是不能发生变化的，因此为了达到这一种计算效果，此处就必须使用绝对引用。如果使用相对引用，求出的除数就不正确了。

要在相对引用方式和绝对引用方式间切换，无须手动添加或删除"$"符号，只要使用 F4 快捷键快速地在绝对引用、相对引用、行或列的绝对引用、行或列的相对引用之间切换即可。

练一练

练习题目：**求每位销售员的排名，如图 10-25 所示。**

操作要点：因为用于排名的数据区域是不能发生变化的，因此这一部分需要使用绝对引用方式。

图 10-25

10.2.3　引用其他工作表中的数据源

在进行公式运算时，很多时候都需要使用其他工作表的数据源参与计算。在引用其他工作表的数据进行计算时，需要添加的格式为"=函数'工作表名'!数据源地址"。

在本例的工作簿中有 3 个工作表分别统计了公司第 2 季度每位销售员各月的销售量及销售额，如图 10-26 所示。下面需要在"2 季度销售统计"工作表中统计每月的总销量及销售额。

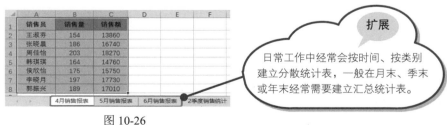

图 10-26

❶ 切换至"2 季度销售统计"工作表，选中 B2 单元格，在编辑栏中输入等号及函数等，如此处输入"=SUM("，如图 10-27 所示。

❷ 单击"4 月销售报表"工作表标签，切换到"4 月销售报表"工作表，选中参与计算的单元格（引用单元格区域的前面添加了工作表名称标识），如图 10-28 所示。

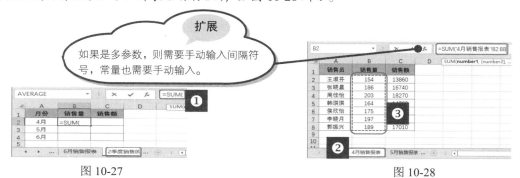

图 10-27　　　　　　　　　　　　　　图 10-28

❸ 输入其他运算符，如果还需引用其他工作表中数据来运算，则按第❷步方法再次切换到目标工作表中选择参与运算的单元格区域，完成后按 Enter 键，即可计算出 4 月的销售量，如图 10-29 所示。

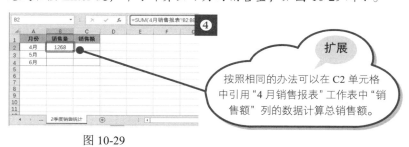

图 10-29

练一练

练习题目：**如图 10-30 所示为一个计算所得税的表格，另外建立一张查询表，查询任意员工所得税。**

操作要点：要实现对任意员工所得税的查询，则需要建立公式，而这个公式显然要引用"所得税计算表"这张表格中的数据，如图 10-31 所示。

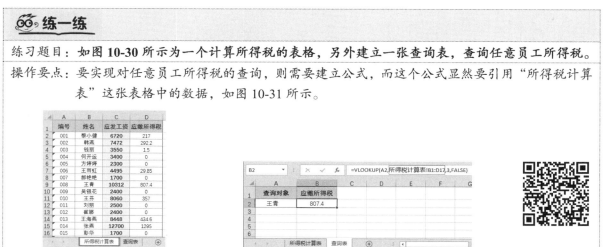

图 10-30　　　　　　　　　　　　　　图 10-31

10.2.4 引用多工作表的同一单元格

本例中分别有"华东地区营业额""沿海地区营业额""西北地区营业额"3张工作表，如图10-32~图10-34所示，下面需要在"统计表"中引用这3张工作表的营业额数据。

图 10-32　　　　　　　　　　图 10-33　　　　　　　　　　图 10-34

❶ 首先在"统计表"中选中 B2 单元格并输入公式"=SUM("，如图 10-35 所示。然后单击"华东地区营业额"工作表标签，接着在按住 Shift 键的同时单击"西北地区营业额"（多张工作表的最后一张）工作表标签（见图 10-36），再单击 B2 单元格，得到引用位置为"=SUM(华东地区营业额:西北地区营业额!B2"，如图 10-37 所示。

图 10-35

图 10-36

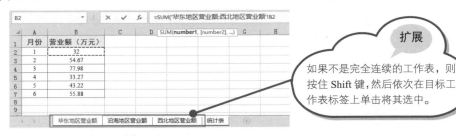

图 10-37

扩展

如果不是完全连续的工作表，则按住 Shift 键，然后依次在目标工作表标签上单击将其选中。

❷ 输入右括号后，得到最终如图 10-38 所示公式。按 Enter 键后，得到 1 月份各地区营业额合计。

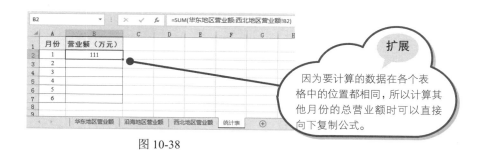

图 10-38

10.3　几个实用的逻辑判断函数

逻辑判断函数是指真假值的判断。当判断结果为"真"时返回 TRUE，当判断结果为"假"时返回 FALSE。AND 与 OR 函数都是进行这种判断，而 IF 函数则可以先进行真假值判断，然后返回相应的结果。因此这几个函数经常配合使用，以解决单个、多重条件判断的问题。

10.3.1　IF 函数——条件判断的利器

IF 函数是 Excel 中最常用的函数之一，它根据指定的条件来判断真（TRUE）、假（FALSE），从而返回相对应的内容。

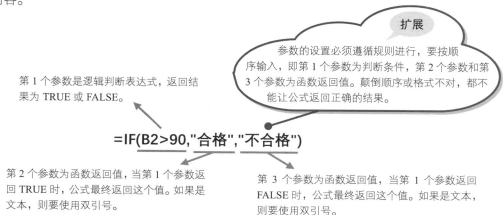

第 1 个参数是逻辑判断表达式，返回结果为 TRUE 或 FALSE。

扩展

参数的设置必须遵循规则进行，要按顺序输入，即第 1 个参数为判断条件，第 2 个参数和第 3 个参数为函数返回值。颠倒顺序或格式不对，都不能让公式返回正确的结果。

=IF(B2>90,"合格","不合格")

第 2 个参数为函数返回值，当第 1 个参数返回 TRUE 时，公式最终返回这个值。如果是文本，则要使用双引号。

第 3 个参数为函数返回值，当第 1 个参数返回 FALSE 时，公式最终返回这个值。如果是文本，则要使用双引号。

例 1：判断支出是否超出预算

本例中统计了报销费用的预算额和实际支出额，下面需要判断每一笔报销是否超支。利用 IF 函数可以建立一列来判断支出金额是否超支，这是一个最简易的 IF 函数实例。

❶ 选中 C2 单元格并输入公式"=IF(B2>A2,"超支","未超支")"，如图 10-39 所示。

❷ 按 Enter 键后，即可返回结果。再向下复制公式即可对所有记录进行是否超支的判断，如图 10-40 所示。

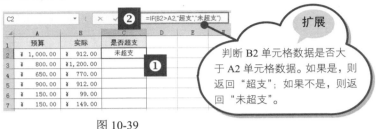

图 10-39

判断 B2 单元格数据是否大于 A2 单元格数据。如果是，则返回"超支"；如果不是，则返回"未超支"。

图 10-40

例 2：判定销售额等级

本例中统计了员工的销售额数据，为了激励员工，需要根据每一位员工的销售额判断出等级。具体规定为：销售额在 10000 元以上，等级为"优秀"；销售额在 5000~10000 元之间，等级为"合格"；销售额在 5000 元以下，等级为"不合格"。

❶ 选中 D2 单元格并输入公式"=IF(C2>10000,"优秀",IF(C2>=5000,"合格","不合格"))"，如图 10-41 所示。

❷ 按 Enter 键，得到的是第一位销售员的等级判定。然后再向下复制公式，即可得到所有销售员的等级。效果如图 10-42 所示。

这里的 IF 函数内部还嵌套使用了 IF 函数，即第 3 个参数又使用了一次 IF 函数。

图 10-41

图 10-42

公式解析

①如果 C2 中的销售额在 10000 元以上，则返回"优秀"。

=IF(C2>10000,"优秀",IF(C2>=5000,"合格","不合格"))

②如果①步结果不成立，则进入到这一步的判断，即判断 C2 中的销售额是否大于等于 5000 元，如果是，则返回"合格"；如果不是（即 5000 元以下），则返回"不合格"。

例 3：根据提成率返回提成额

在使用 IF 函数时，如果要进行更多层的条件判断，则可以使用更多层的嵌套。例如，本例中要依据员工的销售业绩计算出提成金额。销售金额区间不同，其提成率也不同，当销售金额小于 2000 元时，提成率为 2%；当销售金额在 2000~5000 元之间时，提成率为 8%；当销售金额大于 5000 元且小于 15000 元时提成率为 10%；当销售金额大于 15000 元时，提成率为 15%。

❶ 选中 C2 单元格并输入公式："=B2*IF(B2>15000,15%,IF(B2>5000,10%,IF(B2>2000,8%,2%)))"，如图 10-43 所示。

❷ 按 Enter 键后，即可返回提成率并计算出提成金额。再向下复制公式计算出所有员工的提成金额，如图 10-44 所示。

图 10-43

图 10-44

例 4：只对满足条件的商品提价

IF 函数不仅可以自身嵌套，它也可以嵌套其他函数。例如，本例表格中统计的是一系列产品的定价，现在需要对部分产品进行调价。具体规则为：当产品是"十年陈"时，价格上调 50 元，其他产品价格保持不变。

❶ 选中 D2 单元格并输入公式 "=IF(RIGHT(A2,5)="（十年陈）",C2+50,C2)"，如图 10-45 所示。

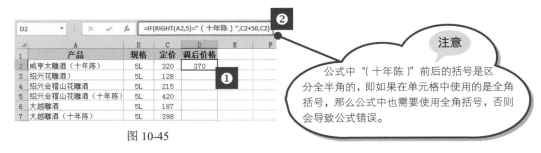

图 10-45

❷ 按 Enter 键后，即可判断 A2 单元格中产品是否符合调价规则，并返回调整后价格。然后再向下复制公式，即可批量返回所有产品调价后的价格，如图 10-46 所示。

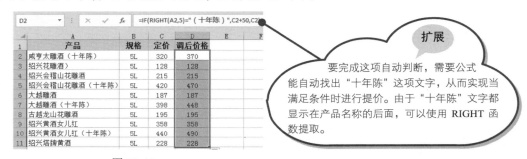

图 10-46

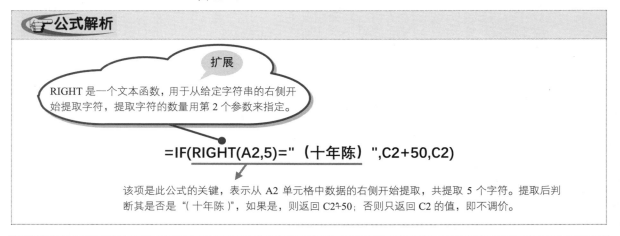

10.3.2　AND、OR 函数——条件判断的得力助手

AND 函数用于当所有的条件均为"真"（TRUE），返回的运算结果为"真"（TRUE）；反之，返回的运算结果为"假"（FALSE）。因此，该函数一般用来检验一组数据是否都满足条件。例如，一组学生

的成绩是否都是合格、一组产品检查结果是否都是合格等。

　　OR 函数用于在其参数中任意一个条件为 TRUE，即返回 TRUE；当所有条件为 FALSE 时才返回 FALSE。例如，在一组样品抽查中，如果有一样产品的检测值达到 0.76，则该组产品都为合格等。

　　因为 AND 和 OR 函数返回的都是逻辑值，所以它们最常使用的就是和 IF 函数嵌套使用。利用 IF 函数指定当判断结果为真时返回一个值，当判断结果为假时返回另一个值。

=AND(B2>60,C2>60)

条件 1 是条件值或表达式。　条件 2 是条件值或表达式。

当这两个参数都为真时，AND 函数返回结果为 TRUE。

扩展：如果是 OR 函数，则条件 1 与条件 2 只要有一个为真，最终结果就为 TRUE。

例 1：根据面试和笔试成绩判断是否录用

　　本例中统计了每一位应聘人员的笔试和面试成绩。公式规定：如果面试成绩在 75 分以上，笔试成绩在 90 分以上，则该名人员符合录用条件（TRUE）；否则不符合录用条件（FALSE）。

　　❶ 选中 D2 单元格并输入公式"=AND(B2>75,C2>90)"，如图 10-47 所示。

　　❷ 按 Enter 键后，可以看到返回值为 FALSE，表示该人员不符合录用条件。然后再向下复制公式依次得到其他人员的录用结果，如图 10-48 所示。

图 10-47

扩展：如果两者只需要满足一个条件即可录用，则把这里的 AND 函数更换为 OR 函数即可。

姓名	面试	笔试	是否录用
何启新	90	89	FALSE
周志鹏	55	64	FALSE
夏奇	77	91	TRUE
周金星	91	93	TRUE
张明宇	76	90	FALSE
赵飞	99	91	TRUE
韩玲玲	78	90	FALSE
刘莉	78	92	TRUE

图 10-48

例 2：根据员工的职位和工龄调整工资

　　表格统计了员工的职位、工龄及基本工资。为了鼓励员工创新，不断推出优质的新产品，公司决定上调研发员薪资。加薪规则：工龄大于 5 年的研发员工资上调 1000 元，其他职位工资暂时不变。

　　❶ 选中 E2 单元格并输入公式"=IF(AND(B2="研发员",C2>=5),D2+1000,"不变")"，如图 10-49 所示。

❷ 按 Enter 键后，可以对职位与工龄进行判断，并返回结果。然后再向下复制公式依次得到其他人员的调薪结果，如图 10-50 所示。

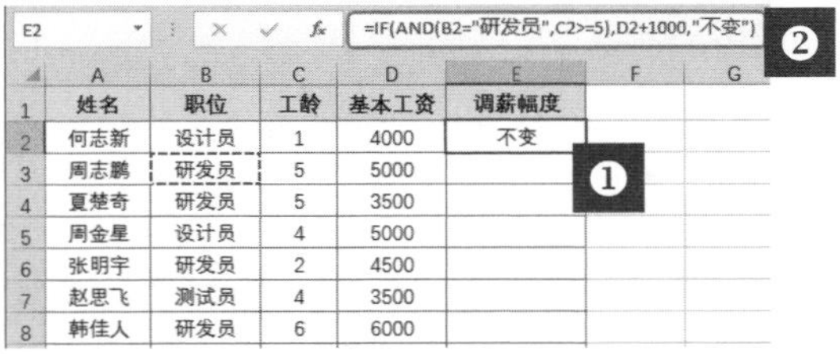

E2 =IF(AND(B2="研发员",C2>=5),D2+1000,"不变") ❷

	A	B	C	D	E	F	G
1	姓名	职位	工龄	基本工资	调薪幅度		
2	何志新	设计员	1	4000	不变		
3	周志鹏	研发员	5	5000		❶	
4	夏楚奇	研发员	5	3500			
5	周金星	设计员	4	5000			
6	张明宇	研发员	2	4500			
7	赵思飞	测试员	4	3500			
8	韩佳人	研发员	6	6000			

图 10-49

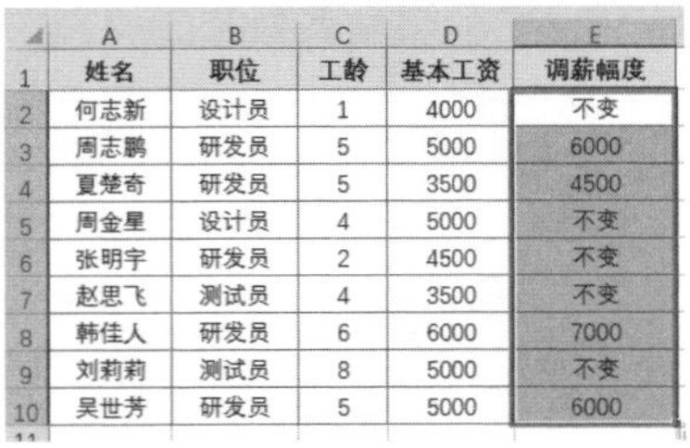

	A	B	C	D	E
1	姓名	职位	工龄	基本工资	调薪幅度
2	何志新	设计员	1	4000	不变
3	周志鹏	研发员	5	5000	6000
4	夏楚奇	研发员	5	3500	4500
5	周金星	设计员	4	5000	不变
6	张明宇	研发员	2	4500	不变
7	赵思飞	测试员	4	3500	不变
8	韩佳人	研发员	6	6000	7000
9	刘莉莉	测试员	8	5000	不变
10	吴世芳	研发员	5	5000	6000

图 10-50

公式解析

① 同时判断 B2 是“研发员”和 C2 大于等于 5 两个条件，同时满足返回 TRUE；否则返回 FALSE。

=IF(AND(B2="研发员",C2>=5),D2+1000,"不变")

② 若①步返回 TRUE，则 IF 函数返回 D2+1000 的值；若①步返回 FALSE，则返回“不变”文本。

例 3：根据双重条件判断完成时间是否合格

本例统计了不同项目中“一级工”和“二级工”的完成时间，要求根据职级和时间来判断最终的完成时间是否达到合格要求。这里需要按照以下规定来设置公式。

- 当职级为“一级工”时，用时小于 10 小时，返回结果为“合格”。
- 当职级为“二级工”时，用时小于 15 小时，返回结果为“合格”。
- 否则返回结果为“不合格”。

❶ 选中 D2 单元格并输入公式“=IF(OR(AND(B2="一级工",C2<10),AND(B2="二级工",C2<15)),"合格","不合格")”，如图 10-51 所示。

❷ 按 Enter 键后，因为 B2 单元格是“一级工”，C2 单元格是 9（小于 10 小时），所以返回结果为“合格”。向下复制公式得到批量判断结果，如图 10-52 所示。

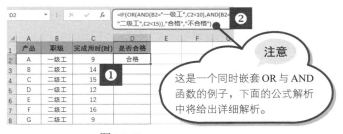

图 10-51

图 10-52

公式解析

① 使用 AND 函数判断 B2 单元格是否为"一级工"，并且 C2 单元格中时间是否小于 10，同时满足时返回 TRUE；否则返回 FALSE。

② 使用 AND 函数判断 B2 单元格是否为"二级工"，并且 C2 单元格中时间是否小于 15，同时满足时返回 TRUE；否则返回 FALSE。

=IF(OR(AND(B2="一级工",C2<10),AND(B2="二级工",C2<15)),"合格","不合格")

③ 两个 AND 函数的返回值中只要有一个为 TRUE，就返回 TRUE；否则返回 FALSE。

④ 以③步的结果是 TRUE 或 FALSE 来决定返回"合格"还是"不合格"。

10.3.3 多条件判断函数 IFS

IFS 函数是 Excel 2019 版本中新增的函数，它用于检测是否满足一个或多个条件并返回与第一个 TRUE 条件对应的值。

条件 1 与值 1 为一组条件和其对应的返回值。

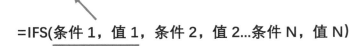

=IFS(条件 1，值 1，条件 2，值 2...条件 N，值 N)

例：比较 IF 的多重嵌套与 IFS 函数

IF 函数可以通过不断嵌套来解决多重条件判断问题，但是在 IFS 函数诞生后则可以很好地解决多重条件问题，而且参数书写起来非常简易和易于理解。例如，下面的例子中有 5 层条件，下面来对比使用 IF 函数和 IFS 函数。

❶ 选中 C2 单元格，在编辑栏中输入公式"=IF(B2=100,"满分",IF(B2>=95,"优秀",IF(B2>=80,"良好",IF(B2>=60,"及格","不及格"))))"，如图 10-53 所示。

❷ 选中 C2 单元格，在编辑栏中输入公式"=IFS(B2=100,"满分",B2>=95,"优秀",B2>=80,"良好",B2>=60,"及格",B2<60,"不及格")"，如图 10-54 所示。

图 10-53   图 10-54

从 IF 函数嵌套和 IFS 函数的公式对比中，我们可以看出，IFS 实现起来非常简单，只需要条件和值成对出现就可以了。而 IF 如果是多层嵌套，我们看到会包含众多的括号，稍不仔细就很容易出错。

10.4　SUM 系列函数

数学函数类型中有几个函数是非常实用与常用的，如求和函数，以及由此衍生的按条件求和函数和按多条件求和函数等。另外，如舍入函数、求余数函数等也比较常用。

10.4.1　SUMIF 函数——只对满足条件的求和

普通的求和函数都是使用 SUM 函数，这个函数很好使用，它不仅可以对连续的单元格求和，也可以对不连续的单元格、其他表格的单元格、常量等求和。因此，参数的写法也是灵活的，下面给出几个应用示例。

当前有 3 个参数，公式的计算结果等同于"=1+2+3"。

<u>=SUM（1,2,3）</u>

共 3 个参数，因为单元格区域是不连续的，所以必须分别使用各自的单元格区域，中间用逗号间隔。公式计算结果等同于将这几个单元格区域中的所有值相加。

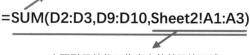

=SUM(D2:D3,D9:D10,Sheet2!A1:A3)

也可引用其他工作表中的单元格区域。

第 1 个参数是常量。　　　第 2 个参数是公式。

=SUM(4,SUM(3,3),A1)

第 3 个参数是单元格引用。

SUM 函数只能对给定的数据区域进行求和，而 SUMIF 函数则可以先进行条件判断，然后对满足条件的数据区域进行求和。

第 1 个参数是用于条件判断区域，必须是单元格引用。

第 3 个参数是用于求和区域。行、列数应与第 1 个参数相同。

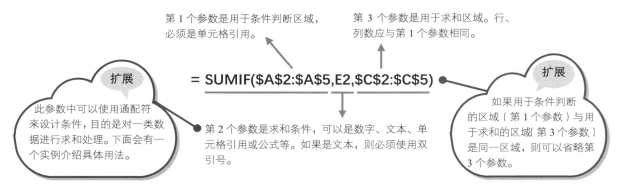

= SUMIF($A$2:$A$5,E2,$C$2:$C$5)

扩展

此参数中可以使用通配符来设计条件，目的是对一类数据进行求和处理。下面会有一个实例介绍具体用法。

第 2 个参数是求和条件，可以是数字、文本、单元格引用或公式等。如果是文本，则必须使用双引号。

扩展

如果用于条件判断的区域（第 1 个参数）与用于求和的区域（第 3 个参数）是同一区域，则可以省略第 3 个参数。

例 1：统计指定车间的产量之和

本例中统计了各个车间的产量，下面需要单独将"二车间"的产量总和求出来，关键在于对求和条件的设置。

选中 F2 单元格并输入公式"=SUMIF(C2:C12,"二车间",D2:D12)"，按 Enter 键后得到统计结果，如图 10-55 所示。

图 10-55

公式解析

=SUMIF(C2:C12,"二车间",D2:D12)

在 C2:C12 单元格区域查找"二车间"，找到后逐一返回对
应在 D2:D12 单元格区域上的值，并进行求和运算。

例 2：只统计上半年的业绩之和

本例表格统计了各个日期下的销售额，下面需要将上半年的总销售额统计出来。

选中 D2 单元格并输入公式"=SUMIF(A2:A15,"<=2019-6-30",B2:B15)"，按 Enter 键后，即可计算出
上半年的总销售额，如图 10-56 所示。

图 10-56

公式解析

=SUMIF(A2:A15,"<=2019-6-30",B2:B15)

在 A2:A15 单元格区域查找"<=2019-6-30"的日期，找到后逐一返回对应在 B2:B15
单元格区域上的值，并进行求和运算。

例 3：通配符对某类数据求和

如图 10-57 所示表格统计了本月公司所有零食产品的订单日期及金额等，其中包括各种
口味薯片、饼干和奶糖等，需要计算出奶糖类产品的总销售额。奶糖类产品有一个特征就是
全部以"奶糖"结尾，但前面的各口味不能确定，因此可以在设置判断条件时使用通配符。

选中 F2 单元格输入"=SUMIF(C2:C15,"*奶糖",D2:D15)"，按 Enter 键后，即可统计出所有奶糖的总销售额，如图 10-58 所示。

▲	A	B	C	D
1	订单编号	签单日期	产品名称	销售额
2	HYMS030301	2020/3/3	香橙奶糖	1290
3	HYMS030302	2020/3/3	奶油夹心饼干	867
4	HYMS030501	2020/3/5	芝士蛋糕	980
5	HYMS030502	2020/3/5	巧克力蛋糕	887
6	HYMS030601	2020/3/6	草莓奶糖	1200
7	HYMS030901	2020/3/9	奶油夹心饼干	1120
8	HYMS031302	2020/3/13	草莓奶糖	1360
9	HYMS031401	2020/3/14	原味薯片	1020
10	HYMS031701	2020/3/17	黄瓜味薯片	890
11	HYMS032001	2020/3/20	原味薯片	910
12	HYMS032202	2020/3/22	哈密瓜奶糖	960
13	HYMS032501	2020/3/25	原味薯片	790
14	HYMS032801	2020/3/28	黄瓜味薯片	1137
15	HYMS033001	2020/3/30	巧克力奶糖	1254

图 10-57

图 10-58

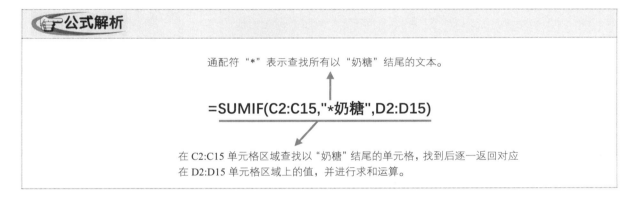

公式解析

通配符"*"表示查找所有以"奶糖"结尾的文本。

=SUMIF(C2:C15,"*奶糖",D2:D15)

在 C2:C15 单元格区域查找以"奶糖"结尾的单元格，找到后逐一返回对应在 D2:D15 单元格区域上的值，并进行求和运算。

10.4.2　SUMIFS 函数——同时满足多条件求和

SUMIFS 函数用于对是否同时满足多个条件进行判断，并对满足条件的数据执行求和运算。

=SUMIFS（❶用于求和的区域,❷条件判断的区域 1,❸条件 1,
❹条件判断的区域 2,❺条件 2...）

> 扩展
>
> SUMIF 函数只能设置一个条件，而 SUMIFS 可以设置多个条件。多个条件就按"条件判断区域 1,条件 1,条件判断区域 2,条件 2..."这样的顺序依次设置即可。

例 1：统计某一日期区间的总销售额

对一个日期区间的数据进行统计要满足两个条件，一是区间的最大值；二是区间的最小值，因此需要进行双条件设置。例如，本例中需要将 2020 年 4 月上旬的销售进行求和，关键在于日期条件的设置。

选中 D2 单元格并输入公式"=SUMIFS(B2:B15,A2:A15,">=2020-4-01",A2:A15,"<=2020-4-15")"，按 Enter 键后，即可得到统计结果，如图 10-59 所示。

图 10-59

公式解析

=SUMIFS(B2:B15,A2:A15,">=2020-4-01", A2:A15,"<=2020-4-15")

③ 同时满足①与②条件时，把对应的 B2:B15 单元格区域上的值求和。

① 第一个条件，要求日期">=2020-4-01"。

② 第二个条件，要求日期"<=2020-4-15"。

例 2：统计指定店面指定品牌的总销售额

本例中需要将指定店面指定品牌商品的销售额进行汇总，使用 SUMIFS 函数可以设置同时满足多条件，即满足指定店面名称和指定品牌名称。

这里也可以使用后面介绍的 SUMPRODUCT 函数来设置公式进行统计。但是在应用 SUMPRODUCT 函数时需要在表达式中明确品牌名称和店面名称，而不是直接引用相应的单元格数据。

选中 F3 单元格并输入公式"=SUMIFS(D2:D13,B2:B13,"北京路店",C2:C13,"春润")"，按 Enter 键后即可统计出总销售额，如图 10-60 所示。

图 10-60

公式解析

=SUMIFS(D2:D13,B2:B13,"北京路店",C2:C13,"春润")

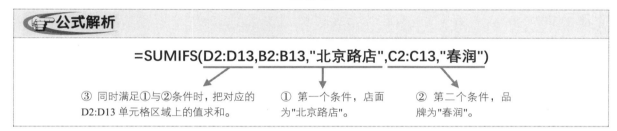

③ 同时满足①与②条件时，把对应的　　① 第一个条件，店面　　② 第二个条件，品
D2:D13 单元格区域上的值求和。　　　　为"北京路店"。　　　　牌为"春润"。

10.4.3　SUMPRODUCT 函数——能代替 SUMIFS、COUNTIFS 的一个函数

SUMPRODUCT 函数是一个数学函数，其最基本的用法是对数组间对应的元素相乘，并返回乘积之和。

$$= SUMPRODUCT(A2:A4,B2:B4,C2:C4)$$

执行的运算是 "A2*B2*C2+A3*B3*C3+A4*B4*C4"，即将各个数组中的数据——对应相乘再相加。

实际上 SUMPRODUCT 函数的作用非常强大，它可以代替 SUMIF 和 SUMIFS 函数进行按条件求和，也可以代替 COUNTIF 和 COUNTIFS 函数进行计数运算。当需要判断一个条件或双条件时，用 SUMPRODUCT 进行求和或计数，与使用 SUMIF、SUMIFS、COUNTIF、COUNTIFS 没有什么差别。它的语法可以写为

=SUMPRODUCT（（条件 1 表达式）＊（条件 2 表达式）＊（条件 3 表达式）＊...＊（求和的区域））

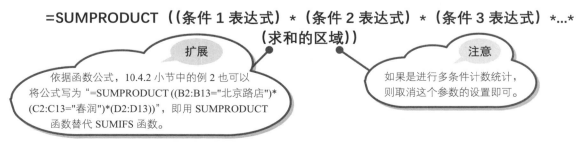

扩展

依据函数公式，10.4.2 小节中的例 2 也可以将公式写为 "=SUMPRODUCT ((B2:B13="北京路店")*(C2:C13="春润")*(D2:D13))"，即用 SUMPRODUCT 函数替代 SUMIFS 函数。

注意

如果是进行多条件计数统计，则取消这个参数的设置即可。

经验之谈

通过上面的分析可以看到在这种情况下使用 SUMPRODUCT 与使用 SUMIFS 可以达到相同的统计目的，只要把各个判断条件与最终的求和区域使用 "*" 符号相连接即可。但 SUMPRODUCT 却有着 SUMIFS 无可替代的作用，首先在 Excel 2010 之前的老版本中是没有 SUMIFS 这个函数的，因此要想实现双条件判断，则必须使用 SUMPRODUCT 函数；其次，SUMIFS 函数求和时只能对单元格区域进行求和或计数，即对应的参数只能设置为单元格区域，不能设置为公式的返回结果，但是 SUMPRODUCT 函数没有这个限制，也就是说它对条件的判断更加灵活。在下面的例 2 与例 3 中可以体现这一点。

例 1：汇总某两种产品的销售额

表格中统计了商场 3 月份的销售记录，现在需要对某两种产品的总销售额进行汇总计算。

选中 G2 单元格并输入公式 "=SUMPRODUCT(((D2:D16="柔肤水")+(D2:D16="乳液"))*E2:E16)"，按 Enter 键后即可统计出总销售额，如图 10-61 所示。

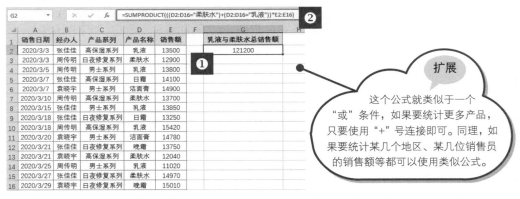

图 10-61

这个公式就类似于一个 "或" 条件，如果要统计更多产品，只要使用 "+" 号连接即可。同理，如果要统计某几个地区、某几位销售员的销售额等都可以使用类似公式。

公式解析

$$=SUMPRODUCT(((D2:D16="柔肤水")+(D2:D16="乳液"))*E2:E16)$$

这一处的设置是公式的关键点，首先当 D2:D16 单元格区域中是 "柔肤水" 时返回 TRUE，否则返回 FALSE；接着依次判断 D2:D16 单元格区域中是否是 "乳液"，如果是返回 TRUE，否则返回 FALSE。两个数组相加将会取所有 TRUE，即 TRUE 加 FALSE 也返回 TRUE。这样就实现了找到了所有 "柔肤水" 与 "乳液"。然后将满足条件的取 E2:E16 单元格区域上的值，再进行求和运算。

例 2：统计指定月份的报销总额

本例统计了不同日期下不同部门的报销金额，下面需要将 3 月份和 4 月份的报销总额统计出来，比较这两个月哪个月的报销额最高。

❶ 选中 F2 单元格并输入公式“=SUMPRODUCT((MONTH($A$2:$A$16)=E2)*($C$2:$C$16))”，按 Enter 键后统计出 3 月份的报销总额，如图 10-62 所示。

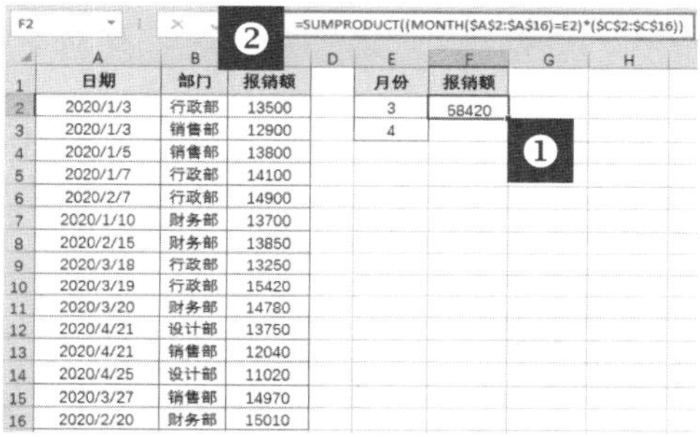

扩展

当公式准备向下复制时需要注意单元格的引用方式，此处只让 E2 单元格相对引用，其他用于条件判断的区域与用于求和的区域都是不变的，所以是绝对引用。

图 10-62

❷ 向下复制公式统计出 4 月份报销金额，如图 10-63 所示。

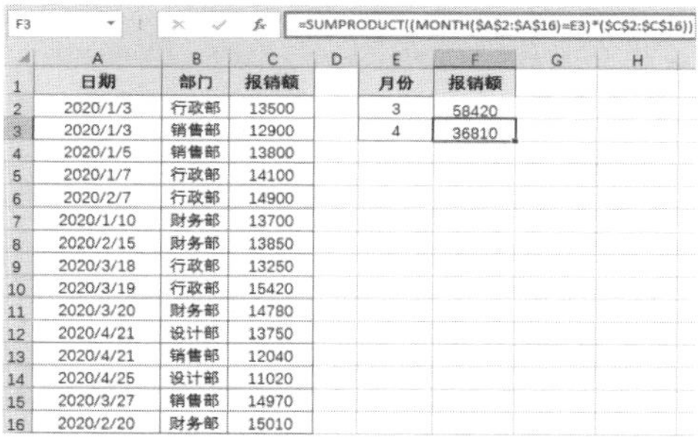

图 10-63

公式解析

① 使用 MONTH 函数将 A2:A16 单元格区域中各日期的月份数提取出来，返回的是一个数组，然后判断数组中各值是否等于 E2 中指定的 3，如果等于，则返回 TRUE，否则返回 FALSE，得到的还是一个数组。

=SUMPRODUCT((MONTH($A$2:$A$16)=E2)*($C$2:$C$16))

② 将①步得到的数组与 C2:C16 单元格区域中的值依次相乘，TRUE 乘以数值返回数值本身，FALSE 乘以数值返回 0。最后再对这个数组进行求和计算。

例 3：统计大于 12 个月的账款

表格按时间统计了借款金额，要求分别统计出 12 个月内的账款与超过 12 个月的账款。

❶ 选中 F2 单元格并输入公式 "=SUMPRODUCT((DATEDIF(B2:B12,TODAY(),"M")<=12)*C2:C12)"，按 Enter 键后即可对 B2:B12 单元格区域中的日期进行判断，并计算出 12 个月以内的账款合计值，如图 10-64 所示。

❷ 选中 F3 单元格并输入公式 "=SUMPRODUCT((DATEDIF(B2:B12,TODAY(),"M")>12)*C2:C12)"，按 Enter 键后即可对 B2:B12 单元格区域中的日期进行判断，并计算出 12 个月以上的账款合计值，如图 10-65 所示。

F2		fx	=SUMPRODUCT((DATEDIF(B2:B12,TODAY(),"M")<=12)*C2:C12)			
	A	B	C	D	E	F	G
1	公司名称	开票日期	应收金额		账龄	金额	
2	通达科技	2018/12/22	¥ 5,000.00		12月以内	¥ 220,700.00	
3	中汽出口贸易	2019/1/25	¥ 10,000.00		12月以上		
4	兰苑包装	2018/11/8	¥ 22,800.00				
5	安广彩印	2019/1/10	¥ 8,700.00				
6	弘扬科技	2020/1/10	¥ 25,000.00				
7	灵运商贸	2019/1/1	¥ 58,000.00				
8	安广彩印	2018/10/30	¥ 5,000.00				
9	兰苑包装	2019/5/5	¥ 12,000.00				
10	兰苑包装	2020/1/12	¥ 23,000.00				
11	华宇包装	2020/1/12	¥ 29,000.00				
12	通达科技	2019/5/17	¥ 50,000.00				

扩展

DATEDIF 与 TODAY 函数都是日期函数，前者用于计算两个日期之间的年数、月数和天数（用不同的参数指定），后者用于返回特定日期的序列号。DATEDIF 是一个常用的日期计算函数，在后文中将详细介绍。

图 10-64

F3		fx	=SUMPRODUCT((DATEDIF(B2:B12,TODAY(),"M")>12)*C2:C12)			
	A	B	C	D	E	F	G
1	公司名称	开票日期	应收金额		账龄	金额	
2	通达科技	2018/12/22	¥ 5,000.00		12月以内	¥ 220,700.00	
3	中汽出口贸易	2019/1/25	¥ 10,000.00		12月以上	¥ 27,800.00	
4	兰苑包装	2018/11/8	¥ 22,800.00				
5	安广彩印	2019/1/10	¥ 8,700.00				
6	弘扬科技	2020/1/10	¥ 25,000.00				
7	灵运商贸	2019/1/1	¥ 58,000.00				
8	安广彩印	2018/10/30	¥ 5,000.00				
9	兰苑包装	2019/5/5	¥ 12,000.00				
10	兰苑包装	2020/1/12	¥ 23,000.00				
11	华宇包装	2020/1/12	¥ 29,000.00				
12	通达科技	2019/5/17	¥ 50,000.00				

图 10-65

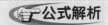公式解析

=SUMPRODUCT((DATEDIF(B2:B12,TODAY(),"M")>12)*C2:C12)

① 依次返回 B2:B12 单元格区域日期与当前日期相差的月数。返回结果是一个数组。

② 依次判断①步数组是否大于 12，如果是，则返回 TRUE；否则返回 FALSE。返回 TRUE 的即为找到的满足条件的。

③ 将②步返回数组与 C2:C12 单元格区域中的值依次相乘，即为满足条件的取值，然后进行求和运算。

例 4：统计周末的营业额合计金额

如图 10-66 所示，表格中统计了商场 4 月份的销售记录，其中包括工作日和周末的销售业绩，现在需要统计周末的营业额合计金额。

选中 E2 单元格并输入公式 "=SUMPRODUCT((MOD(B2:B15,7)<2)*C2:C15)"，按 Enter 键后即可依据 B2:B15 的日期和 C2:C15 单元格区域数值计算出周末的总营业额。

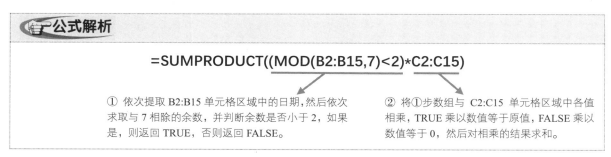

图 10-66

公式解析

=SUMPRODUCT((MOD(B2:B15,7)<2)*C2:C15)

① 依次提取 B2:B15 单元格区域中的日期，然后依次求取与 7 相除的余数，并判断余数是否小于 2，如果是，则返回 TRUE，否则返回 FALSE。

② 将①步数组与 C2:C15 单元格区域中各值相乘，TRUE 乘以数值等于原值，FALSE 乘以数值等于 0，然后对相乘的结果求和。

10.5 日期计算函数

顾名思义，日期函数就是针对日期处理运算的函数，如人事数据处理、财务数据处理等经常需要用到日期函数。

10.5.1 YEAR、MONTH、DAY 函数——提取日期年、月、日

YEAR、MONTH、DAY 是常用的日期函数，分别用于提取日期中的年、月、日。

YEAR 函数用于返回某日期对应的年数，返回值为 1900~9999 之间的整数。它只有一个参数，即是日期值。

=YEAR（日期值）

MONTH 函数用于返回某日期对应的月份，返回值是介于 1（1 月）—12（12 月）之间的整数。DAY 函数用于返回某日期对应的天数。它们都如同 YEAR 函数一样只有一个日期参数。通过如图 10-67 所示的示例，可以理解 YEAR、MONTH、DAY 函数的基本用法及返回值。

	A	B	C
1	日期	提取	公式
2	2020/3/1	2020	=YEAR(A2)
3	2020/3/1	3	=MONTH(A3)
4	2020/3/1	1	=DAY(A4)

图 10-67

YEAR、MONTH、DAY 可以配合使用或结合其他函数，实现更具实用性的价值。本节就会通过若干实例来具体讲解。

例 1：统计员工的工龄

本例表格统计了所有员工入公司的时间，下面需要根据系统当前的时间，自动返回每一位员工的工龄。

❶ 选中 D2 单元格并输入公式 "=YEAR(TODAY())-YEAR(C2)"，如图 10-68 所示。

	A	B	C	D	E
1	姓名	出生日期	入公司时间	工龄	
2	王媛媛	1987/5/2	2015/5/13	5	
3	张婷	1984/8/19	2018/8/19		
4	刘晓云	1990/5/12	2016/11/2		
5	李煜	1978/6/11	2017/12/5		
6	王玲玲	1969/12/3	2016/2/17		
7	程悦	1980/2/1	2014/1/2		
8	窦玲玲	1994/2/12	2019/1/19		

图 10-68

注意

日期值与日期值间的运算返回的结果也是一个日期值，当按 Enter 键后不是显示此结果时不必诧异，只要选中单元格，将单元格的格式更改为"常规"，即可正确显示出来。后面日期计算中出现此类问题都按相同方法处理，不再赘述。

❷ 按 Enter 键后再向下复制公式，即可得到所有员工的工龄，如图 10-69 所示。

	A	B	C	D	E
1	姓名	出生日期	入公司时间	工龄	
2	王媛媛	1987/5/2	2015/5/13	5	
3	张婷	1984/8/19	2018/8/19	2	
4	刘晓云	1990/5/12	2016/11/2	4	
5	李煜	1978/6/11	2017/12/5	3	
6	王玲玲	1969/12/3	2016/2/17	4	
7	程悦	1980/2/1	2014/1/2	6	
8	窦玲玲	1994/2/12	2019/1/19	1	
9	王琳	1987/11/13	2016/12/22	4	
10	余晖	1990/12/9	2019/10/29	1	
11	秦亮	1992/2/5	2018/1/1	2	

图 10-69

公式解析

将两者相减得到差值，即工龄。

=YEAR(TODAY())-YEAR(C2)

① 从当前日期中返回年份值。　　② 从 C2 单元格的日期中提取年份值。

例2：判断是否是本月的账款

表格对公司往来账款的应收账款进行了统计，现在需要快速找到本月的账款。

❶ 选中 E2 单元格并输入公式"=IF(MONTH(C2)=MONTH(TODAY()),"本月","")"，如图 10-70 所示。

❷ 按 Enter 键，对第一项账款进行判断。然后再向下复制公式，得到的结果是当账款是本月时返回"本月"文本，否则返回空值，如图 10-71 所示。

图 10-70

图 10-71

公式解析

① 提取 C2 单元格中日期的月份数。　② 提取当前日期的月份数。

=IF(MONTH(C2)=MONTH(TODAY()),"本月","")

③ 当①步与②步结果相等时返回"本月"文字，否则返回空值。

例3：统计本月的销量

如图 10-72 所示表格中统计了各个店铺的销量，现在要求统计本月所有店铺的销量总和。

选中 E2 单元格并输入公式"=SUM(IF(MONTH(A2:A20)=MONTH(TODAY()),C2:C20))"，按 Ctrl+Shift+Enter 组合键即可计算出本月的总销售额，如图 10-72 所示。

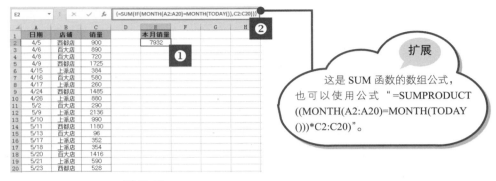

图 10-72

公式解析

① 依次提取 A2:A20 单元格区域中各日期的月份数，并依次判断是否等于当前系统日期的月份数。如果是，则返回 TRUE，否则返回 FALSE。返回的是一个数组。

=SUM(IF(MONTH(A2:A20)=MONTH(TODAY()),C2:C20))

③ 对②步数组进行求和运算。

② 将①步数组中是 TRUE 值的，对应在 C2:C20 单元格区域上取值，返回一个数组。

例4：按本月缺勤天数计算缺勤扣款

表格中统计了 4 月份现场客服人员缺勤天数，要求计算每位人员应扣款金额，即得到 C 列中的统计结果。要达到此统计需要根据当月天数求出单日工资（假设月工资为 3000 元）。

❶ 选中 C3 单元格并输入公式"=B3*(3000/(DAY(DATE(2020,4,0))))"，如图 10-73 所示。

❷ 按 Enter 键后再向下复制公式，即可根据每位人员的缺勤天数求出扣款金额，如图 10-74 所示。

图 10-73

图 10-74

扩展

DATE 是一个构建日期的函数，即将 2020、4、0 这几个数构建为标准日期。为何构建 2020-4-0 这个日期可参见公式解析。

公式解析

① 构建 "2020-4-0" 这个日期。注意，当指定日期为 0 时，实际获取的日期就是上月的最后一天。因为不能确定上月的最后一天是 30 天还是 31 天，使用此方法指定，就可以让程序自动获取最大日期。

$$=B3*(3000/(DAY(DATE(2020,4,0))))$$

③ 获取单日工资后，与缺勤天数相乘即可得到扣款金额。

② 提取①步日期中的天数，即 4 月的最后一天。用 3000 除以天数，即可获取单日工资。

10.5.2   DATEDIF 函数——两日期差值计算

日期与时间本身就是一个数字，数字就可以执行计算，那么日期与时间也可以进行计算。例如，在财务运算中经常需要求两个日期之间的年数、月数和天数。为了方便计算，两个日期值间隔的年数或月数可以使用 DATEDIF 函数计算。

DATEDIF 函数有 3 个参数，分别用于指定起始日期、终止日期及返回值类型。

日期可以是带引号的字符串、日期序列号、单元格引用、其他公式的计算结果等。

= DATEDIF （❶起始日期,❷终止日期,❸返回值类型）

第 3 个参数用于指定函数的返回值类型，共有 6 种设定，见表 10-1。

表 10-1

参　　数	函数返回值
"Y"	返回两个日期值间隔的整年数
"M"	返回两个日期值间隔的整月数
"D"	返回两个日期值间隔的天数
"MD"	返回两个日期值间隔的天数（忽略日期中的年和月）
"YM"	返回两个日期值间隔的月数（忽略日期中的年和日）
"YD"	返回两个日期值间隔的天数（忽略日期中的年）

例1：计算固定资产已使用月份

表格中显示了部分固定资产的新增日期，要求计算出每项固定资产的已使用月份，即得到 D 列的计算结果。

❶ 选中 D2 单元格并输入公式"=DATEDIF(C2,TODAY(),"m")"，如图 10-75 所示。

❷ 按 Enter 键后再向下复制公式，即可根据 C 列中的新增日期计算出各项固定资产已使用月数，如图 10-76 所示。

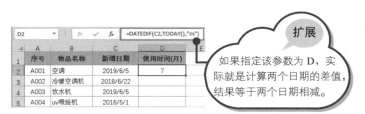

图 10-75

图 10-76

公式解析

① 返回当前日期。

=DATEDIF(C2,TODAY(),"m")

② 返回 C2 单元格日期与当前日期相差的月份数。

例2：3 日内到期的给出提醒

为达到人性化管理的目的，人事部门需要在员工生日之时派送生日贺卡，因此需要在员工生日前几日进行准备工作。在员工档案表中可建立公式，实现让 3 日内过生日的能自动提醒。

❶ 选中 D2 单元格并输入公式"=IF(DATEDIF(C2-3,TODAY(),"YD")<=3,"提醒","")"，如图 10-77 所示。

❷ 按 Enter 键再向下复制公式即可根据出生日期判断是否在 3 日内过生日，如图 10-78 所示。

图 10-77

图 10-78

公式解析

① 忽略两个日期中的年，求相差的天数并判断差是否小于等于 3。因为要提前 3 天给出提醒，所以进行减 3 处理。

=IF(DATEDIF(C2−3,TODAY(),"YD")<=3,"提醒","")

② 如果①步结果为真，则返回"提醒"，否则返回空值。

10.5.3 WORKDAY、NETWORKDAYS 函数——与工作日有关的计算

WORKDAY 函数用于返回某日期（起始日期）之前或之后与该日期相隔指定工作日的某一日期的日期值。工作日不包括周末和法定节假日，所以公式在计算时，会自动跳过非工作日日期。在计算发票到期日、预期交货时间或工作天数时，可以使用 WORKDAY 函数。

正值表示未来日期；负值表示过去日期；零值表示开始日期。

=WORKDAY（❶开始日期,❷间隔工作日数,❸节假日）

可选的，除去周末之外另外再指定的不计算在内的日期。若没有，则可以不指定。

NETWORKDAYS 函数用于返回两个日期间的工作日数。

= NETWORKDAYS (❶起始日期,❷终止日期,❸节假日)

可选的，除去周末之外另外再指定的不计算在内的日期。若没有，则可以不指定。

例 1：根据项目各流程所需要工作日计算项目结束日期

本例统计一个项目各个流程所需要的工作日，当给出开始日期后，可以排除节假日计算出项目的完成日期，即只以工作日计算。

❶ 选中 C3 单元格并输入公式"=WORKDAY(C2,B3,$E$2:$E$4)"，如图 10-79 所示。

❷ 按 Enter 键后得到的是以 C2 单元格日期为起始，2 个工作日后的日期。然后向下复制公式返回各个流程结束后的日期，如图 10-80 所示。

图 10-79

图 10-80

=WORKDAY(C2,B3,$E$2:$E$4)

以 C2 单元格日期为起始，返回 B3 个工作日后的日期，第 3 个参数用于指定节假日，并使用绝对引用方式。

经 验 之 谈

与 WORKDAY 函数类似的还有一个函数 WORKDAY.INTL，它比 WORKDAY 函数多一个参数，可以用于指定周末日。例如，本例中设置该参数为 11，表示周末日只有周日这一天，公式返回结果如图 10-81 所示。除此之外，还可以通过参数代码指定其他周末日，读者可自行进行研究。

图 10-81

例 2：计算临时工的实际工作天数

假设企业在某一段时间使用一批临时工，根据开始使用日期与结束日期可以计算每位人员的实际工作日天数，以方便对他们工资的核算。

❶ 选中 D2 单元格并输入公式"=NETWORKDAYS (B2,C2,$F$2)"，如图 10-82 所示。

图 10-82

❷ 按 Enter 键后再向下复制公式，即可根据每位人员的开始日期与结束日期计算出其工作日数，如图 10-83 所示。

经验之谈

与 WORKDAY 函数一样，同 NETWORKDAYS 函数类似的还有一个函数 NETWORKDAYS.INTL，它也可以用一个参数对休息日进行指定。例如，本例中指定每周只有周一是休息日，可以将公式改为如图 10-84 所示。

图 10-83	图 10-84

10.5.4 WEEKDAY 函数——判断星期数

在记录数据时，通常会写入项目的日期，而不会注明星期数。那么在一张销售记录表中，如果想了解工作日和双休日下销售数据有何特点时，就需要显示日期的星期数，这时可以用 WEEKDAY 函数实现。

WEEKDAY 函数用于返回某日期对应的星期数。默认情况下，其值为 1（星期日）~7（星期六）。

WEEKDAY（❶指定日期, ❷返回值类型）

有多种输入方式：带引号的文本字符串（如"2001/02/26"）、序列号（如 42797 表示 2017 年 3 月 3 日）、其他公式或函数的结果（如 DATEVALUE("2017/10/30")）。

指定为数字 1 或省略时，则 1~7 代表星期日到星期六；指定为数字 2 时，则 1~7 代表星期一到星期日；指定为数字 3 时，则 0~6 代表星期一到星期日。

通过如图 10-85 所示的示例，可以理解 WEEKDAY 函数的基本用法及返回值。通过引用不同的参数值得到不同的结果。

D2		fx	=WEEKDAY(A2)	
	A	B	C	D
1	日期	公式	公式说明	结果
2		=WEEKDAY(A2)	使用数字 1（星期日）到 7（星期六）表示的一周中的第几天	6
3	2017/8/11	=WEEKDAY(A2, 2)	使用数字 1（星期一）到 7（星期日）表示的一周中的第几天	5
4		=WEEKDAY(A2, 3)	使用数字 0（星期一）到 6（星期日）表示的一周中的第几天	4

图 10-85

例 1：返回值班人员的星期数

本例表格统计了所有值班人员的值班日期，下面需要根据日期值返回具体的星期数。

❶ 选中 B2 单元格并输入公式"=WEEKDAY(A2,2)"，如图 10-86 所示。

❷ 按 Enter 键后再向下复制公式，即可依次返回所有值班日期对应的星期数，如图 10-87 所示。

图 10-86

扩展
指定参数为 2，最符合使用习惯，因为返回几就表示星期几，例如，返回 4 就表示星期四。

	A	B	C
1	值班日期	星期数	值班员工
2	2020/3/10	2	甄新蓓
3	2020/3/11	3	吴晓宇
4	2020/3/12	4	夏子玉
5	2020/3/13	5	周志毅
6	2020/3/16	1	甄新蓓
7	2020/3/17	2	周志毅
8	2020/3/18	3	夏子玉
9	2020/3/19	4	吴晓宇
10	2020/3/20	5	甄新蓓
11	2020/3/23	1	周志毅

图 10-87

例 2：判断值班日期是工作日还是双休日

如图 10-88 所示表格中统计了员工的加班日期与加班时数，因为平时加班与双休日班的加班费有所不同，因此要根据加班日期判断各条加班记录是平时加班还是双休日加班，即得到 D 列的判断结果。

❶ 选中 D2 单元格并输入公式 "=IF(OR(WEEKDAY(A2,2)=6,WEEKDAY(A2,2)=7),"双休日加班","平时加班")"，如图 10-88 所示。

❷ 按 Enter 键后再向下复制公式，即可根据 A 列中的加班日期判断加班类型，如图 10-89 所示。

图 10-88   图 10-89

公式解析

① 判断 A2 单元格的星期数是否为 6。   ② 判断 A2 单元格的星期数是否为 7。

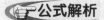

=IF(OR(WEEKDAY(A2,2)=6,WEEKDAY(A2,2)=7),"双休日加班","平时加班")

③ 当①步与②步结果有一个为真时，就返回"双休日加班"，否则返回"平时加班"。

10.5.5　HOUR、MINUTE、SECOND 函数——提取时间

HOUR、MINUTE、SECOND 函数均是时间函数，它们分别是根据已知的时间数据返回其对应的小时数、分钟数和秒数，也可以用于对时间数据的计算。

这三个参数都只有一个参数，即时间值，或可转换为时间值的数据和公式返回值，如图 10-90 所示。

	时间	时	分	秒
2	12:47:21	12	47	21
3	公式	=HOUR(A2)	=MINUTE(A2)	=SECOND(A2)

图 10-90

例 1：计算停车费

表格中对某车库车辆的进入与驶出时间进行了记录，可以通过建立公式进行停车费的计算。计算标准为以半小时为计费单位，不足半小时按半小时计算。每半小时停车费为 4 元。

❶ 选中 D2 单元格并输入公式 "=HOUR(C2-B2)*60+MINUTE(C2-B2)"，如图 10-91 所示。

❷ 按 Enter 键后再向下复制公式，即可得到所有车辆的停车分钟数，如图 10-92 所示。

❸ 选中 E2 单元格并输入公式“=ROUNDUP((D2/30),0)*4”，如图 10-93 所示。

❹ 按 Enter 键后再向下复制公式，即可计算出所有车辆的停车费，如图 10-94 所示。

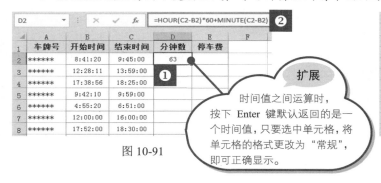

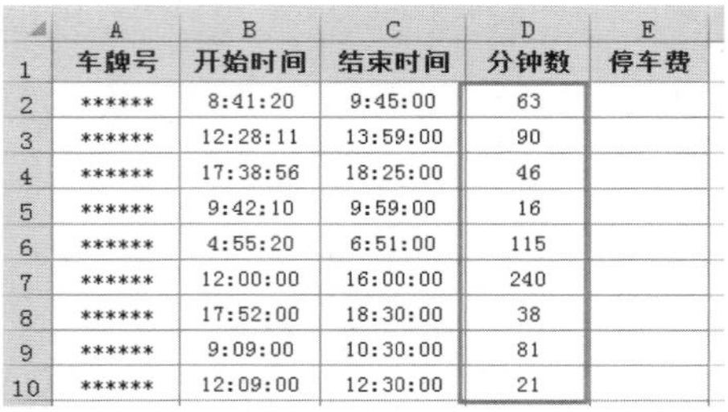

D2
=HOUR(C2-B2)*60+MINUTE(C2-B2)
②
①
扩展
时间值之间运算时，按下 Enter 键默认返回的是一个时间值，只要选中单元格，将单元格的格式更改为“常规”，即可正确显示。

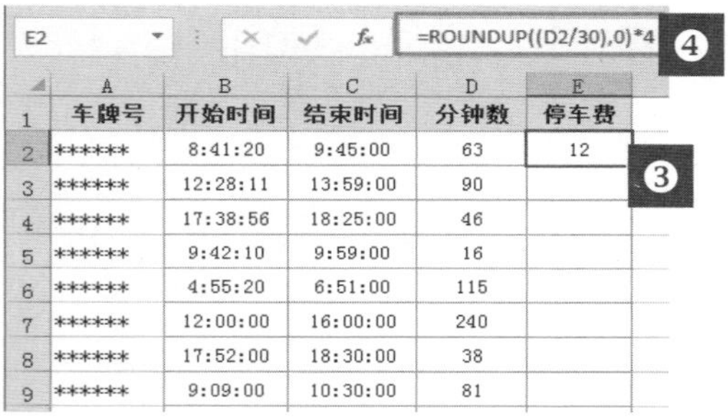

	A	B	C	D	E	F
1	车牌号	开始时间	结束时间	分钟数	停车费	
2	******	8:41:20	9:45:00	63		
3	******	12:28:11	13:59:00			
4	******	17:38:56	18:25:00			
5	******	9:42:10	9:59:00			
6	******	4:55:20	6:51:00			
7	******	12:00:00	16:00:00			
8	******	17:52:00	18:30:00			

图 10-91

	A	B	C	D	E
1	车牌号	开始时间	结束时间	分钟数	停车费
2	******	8:41:20	9:45:00	63	
3	******	12:28:11	13:59:00	90	
4	******	17:38:56	18:25:00	46	
5	******	9:42:10	9:59:00	16	
6	******	4:55:20	6:51:00	115	
7	******	12:00:00	16:00:00	240	
8	******	17:52:00	18:30:00	38	
9	******	9:09:00	10:30:00	81	
10	******	12:09:00	12:30:00	21	

图 10-92

E2
=ROUNDUP((D2/30),0)*4
④
③

	A	B	C	D	E
1	车牌号	开始时间	结束时间	分钟数	停车费
2	******	8:41:20	9:45:00	63	12
3	******	12:28:11	13:59:00	90	
4	******	17:38:56	18:25:00	46	
5	******	9:42:10	9:59:00	16	
6	******	4:55:20	6:51:00	115	
7	******	12:00:00	16:00:00	240	
8	******	17:52:00	18:30:00	38	
9	******	9:09:00	10:30:00	81	

图 10-93

	A	B	C	D	E
1	车牌号	开始时间	结束时间	分钟数	停车费
2	******	8:41:20	9:45:00	63	12
3	******	12:28:11	13:59:00	90	12
4	******	17:38:56	18:25:00	46	8
5	******	9:42:10	9:59:00	16	4
6	******	4:55:20	6:51:00	115	16
7	******	12:00:00	16:00:00	240	32
8	******	17:52:00	18:30:00	38	8
9	******	9:09:00	10:30:00	81	12
10	******	12:09:00	12:30:00	21	4
11	******	18:07:00	19:00:00	53	8
12	******	9:21:00	9:55:00	34	8

图 10-94

公式解析

③ 将得到的分钟数相加即为停车总分钟数。

=HOUR(C2-B2)*60+MINUTE(C2-B2)

① 使用 HOUR 函数计算 C2 和 B2 间隔的小时数，再乘以 60，转换为分钟数。

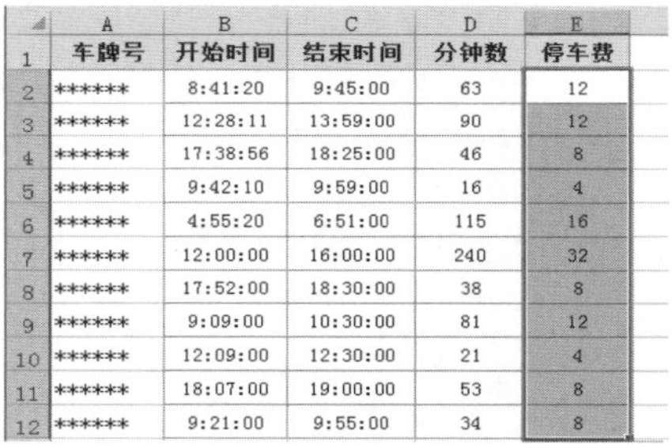

② 使用 MINUTE 函数计算 C2 和 B2 间隔的分钟数。

=ROUNDUP((D2/30),0)*4

ROUNDUP 函数是一个向上舍入函数，指定第 2 个参数为 0 时表示将小数向整数位上舍入。本例中达到的效果是将停车分钟数除以 30 计算出有几个计价单位，但由于不一定都是 30 的整数倍，所以会产生小数。有小数时再向整数位上进一位，即把不足 30 分钟的剩余分钟数也作为一个计价单位。

例 2：统计商品的秒杀总秒数

某店铺开展了几项商品的秒杀活动，分别记录了开始时间与结束时间，现在想统计出每种商品的秒杀秒数。

❶ 选中 D2 单元格并输入公式"=HOUR(C2-B2)*60*60+MINUTE(C2-B2)*60+SECOND(C2-B2)"，如图 10-95 所示。

商品名称	开始时间	结束时间	秒杀秒数
清风抽纸	8:00:00	8:00:45	45
欧士马克杯	8:05:00	8:06:12	
男士夹克衫	8:10:00	8:56:00	
控油洗面奶	10:00:00	10:05:00	
金龙鱼油	14:00:00	15:00:00	

> **扩展**
>
> 如果想计算两个时间值相差的秒数，要将相差的小时数、分钟数全部转化为秒数，3 个结果相加才是正确的计算结果。小时差值两次乘 60 转化为秒数，分钟差值一次乘 60 转化为秒数。0

图 10-95

❷ 按 Enter 键后再向下复制公式，即可得到所有秒杀商品的持续秒数，效果如图 10-96 所示。

商品名称	开始时间	结束时间	秒杀秒数
清风抽纸	8:00:00	8:00:45	45
欧士马克杯	8:05:00	8:06:12	72
男士夹克衫	8:10:00	8:56:00	2760
控油洗面奶	10:00:00	10:05:00	300
金龙鱼油	14:00:00	15:00:00	3600
打蛋器	14:00:00	14:05:11	311

图 10-96

公式解析

③ 使用 SECOND 函数计算 C2 和 B2 间隔的秒数。

$$=HOUR(C2-B2)*60*60+MINUTE(C2-B2)*60+SECOND(C2-B2)$$

① 使用 HOUR 函数计算 C2 和 B2 间隔的小时数，两次乘以 60，转换为秒数。

② 使用 MINUTE 函数计算 C2 和 B2 间隔的分钟数，乘以 60，转换为秒数。

10.6 统 计 函 数

在 Excel 中将求平均值函数、计数函数、最大值/最小值函数、排位函数等都归纳到统计函数范畴中，而这几类函数也是日常办公中的常用函数。另外，这一节中还会介绍几个方差计算函数，学习通过方差统计分析判断一组数据的波动性。

10.6.1 AVERAGE、AVERAGEIF 函数——求平均值与按条件求平均值

求平均值的函数有 AVERAGE、AVERAGEA、AVERAGEIF 等，不同的函数应用于不同的环境。AVERAGE 函数用于计算所有参数的算术平均值，它可以有 1~30 个参数；AVERAGEA 函数在求平均值时将文本也包含在内。

例如，在如图 10-97 所示的表格中统计了某次考试的成绩表，使用 AVERAGE 可快速计算平均值，选中 E2 单元格输入公式为“=AVERAGE (C2:C16)”。

针对上面的例子，如果想统计出指定班级的平均分，使用 AVERAGE 函数就无法实现了，这就需要使用按条件判断求平均值的 AVERAGEIF 函数。该函数可以通过设置的条件对班级进行判断，然后只对满足条件的数据进行求平均值运算。

AVERAGEIF 函数的用法与 SUMIF 函数的用法相似，其中第 2 个参数是判断条件，可以是文本、数字或表达式，是文本时注意要使用双引号。

第 1 个参数是用于条件判断区域，必须是单元格引用。

第 3 个参数是用于求平均值区域，行、列数应与第 1 个参数相同。

= AVERAGEIF (❶条件判断区域,❷条件,❸求平均值区域)

第 2 个参数是求平均值条件，可以是数字、文本、单元格引用或公式等。如果是文本，则必须使用双引号。

例如，上面的例子要计算“高三（1）班”的平均分，则需要将公式修改为“=AVERAGEIF(A2:A16,"高三（1）班",C2:C16)”，如图 10-98 所示。

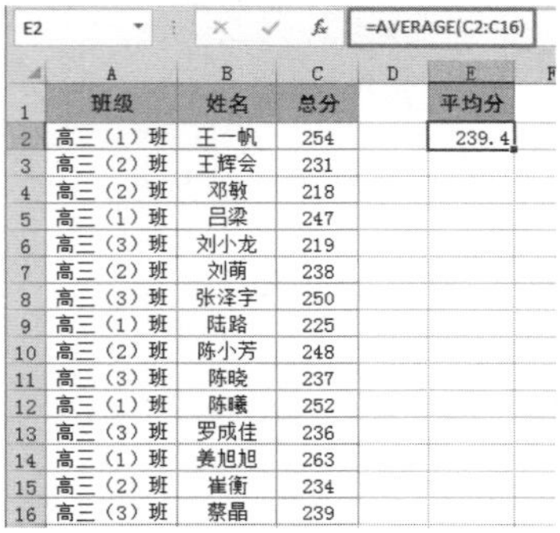

E2 =AVERAGE(C2:C16)

	A	B	C	D	E
1	班级	姓名	总分		平均分
2	高三（1）班	王一帆	254		239.4
3	高三（2）班	王辉会	231		
4	高三（2）班	邓敏	218		
5	高三（1）班	吕梁	247		
6	高三（3）班	刘小龙	219		
7	高三（2）班	刘萌	238		
8	高三（3）班	张泽宇	250		
9	高三（1）班	陆路	225		
10	高三（2）班	陈小芳	248		
11	高三（3）班	陈晓	237		
12	高三（1）班	陈曦	252		
13	高三（3）班	罗成佳	236		
14	高三（1）班	姜旭旭	263		
15	高三（2）班	崔衡	234		
16	高三（3）班	蔡晶	239		

图 10-97

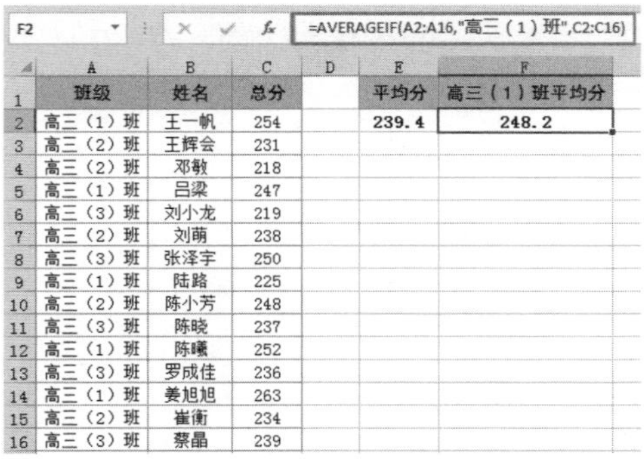

F2 =AVERAGEIF(A2:A16,"高三（1）班",C2:C16)

	A	B	C	D	E	F
1	班级	姓名	总分		平均分	高三（1）班平均分
2	高三（1）班	王一帆	254		239.4	248.2
3	高三（2）班	王辉会	231			
4	高三（2）班	邓敏	218			
5	高三（1）班	吕梁	247			
6	高三（3）班	刘小龙	219			
7	高三（2）班	刘萌	238			
8	高三（3）班	张泽宇	250			
9	高三（1）班	陆路	225			
10	高三（2）班	陈小芳	248			
11	高三（3）班	陈晓	237			
12	高三（1）班	陈曦	252			
13	高三（3）班	罗成佳	236			
14	高三（1）班	姜旭旭	263			
15	高三（2）班	崔衡	234			
16	高三（3）班	蔡晶	239			

图 10-98

例 1：各个车间平均工资统计比较（计件工资）

某工厂车间工人工资采用计件工资方式，表格中统计了某个月中各个不同车间工人的工资额（抽样，各个车间抽取 5 人），现在想统计出各个不同车间的平均工资。

❶ 选中 H2 单元格并输入公式"=AVERAGEIF($C$2:$C$16,G2,$E$2:$E$16)"，如图 10-99 所示。

❷ 按 Enter 键得到的是"女装车间"的平均工资，然后再向下复制公式得到各个车间的平均工资，如图 10-100 所示。

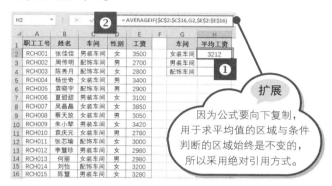

图 10-99

图 10-100

公式解析

① 在 C2:C16 单元格区域中查找 G2 中指定车间所在的单元格。

$$= AVERAGEIF(\$C\$2:\$C\$16,G2,\$E\$2:\$E\$16)$$

② 将①步中找到的满足条件的对应在 E2:E16 单元格区域上的工资进行求平均值运算。

例 2：使用通配符对某一类数据求平均值

表格统计了本月店铺各电器商品的销量数据，现在只想统计出电视类产品的平均销量。要找出电视类商品，其规则是只要商品名称中包含有"电视"文字，就为符合条件的数据，因此可以在设置判断条件时使用通配符。

选中 D2 单元格并输入公式"=AVERAGEIF(A2:A11,"*电视*",B2:B11)"，按 Enter 键，即可依据 A2:A11 和 B2:B11 单元格区域的商品名称和销量计算出电视类商品的平均销量，如图 10-101 所示。

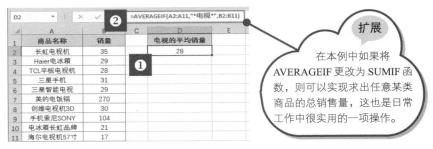

图 10-101

公式解析

=AVERAGEIF(A2:A11,"*电视*",B2:B11)

公式的关键点是对第 2 个参数的设置，其中使用了 "*" 通配符。"*" 可以代替任意字符，如 "*电视*" 即等同于 "长虹电视机""海尔电视机 57 寸"等都为满足条件的记录。除了 "*" 是通配符以外，"?" 也是通配符，它用于代替任意单个字符。例如，"张?" 即代表 "张三""张四"和"张有"等，但不能代替 "张有才"，因为 "有才" 是两个字符。

10.6.2　COUNT、COUNTIF 函数——计数与按条件计数

统计条目数函数有 COUNT、COUNTIF 等，不同的函数应用于不同的环境。COUNT 函数用于返回数字参数的个数，即统计数组或单元格区域中含有数字的单元格个数。

COUNT 在计数时，将把数值型的数字计算进去（包括时间数据、日期数据）；但是错误值、空值、逻辑值、文字则被忽略。如图 10-102 所示为 COUNT 针对不同的数据类型返回的统计值。

例如，在如图 10-103 所示的表格中统计了高三学生一次模考超过 700 分的名单，可以使用 COUNT 函数快速统计记录条数，公式为 "=COUNT(C3:C18)"。

	数据			返回值	公式
5	1	10		3	=COUNT(A2:D2)
12	2017/4/1		15	3	=COUNT(A3:D3)
文本		#N/A		0	=COUNT(A4:D4)
18:35		文本		1	=COUNT(A5:D5)

图 10-102

针对上面的例子，如果想统计出指定班级中的条目数，显然在进行统计前要进行一项条件判断，COUNT 函数是无法实现的，这时则需要使用 COUNTIF 函数。

COUNTIF 函数是最常用的函数之一，专门用于解决按条件计数的问题。

=COUNTIF（❶计数区域,❷计数条件）

例如，上面的例子，如果要统计高三（1）班的记录条数，则可以使用公式 "=COUNTIF(B3:B18,"高三（1）班")"，如图 10-104 所示。

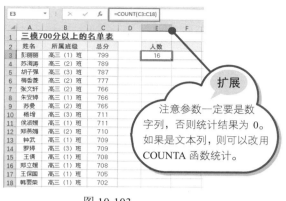

图 10-103

图 10-104

例 1：统计销售额大于 500000 元的人数

本例统计了所有销售员的销售额，下面需要统计出销售额大于 500000 元的人数。

选中 G1 单元格并输入公式"=COUNTIF(D2:D11,">=500000")&"人""，按 Enter 键后，即可得到人数合计，如图 10-105 所示。

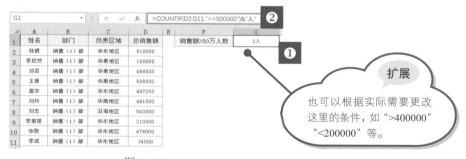

图 10-105

公式解析

③ 使用连字符"&"将得到的数字和"人"连接。

=COUNTIF(D2:D11,">=500000")&"人"

② 在这个区域中判断有多少条记录满足①条件。　　① 设定的统计条件。

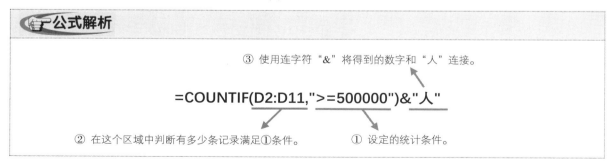

例 2：统计大于平均分的人数

本例统计了学生的分数，下面需要将分数高于平均分的人数统计出来，这里需要使用 AVERAGE 函数计算出平均分，然后再将分数和平均分进行比较。

选中 F2 单元格并输入公式"=COUNTIF(D2:D12,">"&AVERAGE(D2:D12))&"人""，按 Enter 键后，即可得到人数合计，如图 10-106 所示。

图 10-106

公式解析

$$=COUNTIF(D2:D12,">"\&AVERAGE(D2:D12))\&"人"$$

② 在这个区域中统计有多少条记录满足①条件。

① 先计算出平均值，然后以大于这个平均值作为统计条件。

10.6.3 COUNTIFS——满足多条件计数

COUNTIFS 函数为 COUNTIF 函数的扩展，用法与 COUNTIF 类似，但 COUNTIF 针对单一条件，而 COUNTIFS 可以实现多个条件同时求结果。SUMPRODUCT 函数是一个数学函数，它也可以用于多条件的计数统计（这项功能在 10.4.3 小节中已经提到过）。在进行多条件求和与多条件计数时，除了使用 SUMIFS 与 COUNTIFS 函数外，还可以使用 SUMPRODUCT 函数。

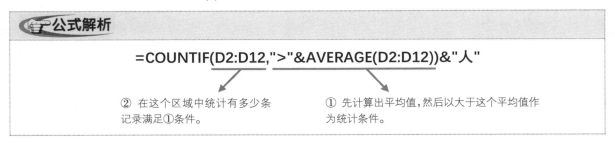

参数的设置与 COUNTIF 函数的要求一样，只是 COUNTIFS 可以进行多层条件判断。依次按"计数区域 1,条件 1,计数区域 2,条件 2…"的顺序输入参数即可。

=COUNTIFS（计数区域 1,条件 1,计数区域 2,条件 2…）

例 1：统计指定部门销量高于指定值的人数

下面针对同一个实例，分别用 SUMPRODUCT 函数和 COUNTIFS 函数来设置公式。例如，在下面的表格中要求统计出 "一部" 中销量高于 300 件的人数。

❶ 选中 E2 单元格并输入公式 "=COUNTIFS(B2:B11,"一部",C2:C11,">300")"，按 Enter 键，统计结果如图 10-107 所示。

❷ 选中 E2 单元格并输入公式 "=SUMPRODUCT((B2:B11="一部")*(C2:C11>300))"，按 Enter 键，统计结果如图 10-108 所示。

员工姓名	部门	季销量		一部员工销量高于目标的人数
陈皮	一部	234		2
刘水	三部	352		
郝志文	二部	526		
徐瑶瑶	三部	367		
个梦玲	二部	527		
崔大志	三部	109		
方刚名	一部	446		
刘楠楠	三部	135		
张宇	二部	537		
李想	一部	190		

图 10-107

员工姓名	部门	季销量		一部员工销量高于目标的人数
陈皮	一部	234		2
刘水	三部	352		
郝志文	二部	526		
徐瑶瑶	三部	367		
个梦玲	二部	527		
崔大志	三部	109		
方刚名	一部	446		
刘楠楠	三部	135		
张宇	二部	537		
李想	一部	190		

图 10-108

例 2：统计总分大于 700 分的三好学生人数

本例表格统计了三好学生，以及各个学生的成绩，下面需要将是 "三好学生" 并且总分在 700 分以上的学生人数统计出来。

选中 F2 单元格并输入公式 "=COUNTIFS(C2:C14,"三好学生",D2:D14,">700")"，按 Enter 键后得到结果，如图 10-109 所示。

姓名	班级	三好学生	分数		700分以上的三好学生
王蝶嫘	高三（1）班		590		3
张婷	高三（2）班		700		
刘晓云	高三（1）班	三好学生	721		
李煜	高三（1）班		667		
王玲玲	高三（2）班	三好学生	592		
程悦	高三（1）班	三好学生	705		
窦玲玲	高三（2）班		667		
王宇	高三（1）班	三好学生	691		
刘辉	高三（3）班		604		
李倩	高三（3）班		619		
王贝贝	高三（1）班	三好学生	554		
贝儆儆	高三（3）班		571		
李欣然	高三（1）班	三好学生	711		

图 10-109

公式解析

将同时满足①与②条件的单元格个数进行统计，即可得到总人数。

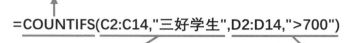

=COUNTIFS(C2:C14,"三好学生",D2:D14,">700")

① 判断 C2:C14 单元格区域中是否是"三好学生"。　　② 判断 D2:D14 单元格区域中的分数是否大于 700。

10.6.4　MAXIFS、MINIFS 函数——按条件求极值

MAX 函数用于返回数据集中的最大值，MIN 函数用于返回数据集中的最小值。这两个函数是返回极值函数，它们是极简单的函数，在"公式"选项卡的"函数库"组中"自动求和"功能按钮下就有这两个函数。

那么在 Excel 2019 版本中又新增了 MAXIFS、MINIFS 函数，应用这两个函数可以很方便地进行按条件求极值。

$$=MAXIFS(返回值区域，条件 1 区域，条件 1，条件 2 区域，$$
$$条件 2...条件 N 区域，条件 N)$$

例 1：返回指定部门的最高工资

本例表格统计了服装车间与鞋包车间工人的实发工资，下面需要将服装车间中的最高工资找出来并显示具体工资数额。

❶ 选中 G2 单元格并输入公式"=MAXIFS($D$2:$D$14,$B$2:$B$14,F2)"，按 Enter 键后，即可得到"服装车间"的最高工资，如图 10-110 所示。

❷ 选中 G2 单元格将公式复制到 G3 单元格，即可得到"鞋包车间"的最高工资，如图 10-111 所示。

图 10-110

图 10-111

因为判断条件区域与用于返回值的区域都不变，所以使用绝对引用。

公式解析

首先在 B2:B14 单元格区域中判断车间是否为 F2 单元格中指定的车间，如果满足条件，从所有满足条件的值中返回对应在 D2:D14 区域中的最大值。

=MAXIFS($D$2:$D$14,$B$2:$B$14,F2)

例 2：返回指定产品的最低报价

表格中统计的是各个公司对不同产品的报价，下面需要找出"喷淋头"这个产品的最低报价是多少。

选中 G1 单元格并输入公式"=MINIFS(C2:C14,B2:B14,"喷淋头")"，按 Enter 键后，即可得到指定产品的最低报价，如图 10-112 所示。

图 10-112

经验之谈

MAXIFS、MINIFS 函数都可以写入多重条件，只要将条件按参数的格式逐一写入即可。第 1 个参数为返回值的区域，第 2 个参数与第 3 个参数是第一组条件判断区域与条件，第 4 个参数与第 5 个参数是第二组条件判断区域与条件，以此类推。

10.6.5 RANK.EQ 函数——给数据集排名次

RANK.EQ 用来返回一个数字在数字列表中的排位，其大小与列表中其他值相关，如果多个值具有相同的排位，则返回该组值的最高排位。

例：对学生成绩进行排名

本例统计了 10 名学生的分数，下面需要使用 RANK.EQ 函数将所有学生的成绩进行排名。

❶ 选中 D2 单元格并输入公式"=RANK.EQ(C2,$C$2:$C$11,0)"，如图 10-113 所示。

❷ 按下 Enter 键后再向下复制公式，即可对所有成绩进行排名。效果如图 10-114 所示。

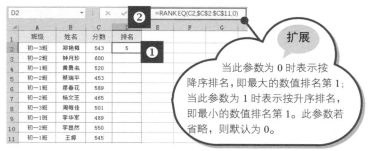

图 10-113   图 10-114

扩展

当此参数为 0 时表示按降序排名，即最大的数值排名第 1；当此参数为 1 时表示按升序排名，即最小的数值排名第 1。此参数若省略，则默认为 0。

10.6.6 VAR.S、STDEV.S、COVARIANCE.S 函数——分析数据的差异程度

方差和标准差是测度数据变异程度的最重要、最常用的指标，用来描述一组数据的波动性（集中还是分散）。在 Excel 中提供了一些方差统计函数。

1. 方差计算

方差是各个数据与其算术平均数的离差平方和的平均数，方差值越小表示数据越稳定。

➥ VAR.S：计算基于样本的方差。

➥ VAR.P：计算基于样本总体的方差——以样本值估算总体的方差。

2. 标准偏差计算

方差的计量单位和量纲不便于从经济意义上进行解释，所以实际统计工作中多用方差的算术平方根——标准差来测度统计数据的差异程度。标准差又称为均方差，标准差反映数值相对于平均值的离散程度。标准差与均值的量纲（单位）是一致的，在描述一个波动范围时标准差更方便。

➥ STDEV.S：计算基于样本估算标准偏差。

➥ STDEV.P：计算样本总体的标准偏差——以样本值估算总体的标准偏差。

3. 协方差计算

标准差和方差一般是用来描述一维数据的，当遇到含有多维数据的数据集时，在概率论和统计学中，

协方差用于衡量两个变量的总体误差。如判断施肥量与亩产的相关性；判断甲状腺与碘食用量的相关性等。协方差的结果有什么意义呢？如果结果为正值，则说明两者是正相关的；如果结果为负值，则说明两者是负相关的；如果为 0，也就是统计上说的相互独立。COVARIANCE.S 函数用于返回样本协方差，即两个数据集中每对数据点的偏差乘积的平均值。

➥ COVARIANCE.S：返回样本协方差。

➥ COVARIANCE.P：返回总体协方差——以样本值估算总体的协方差。

例 1：估算产品质量的方差

例如，要考察一台机器的生产能力，利用抽样程序来检验生产出来的产品质量，假设提取 14 个值。根据行业通用法则：如果一个样本中的 14 个数据项的方差大于 0.005，则该机器必须关闭待修。

选中 B2 单元格并输入公式"=VAR.S(A2:A15)"，按 Enter 键，即可计算出方差为 0.0025478，如图 10-115 所示。此值小于 0.005，则此机器工作正常。

例 2：以产品质量的 14 个数据估算总体方差

例如要考察一台机器的生产能力，利用抽样程序来检验生产出来的产品质量，假设提取 14 个值。想通过这个样本数据估计总体的方差。

选中 B2 单元格并输入公式"=VAR.P(A2:A15)"，按 Enter 键，即可计算出基于样本总体的方差为 0.00236582，如图 10-116 所示。

图 10-115

图 10-116

例 3：估算入伍军人身高的标准偏差

若一个班的男生的平均身高是 170cm，标准差是 10cm，则可以简单描述为本班男生的身高分布在(170±10cm)。

例如，要考察一批入伍军人的身高情况，抽样抽取 14 人的身高数据，要求基于此样本估算标准偏差。

❶ 选中 B2 单元格并输入公式"=AVERAGE(A2:A15)"，按 Enter 键，即可计算出身高平均值，如图 10-117 所示。

❷ 选中 C2 单元格并输入公式"=STDEV.S(A2:A15)"，按 Enter 键，即可基于此样本估算出标准偏差，如图 10-118 所示。

图 10-117　　　　　　　　　　　　图 10-118

例 4：以身高的 14 个数据估算总体的标准偏差

例如，要考察一批入伍军人的身高情况，抽样抽取 14 人的身高数据，要求基于此样本估算总体的标准偏差。

选中 B2 单元格并输入公式"=STDEV.P(A2:A15)"，按 Enter 键，即可得出基于此样本估算出总体的标准偏差，如图 10-119 所示。

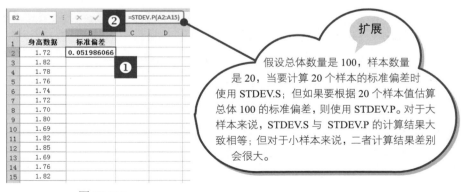

图 10-119

例 5：计算甲状腺与碘食用量的协方差

例如，有 16 个调查地点的地方性甲状腺肿患病量与其食品、水中含碘量的调查数据，现在通过计算协方差可判断甲状腺肿与含碘量是否存在显著关系。

选中 E2 单元格并输入公式"=COVARIANCE.S(B2:B17,C2:C17)"，按 Enter 键，即可返回协方差为-114.8803，如图 10-120 所示。

通过计算结果可以得出结论：甲状腺肿患病量与碘食用量是负相关，即含碘量越少，甲状腺肿患病量越高。

图 10-120

例 6：以 16 个调查地点的数据估算总体协方差

COVARIANCE.P 函数表示返回总体协方差。例如，有 16 个调查地点的地方性甲状腺肿患病量与其食品、水中含碘量的调查数据，现在要求基于此样本估算总体的协方差。

选中 E2 单元格并输入公式"=COVARIANCE.P(B2:B17,C2:C17)"，按 Enter 键，即可返回总体协方差为-107.7002，如图 10-121 所示。

假设总体数量是 100，样本数量是 20，当要计算 20 个样本的协方差时使用 COVARIANCE.S；但如果要根据 20 个样本值估算总体 100 的协方差，则使用 COVARIANCE.P。

图 10-121

10.6.7　几何平均值、众数、频数等常用统计指标函数

几何平均值、众数、频数是几个描述数据集中趋势的统计量。

例1：GEOMEAN（计算几何平均值判断两组数据的稳定性）

如图 10-122 所示的表格是对某两人 6 个月工资的统计。利用求几何平均值的方法可以判断出谁的收入比较稳定。

计算平均数有两种方式，一种是算术平均数，还有一种是几何平均数。算术平均数就是前面使用 AVERAGE 函数得到的计算结果，它的计算原理是 $(a+b+c+d+\cdots)/n$ 这种方式。这种计算方式下每个数据之间不具有相互影响关系，是独立存在的。

那么，什么是几何平均数呢？几何平均数是指 n 个观察值连续乘积的 n 次方根。它的计算原理是 $\sqrt[n]{X_1 \times X_2 \times X_3 \cdots X_n}$。计算几何平均数要求各观察值之间存在连乘积关系，它的主要用途是对比率、指数等进行平均；计算平均发展速度。

❶ 选中 E2 单元格并输入公式"=GEOMEAN(B2:B7)"，按 Enter 键，即可得到"小张"的月工资几何平均值，如图 10-123 所示。

	A	B	C
1	月份	小张	小李
2	1月	3980	4400
3	2月	7900	5000
4	3月	3600	4600
5	4月	3787	5000
6	5月	6400	5000
7	6月	4210	5100
8	合计	29877	29100

图 10-122

E2			fx	=GEOMEAN(B2:B7)	❷	
	A	B	C	D		
1	月份	小张	小李		小张(几何平均值)	
2	1月	3980	4400		4754.392219	
3	2月	7900	5000			❶
4	3月	3600	4600			
5	4月	3787	5000			
6	5月	6400	5000			
7	6月	4210	5100			
8	合计	29877	29100			

图 10-123

❷ 选中 F2 单元格，在编辑栏中输入公式"=GEOMEAN(C2:C7)"，按 Enter 键，即可得到"小李"的月工资几何平均值，如图 10-124 所示。

F2			fx	=GEOMEAN(C2:C7)	❹	
	A	B	C	D	E	F
1	月份	小张	小李		小张(几何平均值)	小李(几何平均值)
2	1月	3980	4400		4754.392219	4843.007217
3	2月	7900	5000			❸
4	3月	3600	4600			
5	4月	3787	5000			
6	5月	6400	5000			
7	6月	4210	5100			
8	合计	29877	29100			

图 10-124

扩展

从统计结果可以看到小张的合计工资大于小李的合计工资，但小张的月工资几何平均值却小于小李的月工资几何平均值。几何平均值越大，表示其值更稳定，因此小李的收入更稳定。

例 2：MODE.SNGL（返回数组中的众数即出现频率最高的数）

MODE.SNGL 函数用于返回在某一数组或数据区域中出现频率最多的数值。例如，表格中给出的是 7 月份前半月的最高气温统计列表，要求统计出最高气温的众数。

选中 D2 单元格，在编辑栏中输入公式"=MODE.SNGL(B2:B16)"，按 Enter 键，即可返回该数组中的众数为 36，如图 10-125 所示。

例 3：MODE.MULT（返回一组数据集中出现频率最高的数值）

MODE.MULT 函数用于返回一组数据或数据区域中出现频率最高的数值或数组。例如，表格中统计了本月被投诉的工号，可以使用 MODE.MULT 函数统计出被投诉次数最多的工号。被投诉相同次数的工号可能不止一个，如同时被投诉两次的可能有三个，使用 MODE.MULT 函数可以一次性返回。

选中 C2:C4 单元格区域，输入公式"=MODE.MULT(A2:A14)"，按 Ctrl+Shift+Enter 组合键，即可返回该数据集中出现频率最高的数值列表，即 1085 和 1015 工号被投诉次数最多，如图 10-126 所示。

图 10-125

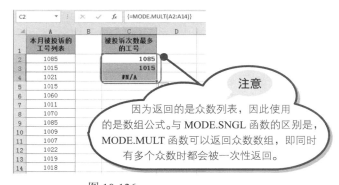

图 10-126

例 4：FREQUENCY（频数分布统计——统计一组数据的分布区间）

FREQUENCY 函数计算数值在某个区域内的出现频率，然后返回一个垂直数组。例如，当前表格中统计某次驾校考试中 80 名学员的考试成绩，现在需要统计出各个分数段的人数。

给数据分好组限并写好其代表的区间，一般组限间采用相同的组距，选中 H3:H6 单元格区域，输入公式"=FREQUENCY(A2:D21,F3:F6)"，按 Ctrl+Shift+Enter 组合键，即可一次性统计出各个分数区间的人数，如图 10-127 所示。

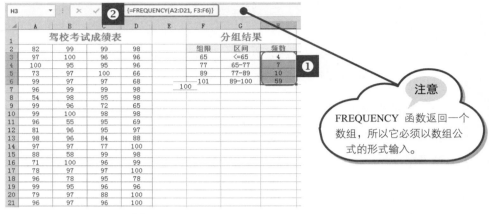

图 10-127

10.7　查　找　函　数

查找函数最实用也最常用的是 LOOKUP 函数与 VLOOKUP 函数。它们用于从庞大的数据库中快速找到满足条件的数据，并返回相应的值，是日常办公中不可缺少的函数之一。

10.7.1　ROW、COLUMN 函数——查询行列坐标

ROW、COLUMN 函数分别用于返回引用单元格的行号和列标。它们都只有一个参数，即要返回其行（列）坐标的单元格或单元格区域。

1. 不设置参数——返回公式所在单元格的行号

从如图 10-128 所示的公式其对应的返回值可以看到，如果 ROW 函数不设置参数，公式在哪个单元格，就返回哪个单元格的行号。COLUMN 函数不设置参数与 ROW 函数用法一样，公式在哪个单元格，就返回哪个单元格的列号。

2. 参数为单个单元格——返回参数中单元格的行号

如果 ROW 函数的参数是单个的单元格，如 ROW(B2)，函数会返回什么结果？下面用图 10-129 展示一下计算结果。从图中可以看到无论将"=ROW(B2)"这个公式写在什么位置，它的返回结果都是 2，

因为 B2 这个单元格地址的行号就是 2。

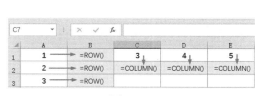

图 10-128

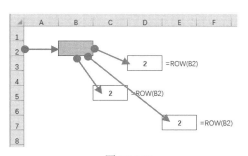

图 10-129

当 ROW 函数给定的参数是一个单元格区域时，在执行运算时它是一个构建数组的过程。例如，针对 "=ROW(B2:C5)" 这个公式，如图 10-130 所示，可以使用 F9 键查看函数构建的数组结果是什么，包含几个数值，如图 10-131 所示（ROW 函数只返回行数，因此列不考虑，所以函数返回的是包含 4 个数值的数组 {2;3;4;5} ）。

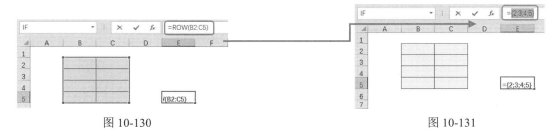

图 10-130　　　　　　　　　　　　　　　　图 10-131

例：分别统计奇数月和偶数月总销量

ROW 函数与 COLUMN 函数单独使用意义不大，因此经常嵌套在其他函数中起到辅助运算的作用。例如，本例中统计了一年 12 个月的销售量，下面需要单独将奇数月和偶数月的总销量进行汇总，这里就需要使用 ROW 函数配合 MOD 函数来判断哪些行是奇数月、哪些行是偶数月。

❶ 选中 D2 单元格并输入公式 "=SUM(IF(MOD(ROW(A2:A13),2)=0,B2:B13))"，按 Ctrl+Shift+ Enter 组合键后得到奇数月的总销量，如图 10-132 所示。

❷ 选中 D3 单元格并输入公式 "=SUM(IF(MOD(ROW(A2:A13)+1,2)=0,B2:B13))"，按 Ctrl+Shift+ Enter 组合键后得到偶数月的总销量，如图 10-133 所示。

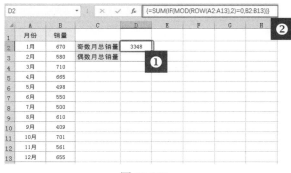

图 10-132　　　　　　　　　　　　　图 10-133

公式解析

② 使用 MOD 函数将①步数组中各值除以 2，当①步结果为偶数时，返回结果为 0；当①步结果为奇数时，返回结果为 1。

① 使用 ROW 返回 A2:A13 中所有的行号。构建的是一个 {2;3;4;5;6;7;8;9;10;11;12;13} 数组。

=SUM(IF(MOD(ROW(A2:A13),2)=0,B2:B13))

④ 将③步返回的数值进行求和运算。

③ 使用 IF 函数判断②步的结果是否为 0，若是，返回 TRUE；否则返回 FALSE。然后将结果为 TRUE 的对应在 B2:B13 单元格区域的数值返回。返回一个数组。

经验之谈

由于 ROW(A2:A13) 返回的是 {2;3;4;5;6;7;8;9;10;11;12;13} 这样一个数组，首个是偶数，奇数月位于偶数行，因此求奇数月合计值时正好是偶数行的值相加。相反的偶数月位于奇数行，因此需要加 1 处理将 ROW(A2:A13) 的返回值转换成 {3;4;5;6;7;8;9;10;11;12;13;14}，这时奇数行上的值除以 2 余数为 0，表示是符合求值条件的数据。

10.7.2　VLOOKUP 函数——联动查找利器

VLOOKUP 函数在表格或数值数组的首列查找指定的数值，并由此返回表格或数组当前行中指定列处的值。VLOOKUP 函数是一个非常常用的函数，在实现多表数据查找、匹配中发挥着重要的作用。

VLOOKUP 函数有三个必备参数，分别用来指定查找的值或单元格、查找区域，以及返回值对应的列号。

设置此区域时注意查找目标一定要在该区域的第一列，并且该区域中一定要包含要返回值所在的列。

=VLOOKUP（❶要查找的值,❷用于查找的区域,❸要返回哪一列上的值）

第 3 个参数决定了要返回的内容。一条记录有多种属性的数据，分别位于不同的列中，通过对该参数的设置可以返回要查看的内容，如图 10-134 所示。

序号	姓名	性别	部门	职位		序号	01
01	周瑞	女	人事部	HR专员		返回值	周瑞
02	于青青	女	财务部	主办会计		公式	=VLOOKUP(H1,A2:E9,2)
03	罗羽	女	财务部	会计		返回值	人事部
04	邓志诚	男	财务部	会计		公式	=VLOOKUP(H1,A2:E9,4)
05	程飞	男	客服一部	客服			
06	周城	男	客服一部	客服			
07	张翔	男	客服一部	客服			
08	华玉凤	女	客服一部	客服			

图 10-134

例 1：根据产品编号查询库存

例如，本例中需要根据 B 列的编码查找指定产品的库存数量，并显示在指定的单元格内。

选中 G2 单元格并输入公式 "=VLOOKUP(F2,B1:D15,3,FALSE)"，按 Enter 键后查询到的是 LWG016 这个编号的库存，如图 10-135 所示。

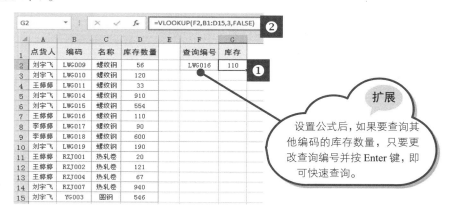

扩展

设置公式后，如果要查询其他编码的库存数量，只要更改查询编号并按 Enter 键，即可快速查询。

图 10-135

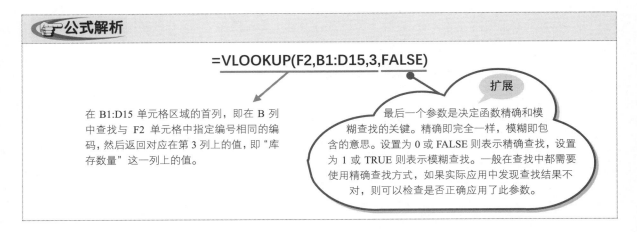

公式解析

=VLOOKUP(F2,B1:D15,3,FALSE)

在 B1:D15 单元格区域的首列，即在 B 列中查找与 F2 单元格中指定编号相同的编码，然后返回对应在第 3 列上的值，即"库存数量"这一列上的值。

扩展

最后一个参数是决定函数精确和模糊查找的关键。精确即完全一样，模糊即包含的意思。设置为 0 或 FALSE 则表示精确查找，设置为 1 或 TRUE 则表示模糊查找。一般在查找中都需要使用精确查找方式，如果实际应用中发现查找结果不对，则可以检查是否正确应用了此参数。

例 2：将加班工资匹配到月末工资表中（多表联动）

如图 10-136 所示的员工工资表，其中的"销售提成"和"加班工资"不是每位员工都具有，所以一般都会建立单独的表格进行核算，如图 10-137 所示为"销售提成统计表"、如图 10-138 所示为"加班费统计表"。在月末进行工资核算时，需要将这些数据都匹配到工资表中。

	A	B	C	D	E	F	G	H
1	姓名	所属部门	基本工资	工龄工资	销售提成	加班工资	满勤奖金	应发合计
2	刘志飞	销售部	800	400			0	
3	何许诺	财务部	2500	400			500	
4	崔娜	企划部	1800	200			0	
5	林成瑞	企划部	2500	800			0	
6	童磊	网络安全部	2000	400			0	
7	徐志林	销售部	800	400			500	
8	何忆婷	网络安全部	3000	500			0	
9	高攀	行政部	1500	300			0	
10	陈佳住	销售部	2200	0			500	
11	陈怡	财务部	1500	0			0	
12	周蓓	销售部	800	300			0	
13	夏慧	企划部	1800	900			0	
14	韩文信	销售部	800	900			0	
15	葛丽	行政部	1500	100			0	
16	张小河	网络安全部	2000	1000			0	
17	韩燕	销售部	800	900			0	
18	刘江波	行政部	1500	500			0	
19	王磊	行政部	1500	400			0	
20	郝艳艳	销售部	800	400			500	
21	陶莉莉	网络安全部	2000	700			0	
22	李君浩	销售部	800	800			0	
23	苏诚	销售部	2300	600			0	

图 10-136

	A	B	C	D	E
1	4月份销售提成统计				
2	姓名	所属部门	销售金额	提成	
3	刘志飞	销售部	75800	6064	
4	徐志林	销售部	105260	8420.8	
5	周蓓	销售部	45000	2250	
6	韩文信	销售部	96000	7680	
7	韩燕	销售部	55000	4400	
8	郝艳艳	销售部	25000	1250	
9	李君浩	销售部	32000	1600	
10	苏诚	销售部	198000	15840	
11					

销售提成统计表　加班费统计表　工资表

图 10-137

❶ 选中 E2 单元格并输入部分公式"=VLOOKUP(A2,"，如图 10-139 所示。

❷ 接着切换到"销售提成统计表"工作表中，选中数据区域，表示在这个区域的首列中查找，如图 10-140 所示。

❸ 接着补齐公式的后面部分，即指定返回哪一列上的值，按 Enter 键即可从"销售提成统计表!A2:D10"的首列匹配与 A2 单元格中相同的姓名，并返回对应在第 4 列上的值，如图 10-141 所示。

图 10-138

图 10-139

图 10-140

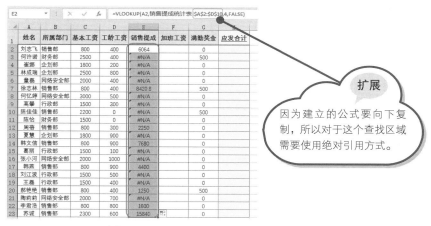

图 10-141

❹ 选中 E2 单元格，向下填充公式，即可依次从"销售提成统计表!$A$2:$D$10"的首列匹配销售员姓名，匹配不到的返回错误值"#N/A"，如图 10-142 所示。

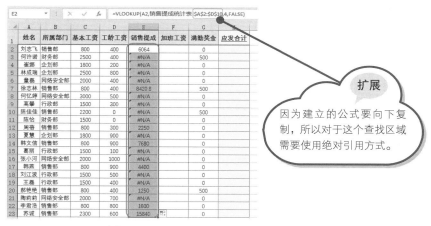

图 10-142

❺ 选中 F2 单元格并输入公式"= VLOOKUP(A2,加班费统计表!$A$2:$B$11,2,FALSE)"。

按 Enter 键，则可以从"加班费统计表!$A$2:$B$11"的首列匹配姓名，并返回对应在第 2 列上的值。向下填充公式，匹配到的则返回其对应的加班工资，匹配不到的返回错误值"#N/A"，如图 10-143 所示。

通过前面几步的查找匹配操作可以看出，能匹配到的返回正确的值，而匹配不到的则返回错误值“#N/A”。有了错误值的存在，这会给后面的求和运算带来错误。如图 10-144 所示，利用 SUM 函数进行最终工资的核算时也出现了错误值“#N/A”，所以我们还需要在 VLOOKUP 函数的外层嵌套一个函数来解决此问题。

F2 =VLOOKUP(A2,加班费统计表!$A$2:$B$11,2,FALSE)

	姓名	所属部门	基本工资	工龄工资	销售提成	加班工资	满勤奖金	应发合计
2	刘志飞	销售部	800	400	6064	#N/A	0	
3	何许诺	财务部	2500	400	#N/A	#N/A	500	
4	崔娜	企划部	1800	200	#N/A	520	0	
5	林成瑞	企划部	2500	800	#N/A	487.5	0	
6	童磊	网络安全部	2000	400	#N/A	#N/A	0	
7	徐志林	销售部	800	400	8420.8	#N/A	500	
8	何忆婷	网络安全部	3000	500	#N/A	560	0	
9	高攀	行政部	1500	300	#N/A	505	0	
10	陈佳佳	销售部	2200	0	#N/A	#N/A	500	
11	陈怡	财务部	1500	0	#N/A	0	0	
12	周蓓	销售部	800	300	2250	#N/A	0	
13	夏慧	企划部	1800	900	#N/A	225	0	
14	韩文信	销售部	800	900	7680	300	0	
15	葛丽	行政部	1500	100	#N/A	425	0	
16	张小河	网络安全部	2000	1000	#N/A	#N/A	0	
17	韩燕	销售部	800	900	4400	#N/A	0	
18	刘江波	行政部	1500	500	#N/A	587.5	0	
19	王磊	行政部	1500	400	#N/A	#N/A	0	
20	郝艳艳	销售部	800	400	1250	#N/A	500	
21	陶莉莉	网络安全部	2000	700	#N/A	#N/A	0	
22	李君浩	销售部	800	800	1600	#N/A	0	
23	苏诚	销售部	2300	600	15840	#N/A	0	

图 10-143

	姓名	所属部门	基本工资	工龄工资	销售提成	加班工资	满勤奖金	应发合计
2	刘志飞	销售部	800	400	6064	#N/A	0	#N/A
3	何许诺	财务部	2500	400	#N/A	#N/A	500	#N/A
4	崔娜	企划部	1800	200	#N/A	520	0	#N/A
5	林成瑞	企划部	2500	800	#N/A	487.5	0	#N/A
6	童磊	网络安全部	2000	400	#N/A	#N/A	0	#N/A
7	徐志林	销售部	800	400	8420.8	#N/A	500	#N/A
8	何忆婷	网络安全部	3000	500	#N/A	560	0	#N/A
9	高攀	行政部	1500	300	#N/A	505	0	#N/A
10	陈佳佳	销售部	2200	0	#N/A	#N/A	500	#N/A
11	陈怡	财务部	1500	0	#N/A	0	0	#N/A
12	周蓓	销售部	800	300	2250	#N/A	0	#N/A
13	夏慧	企划部	1800	900	#N/A	225	0	#N/A
14	韩文信	销售部	800	900	7680	300	0	9680.00
15	葛丽	行政部	1500	100	#N/A	425	0	#N/A
16	张小河	网络安全部	2000	1000	#N/A	#N/A	0	#N/A
17	韩燕	销售部	800	900	4400	#N/A	0	#N/A
18	刘江波	行政部	1500	500	#N/A	587.5	0	#N/A
19	王磊	行政部	1500	400	#N/A	#N/A	0	#N/A
20	郝艳艳	销售部	800	400	1250	#N/A	500	#N/A
21	陶莉莉	网络安全部	2000	700	#N/A	#N/A	0	#N/A
22	李君浩	销售部	800	800	1600	#N/A	0	#N/A
23	苏诚	销售部	2300	600	15840	#N/A	0	#N/A

图 10-144

❻ 将 E2 单元格的公式更改为“=IFERROR(VLOOKUP(A2,销售提成统计表!$A$2:$D$10,4,FALSE),"")”。

按 Enter 键，然后向下填充公式，可以看到所有匹配不到的不再显示“#N/A”，而显示为空值，如图 10-145 所示。

❼ 按相同的方法将 F2 单元格的公式更改为“=IFERROR(VLOOKUP(A2,加班费统计表!$A$2:$B$11,2,FALSE),"")”。

按 Enter 键，然后向下填充公式。随着 F 列公式的更改，我们也看到“应发合计”列的计算数据也能正确显示出来了，如图 10-146 所示。

E2 =IFERROR(VLOOKUP(A2,销售提成统计表!$A$2:$D$10,4,FALSE),"")

	姓名	所属部门	基本工资	工龄工资	销售提成	加班工资	满勤奖金	应发合计
2	刘志飞	销售部	800	400	6064	#N/A	0	#N/A
3	何许诺	财务部	2500	400		#N/A	500	#N/A
4	崔娜	企划部	1800	200		520	0	2520.00
5	林成瑞	企划部	2500	800		487.5	0	3787.50
6	童磊	网络安全部	2000	400		#N/A	0	#N/A
7	徐志林	销售部	800	400	8420.8	#N/A	500	#N/A
8	何忆婷	网络安全部	3000	500		560	0	4060.00
9	高攀	行政部	1500	300		505	0	2305.00
10	陈佳佳	销售部	2200	0		#N/A	500	#N/A
11	陈怡	财务部	1500	0		0	0	1500.00
12	周蓓	销售部	800	300	2250	#N/A	0	#N/A
13	夏慧	企划部	1800	900		225	0	2925.00
14	韩文信	销售部	800	900	7680	300	0	9680.00
15	葛丽	行政部	1500	100		425	0	2025.00
16	张小河	网络安全部	2000	1000		#N/A	0	#N/A
17	韩燕	销售部	800	900	4400	#N/A	0	#N/A
18	刘江波	行政部	1500	500		587.5	0	2587.50
19	王磊	行政部	1500	400		#N/A	0	#N/A
20	郝艳艳	销售部	800	400	1250	#N/A	500	#N/A
21	陶莉莉	网络安全部	2000	700		#N/A	0	#N/A
22	李君浩	销售部	800	800	1600	#N/A	0	#N/A
23	苏诚	销售部	2300	600	15840	#N/A	0	#N/A

图 10-145

F2 =IFERROR(VLOOKUP(A2,加班费统计表!$A$2:$B$11,2,FALSE),"")

	姓名	所属部门	基本工资	工龄工资	销售提成	加班工资	满勤奖金	应发合计
2	刘志飞	销售部	800	400	6064		0	7264.00
3	何许诺	财务部	2500	400			500	3400.00
4	崔娜	企划部	1800	200		520	0	2520.00
5	林成瑞	企划部	2500	800		487.5	0	3787.50
6	童磊	网络安全部	2000	400			0	2400.00
7	徐志林	销售部	800	400	8420.8		500	10120.80
8	何忆婷	网络安全部	3000	500		560	0	4060.00
9	高攀	行政部	1500	300		505	0	2305.00
10	陈佳佳	销售部	2200	0			500	2700.00
11	陈怡	财务部	1500	0		0	0	1500.00
12	周蓓	销售部	800	300	2250		0	3350.00
13	夏慧	企划部	1800	900		225	0	2925.00
14	韩文信	销售部	800	900	7680	300	0	9680.00
15	葛丽	行政部	1500	100		425	0	2025.00
16	张小河	网络安全部	2000	1000			0	3000.00
17	韩燕	销售部	800	900	4400		0	6100.00
18	刘江波	行政部	1500	500		587.5	0	2587.50
19	王磊	行政部	1500	400			0	1900.00
20	郝艳艳	销售部	800	400	1250		500	2950.00
21	陶莉莉	网络安全部	2000	700			0	2700.00
22	李君浩	销售部	800	800	1600		0	3200.00
23	苏诚	销售部	2300	600	15840		0	18740.00

图 10-146

经验之谈

❶ 这个例子是一种跨表引用数据源例子，在 10.2.3 小节中我们介绍过如何引用其他工作表的数据源参与运算。

❷ IFERROR 函数是一个信息函数，它用于判断指定数据是否为任何错误值。所以在本例中把它嵌套在 VLOOKUP 函数的外层，表示当 VLOOKUP 函数因为匹配不到而返回错误值时，IFERROR 函数就将它输出为空值。

例 3：当不能明确查找对象时可以应用通配符

当在具有众多数据的数据库中实现查询时，通常会不记得要查询对象的准确全称，只记得是什么开头或什么结尾，这时可以在查找值参数中使用通配符。

❶ 如图 10-147 所示，某项固定资产以"汽车"结尾，在 B13 单元格中输入"汽车"，选中 C13 单元格并输入公式"=VLOOKUP("*"&B13,B1:I10,8,0)"，按 Enter 键，查询到的是以"汽车"结尾的第一条固定资产的月折旧额。

❷ 如果以"汽车"结尾的固定资产有多条，只能找到第一条。这里可以将查找条件再进行精确化处理。例如，将查找条件更改为""SUV"&"*"&B13"，则可以查询到以 SUV 开头以 B13 中指定的"汽车"文字结尾的固定资产的月折旧额，如图 10-148 所示。

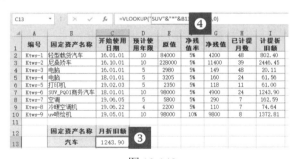

图 10-147　　　　　　　　　　　　　图 10-148

公式解析

注意
记住这种连接方式。如果知道以某字符开头，则把通配符放在右侧即可；如果知道开头和结尾，则将通配符放在中间。

=VLOOKUP("*"&B13,B1:I10,8,0)

例 4：将满足条件的多条记录都找到

在使用 VLOOKUP 函数查询时，如果同时有多条满足条件的记录（如图 10-149 所示），默认只能查找出第一条满足条件的记录。如果希望能找到并显示出所有找到的记录，则需要借助辅助列，在辅助列中为每条记录添加一个唯一的、用于区分不同记录的字符来解决。

	A	B	C	D
1	用户ID	消费日期	卡种	消费金额
2	SL10800101	2020/7/1	金卡	￥ 2,587.00
3	SL20800212	2020/7/1	银卡	￥ 1,960.00
4	SL20800002	2020/7/2	金卡	￥ 2,687.00
5	SL20800212	2020/7/2	银卡	￥ 2,697.00
6	SL10800567	2020/7/3	金卡	￥ 2,056.00
7	SL10800325	2020/7/3	银卡	￥ 2,078.00
8	SL20800212	2020/7/3	银卡	￥ 3,037.00
9	SL10800567	2020/7/4	银卡	￥ 2,000.00
10	SL20800002	2020/7/4	金卡	￥ 2,800.00
11	SL20800798	2020/7/5	银卡	￥ 5,208.00
12	SL10800325	2020/7/5	银卡	￥ 987.00

图 10-149

❶ 在原数据表的 A 列前插入新列（此列作为辅助列使用），选中 A2 单元格并输入公式"=COUNTIF(B\$2:B2,\$G\$2)"，按 Enter 键返回值，如图 10-150 所示。

❷ 向下复制 A2 单元格的公式（复制到的位置由当前数据的条目数决定），如图 10-151 所示。

图 10-150

图 10-151

公式解析

=COUNTIF(B\$2:B2,\$G\$2)

↓

在 B\$2:B2 区域中统计\$G\$2 出现的次数。当向下填充公式时，其第一个查找区域参数会逐行递减，函数返回的结果也会改变。

❸ 选中 H2 单元格并输入公式"=VLOOKUP(ROW(1:1),\$A:\$E,5,FALSE)"，按 Enter 键返回的是 G2 单元格中查找值对应的第 1 个消费金额，如图 10-152 所示。

图 10-152

❹ 向下复制 H2 单元格的公式可以返回其他找到的记录，如图 10-153 所示表示"SL20800212"这个用户 ID 共有 3 次消费记录，并查找出它的消费金额，如图 10-153 所示。

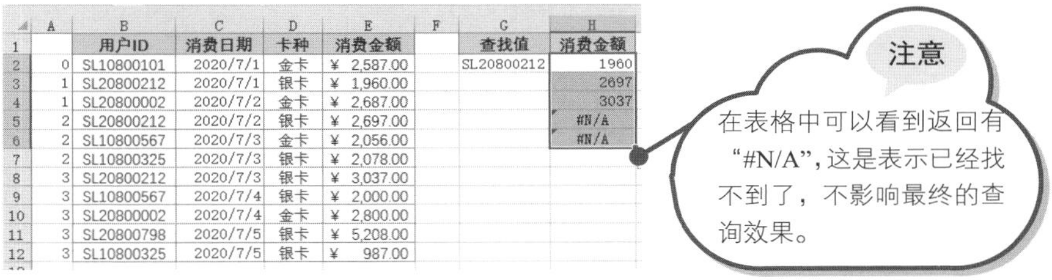

图 10-153

注意

在表格中可以看到返回有"#N/A"，这是表示已经找不到了，不影响最终的查询效果。

❺ 当更改查找值时，查询结果会自动更新，如图 10-154 所示。

图 10-154

公式解析

查找值，当前返回第 1 行的行号 1，向下填充公式时，会随之变为 ROW(2:2)、ROW(3:3)、…，即先找 1、然后找 2、再找 3，直到找不到为止。

=VLOOKUP(ROW(1:1),$A:$E,5,FALSE)

10.7.3　LOOKUP 函数——查找利器

　　LOOKUP 函数是查找函数类型中非常重要的函数。LOOKUP 函数分为数组形式和向量形式，这两种形式的区别在于参数设置上的不同，但无论使用哪种形式，查找目的都是一样的。下面以向量型语法为例，详细介绍一下 LOOKUP 函数。

　　向量型的 LOOKUP 函数有 3 个参数，一是查找值；二是查找值的区域；三是返回值的区域。

在这一列上查找❶处指定的目标值。找到后返回对应在❸数组中相应位置上的值。

注意
无论哪种语法，用于查找的那一列的数据都应按升序排列。如果不排序，在查找时会出现查找错误的情况。

=LOOKUP（❶查找值,❷查找值的区域,❸返回值的区域）

经验之谈

　　LOOKUP 函数具有模糊查找的特性，有两项重要的总结如下，同时这里也讲一下 LOOKUP 函数与 VLOOKUP 函数的区别。

　　（1）如果查找对象小于查找区域中的最小值，函数 LOOKUP 返回错误值 "#N/A"。

　　（2）如果 LOOKUP 函数找不到完全匹配的查找对象，则查找小于或等于查找值的最大数值，即模糊查找。

　　（3）VLOOKUP 函数一般用于精确查找，虽然将最后一个参数省略或设置为 TRUE 时也可以实现模糊查找，但一般模糊查找可以直接交给 LOOKUP。VLOOKUP 函数只能从给定数据区域的首列中查找，而 LOOKUP 函数则可以使用向量型语法任意指定查找的列和用于返回值的列，因此它可以进行反向查找，VLOOKUP 函数则不能。

例：LOOKUP 函数按分数区间匹配考核等级

　　表格统计了公司员工本次考核成绩，满分 150 分。需要设置公式一次性对其成绩做出评定，评定标准为：0~90 分时评定为 "不及格"、90~120 分时评定为 "及格"、120~140 分时评定为 "良好"、大于等于 140 分时评定为 "优秀"。下面我们来看使用 LOOKUP 函数怎么实现此项判断。

　　❶ 选中 C2 单元格并输入公式 "=LOOKUP(B2,{0,"不及格";90,"及格";120,"良好";140,"优秀"})"，按 Enter 键，即可返回该员工成绩等级，如图 10-155 所示。

　　❷ 选中 C2 单元格，向下填充公式至 C13 单元格。即可得到如图 10-156 所示的批量评定结果。

C2 　 × ✓ fx =LOOKUP(B2,{0,"不及格";90,"及格";120,"良好";140,"优秀"})

	A	B	C
1	姓名	成绩	等次
2	王志远	146	优秀
3	张佳琪	123	
4	周新蓓	117	
5	夏子玉	120	
6	侯欣怡	135	
7	陈水蓓	109	
8	周明轩	98	
9	齐明珠	89	
10	裴小波	127	
11	张清芳	82	
12	韩启发	123	
13	韩庆宇	139	

图 10-155

	A	B	C
1	姓名	成绩	等次
2	王志远	146	优秀
3	张佳琪	123	良好
4	周新蓓	117	及格
5	夏子玉	120	良好
6	侯欣怡	135	良好
7	陈水蓓	109	及格
8	周明轩	98	及格
9	齐明珠	89	不及格
10	裴小波	127	良好
11	张清芳	82	不及格
12	韩启发	123	良好
13	韩庆宇	139	良好

图 10-156

公式解析

=LOOKUP(B2,{0,"不及格";90,"及格";120,"良好";140,"优秀"})

注意

其实这一项求解也可以和 IF 函数嵌套来实现。但使用 LOOKUP 函数的模糊匹配，其参数设置起来非常容易，只要逐一写入条件即可。

10.7.4 INDEX+MATCH 函数——查找中的黄金组合

INDEX+MATCH 函数是一组经典的查找组合。MATCH 函数可以返回指定内容所在的位置，而 INDEX 函数又可以根据指定位置查询到该位置所对应的数据。MATCH 函数返回的是一个位置值，单独使用一般不具备太大意义，因此常使用 MATCH 函数查询位置，再把它嵌套作为 INDEX 函数的参数，从而实现查找满足条件的数据。

=MATCH(❶查找值，❷查找值区域)

最终结果是❶在❷区域中的位置。注意用于查找值的区域也如同
LOOKUP 函数一样要进行升序排序。

如图 10-157 所示，在 A2:A10 单元格区域中找"林玲"，并返回其在 A2:A10 单元格区域中的位置，因此返回值是 5。

	A	B	C	D	E	F
1	会员姓名	消费金额	是否发放赠品		返回值(林玲的位置)	公式
2	程小丽	13200	无			=MATCH("林玲",A2:A10,0)
3	冠群	6000	发放		5	
4	姜和成	8400	无			
5	李鹏飞	14400	发放			
6	林玲	4400	无			
7	卢云志	7200	发放			
8	苏丽	6000	无			
9	杨俊成	18000	无			
10	张扬	32400	发放			

> **注意**
>
> 这个位置是相对位置，并不是指行号。例如，这里返回的就是"林玲"在 A2:A10 单元格区域中的位置，并不是行号。

图 10-157

=INDEX (❶要查找的区域,❷指定行,❸指定列)

最终结果是❷与❸指定的行列交叉处上的值。

可以使用其他函数返回值。

如图 10-158 所示，在 A2:C10 单元格区域中返回第 6 行与第 1 列交叉处的值。

如果将两个函数嵌套用就可以实现查询。如图 10-159 所示，在 E2 单元格中设置查询对象，在 F2 单元格中使用公式"=INDEX(A1:C10,MATCH(E2,A1:A10),3)"，即可查询指定会员是否发放赠品。

	A	B	C	D	E	F
1	会员姓名	消费金额	是否发放赠品		返回值(6行与1列交叉处)	公式
2	程小丽	13200	无		卢云志	=INDEX(A2:C10,6,1)
3	冠群	6000	发放			
4	姜和成	8400	无			
5	李鹏飞	14400	发放			
6	林玲	4400	无			
7	卢云志	7200	发放			
8	苏丽	6000	无			
9	杨俊成	18000	无			
10	张扬	32400	发放			

图 10-158

F2			× ✓ fx	=INDEX(A1:C10,MATCH(E2,A1:A10),3)		
	A	B	C	D	E	F
1	会员姓名	消费金额	是否发放赠品		查找对象	是否发放
2	程小丽	13200	无		李鹏飞	发放
3	冠群	6000	发放			
4	姜和成	8400	无			
5	李鹏飞	14400	发放			
6	林玲	4400	无			
7	卢云志	7200	发放			
8	苏丽	6000	无			
9	杨俊成	18000	无			
10	张扬	32400	发放			

图 10-159

公式解析

=INDEX(A1:C10,MATCH(E2,A1:A10),3)

② 返回 A1:C10 单元格区域中①返回值作为行与第 3 列(因为判断是否发放赠品在第 3 列中)交叉处上的值。

① 查询 E2 中的值在 A1:A10 单元格区域中的位置，返回查询对象所在行。

> **扩展**
>
> 如果是单条件查找，VLOOKUP 函数会更加方便一些。例如，本例中的这个公式也可以使用 "=VLOOKUP(E2,A2:C10,3,FALSE)" 公式实现查找。

例 1：INDEX+MATCH 函数实现双条件查找

如果是单条件查找，VLOOKUP 函数会更加方便一些，与 INDEX+MATCH 组合都可以达到相同的目的，但如果是应用对双条件查找，INDEX+MATCH 组合则更加具备优势。例如，在下面的表格中统计了销售员在各个月份中的销售数据，要求建立查询，快速查找出任意指定人员指定月份的销售额（同时满足双条件）。

选中 C13 单元格并输入公式"=INDEX(A2:D10,MATCH(A13,A2:A10,0),MATCH(B13,A2:D2,0))"，按 Enter 键后，查询到的是销售员"李正飞"的合计金额，即可查询得到销售数据，如图 10-160 所示。

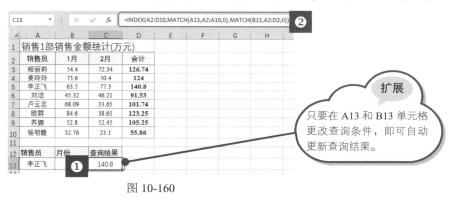

图 10-160

公式解析

=INDEX(A2:D10,MATCH(A13,A2:A10,0),MATCH(B13,A2:D2,0))

③ 在 A2:D10 单元格区域中返回①返回值作为行与②返回值作为列交叉处的值。

① 查询 A13 中的值在 A2:A10 单元格区域的位置。

② 查询 B13 中的值在 A2:D2 单元格区域的位置。

例 2：查找迟到次数最多的员工

表格中以列表的形式记录了每一天中迟到的员工的姓名（如果一天中有多名员工迟到就依次记录多次），要求返回迟到次数最多的员工的姓名。

选中 D2 单元格并输入公式"=INDEX(B2:B12,MODE(MATCH(B2:B12,B2:B12,0)))"，按 Enter 键，返回的是 B 列中出现次数最多的数据（即迟到次数最多的员工姓名），如图 10-161 所示。

图 10-161

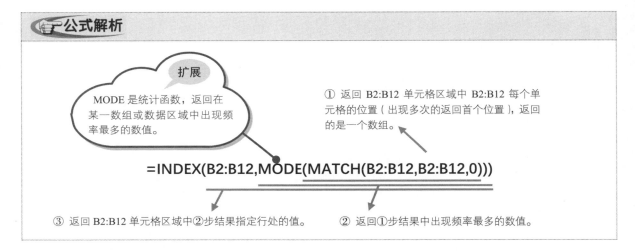

10.8 必 备 技 能

技能 1：不可忽视公式的批量计算能力

在 Excel 中建立公式很多时候都是要完成批量计算，因此在建立一个公式后，当其他位置需要进行相同的公式时，可以通过公式的复制来快速得到批量的结果。公式的复制是数据运算中的一项重要内容，我们时刻都在使用着。

例如，本例中在使用公式判断出第一位员工的考核成绩是否合格后，其他员工的考核结果也要按相同方法求取，所以可以复制公式一次性运算。

❶ 在 E2 单元格中应用了公式判断员工考核是否合格，如图 10-162 所示。

❷ 选中 E2 单元格，将鼠标移动到单元格右下角，当鼠标变为黑色十字时，拖动填充柄向下复制公式到 E15 单元格，如图 10-163 所示。

图 10-162

图 10-163

❸ 释放鼠标后，可以看到 E3:E15 单元格区域复制了 E2 单元格区域的公式，即瞬间对其他所有员工的考核成绩进行了判断，这就是公式计算的好处所在，如图 10-164 所示。

图 10-164

扩展

如果在连续的单元格区域中填充公式（如本例），也可以在出现填充柄时，双击填充柄直接进行填充。

技能 2：超大范围公式复制的办法

当要输入公式的单元格区域非常大时，采用拖动填充柄的方法会非常耗时，因此可以首先输入第一个单元格的公式，然后准确定位包含公式在内的单元格区域，再利用快捷键快速填充公式。

❶ 首先选中已经设置好公式的第一个单元格，如 J3 单元格，然后在左上角的名称框中输入想填充到的最后一个单元格地址 J3:J32（实际工作中可能有成百上千条记录），如图 10-165 所示。

编号	姓名	所属部门	基本工资	工龄工资	福利补贴	提成或奖金	加班工资	满勤奖金	应发合计
001	郑立媛	销售部	800	700	800	9603.2	342.86	0	12246.06
002	艾羽	财务部	2500	1200	500		702.38	500	
003	章晔	企划部	1800	900	550		457.14	0	
004	钟文	企划部	2500	500	550	0	710.71	0	
005	朱安婷	网络安全部	2000	400	650		278.57	0	
006	钟武	销售部	800	100	700	4480	0	500	
007	梅香菱	网络安全部	3000	200	650		175	0	
008	李霞	行政部	1500	0	500		528.57	0	
009	苏海涛	销售部	2200	700	700	23670.4	0	500	
010	喻可	财务部	1500	700	500	200	628.57	0	

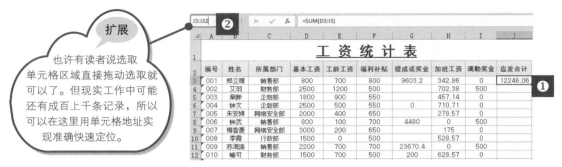

图 10-165

❷ 按 Enter 键，即可选中需要填充公式的 J3: J32 单元格区域，如图 10-166 所示。

❸ 按 Ctrl+D 组合键，就可以一次复制公式到 J3: J32 单元格区域，如图 10-167 所示。

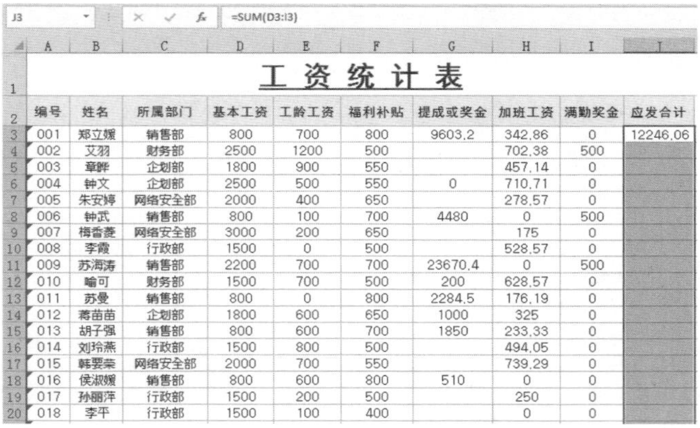

编号	姓名	所属部门	基本工资	工龄工资	福利补贴	提成或奖金	加班工资	满勤奖金	应发合计
001	郑立媛	销售部	800	700	800	9603.2	342.86	0	12246.06
002	艾羽	财务部	2500	1200	500		702.38	500	
003	章晔	企划部	1800	900	550		457.14	0	
004	钟文	企划部	2500	500	550	0	710.71	0	
005	朱安婷	网络安全部	2000	400	650		278.57	0	
006	钟武	销售部	800	100	700	4480	0	500	
007	梅香菱	网络安全部	3000	200	650		175	0	
008	李霞	行政部	1500	0	500		528.57	0	
009	苏海涛	销售部	2200	700	700	23670.4	0	500	
010	喻可	财务部	1500	700	500	200	628.57	0	
011	苏曼	销售部	800	0	800	2284.5	176.19	0	
012	蒋苗苗	企划部	1800	600	650	1000	325	0	
013	胡子强	销售部	800	600	700	1850	233.33	0	
014	刘玲燕	行政部	1500	800	500		494.05	0	
015	韩要荣	网络安全部	2000	700	550		739.29	0	
016	侯淑媛	销售部	800	600	800	510	0	0	
017	孙丽萍	行政部	1500	200	500		250	0	
018	李平	行政部	1500	100	400		0	0	

图 10-166

D	E	F	G	H	I	J
800	0	800	2284.5	176.19	0	4060.69
1800	600	650	1000	325	0	4375
800	600	700	1850	233.33	0	4183.33
1500	800	500		494.05	0	3294.05
2000	700	550		739.29	0	3989.29
800	600	800	510	0	0	2710
1500	200	500		250	0	2450
1500	100	400		0	0	2000
800	100	700	10032	0	500	12132
2000	400	550	0	353.57	0	3303.57
800	500	700	17879.2	150	0	20029.2
2300	300	800	26240	0	0	29640
1800	500	550		657.14	0	3507.14
1500	500	500		150	0	2650
2500	1000	650	500	1608.33	0	6258.33
800	0	800	16364.8	0	0	17964.8
2000	700	650		789.29	0	4139.29
1500	300	400	0	0	0	2200
800	0	800	369	0	500	2469
2200	300	500		238.1	0	3238.1

图 10-167

技能 3：将公式结果转换为数值

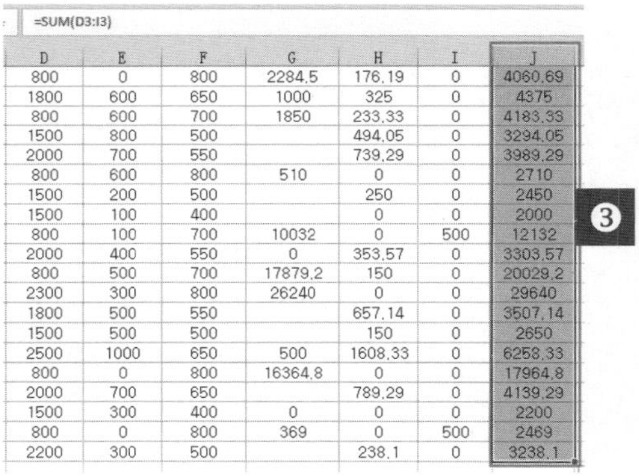

在完成公式计算后，公式所在单元格显示计算结果，但是其本质还是公式，如果公式此结果移至其他位置使用或是源数据被删除等都会影响公式的显示结果。

因此对于计算完毕的数据，如果不再需要改变，则可以将其转换为数值。

❶ 选中包含公式的单元格，按 Ctrl+C 组合键执行复制操作，如图 10-168 所示，打开"设置单元格格式"对话框。

❷ 再次选中包含公式的单元格区域，在"开始"选项卡的"剪贴板"组中单击"粘贴"下拉按钮，在下拉菜单中单击"值"按钮（如图 10-169 所示），即可实现将原本包含公式的单元格数据转换为数值，选中该区域任意单元格，在编辑栏中显示为数值而不是公式，如图 10-170 所示。

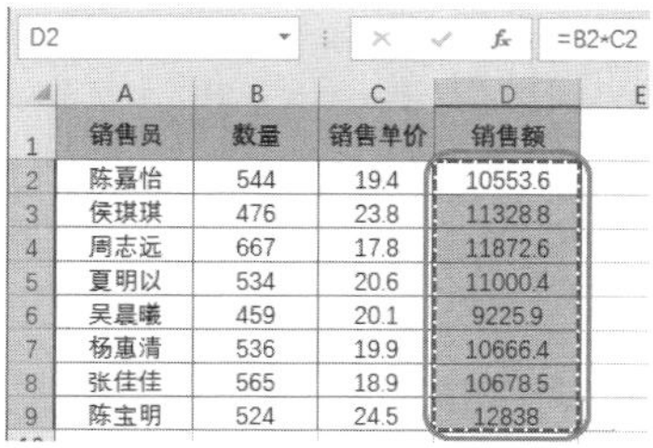

图 10-168

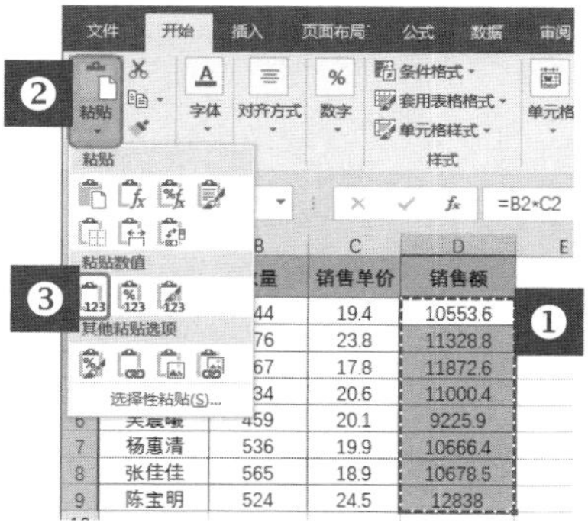

图 10-169

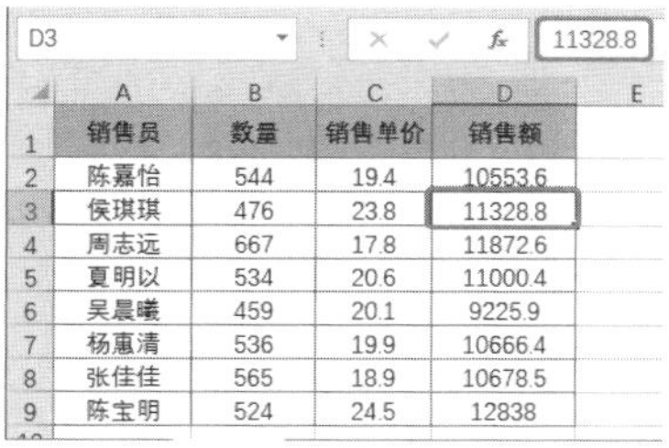

图 10-170

技能 4：公式太长用名称

为数据区域定义名称的最大好处是，可以使用名称代替单元格区域以简化公式。如图 10-171 所示的表格是一个产品的"单价一览表"，而在如图 10-172 所示的表格中计算金额时需要先使用 VLOOKUP 函数返回指定产品编号的单价（用返回的单价乘以数量才是最终金额），因此设置公式时需要引用"单价一览表!A1:B13"这样一个数据区域。

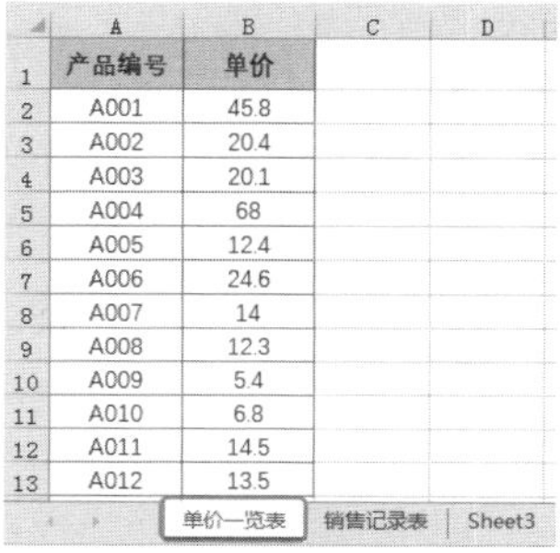

图 10-171

图 10-172

❶ 首先在"单价一览表"中选中整个数据区域,在左上角的名称框中输入一个名称,如此处定义为"单价表"(见图 10-173),按下 Enter 键,即可定义名称成功。

❷ 定义名称后,则可以使用公式"=VLOOKUP(B2,单价表,2,FALSE)*C2",如图 10-174 所示。即在公式中使用"单价表"名称来替代"单价一览表!A1:B13"这个区域。

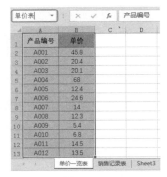

图 10-173

图 10-174

技能 5:谨防假空白造成计算出错

当引用数据源中是由公式返回的空值、包含特殊符号","或自定义单元格格式为";;;"等时,都会造成公式结果返回错误值,因为它们并不是真正的空单元格。

例 1:公式返回的空值在参与计算时造成出错

如图 10-175 所示,由于使用公式在 D7、D9 单元格中返回了空字符串,当在 E7 单元格中使用公式"=C7+D7"进行求和计算时出现了错误值。

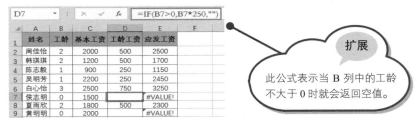

图 10-175

这时只针对性地手动删除这些单元格中公式,让其保持空状态即可解决问题。

例 2:单元格中有英文单引号造成出错

如图 10-176 所示,由于 B4 单元格中包含一个英文单引号,在 D4 单元格中使用公式"=B2+B4"求和时出现错误值。

这时可以使用 ISBLANK 函数来检测单元格是否真空，如图 10-177 所示。如果返回值是 TRUE，则表示真空；如果看似空的单元格返回结果却是 FALSE，则表格不是真空，可以选中单元格检查其中是否有英文单引号。

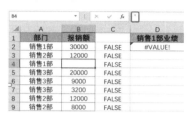

图 10-176

扩展

ISBLANK 函数用于判断指定的单元格是否为空，其参数是需要进行检查的内容。

图 10-177

范例篇

重实操验成果

第 11 章

人事管理要制度化：人事信息、人员结构可视化统计分析

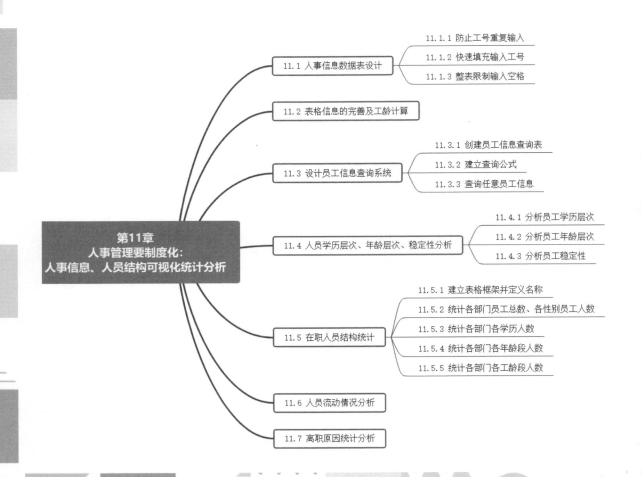

- 第11章
人事管理要制度化：
人事信息、人员结构可视化统计分析
  - 11.1 人事信息数据表设计
    - 11.1.1 防止工号重复输入
    - 11.1.2 快速填充输入工号
    - 11.1.3 整表限制输入空格
  - 11.2 表格信息的完善及工龄计算
  - 11.3 设计员工信息查询系统
    - 11.3.1 创建员工信息查询表
    - 11.3.2 建立查询公式
    - 11.3.3 查询任意员工信息
  - 11.4 人员学历层次、年龄层次、稳定性分析
    - 11.4.1 分析员工学历层次
    - 11.4.2 分析员工年龄层次
    - 11.4.3 分析员工稳定性
  - 11.5 在职人员结构统计
    - 11.5.1 建立表格框架并定义名称
    - 11.5.2 统计各部门员工总数、各性别员工人数
    - 11.5.3 统计各部门各学历人数
    - 11.5.4 统计各部门各年龄段人数
    - 11.5.5 统计各部门各工龄段人数
  - 11.6 人员流动情况分析
  - 11.7 离职原因统计分析

11.1　人事信息数据表设计

　　人事信息数据表是每个公司都必须建立的基本表格，基本每一项人事工作都与此表有所关联。完善的人事信息不但便于对一段时期的人事情况进行准确分析（如年龄结构、学历层次、人员流失情况等），同时也可以为公司各个岗位提供统一的姓名和标识，保证每位员工的数据都能实现快速查询。

　　人事信息通常包括员工工号、姓名、性别、所属部门、身份证号码、年龄、学历、入职时间、离职时间等。在建立人事信息表前需要将该张表格要包含的要素拟订出来，以完成对表格框架的规划，然后再进行数据的录入和处理，如图 11-1 所示。

员工工号	姓名	所属部门	性别	身份证号码	年龄	学历	职位	入职时间	离职时间	工龄	离职原因	联系方式
							人事信息数据表					
NO.001	章晔	行政部	男	342701198802138572	32	大专	行政副总	2012/5/8		7		13026541239
NO.002	姚磊	人事部	女	340025199103170540	29	大专	HR专员	2014/6/4		5		15854236952
NO.003	闫绍红	行政部	女	342701198908148521	31	大专	网络编辑	2015/11/5		4		13802563265
NO.004	焦文would	设计部	男	340025199205162522	28	大专	主管	2014/3/12		5		13505532689
NO.005	魏义成	行政部	女	342001198011202528	40	本科	行政文员	2015/3/5	2017/5/19	2	工资太低	15855142635
NO.006	李秀秀	人事部	男	340042198610160517	34	本科	HR经理	2012/6/18		7		15855168963
NO.007	焦文全	市场部	男	340025196902268563	51	本科	网络编辑	2015/2/15		4		13985263214
NO.008	郑立媛	设计部	女	340222196312022562	57	初中	保洁	2012/6/3		7		15946231586
NO.009	马同燕	设计部	男	340222197805023652	42	高中	网管	2014/4/8		5		15855316360
NO.010	莫云	行政部	男	340042198810160527	32	大专	网管	2013/5/6	2017/11/15	4	转换行业	15842365410
NO.011	陈芳	行政部	女	342122199111035620	29	本科	网管	2016/6/11		3		13925012504
NO.012	钟华	行政部	女	342222198902252520	31	本科	网络编辑	2017/1/2		3		15956232013
NO.013	张燕	人事部	男	340025197902281235	41	大专	HR专员	2013/3/1	2018/5/1	5	家庭原因	13855692134
NO.014	柳小续	研发部	男	340001197803088452	42	本科	研发员	2014/3/1		5		15855178563
NO.015	许开	行政部	男	342701198904018543	31	本科	行政专员	2013/3/1	2016/1/22	2	转换行业	13822236958
NO.016	陈建	市场部	男	340025199203240647	28	本科	总监	2013/4/1	2016/10/11	3	转换行业	13956234587
NO.017	万茜	财务部	女	342025196902138578	51	本科	主办会计	2013/4/1		5		15877412365
NO.018	张亚明	市场部	男	340025198306100214	37	本科	市场专员	2014/4/1		5		13836985642
NO.019	张华	财务部	女	342001198007202528	40	大专	会计	2014/4/1		5		18054236541
NO.020	郝亮	市场部	男	342701197702178573	43	本科	研究员	2014/4/1		5		13724589632

图 11-1

11.1.1　防止工号重复输入

例 1：冻结窗格

　　如果要查看的人事信息数据表格条目数特别多，可以将标题行和表格列标识冻结起来，向下滚动查看时就会始终显示首行或者首列内容，方便数据查看。

　　❶ 创建工作簿，在 Sheet1 工作表标签上双击鼠标，重新输入名称为"人事信息数据表"，输入标题和列标识，并进行字体、边框、底纹等设置，从而让表格更加易于阅读，如图 11-2 所示。

					人事信息数据表							
员工工号	姓名	所属部门	性别	身份证号码	年龄	学历	职位	入职时间	离职时间	工龄	离职原因	联系方式

图 11-2

❷ 选中 A3 单元格，在"视图"选项卡的"窗口"组中单击"冻结窗格"下拉按钮，在打开的下拉列表中选择"冻结窗格"选项，如图 11-3 所示。

图 11-3

❸ 此时向下拖动滚动条时，列标识始终显示，如图 11-4 所示。

					人事信息数据表		
员工工号	姓名	所属部门	性别	身份证号码	年龄	学历	职位

图 11-4

❹ 选中 A3:A90 单元格区域（选中区域由实际条目数决定），在"开始"选项卡的"数字"组中单

击"数字格式"下拉按钮，在打开的下拉列表中选择"文本"选项（见图 11-5），即可设置数据为文本格式。

图 11-5

例2：设置"员工工号"数据验证

员工工号作为员工在企业中的标识，它是唯一的，但又是相似的。在手动输入员工工号时，为避免输入错误，可以为"员工工号"列设置数据验证，从而有效避免重复工号的输入。

❶ 保持目标数据区域选中状态，在"数据"选项卡的"数据工具"组中单击"数据验证"下拉按钮，在打开的下拉列表中选择"数据验证"选项，如图 11-6 所示。

图 11-6

❷ 打开"数据验证"对话框，单击"允许"右侧的下拉按钮，在弹出的下拉列表中选择"自定义"选项，如图 11-7 所示。在"公式"文本框中输入公式"=COUNTIF($A$3:$A$90,A3)=1"，如图 11-8 所示。

图 11-7

图 11-8

❸ 切换到"输入信息"选项卡，在"标题"文本框中输入"输入工号"，在"输入信息"文本框中输入"请输入员工的工号!"，如图 11-9 所示。

❹ 切换到"出错警告"选项卡，在"样式"下拉列表中选择"停止"选项，接着在"标题"文本框中输入"重复信息"，在"错误信息"文本框中输入"输入信息重复，请重新输入!"，如图 11-10 所示。

图 11-9

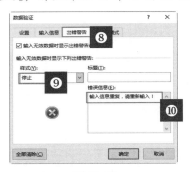

图 11-10

❺ 单击"确定"按钮，返回工作表中。此时为选中的单元格设置了数据有效性，选中任意单元格，可以看到提示信息，如图 11-11 所示。在输入工号时，一旦出现重复的工号，则会弹出阻止对话框，并且其中有关于工号输入的提示文字，如图 11-12 所示。

图 11-11

图 11-12

公式解析

1. COUNTIF 函数

COUNTIF 函数用于统计满足某个条件的单元格的数量。

$$=COUNTIF(❶计数区域,❷计数条件)$$

2. 本例公式

$$=COUNTIF(\$A\$3:\$A\$90,A3)=1$$

此公式表示依次判断所输入的值在单元格区域是否是第 1 次出现。如果是第 1 次出现，返回结果为 1，表示不重复，则允许输入；否则会弹出提示框阻止输入。

11.1.2　快速填充输入工号

如果员工工号具有序列性，可以使用填充柄快速填充。本例员工工号的设计原则为"公司标识+序号"的编排方式，首个编号为 NO.001，后面的编号可以通过填充快速输入。

❶　选中 A3 单元格，输入 NO.001，按 Enter 键，如图 11-13 所示。

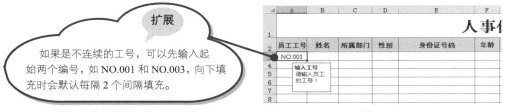

扩展

如果是不连续的工号，可以先输入起始两个编号，如 NO.001 和 NO.003，向下填充时会默认每隔 2 个间隔填充。

图 11-13

❷　选中 A3 单元格，将光标定位于其右下角，当其变为黑色十字形时，向下拖动填充柄填充序列，到目标位置释放鼠标（见图 11-14），即可快速填充员工工号，如图 11-15 所示。

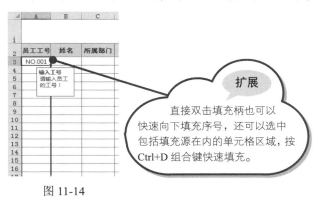

扩展

直接双击填充柄也可以快速向下填充序号，还可以选中包括填充源在内的单元格区域，按 Ctrl+D 组合键快速填充。

图 11-14　　　　　　　　　　　图 11-15

11.1.3 整表限制输入空格

在实际工作中，员工信息表数据的输入与维护可能不是一个人，为了防止一些错误输入，一般会采用设定数据验证来限制输入或给出输入提示。下面设置整表的数据验证，以防止输入空格。因为空格的存在会破坏数据的连续性，给后期数据的统计、查找等带来阻碍。

❶ 选中 B3:L90 单元格区域（除"员工工号"列与列标识），在"数据"选项卡的"数据工具"组中单击"数据验证"下拉按钮，在打开的下拉列表中选择"数据验证"选项，如图 11-16 所示。

图 11-16

❷ 打开"数据验证"对话框，单击"允许"右侧的下拉按钮，在弹出的下拉列表中选择"自定义"选项，在"公式"文本框中输入公式"=SUBSTITUTE(B3," ","")=B3"，如图 11-17 所示。

图 11-17

❸ 切换到"出错警告"选项卡，设置出错警告信息，如图 11-18 所示。

❹ 单击"确定"按钮返回到工作表中，当在选择的单元格区域输入空格时就会弹出提示对话框，如图 11-19 所示。单击"取消"按钮，重新输入即可。

图 11-18

图 11-19

❺ 信息输入完成后，达到如图 11-20 所示的效果。

员工工号	姓名	所属部门	性别	身份证号码	年龄	学历	职位	入职时间	离职时间	工龄	离职原因	联系方式
NO.001	韦晔	行政部		342701198802138572		大专	行政副总	2011/5/8				13026541239
NO.002	姚磊	人事部		340025199103170540		大专	HR专员	2012/6/4				15854236952
NO.003	闫绍红	行政部		342701198008148521		大专	网络编辑	2013/11/5				13802563265
NO.004	焦文808	设计部		340025199205162522		大专	主管	2013/3/12				13505532689
NO.005	魏义成	行政部		342001198011202528		本科	行政文员	2015/3/5	2017/5/19		工资太低	15855142635
NO.006	李秀秀	人事部		340042198610160517		本科	HR经理	2010/6/18				15855168963
NO.007	焦文全	市场部		340025196902268563		本科	网络编辑	2014/2/15				13985263214
NO.008	郑立媛	设计部		340222196312022562		初中	保洁	2010/6/3				15946231586
NO.009	马同燕	设计部		340222197805023652		高中	网管	2013/4/8				15855316360
NO.010	莫云	行政部		340042198810160527		大专	网管	2013/5/6	2017/11/15		转换行业	15842365410
NO.011	陈芳	行政部		342122199111035620		本科	网络编辑	2014/6/11				13925012504
NO.012	钟华	行政部		342222198902252520		本科	网络编辑	2015/1/2				15956232013
NO.013	张燕	人事部		340025197902281235		大专	HR专员	2013/3/1	2018/5/1		家庭原因	13855692134
NO.014	柳小续	研发部		340001197803088452		本科	研究员	2013/3/1				15855178563
NO.015	许开	行政部		342701198904018543		本科	行政专员	2013/3/1	2016/1/22		转换行业	13822236958
NO.016	陈建	市场部		340025199203240647		本科	总监	2013/4/1	2016/10/11		转换行业	13956234587
NO.017	万茜	财务部		340025196902138578		大专	主办会计	2013/4/1				15877412365
NO.018	张亚明	市场部		340025198306100214		本科	市场专员	2013/4/1				13836985642
NO.019	张华	财务部		342001198007202528		大专	会计	2013/4/1				18054236541
NO.020	郝亮	市场部		342701197702178573		本科	研究员	2013/4/1				13724589632
NO.021	穆宇飞	研发部		342701198202138579		硕士	研究员	2013/4/1	2018/2/11		家庭原因	13956230123

图 11-20

经验之谈

（1）在输入基本数据时，性别、年龄、工龄几列不需要手动输入，它们可以通过已输入的身份证号码，建立公式自动返回。

（2）在输入身份证号码时，如果直接输入，则会显示为科学计数的方式，此时需要先将单元格区域的格式设置为文本后再重新输入身份证号码，这一操作在 1.1.1 小节中已介绍过。

11.2　表格信息的完善及工龄计算

根据人事信息表中的身份证号码，可以使用相关函数提取出员工的性别、年龄等基本信息，还可以根据员工的入职时间和离职时间统计员工的工龄。这些基本信息可以帮助人事部门后期更好地分析公司员工的年龄层次及员工稳定性。

身份证号码是人事信息中的一项重要数据，在建表时一般都需要规划此项标识。身份证号码包含了持证人的多项信息，第 7~14 位表示出生年月日，第 17 位表示性别，单数为男性，双数则为女性。本节会通过设置相关公式根据身份证号码提取性别、年龄及员工工龄。

例 1：提取性别

根据身份证号码第 17 位数字的奇偶性判断员工性别。本例可以使用 MOD 和 MID 函数提取出性别信息。

❶ 选中 D3 单元格并输入公式"=IF(MOD(MID(E3,17,1),2)=1,"男","女")"，按 Enter 键，如图 11-21 所示。

❷ 向下复制此公式，快速得出每位员工的性别，如图 11-22 所示。

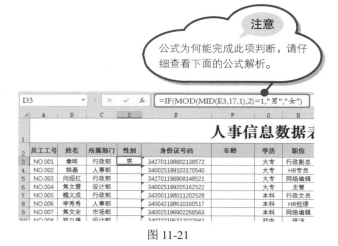

图 11-21　　　　　　　　　　　　　　　　图 11-22

公式解析

1. MOD 函数

MOD 函数用来返回两数相除的余数。

$$=MOD（❶被除数,❷除数）$$

2. MID 函数

MID 函数用于返回文本字符串中从指定位置开始的特定数目的字符，该数目由用户指定。

$$=MID（❶提取的文本,❷指定从哪个位置开始提取,❸字符个数）$$

3. IF 函数

IF 函数是 Excel 中最常用的函数之一，它根据指定的条件来判断其真（TRUE）、假（FALSE），从而返回其相对应的内容。

第 1 个参数是逻辑判断表达式，返回结果为 TRUE 或 FALSE。

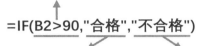

$$=IF(B2>90,"合格","不合格")$$

当第 1 个参数返回 TRUE 时，公式最终返回这个值。如果是文本，则要使用双引号。　　当第 1 个参数返回 FALSE 时，公式最终返回这个值。如果是文本，则要使用双引号。

4. 本例公式

注意

当余数为 1 时不能整除，表示是奇数，最终对应结果"男"；否则对应结果"女"。

① MID 函数从 E3 单元格中第 17 位数字开始提取一个字符。

$$=IF(MOD(MID(E3,17,1),2)=1,"男","女")$$

② 使用 MOD 函数将①步中提取的字符与 2 相除得到余数，并判断余数是否等于 1。如果是，则返回 TRUE；否则返回 FALSE。

③ IF 函数根据②步值返回最终结果，TRUE 值返回"男"，FALSE 值返回"女"。

例 2：提取员工年龄

使用 MID 函数和 YEAR 函数，可以根据身份证号码计算出每位员工的年龄。

---

❶ 选中 F3 单元格并输入公式 "=YEAR(TODAY())-MID(E3,7,4)"，按 Enter 键，如图 11-23 所示。

图 11-23

❷ 向下复制此公式，快速得出每位员工的年龄，如图 11-24 所示。

图 11-24

公式解析

1. YEAR 函数

YEAR 函数用于返回某日期对应的年数，返回值为 1900~9999 之间的整数。它只有一个参数，即日期值。

$$=YEAR（日期值）$$

2. 本例公式

① TODAY 函数返回系统当前时间，再使用 YEAR 函数提取年份值。

$$=YEAR(TODAY())-MID(E3,7,4)$$

② 从身份证号码第 7 位开始提取，提取 4 个字符，即提取年份值。再使用①步中的年份减去该年份，即得出年龄。

例3：计算员工工龄

根据已填入的入职时间，还可以使用函数计算出员工的工龄。并且随着时间的推移，工龄也会自动重新统计。

❶ 选中 K3 单元格并输入公式"=IF(J3="",DATEDIF(I3,TODAY(),"Y"),DATEDIF(I3,J3,"Y"))"，按 Enter 键，如图 11-25 所示。

员工工号	姓名	所属部门	性别	身份证号码	年龄	学历	职位	入职时间	离职时间	工龄	离职原因
NO.001	韋晔	行政部	男	342701198802138572	32	大专	行政副总	2012/5/8		7	
NO.002	姚磊	人事部	女	340025199103170540	29	大专	HR专员	2014/6/4			
NO.003	闫绍红	行政部	女	342701198908148521	31	大专	网络编辑	2015/11/5			
NO.004	焦文雷	设计部	女	340025199205162522	28	大专	主管	2014/3/12			
NO.005	魏义成	行政部	女	342001198011202528	40	本科	行政文员	2015/3/5	2017/5/19		工资太低
NO.006	李秀秀	人事部	男	340042198610160517	34	本科	HR经理	2012/6/18			
NO.007	焦文全	市场部	女	340025196902268563	51	本科	网络编辑	2015/2/15			
NO.008	郑立媛	设计部	女	340222196312022562	57	初中	保洁	2012/6/3			

图 11-25

❷ 向下复制此公式，快速得出每位员工的工龄，如图 11-26 所示。

员工工号	姓名	所属部门	性别	身份证号码	年龄	学历	职位	入职时间	离职时间	工龄	离职原因
NO.001	韋晔	行政部	男	342701198802138572	32	大专	行政副总	2012/5/8		7	
NO.002	姚磊	人事部	女	340025199103170540	29	大专	HR专员	2014/6/4		5	
NO.003	闫绍红	行政部	女	342701198908148521	31	大专	网络编辑	2015/11/5		4	
NO.004	焦文雷	设计部	女	340025199205162522	28	大专	主管	2014/3/12		5	
NO.005	魏义成	行政部	女	342001198011202528	40	本科	行政文员	2015/3/5	2017/5/19	2	工资太低
NO.006	李秀秀	人事部	男	340042198610160517	34	本科	HR经理	2012/6/18		7	
NO.007	焦文全	市场部	女	340025196902268563	51	本科	网络编辑	2015/2/15		4	
NO.008	郑立媛	设计部	女	340222196312022562	57	初中	保洁	2012/6/3		7	
NO.009	马同燕	设计部	男	340222197805023652	42	高中	网管	2014/4/8		5	
NO.010	莫云	行政部	女	340042198810160527	32	大专	网管	2013/5/6	2017/11/15	4	转换行业
NO.011	陈芳	财务部	女	342122199111035620	29	本科	出纳	2016/6/11		3	
NO.012	钟华	行政部	女	342222198902252520	31	本科	网络编辑	2017/1/2		3	
NO.013	张燕	人事部	男	340025197902281235	41	大专	HR专员	2013/3/1	2018/5/1	5	家庭原因
NO.014	柳小续	研发部	男	340001197803088452	40	本科	研发人员	2014/3/1		5	
NO.015	许开	行政部	女	342701198904018543	31	本科	行政专员	2013/3/1	2016/1/22	2	转换行业
NO.016	陈建	市场部	男	340025199203240647	28	本科	总监	2013/4/1	2016/10/11	3	转换行业
NO.017	万茜	财务部	男	340025196902138578	31	大专	主办会计	2014/4/1		5	
NO.018	张亚明	市场部	男	340025198306100214	37	本科	市场专员	2014/4/1		5	

图 11-26

公式解析

1. DATEDIF 函数

DATEDIF 函数用于计算两个日期之间的年数、月数和天数。

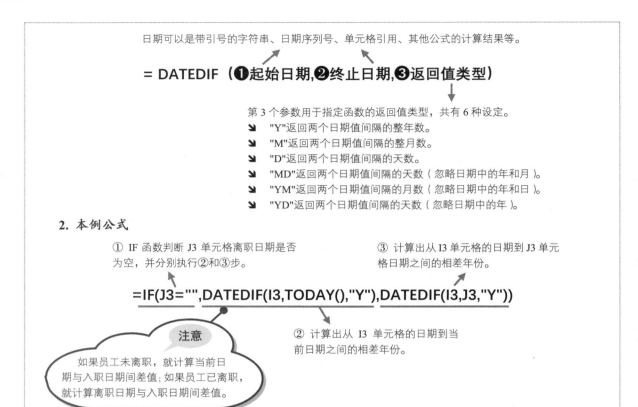

11.3   设计员工信息查询系统

建立了人事信息数据表之后，如果企业员工较多，要想查询某位员工的数据信息会不太容易。可以利用 Excel 中的函数功能建立一个查询表，当需要查询某位员工的信息数据，只需要输入其工号即可快速查询。

员工信息查询表的数据基于员工人事数据表，所以这里要考虑到公式的可扩展性。可按如下步骤逐一设置。

11.3.1   创建员工信息查询表

员工信息查询表来自人事信息数据表中，所以选择在同一个工作簿中插入新工作表来建立查询表。

❶ 插入新工作表并命名为"员工信息查询表"，在工作表头输入表头信息。切换到"人事信息数据表"，选中 B2:M2 单元格区域，在"开始"选项卡的"剪贴板"组中单击"复制"按钮，如图 11-27 所示。

❷ 切换回"员工信息查询表"工作表，选中要放置粘贴内容的单元格区域，在"开始"选项卡的"剪贴板"组中单击"粘贴"下拉按钮，在打开的下拉列表中选择"选择性粘贴"选项，如图 11-28 所示。

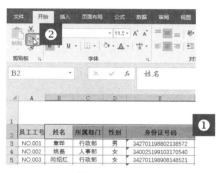

图 11-27

图 11-28

❸ 打开"选择性粘贴"对话框，在"粘贴"栏中选中"数值"单选按钮，勾选"转置"复选框，单击"确定"按钮，如图 11-29 所示。

扩展

同时选中这两个选项表示在粘贴时既清除格式又转置数据。

图 11-29

❹ 返回工作表中，即可将复制的列标识转置为行标识显示，如图 11-30 所示。

❺ 选中"员工信息查询表"中复制得到的数据，在"字体"和"对齐方式"选项组中分别设置表格的字体格式、边框颜色及单元格背景色，并对表格标题部分进行字体设置，得到如图 11-31 所示的查询表。

图 11-30

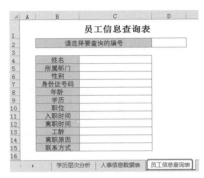

图 11-31

11.3.2 建立查询公式

创建好员工信息查询表后，需要创建下拉列表选择员工工号，还需要使用函数根据员工工号查询员工的部门、姓名等其他相关信息。

例 1：添加员工工号下拉菜单

在员工信息查询表中，可以使用数据验证引用"人事信息数据表"中的"员工工号"列数据，实现查询编号的选择性输入。

❶ 选中 D2 单元格，在"数据"选项卡的"数据工具"组中单击"数据验证"下拉按钮，在打开的下拉列表中选择"数据验证"选项，如图 11-32 所示。

图 11-32

❷ 打开"数据验证"对话框，单击"允许"右侧的下拉按钮，在弹出的下拉列表中选择"序列"选项，接着在"来源"参数框中输入"=人事信息数据表!$A$3:$A$90"，如图 11-33 所示。

❸ 切换到"输入信息"选项卡，设置选中该单元格时所显示的提示信息，如图 11-34 所示，设置完成后单击"确定"按钮。

扩展

这里的数据来源也可以返回工作表中拖动选取数据区域。

图 11-33

图 11-34

❹ 返回工作表中，选中的单元格就会显示提示信息，提示从下拉列表中可以选择员工工号，如图 11-35 所示。

❺ 单击 D2 单元格右侧的下拉按钮，即可在下拉列表中选择员工的工号，如图 11-36 所示。

图 11-35

图 11-36

例 2：使用 VLOOKUP 函数返回员工信息

设置数据验证实现员工查询编号的快速输入后，下一步就需要使用 VLOOKUP 函数从"人事信息数据表"中根据指定的编号依次返回相关的信息。

❶ 选中 C4 单元格并输入公式"=VLOOKUP($D$2,人事信息数据表!$A$3:$M$92,ROW(A2))"，按 Enter 键，如图 11-37 所示。

❷ 向下复制此公式，依次根据指定查询编号返回员工相关信息，如图 11-38 所示。

图 11-37

图 11-38

❸ 选中 C11:C12 单元格区域，在"开始"选项卡的"数字"组中单击"数字格式"下拉按钮，在打开的下拉列表中选择"短日期"选项（见图 11-39），即可将其显示为正确的日期格式。

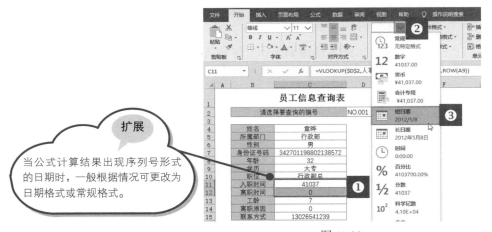

扩展

当公式计算结果出现序列号形式的日期时，一般根据情况可更改为日期格式或常规格式。

图 11-39

经验之谈

在复制公式时，如果公式中对数据使用的是相对引用方式，则随着公式的复制，引用位置也发生相应的变化；如果不希望数据源区域在公式复制时发生变化，则对其使用绝对引用方式，在单元格的行号列标前添加 "$" 则表示绝对引用。例如：本例的公式对不需要变化的区域使用了绝对引用，对需要变化的区域使用了相对引用。

公式解析

1. VLOOKUP 函数

VLOOKUP 函数用于在表格或数值数组的首列查找指定的数值，并返回表格或数组中指定列所对应位置的数值。

设置此区域时注意查找目标一定要在该区域的第一列，并且该区域中一定要包含要返回值所在的列。

=VLOOKUP（❶要查找的值,❷用于查找的区域,❸要返回哪一列上的值）

第 3 个参数决定了要返回的内容。一条记录有多种属性的数据，分别位于不同的列中，通过对该参数的设置可以返回要查看的内容。

2. ROW 函数

ROW 函数用于返回引用单元格的行号。如果没有参数，则返回公式所在单元格的行号。

3. 本例公式

① ROW(A2)返回 A2 单元格所在的行号，因此当前返回结果为 2。

=VLOOKUP($D$2,人事信息数据表!$A$3:$M$92,ROW(A2))

② VLOOKUP 函数表示在人事信息数据表的 A3:M92 单元格区域的首列中寻找与 D2 单元格中相同的编号，找到后返回对应在第 2 列中的值，即对应的姓名。此公式中的查找范围与查找条件都使用了绝对引用方式，即在向下复制公式时都是不改变的，唯一要改变的是用于指定返回"人事信息数据表"A3:M92 单元格区域哪一列值的参数。本例中使用了 ROW(A2)来指定，当公式复制到 C5 单元格时，ROW(A2)变为 ROW(A3)，返回值为 3；当公式复制到 C6 单元格时，ROW(A2)变为 ROW(A4)，返回值为 4，以此类推，这样就能依次返回指定编号人员的各项档案信息。

11.3.3　查询任意员工信息

当在员工信息查询表中建立公式后，就可以更改任意员工的编号以根据公式返回该工号下对应的员工信息。

❶ 单击 D2 单元格下拉按钮，在其下拉列表中选择其他员工工号，如 NO.021，系统即可自动显示出该员工信息，如图 11-40 所示。

❷ 单击 D2 单元格下拉按钮，在其下拉列表中选择其他员工工号，如 NO.080，系统即可自动显示出该员工信息，如图 11-41 所示。

图 11-40　　　　　　　　　　　图 11-41

11.4　人员学历层次、年龄层次、稳定性分析

对于一个快速发展的企业而言，对骨干型员工的培养是非常重要的。为了解公司人员结构，可以通过分析年龄层次、学历层次、人员稳定性来判断人员结构是年轻化还是老龄化。只有让新老员工有一个良性接替，才更有利于公司在技术、业务和决策能力上的发展。

本节中会根据创建的人事信息数据表建立数据透视表和数据透视图，对员工的学历层次、年龄层次和员工的稳定性进行分析。

11.4.1　分析员工学历层次

例 1：建立数据透视表分析员工学历层次

建立了员工人事信息数据表后，可以对本企业员工学历层次进行分析。数据透视表是 Excel 用来分析数据的利器，因此可以利用数据透视表快速统计企业员工中各学历的人数比例情况。

❶ 选中 G2:G90 单元格区域，在"插入"选项卡的"表格"组中单击"数据透视表"按钮，如图 11-42 所示。

❷ 打开"创建数据透视表"对话框，在"选择一个表或区域"栏下的"表/区域"框中显示了选中的单元格区域，创建位置默认设置为"新工作表"，如图 11-43 所示。

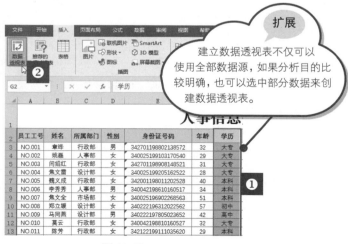

图 11-42

图 11-43

❸ 单击"确定"按钮，即可在新工作表中创建数据透视表。在字段列表中选中"学历"字段，按住鼠标左键将其拖动到"行"区域中；再次选中"学历"字段，按住鼠标左键将其拖动到"值"区域中。得到的统计结果如图 11-44 所示。

❹ 在"值"下拉列表框中右击"学历"字段，在弹出的快捷菜单中选择"值字段设置"命令，如图 11-45 所示。

图 11-44

图 11-45

❺ 打开"值字段设置"对话框，选择"值显示方式"选项卡，在"值显示方式"下拉列表中选择"列汇总的百分比"选项，在"自定义名称"文本框中输入"人数"，如图 11-46 所示。

❻ 完成以上设置后，单击"确定"按钮返回到工作表中，即可得到如图 11-47 所示的数据透视表。从中可以看到本科和大专的人数比例基本相同，硕士占比最低。

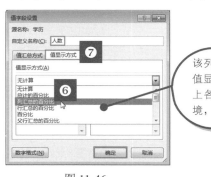

图 11-46

扩展

该列表框中还提供了其他的值显示方式。关于数据透视表上各种值显示方式的应用环境，在本书第 7 章已做介绍。

图 11-47

例 2：用图表直观显示各学历占比情况

使用数据透视图功能可以将抽象的数据以图形的大小、面积和高低来展现，让分析结果更直观地被看到。例如，本例中可以将各个学历的占比以饼图图表来展现。

---

❶ 选中数据透视表中的任意单元格，在"数据透视表工具-分析"选项卡的"工具"组中单击"数据透视图"按钮，如图 11-48 所示。

❷ 打开"插入图表"对话框，选择合适的图表类型，如"饼图"，如图 11-49 所示。单击"确定"按钮，即可在工作表中插入数据透视图。

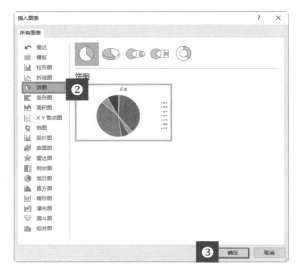

图 11-48

图 11-49

❸ 选中图表，单击"图表元素"按钮，在弹出的菜单中选择"数据标签"→"更多选项"命令，如图 11-50 所示。

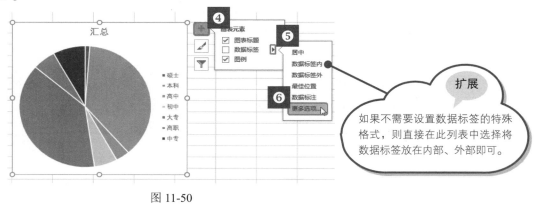

> **扩展**
> 如果不需要设置数据标签的特殊格式，则直接在此列表中选择将数据标签放在内部、外部即可。

图 11-50

❹ 打开"设置数据标签格式"窗格，在"标签选项"栏下勾选"类别名称"和"百分比"复选框，如图 11-51 所示。继续在"数字"栏下设置"类别"为"百分比"，并设置"小数位数"为2，如图 11-52 所示。

❺ 设置完毕关闭窗格，重新输入图表标题，并做一定的美化，得到如图 11-53 所示的图表。

图 11-51

图 11-52

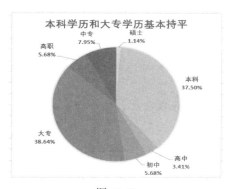

图 11-53

11.4.2　分析员工年龄层次

通过分析员工的年龄层次，可以帮助管理者实时掌握公司员工的年龄结构，及时调整招聘方案，为公司注入新鲜血液和积极留住有经验的老员工。

例 1：建立数据透视表分析员工年龄层次

使用"年龄"列数据建立数据透视表和数据透视图，可以实现对公司年龄层次的分析。

❶　选中 F2:F90 单元格区域，在"插入"选项卡的"表格"组中单击"数据透视表"按钮，如图 11-54 所示。

❷　打开"创建数据透视表"对话框，在"选择一个表或区域"框下的"表/区域"框中显示了选中的单元格区域，创建位置默认设置为"新工作表"，如图 11-55 所示。

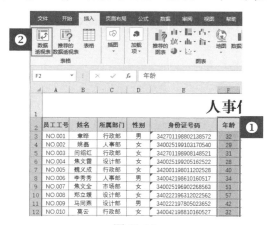

图 11-54

图 11-55

❸ 单击"确定"按钮，即可在新工作表中创建数据透视表，分别拖动"年龄"字段到"行"标签区域和"值"标签区域中，得到年龄统计结果。

❹ 单击"求和项：年龄"字段右侧的下拉按钮，在打开的下拉列表中选择"值字段设置"命令，如图 11-56 所示。

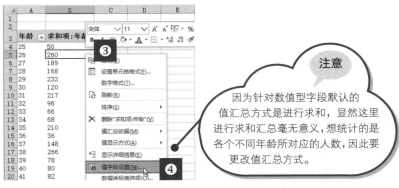

注意

因为针对数值型字段默认的值汇总方式是进行求和，显然这里进行求和汇总毫无意义，想统计的是各个不同年龄所对应的人数，因此要更改值汇总方式。

图 11-56

❺ 打开"值字段设置"对话框，在"值汇总方式"选项卡的"选择用于汇总所选字段数据的计算类型"下拉列表中选择"计数"选项，然后在"自定义名称"文本框中输入"人数"，如图 11-57 所示。

扩展

在此列表框中还可以选择其他计算类型，如计算最大值、最小值、平均值等。可根据当前的统计需求选择使用。

图 11-57

❻ 单击"确定"按钮即可完成计算类型的修改。选中"人数"字段下方任意单元格并右击，在弹出的快捷菜单中依次选择"值显示方式"→"总计的百分比"命令，如图 11-58 所示。

❼ 此时可以看到数据以百分比格式显示。选中行行标签的任意单元格，在"数据透视表工具-分析"选项卡的"组合"组中单击"分组选择"按钮，如图 11-59 所示。

图 11-58　　　　　　　　　　　　　　　　　图 11-59

❽ 打开"组合"对话框，设置"步长"为 10，其他默认不变，如图 11-60 所示。

❾ 单击"确定"按钮，即可看到分组后的年龄段数据。从透视表中可以看到 25~34 岁之间的人数占比最大，如图 11-61 所示。

图 11-60　　　　　　　　　　　　　　　　　图 11-61

例 2：用图表直观显示各年龄占比情况

利用数据透视表得出的统计结果可以创建数据透视图，通过饼图各扇面的面积查看各年龄段的占比大小。

❶ 选中数据透视表中的任意单元格，在"数据透视表工具-分析"选项卡的"工具"组中单击"数据透视图"按钮。

❷ 打开"插入图表"对话框，选择合适的图表类型，如"饼图"，如图 11-62 所示，单击"确定"按钮，即可创建默认的饼图图表，如图 11-63 所示。

❸ 选中图表，单击"图表元素"按钮，在弹出的菜单中选择"数据标签"→"更多选项"命令，如图 11-64 所示。

❹ 打开"设置数据标签格式"窗格，分别勾选"类别名称"和"百分比"复选框，如图 11-65 所示。

图 11-62

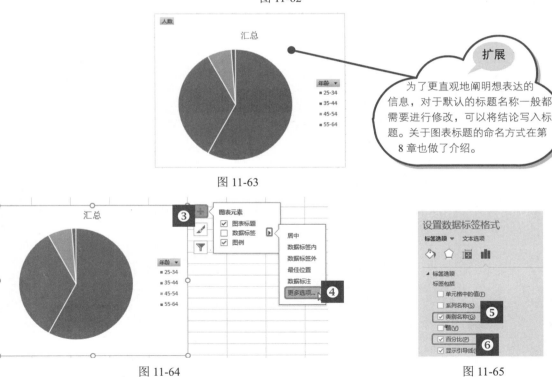

图 11-63

扩展

为了更直观地阐明想表达的信息，对于默认的标题名称一般都需要进行修改，可以将结论写入标题。关于图表标题的命名方式在第 8 章也做了介绍。

图 11-64

图 11-65

❺ 单击"图表样式"按钮，在弹出的菜单中选择"样式 4"命令，即可一键套用图表样式，如

图 11-66 所示。

❻ 在图表标题框中重新输入标题即可，从图表中可以看到企业员工的年龄 35 岁以下居多，如图 11-67 所示。

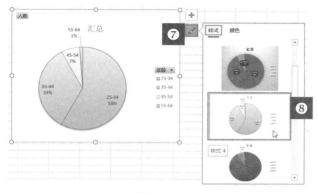

图 11-66　　　　　　　　　　　　　　　　　　　图 11-67

11.4.3　分析员工稳定性

对工龄进行分段统计，可以分析公司员工的稳定性。而在人事信息表中，通过计算的工龄数据可以快速创建直方图直观显示各工龄段人数分布情况。

❶ 切换到"人事信息数据表"中，选中"工龄"列下的单元格区域，在"插入"选项卡的"图表"组中单击"插入统计图表"下拉按钮，在打开的下拉列表中选择"直方图"选项（见图 11-68），即可在工作表中插入直方图。

图 11-68

❷ 双击图表中的水平坐标轴，如图 11-69 所示。

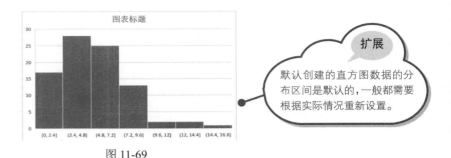

图 11-69

❸ 打开"设置坐标轴格式"窗格，选中"箱宽度"单选按钮，在右侧数值框中输入 3；选中"箱数"单选按钮，在右侧数值框中输入 5，如图 11-70 所示。执行上述操作后，可以看到图表变为 5 个柱子，且工龄按 3 年分段，如图 11-71 所示。

图 11-70

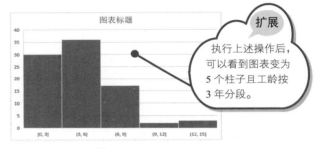

图 11-71

经验之谈

箱数就是柱子的数量，柱子越多就会对数据进行更细致的划分。这个数量也可以按需要进行设置，当默认的箱数值不是自己需要的时候，可以自定义设置。

❹ 在图表中输入能直观反映图表主题的标题，并美化图表。最终效果如图 11-72 所示。从图表中可以直观看到工龄段在 3~6 年的员工最多。

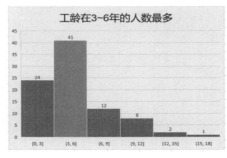

图 11-72

11.5 在职人员结构统计

公司人员结构分析是对公司人力资源状况的审查，用来检验人力资源配置与公司业务是否相匹配，它是人力资源规划的一项基础性工作。人员结构分析可以从性别、学历、年龄、工龄、人员类别、职位等进行分析。本节会对员工总数、各性别员工人数、不同学历人数、不同年龄段人数及各工龄段人数进行分析。

11.5.1 建立表格框架并定义名称

按照结构分类建立好统计表格，年龄以 5 岁为区间分类，工龄以 3 年分类。然后在进行数据统计前还需要进入"人事信息数据表"中的数据区域进行名称定义，因为后面的数据统计工作需要大量引用"人事信息数据表"中的数据，为方便对数据的引用，可先定义名称。

❶ 创建工作表，在工作表标签上双击鼠标，重新输入名称为"在职人员结构统计"，输入标题和列标识，并进行字体、边框、底纹等设置，从而让表格更加易于阅读，如图 11-73 所示。

图 11-73

❷ 在人事信息数据表中选中 A2:L90 单元格区域，在"公式"选项卡的"定义的名称"组中单击"根据所选内容创建"按钮，如图 11-74 所示。

❸ 打开"根据所选内容创建名称"对话框，只勾选"首行"复选框，如图 11-75 所示。单击"确定"按钮即可创建所有名称。打开"名称管理器"对话框，可以选中所有的列并各自定义其名称，其名称为列标识，如图 11-76 所示。

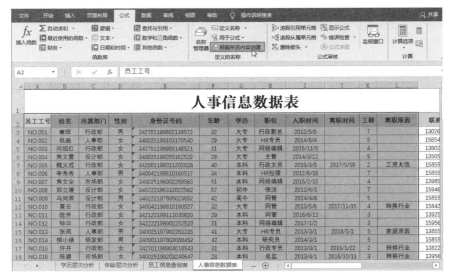

图 11-74

图 11-75

图 11-76

11.5.2 统计各部门员工总数、各性别员工人数

统计各部门的员工总人数，可以去除离职人员后，再按部门进行统计。如果要统计指定性别，则增加求和条件为"男"或"女"即可，具体公式设置及解析如下。

❶ 选中 B4 单元格并输入公式"=SUMPRODUCT((离职时间="")*(所属部门=A4))"，按 Enter 键，如图 11-77 所示。

❷ 向下复制此公式，快速得出各部门的员工总人数，如图 11-78 所示。

B4 =SUMPRODUCT((离职时间="")*(所属部门=A4))

在职人员结构统计		性别		学历					年龄				
部门	员工总数	男	女	硕士	本科	大专	高中	初中	25岁及以下	26-30岁	31-35岁	36-40岁	41
行政部	9												
人事部													
设计部													
市场部													
研发部													
财务部													
销售部													
客服部													

图 11-77

图 11-78

❸ 选中 C4 单元格并输入公式 "=SUMPRODUCT((离职时间="")*(所属部门=$A4)*(性别=C$3))"，按 Enter 键，如图 11-79 所示。

❹ 向下复制此公式，快速得出各部门的男性员工总人数，如图 11-80 所示。

C4 =SUMPRODUCT((离职时间="")*(所属部门=$A4)*(性别=C$3))

在职人员结构统计		性别		学历					年龄				
部门	员工总数	男	女	硕士	本科	大专	高中	初中	25岁及以下	26-30岁	31-35岁	36-40岁	41-45岁	45岁以上
行政部	9	4											
人事部	3												
设计部	12												
市场部	13												
研发部	7												
财务部	2												
销售部	14												
客服部	11												

图 11-79

图 11-80

❺ 选中 D4 单元格并输入公式 "=SUMPRODUCT((离职时间="")*(所属部门=$A4)*(性别=D$3))"，按 Enter 键，如图 11-81 所示。

❻ 向下复制此公式，快速得出各部门的女性员工总人数，如图 11-82 所示。

D4 =SUMPRODUCT((离职时间="")*(所属部门=$A4)*(性别=D$3))

在职人员结构统计		性别		学历					年龄				
部门	员工总数	男	女	硕士	本科	大专	高中	初中	25岁及以下	26-30岁	31-35岁	36-40岁	41-45岁	45岁以上
行政部	9	4	5										
人事部	3	1											
设计部	12	2											
市场部	13	7											
研发部	7	3											
财务部	2	1											
销售部	14	6											
客服部	11	7											

图 11-81

图 11-82

公式解析

1. SUMPRODUCT 函数

SUMPRODUCT 函数是一个数学函数，其最基本的用法是对数组间对应的元素相乘，并返回乘积之和。

$$= SUMPRODUCT（A2:A4,B2:B4,C2:C4）$$

执行的运算是："A2*B2*C2+A3*B3*C3+ A4*B4*C4"，即将各个数组中的数据一一对应相乘再相加。

实际上 SUMPRODUCT 函数的作用非常强大，它可以代替 SUMIF 和 SUMIFS 函数进行按条件求和，也可以代替 COUNTIF 和 COUNTIFS 函数进行计数运算。当需要判断一个条件或双条件时，用 SUMPRODUCT 函数进行求和或计数，与使用 SUMIF、SUMIFS、COUNTIF、COUNTIFS 函数没有什么差别。它的语法可以写为

$$=SUMPRODUCT（（条件1表达式）*（条件2表达式）*（条件3表达式）…$$
$$*（求和的区域））$$

2. 本例公式

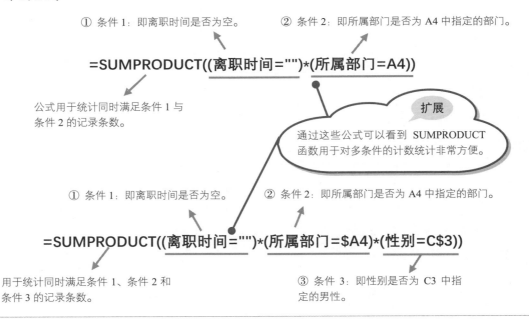

① 条件1：即离职时间是否为空。　② 条件2：即所属部门是否为 A4 中指定的部门。

=SUMPRODUCT((离职时间="")*(所属部门=A4))

公式用于统计同时满足条件1与条件2的记录条数。

扩展

通过这些公式可以看到 SUMPRODUCT 函数用于对多条件的计数统计非常方便。

① 条件1：即离职时间是否为空。　② 条件2：即所属部门是否为 A4 中指定的部门。

=SUMPRODUCT((离职时间="")*(所属部门=$A4)*(性别=C$3))

用于统计同时满足条件1、条件2和条件3的记录条数。

③ 条件3：即性别是否为 C3 中指定的男性。

11.5.3　统计各部门各学历人数

根据"人事信息数据表"中"学历"列的数据，可以设置公式统计各个学历的总人数。

❶ 选中 E4 单元格并输入公式"=SUMPRODUCT((离职时间="")*(所属部门=$A4)*(学历=E$3))"，按 Enter 键，如图 11-83 所示。

E4				=SUMPRODUCT((离职时间="")*(所属部门=$A4)*(学历=E$3))

部门	员工总数	性别		学历					年龄					
		男	女	硕士	本科	大专	高中	初中	25岁及以下	26-30岁	31-35岁	36-40岁	41-45岁	45岁以上
行政部	9	4	5	0										
人事部	3	1	2											
设计部	12	2	10											
市场部	13	7	6											
研发部	7	3	4											
财务部	2	1	1											
销售部	14	6	8											
客服部	11	7	4											

图 11-83

❷ 向下复制此公式，快速得出指定部门"硕士"学历的员工总人数，如图 11-84 所示。保持单元格选中状态再向右复制公式，依次得到其他部门各学历层次的人数合计，如图 11-85 所示。

部门	员工总数	性别		学历		
		男	女	硕士	本科	大专
行政部	9	4	5	0		
人事部	3	1	2	0		
设计部	12	2	10	0		
市场部	13	7	6	0		
研发部	7	3	4	1		
财务部	2	1	1	0		
销售部	14	6	8	1		
客服部	11	7	4	0		

图 11-84

部门	员工总数	性别		学历				
		男	女	硕士	本科	大专	高中	初中
行政部	9	4	5	0	2	4	1	1
人事部	3	1	2	0	2	1	0	0
设计部	12	2	10	0	4	4	1	2
市场部	13	7	6	0	6	2	1	1
研发部	7	3	4	1	2	2	0	0
财务部	2	1	1	0	0	2	0	0
销售部	14	6	8	1	4	7	0	0
客服部	11	7	4	0	4	7	0	0

图 11-85

公式解析

① 条件 1：即离职时间是否为空。　　③ 条件 3：即学历是否为 E3 中的硕士。

=SUMPRODUCT((离职时间="")*(所属部门=$A4)*(学历=E$3))

② 条件 2：即所属部门是否为 A4 中的行政部。

11.5.4　统计各部门各年龄段人数

根据不同的年龄段，可以使用 SUMPRODUCT 函数将指定部门符合指定年龄段的人数统计出来（不同的年龄段需要在公式中进行指定）。

❶ 选中 J4 单元格并输入公式"=SUMPRODUCT((所属部门=$A4)*(离职时间="")*(年龄<=25))"，按 Enter 键，如图 11-86 所示。

图 11-86

❷ 分别选中 K4、L4、M4、N4、O4 单元格并依次输入公式"=SUMPRODUCT((所属部门=$A4)*(离职时间="")*(年龄>25)*(年龄<=30))""=SUMPRODUCT((所属部门=$A4)*(离职时间="")*(年龄>30)*(年龄<=35))""=SUMPRODUCT((所属部门=$A4)*(离职时间="")*(年龄>35)*(年龄<=40))""=SUMPRODUCT((所属部门=$A4)*(离职时间="")*(年龄>40)*(年龄<=45))""=SUMPRODUCT((所属部门=$A4)*(离职时间="")*(年龄>45))"。按 Enter 键，得到"行政部"各年龄段的人数，如图 11-87 所示。

❸ 再选中 J4:O4 单元格区域并向下复制公式，快速得出其他部门各年龄段的员工总人数，如图 11-88 所示。

图 11-87

图 11-88

公式解析

① 条件 1：即所属部门是否为 A4 中的行政部。

② 条件 2：即离职时间是否为空值。

③ 条件 3：即年龄是否小于等于 25 岁。

=SUMPRODUCT((所属部门=$A4)*(离职时间="")*(年龄<=25))

11.5.5 统计各部门各工龄段人数

根据不同的年龄段，可以使用 SUMPRODUCT 函数将指定部门符合指定工龄段的人数合计值统计出来（不同的工龄段需要在公式中进行指定）。

❶ 选中 P4 单元格并输入公式"=SUMPRODUCT((所属部门=$A4)*(离职时间="")*(工龄<=1))"，按 Enter 键，如图 11-89 所示。得到该部门指定工龄段的人数。

P4 =SUMPRODUCT((所属部门=$A4)*(离职时间="")*(工龄<=1))

部门	1年以下	1-3年	3-5年	5年以上
行政部	2			
人事部				
设计部				
市场部				
研发部				
财务部				
销售部				
客服部				

图 11-89

❷ 分别选中 Q4、R4、S4 单元格并依次输入公式"=SUMPRODUCT((所属部门=$A4)*(离职时间="") *(工龄>1)*(工龄<=3))""=SUMPRODUCT((所属部门=$A4)*(离职时间="")*(工龄>3)*(工龄<=5))""=SUMPRODUCT ((所属部门=$A4)*(离职时间="")*(工龄>5))"。按 Enter 键，得到"行政部"各工龄段的人数，如图 11-90 所示。

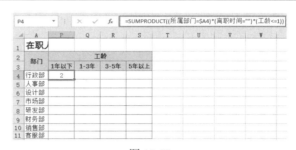

❸ 再选中 P4:S4 单元格区域并向下复制公式，快速得出其他部门各工龄段的员工总人数，如图 11-91 所示。

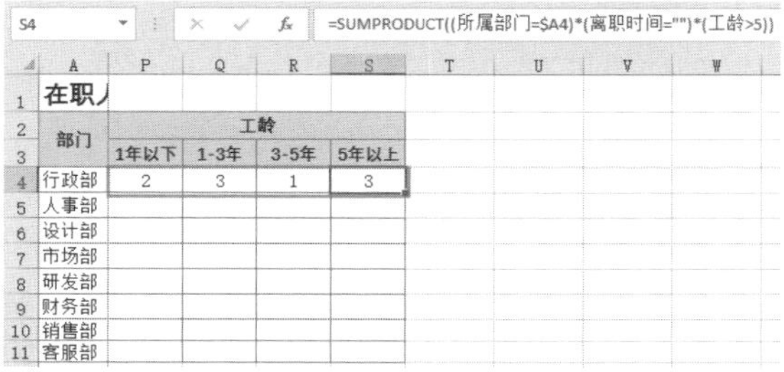
S4 =SUMPRODUCT((所属部门=$A4)*(离职时间="")*(工龄>5))

部门	1年以下	1-3年	3-5年	5年以上
行政部	2	3	1	3
人事部				
设计部				
市场部				
研发部				
财务部				
销售部				
客服部				

图 11-90

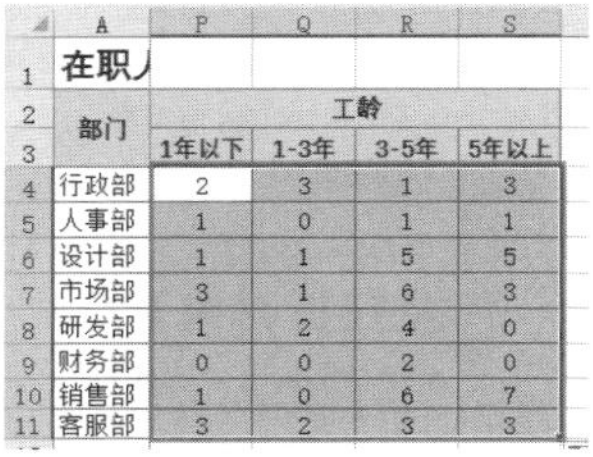

部门	1年以下	1-3年	3-5年	5年以上
行政部	2	3	1	3
人事部	1	0	1	1
设计部	1	1	5	5
市场部	3	1	6	3
研发部	1	2	4	0
财务部	0	0	2	0
销售部	1	0	6	7
客服部	3	2	3	3

图 11-91

公式解析

条件1：所属部门是否为 A4 中的行政部。　　条件2：离职时间是否为空。

=SUMPRODUCT((所属部门=$A4)*(离职时间="")*(工龄<=1))

条件3：工龄是否小于等于1。

11.6　人员流动情况分析

企业对人员流动情况进行分析是很有必要的，它是企业从多维度、多指标中分析人员流动情况，分析员工离职的根本原因，从而发掘出企业在日常管理中的问题并加以改善，因为公司大小不同、人员流动情况不同、公司关注人员流动的侧重点不同、HR 的思维习惯不同等，所以对人员流动情况分析在维度和指标上会体现出差异。本节主要是讲解基本的人员流动数据汇总分析。

由于篇幅限制，写作中提供的数据有限，本书中只是介绍建表方式与统计公式，在实际工作应用中无论有多少数据，只要按此方式来建立公式，统计结果都会自动呈现。

❶ 创建工作表，在工作表标签上双击鼠标，重新输入名称为"人员流动情况分析"，输入标题和列标识，并进行字体、边框、底纹等设置，从而让表格更加易于阅读，如图 11-92 所示。

部门	2013		2014		2015		2016		2017	
	离职	入职	离职	入职	离职	入职	离职	入职	离职	入职
行政部										
人事部										
设计部										
市场部										
研发部										
财务部										
销售部										
客服部										

员工信息查询表　人事信息数据表　在职人员结构统计　人员离职原因汇总分析　人员流动情况分析

图 11-92

❷ 选中 B4 单元格并输入公式"=SUMPRODUCT((所属部门=$A4)*(YEAR(离职时间)=2013))"，按 Enter 键，得到 2013 年离职人数，如图 11-93 所示。

❸ 选中 C4 单元格并输入公式"=SUMPRODUCT((所属部门=$A4)*(YEAR(入职时间)=2013))"，按

Enter 键，得到 2013 年入职人数，如图 11-94 所示。

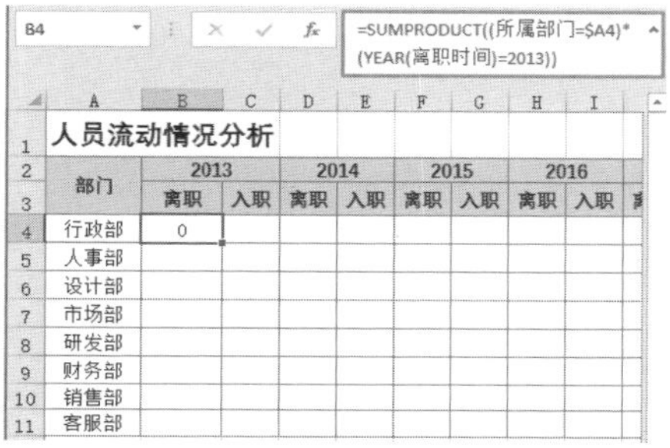

图 11-93

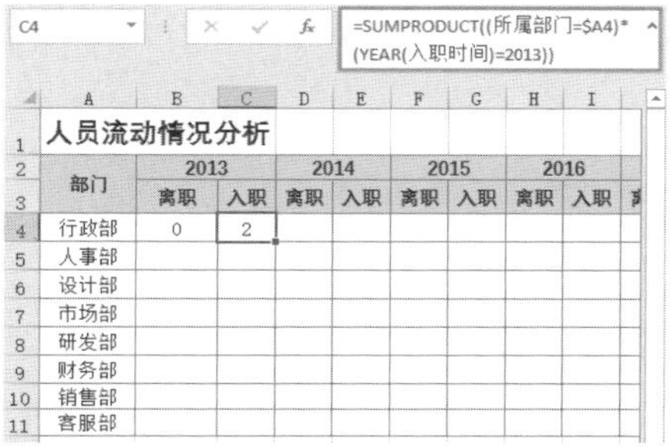

图 11-94

❹ 分别选中 D4、E4、F4、G4、H4、I4、J4、K4 单元格并依次输入公式 "=SUMPRODUCT((所属部门=$A4)*(YEAR(离职时间)=2014))" "=SUMPRODUCT((所属部门=$A4)*(YEAR(入职时间)=2014))" "=SUMPRODUCT((所属部门=$A4)*(YEAR(离职时间)=2015))" "=SUMPRODUCT((所属部门=$A4)*(YEAR(入职时间)=2015))" "=SUMPRODUCT((所属部门=$A4)*(YEAR(离职时间)=2016))" "=SUMPRODUCT((所属部门=$A4)*(YEAR(入职时间)=2016))" "=SUMPRODUCT((所属部门=$A4)*(YEAR(离职时间)=2017))" "=SUMPRODUCT((所属部门=$A4)*(YEAR(入职时间)=2017))"，按 Enter 键，依次得到 "行政部" 各年份的离职和入职人数，如图 11-95 所示。

❺ 再分别向下复制公式（按不同年份分别向下复制公式），依次得出其他部门各年份的离职和入职人数，如图 11-96 所示。

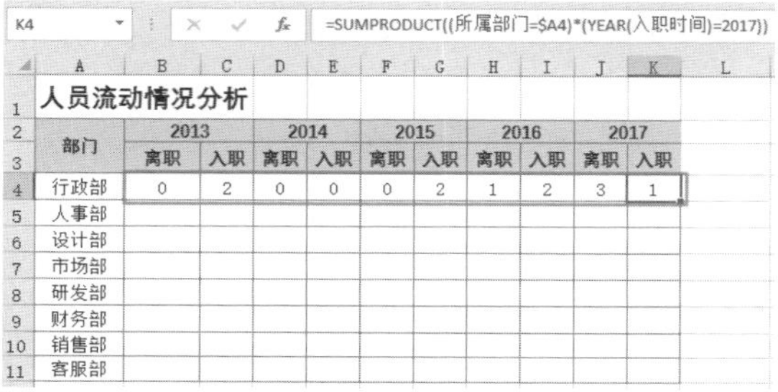

图 11-95

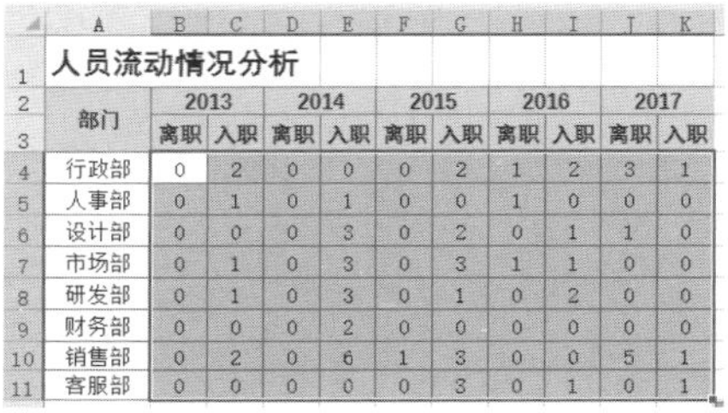

图 11-96

公式解析

条件 1：所属部门是否为 A4 中的行政部。

条件 2：使用 YEAR 函数提取离职时间中的年份值，再判断其是否等于 2013。如果是，即为满足条件的记录。

=SUMPRODUCT((所属部门=$A4)*(YEAR(离职时间)=2013))

11.7　离职原因统计分析

离职的原因有很多种，企业可以根据实际情况调查离职人员的离职原因，并分期进行数据统计，从而了解哪些原因是造成公司人员流动的主要因素，再有针对性地完善公司制度和管理结构。

❶ 创建工作表，在工作表标签上双击鼠标，重新输入名称为"人员离职原因汇总分析"，输入标题和列标识，并进行字体、边框、底纹等设置，从而让表格更加易于阅读，如图 11-97 所示。

❷ 选中 B3 单元格并输入公式"=SUMPRODUCT((离职原因=$A3)*(YEAR(离职时间)=B$2))"，按 Enter 键，如图 11-98 所示。

图 11-97　　　　　　　　　　　　图 11-98

❸ 向右复制此公式，依次得到其他年份人数，如图 11-99 所示。继续向下复制公式，依次得到不同离职原因各个年份的总人数合计，如图 11-100 所示。

图 11-99　　　　　　　　　　　　图 11-100

公式解析

条件 1：离职原因是否是 A3 中的原因。

=SUMPRODUCT((离职原因=$A3)*(YEAR(离职时间)=B$2))

条件 2：使用 YEAR 函数提取离职时间中的年份值，再判断其是否是 B2 中的指定年份。如果是，即为满足条件的记录。

经验之谈

对于专业的数据分析人员来说，固定需求的数据可以事先建立一套完善的统计表格，一次性的劳动以后可以重复使用，对于临时需求的数据再临时统计。如在职、入职人员的学历、性别、年龄、工龄统计分析在工作中是固定需要的，另外还有人事报表、人员流动情况、临时工聘用情况等，这些可以建立相应的统计分析表格和图表，每次需要时打开工作表查看即可。临时统计的统计表可以使用数据透视表快速统计，而一些需要固定结构的统计表建议使用函数进行统计。

第 12 章

考勤管理要模板化：考勤数据月、年度统计及深度分析

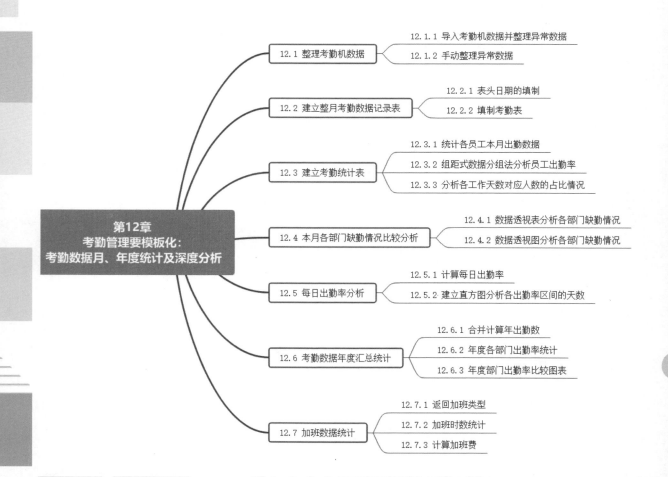

- 12.1 整理考勤机数据
  - 12.1.1 导入考勤机数据并整理异常数据
  - 12.1.2 手动整理异常数据
- 12.2 建立整月考勤数据记录表
  - 12.2.1 表头日期的填制
  - 12.2.2 填制考勤表
- 12.3 建立考勤统计表
  - 12.3.1 统计各员工本月出勤数据
  - 12.3.2 组距式数据分组法分析员工出勤率
  - 12.3.3 分析各工作天数对应人数的占比情况
- 12.4 本月各部门缺勤情况比较分析
  - 12.4.1 数据透视表分析各部门缺勤情况
  - 12.4.2 数据透视图分析各部门缺勤情况
- 12.5 每日出勤率分析
  - 12.5.1 计算每日出勤率
  - 12.5.2 建立直方图分析各出勤率区间的天数
- 12.6 考勤数据年度汇总统计
  - 12.6.1 合并计算年出勤数
  - 12.6.2 年度各部门出勤率统计
  - 12.6.3 年度部门出勤率比较图表
- 12.7 加班数据统计
  - 12.7.1 返回加班类型
  - 12.7.2 加班时数统计
  - 12.7.3 计算加班费

第12章
考勤管理要模板化：
考勤数据月、年度统计及深度分析

12.1 整理考勤机数据

考勤机用来记录公司员工上下班打卡的原始信息。一般在月末时都需要将考勤机数据导入计算机作为原始数据对本月的考勤情况进行核对、汇总、统计，从而制作出本月的考勤数据统计表。

12.1.1 导入考勤机数据并整理异常数据

考勤机数据导入到 Excel 中时，除了每日打卡记录外，还会自动产生异常统计表，其中包括迟到、早退和旷工的各类情况。在"考勤异常"表格中可以根据迟到、早退的时间进行更加灵活的判断。例如，企业规定将迟到时间超过 40 分钟的处理为旷工半天，可以利用公式进行处理。

❶ 如图 12-1 所示为从考勤机导入的考勤数据。

	A	B	C	D	E	F
1	员工编号	姓名	部门	刷卡日期	上班卡	下班卡
2	NO.001	韦晔	行政部	2020/4/1	7:51:52	17:19:15
3	NO.001	韦晔	行政部	2020/4/2	7:42:23	17:15:08
4	NO.001	韦晔	行政部	2020/4/3	8:10:40	17:19:15
5	NO.001	韦晔	行政部	2020/4/6	7:51:52	17:19:15
6	NO.001	韦晔	行政部	2020/4/7	7:49:09	17:20:21
7	NO.001	韦晔	行政部	2020/4/8	7:58:11	16:55:31
8	NO.001	韦晔	行政部	2020/4/9	7:56:53	18:30:22
9	NO.001	韦晔	行政部	2020/4/10	7:52:38	17:26:15
10	NO.001	韦晔	行政部	2020/4/13	7:52:21	16:50:09
11	NO.001	韦晔	行政部	2020/4/14		
12	NO.001	韦晔	行政部	2020/4/15	7:51:35	17:21:12
13	NO.001	韦晔	行政部	2020/4/16	7:50:36	17:00:23
14	NO.001	韦晔	行政部	2020/4/17	7:52:38	17:26:15
15	NO.001	韦晔	行政部	2020/4/20	7:52:38	19:22:00
16	NO.001	韦晔	行政部	2020/4/21	7:52:38	17:26:15
17	NO.001	韦晔	行政部	2020/4/22	7:52:38	17:26:15
18	NO.001	韦晔	行政部	2020/4/23	7:52:38	17:05:10
19	NO.001	韦晔	行政部	2020/4/24	7:52:38	17:26:15
20	NO.001	韦晔	行政部	2020/4/27	7:52:38	17:26:15
21	NO.001	韦晔	行政部	2020/4/28	8:10:15	17:09:21
22	NO.001	韦晔	行政部	2020/4/29	7:52:38	17:26:15
23	NO.001	韦晔	行政部	2020/4/30	7:52:38	17:11:55
24	NO.002	姚磊	人事部	2020/4/1	8:00:00	17:09:31
25	NO.002	姚磊	人事部	2020/4/2	7:42:23	17:15:08
26	NO.002	姚磊	人事部	2020/4/3	7:52:40	18:16:11

考勤机数据　考勤异常

图 12-1

❷ 如图 12-2 所示为考勤机生成的异常数据记录，这里的记录一般是对迟到、早退和未打卡的情况进行反馈。

❸ 在 M 列建立"旷工半天处理"计算标识，选中 M5 单元格并输入公式"=IF(OR(K5>40,L5>40),"旷(半)","")"，按 Enter 键，可判断第一条记录是否符合"旷（半）"条件，如图 12-3 所示。

❹ 向下复制此公式，可以获取所有员工的旷工半天处理结果，如图 12-4 所示。

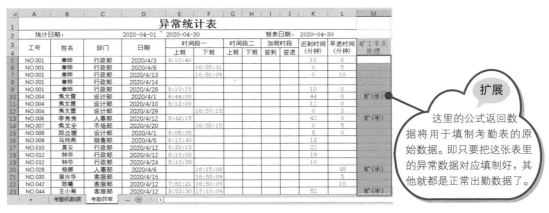

异常统计表

统计日期：2020-04-01 ~ 2020-04-30　　制表日期：2020-04-30

工号	姓名	部门	日期	时间段一		时间段二		加班时段		迟到时间（分钟）	早退时间（分钟）
				上班	下班	上班	下班	签到	签退		
NO.001	章晔	行政部	2020/4/3	8:10:40						10	0
NO.001	章晔	行政部	2020/4/8		16:55:31					0	5
NO.001	章晔	行政部	2020/4/13		16:50:09					0	10
NO.001	章晔	行政部	2020/4/14								
NO.001	章晔	行政部	2020/4/28	8:10:15						10	0
NO.004	焦文雷	设计部	2020/4/1	8:44:00						44	0
NO.004	焦文雷	设计部	2020/4/10	8:12:00						12	0
NO.004	焦文雷	设计部	2020/4/29		16:57:15					0	3
NO.006	李秀秀	人事部	2020/4/12	8:42:15						42	0
NO.007	焦文全	市场部	2020/4/20		16:55:15					0	5
NO.008	郑立媛	设计部	2020/4/1	8:05:05						5	0
NO.009	马同燕	销售部	2020/4/5	8:12:40						12	
NO.010	莫云	行政部	2020/4/12	8:22:15						22	
NO.012	钟华	行政部	2020/4/12	8:19:00						19	
NO.012	钟华	行政部	2020/4/24	8:10:38						10	
NO.028	杨娜	人事部	2020/4/6		16:15:08						45
NO.030	苗兴华	客服部	2020/4/15		16:55:09						5
NO.042	陈曦	客服部	2020/4/12	7:52:21	16:50:09						10
NO.044	王小菊	客服部	2020/4/12	8:52:30	17:10:09					52	

考勤机数据　考勤异常

图 12-2

M5　=IF(OR(K5>40,L5>40),"旷(半)","")

异常统计表

统计日期：2020-04-01 ~ 2020-04-30　　制表日期：2020-04-30

工号	姓名	部门	日期	时间段一		时间段二		加班时段		迟到时间（分钟）	早退时间（分钟）	旷工半天处理
				上班	下班	上班	下班	签到	签退			
NO.001	章晔	行政部	2020/4/3	8:10:40						10	0	
NO.001	章晔	行政部	2020/4/8		16:55:31					0	5	
NO.001	章晔	行政部	2020/4/13		16:50:09					0	10	
NO.001	章晔	行政部	2020/4/14									
NO.001	章晔	行政部	2020/4/28	8:10:15						10	0	
NO.004	焦文雷	设计部	2020/4/1	8:44:00						44	0	
NO.004	焦文雷	设计部	2020/4/10	8:12:00						12	0	
NO.004	焦文雷	设计部	2020/4/29		16:57:15					0	3	
NO.006	李秀秀	人事部	2020/4/12	8:42:15						42	0	

图 12-3

异常统计表

统计日期：2020-04-01 ~ 2020-04-30　　制表日期：2020-04-30

工号	姓名	部门	日期	时间段一		时间段二		加班时段		迟到时间（分钟）	早退时间（分钟）	旷工半天处理
				上班	下班	上班	下班	签到	签退			
NO.001	章晔	行政部	2020/4/3	8:10:40						10	0	
NO.001	章晔	行政部	2020/4/8		16:55:31					0	5	
NO.001	章晔	行政部	2020/4/13		16:50:09					0	10	
NO.001	章晔	行政部	2020/4/14									
NO.001	章晔	行政部	2020/4/28	8:10:15						10	0	
NO.004	焦文雷	设计部	2020/4/1	8:44:00						44	0	旷(半)
NO.004	焦文雷	设计部	2020/4/10	8:12:00						12	0	
NO.004	焦文雷	设计部	2020/4/29		16:57:15					0	3	
NO.006	李秀秀	人事部	2020/4/12	8:42:15						42	0	旷(半)
NO.007	焦文全	市场部	2020/4/20		16:55:15					0	5	
NO.008	郑立媛	设计部	2020/4/1	8:05:05						5	0	
NO.009	马同燕	销售部	2020/4/5	8:12:40						12		
NO.010	莫云	行政部	2020/4/12	8:22:15						22		
NO.012	钟华	行政部	2020/4/12	8:19:00						19		
NO.012	钟华	行政部	2020/4/24	8:10:38						10		
NO.028	杨娜	人事部	2020/4/6		16:15:08						45	旷(半)
NO.030	苗兴华	客服部	2020/4/15		16:55:09						5	
NO.042	陈曦	客服部	2020/4/12	7:52:21	16:50:09						10	
NO.044	王小菊	客服部	2020/4/12	8:52:30	17:10:09					52		旷(半)

考勤机数据　考勤异常

扩展
这里的公式返回数据将用于填制考勤表的原始数据。即只要把这张表里的异常数据对应填制好，其他就都是正常出勤数据了。

图 12-4

公式解析

1. OR 函数

在 OR 函数中，其参数中的任意一个条件为 TRUE 时，即返回 TRUE；当所有条件为 FALSE 时，才返回 FALSE。

$$=OR(B2>60,C2>60)$$

条件 1：是条件值或表达式。　　条件 2：是条件值或表达式。

条件 1 与条件 2 只要有一个为真，最终结果就为 TRUE。

2. 本例公式

① OR 函数判断 K5 和 L5 单元格中的时间是否大于 40 分钟，只要有一个满足条件即返回 TRUE，两个都不满足则返回 FALSE。

$$=IF(OR(K5>40,L5>40),"旷(半)","")$$

② IF 函数根据①步结果返回对应内容，如果①步结果为真，则返回"旷(半)"；如果为假，则返回空白值。

12.1.2　手动整理异常数据

根据所使用的考勤机不同，有些考勤机不一定会生成异常数据。如果考勤机只对上下班的打卡时间进行了记录，那么，也可以按如下方法手动整理异常数据。可以先根据考勤打卡时间判断迟到、早退、旷工等情况，然后再利用筛选功能将所有异常的数据整理出来形成异常表格。

例 1：手动计算异常数据

在"考勤机数据"表格中，可以利用公式对打卡时间进行判断，从而返回迟到、早退、旷工等结论。

❶ 选中 G2 单元格并输入公式"=IF(E2>TIMEVALUE("08:00"),"迟到","")"，按 Enter 键，如图 12-5 所示。

	A	B	C	D	E	F	G	H	I
1	员工编号	姓名	部门	刷卡日期	上班卡	下班卡	迟到情况	早退情况	旷工情况
2	NO.001	章晔	行政部	2020/4/1	7:51:52	17:19:15			
3	NO.001	章晔	行政部	2020/4/2	7:42:23	17:15:08			
4	NO.001	章晔	行政部	2020/4/3	8:10:40	17:19:15			
5	NO.001	章晔	行政部	2020/4/6	7:51:52	17:19:15			
6	NO.001	章晔	行政部	2020/4/7	7:49:09	17:20:21			
7	NO.001	章晔	行政部	2020/4/8	7:58:11	16:55:31			
8	NO.001	章晔	行政部	2020/4/9	7:56:53	18:30:22			
9	NO.001	章晔	行政部	2020/4/10	7:52:38	17:26:15			
10	NO.001	章晔	行政部	2020/4/13	7:52:21	16:50:09			
11	NO.001	章晔	行政部	2020/4/14					

图 12-5

❷ 向下复制此公式,可以获取所有员工的迟到情况,如图 12-6 所示。

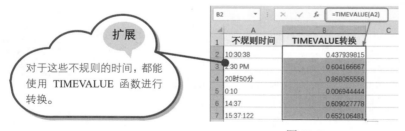

图 12-6

公式解析

1. TIMEVALUE 函数

将非标准格式的时间转换为可以进行计算的时间。

如图 12-7 所示,A 列中的时间都是不规范的(文本格式),可以使用 TIMEVALUE 函数将其转换为时间值对应的小数值。

> **扩展**
>
> 对于这些不规则的时间,都能使用 TIMEVALUE 函数进行转换。

图 12-7

2. 本例公式

① 将 08:00 转换为可计算的时间值。

=IF(E2>TIMEVALUE("08:00"),"迟到","")

② 使用 IF 函数判断 E2 单元格的上班时间是否大于①步中的时间,即 08:00。如果是,则返回"迟到",否则返回空值。

❸ 选中 H2 单元格并输入公式“=IF(F2="","",IF(F2<TIMEVALUE("17:00"),"早退",""))”，按 Enter 键，如图 12-8 所示。

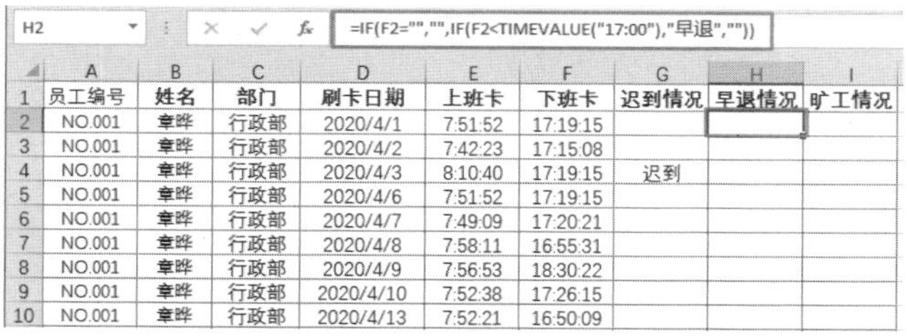
H2 =IF(F2="","",IF(F2<TIMEVALUE("17:00"),"早退",""))

	A	B	C	D	E	F	G	H	I
1	员工编号	姓名	部门	刷卡日期	上班卡	下班卡	迟到情况	早退情况	旷工情况
2	NO.001	章晔	行政部	2020/4/1	7:51:52	17:19:15			
3	NO.001	章晔	行政部	2020/4/2	7:42:23	17:15:08			
4	NO.001	章晔	行政部	2020/4/3	8:10:40	17:19:15	迟到		
5	NO.001	章晔	行政部	2020/4/6	7:51:52	17:19:15			
6	NO.001	章晔	行政部	2020/4/7	7:49:09	17:20:21			
7	NO.001	章晔	行政部	2020/4/8	7:58:11	16:55:31			
8	NO.001	章晔	行政部	2020/4/9	7:56:53	18:30:22			
9	NO.001	章晔	行政部	2020/4/10	7:52:38	17:26:15			
10	NO.001	章晔	行政部	2020/4/13	7:52:21	16:50:09			

图 12-8

❹ 向下复制此公式，即可获取所有员工的早退情况，如图 12-9 所示。

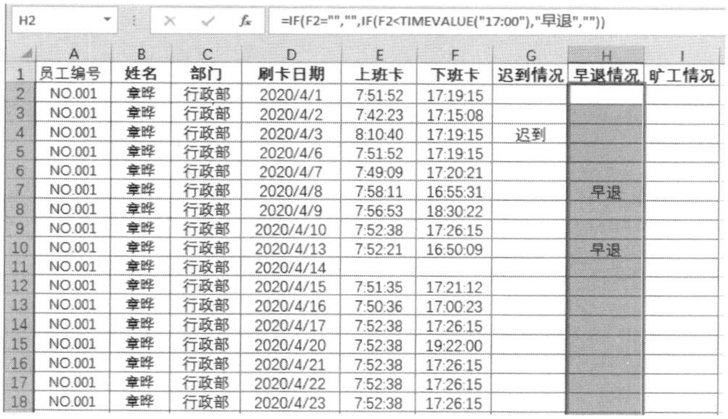
H2 =IF(F2="","",IF(F2<TIMEVALUE("17:00"),"早退",""))

	A	B	C	D	E	F	G	H	I
1	员工编号	姓名	部门	刷卡日期	上班卡	下班卡	迟到情况	早退情况	旷工情况
2	NO.001	章晔	行政部	2020/4/1	7:51:52	17:19:15			
3	NO.001	章晔	行政部	2020/4/2	7:42:23	17:15:08			
4	NO.001	章晔	行政部	2020/4/3	8:10:40	17:19:15	迟到		
5	NO.001	章晔	行政部	2020/4/6	7:51:52	17:19:15			
6	NO.001	章晔	行政部	2020/4/7	7:49:09	17:20:21			
7	NO.001	章晔	行政部	2020/4/8	7:58:11	16:55:31		早退	
8	NO.001	章晔	行政部	2020/4/9	7:56:53	18:30:22			
9	NO.001	章晔	行政部	2020/4/10	7:52:38	17:26:15			
10	NO.001	章晔	行政部	2020/4/13	7:52:21	16:50:09		早退	
11	NO.001	章晔	行政部	2020/4/14					
12	NO.001	章晔	行政部	2020/4/15	7:51:35	17:21:12			
13	NO.001	章晔	行政部	2020/4/16	7:50:36	17:00:23			
14	NO.001	章晔	行政部	2020/4/17	7:52:38	17:26:15			
15	NO.001	章晔	行政部	2020/4/20	7:52:38	19:22:00			
16	NO.001	章晔	行政部	2020/4/21	7:52:38	17:26:15			
17	NO.001	章晔	行政部	2020/4/22	7:52:38	17:26:15			
18	NO.001	章晔	行政部	2020/4/23	7:52:38	17:26:15			

图 12-9

公式解析

① 首先判断 F2 单元格的下班时间是否为空，如果为空，则返回空值；如果不是，则执行后面一个 IF 判断。

=IF(F2="","",IF(F2<TIMEVALUE("17:00"),"早退",""))

② 当①步结果不为空值，则判断 F2 中的时间是否小于下班时间 17:00，如果是，则返回“早退”；否则返回空值。

❺ 选中 I2 单元格并输入公式“=IF(COUNTBLANK(E2:F2)=2,"旷工","")”，按 Enter 键，如图 12-10 所示。

❻ 向下复制此公式，即可获取所有员工的旷工情况，如图 12-11 所示。

图 12-10

图 12-11

公式解析

1. COUNTBLANK 函数

COUNTBLANK 函数用于计算给定单元格区域中空白单元格的个数。

2. 本例公式

$$=IF(COUNTBLANK(E2:F2)=2,"旷工","")$$

判断 E2:F2 单元格中空值的个数是否等于 2（即没有上下班打卡记录）。
如果是，则返回"旷工"；否则返回空值。

例 2：筛选考勤异常数据

由于考勤数据条目众多（整月中每一位员工就有 20 多条考勤记录），因此可以使用筛选功能将所有考勤异常的记录都筛选出来，形成考勤异常表，这样在填制考勤表时，只要把这些异常数据对应填制好，其他数据都填为正常出勤即可。

❶ 新建工作表并在工作表标签上双击鼠标，将其重命名为"考勤异常（手动）"，并在 A1:C4 单元格区域建立筛选条件。

❷ 在"数据"选项卡的"排序和筛选"组中单击"筛选"按钮，如图 12-12 所示。

❸ 打开"高级筛选"对话框，设置筛选方式为"将筛选结果复制到其他位置"，再分别设置"列表区域""条件区域"和"复制到"的位置，如图 12-13 所示。

扩展

这里是"或"条件，即要有这几种情况中的任意一种就会被筛选出来，所以需要将筛选条件分行输入。

图 12-12

图 12-13

❹ 单击"确定"按钮即可筛选出迟到、早退和旷工的所有记录，如图 12-14 所示。

	A	B	C	D	E	F	G	H	I
1	迟到情况	早退情况	旷工情况						
2	迟到								
3		早退							
4			旷工						
5									
6	员工编号	姓名	部门	刷卡日期	上班卡	下班卡	迟到情况	早退情况	旷工情况
7	NO.001	章晔	行政部	2020/4/3	8:10:40	17:19:15	迟到		
8	NO.001	章晔	行政部	2020/4/8	7:58:11	16:55:31		早退	
9	NO.001	章晔	行政部	2020/4/13	7:52:21	16:50:09		早退	
10	NO.001	章晔	行政部	2020/4/14					旷工
11	NO.001	章晔	行政部	2020/4/28	8:10:15	17:09:21	迟到		
12	NO.004	焦文雷	设计部	2020/4/1	8:44:00	17:09:31	迟到		
13	NO.004	焦文雷	设计部	2020/4/10	8:12:40	17:09:31	迟到		
14	NO.004	焦文雷	设计部	2020/4/29	7:52:38	16:57:15		早退	
15	NO.006	李秀秀	人事部	2020/4/10	8:42:15	17:09:21	迟到		
16	NO.007	焦文全	市场部	2020/4/20	7:52:38	16:55:15		早退	
17	NO.008	郑立媛	设计部	2020/4/1	8:05:05	17:09:31	迟到		
18	NO.009	马同燕	设计部	2020/4/3	8:12:40	18:16:11	迟到		
19	NO.010	莫云	行政部	2020/4/10	8:22:15	17:09:21	迟到		
20	NO.012	钟华	行政部	2020/4/10	8:19:00	17:09:21	迟到		
21	NO.012	钟华	行政部	2020/4/24	8:10:38	17:26:15	迟到		
22	NO.013	张燕	人事部	2020/4/2	7:42:23	16:17:08		早退	
23	NO.013	张燕	人事部	2020/4/16	7:50:36	16:00:23		早退	
24	NO.013	张燕	人事部	2020/4/20					旷工

考勤机数据　考勤异常　考勤异常（手动）

图 12-14

例 3：计算异常旷工

如果超过规定上（下）班时间即是"迟到"或"早退"，但是迟到或早退的时间太多则做异常旷工处理。本例中约定：如果员工迟到的时间或早退的时间超过 40 分钟，则以该名员工"旷工半天"处理。

❶ 选中 J7 单元格并输入公式"=IF(I7="旷工","",IF(OR(E7-TIMEVALUE("8:00")>TIMEVALUE ("0:40"), TIMEVALUE("17:00")-F7>TIMEVALUE("0:40")),"旷(半)",""))"，按 Enter 键，如图 12-15 所示。

J7 | =IF(I7="旷工","",IF(OR(E7-TIMEVALUE("8:00")>TIMEVALUE("0:40"),TIMEVALUE("17:00")-F7>TIMEVALUE("0:40")),"旷(半)",""))

员工编号	姓名	部门	刷卡日期	上班卡	下班卡	迟到情况	早退情况	旷工情况	是否旷工半天处理
NO.001	韦晔	行政部	2020/4/3	8:10:40	17:19:15	迟到			
NO.001	韦晔	行政部	2020/4/8	7:58:11	16:55:31		早退		
NO.001	韦晔	行政部	2020/4/13	7:52:21	16:50:09		早退		
NO.001	韦晔	行政部	2020/4/14					旷工	
NO.001	韦晔	行政部	2020/4/28	8:10:15	17:09:21	迟到			
NO.004	焦文雷	设计部	2020/4/1	8:44:00	17:09:31	迟到			
NO.004	焦文雷	设计部	2020/4/10	8:12:00	17:09:21	迟到			
NO.004	焦文雷	设计部	2020/4/29	7:52:38	16:57:15		早退		

图 12-15

❷ 向下复制此公式，即可判断每一位员工是否旷工半天，如图 12-16 所示。

员工编号	姓名	部门	刷卡日期	上班卡	下班卡	迟到情况	早退情况	旷工情况	是否旷工半天处理
NO.001	韦晔	行政部	2020/4/3	8:10:40	17:19:15	迟到			
NO.001	韦晔	行政部	2020/4/8	7:58:11	16:55:31		早退		
NO.001	韦晔	行政部	2020/4/13	7:52:21	16:50:09		早退		
NO.001	韦晔	行政部	2020/4/14					旷工	
NO.001	韦晔	行政部	2020/4/28	8:10:15	17:09:21	迟到			
NO.004	焦文雷	设计部	2020/4/1	8:44:00	17:09:31	迟到			旷(半)
NO.004	焦文雷	设计部	2020/4/10	8:12:00	17:09:21	迟到			
NO.004	焦文雷	设计部	2020/4/29	7:52:38	16:57:15		早退		
NO.006	李秀秀	人事部	2020/4/3	8:42:15	17:09:21	迟到			旷(半)
NO.007	焦文全	市场部	2020/4/20	7:52:38	16:55:15		早退		
NO.008	郑立媛	设计部	2020/4/1	8:05:05	17:09:31	迟到			
NO.009	马同燕	设计部	2020/4/3	8:12:40	18:16:11	迟到			
NO.010	莫云	行政部	2020/4/10	8:22:15	17:09:21	迟到			
NO.012	钟华	行政部	2020/4/10	8:19:00	17:09:21	迟到			
NO.012	钟华	行政部	2020/4/24	8:10:38	17:26:15	迟到			
NO.013	张燕	人事部	2020/4/2	7:42:23	16:17:08		早退		旷(半)
NO.013	张燕	人事部	2020/4/16	7:50:36	16:00:23		早退		旷(半)
NO.013	张燕	人事部	2020/4/20					旷工	
NO.013	张燕	人事部	2020/4/21					旷工	
NO.013	张燕	人事部	2020/4/23	8:02:38	17:26:15	迟到			
NO.014	柳小续	研发部	2020/4/15					旷工	
NO.014	柳小续	研发部	2020/4/16					旷工	
NO.015	许开	行政部	2020/4/10	8:00:15	17:09:21	迟到			

图 12-16

公式解析

1. TIMEVALUE 函数

将非标准格式的时间转换为可以进行计算的时间。

如图 12-17 所示，A 列中的时间都是不规范的（文本格式），可以使用 TIMEVALUE 函数转换为时间值对应的小数值。

扩展

也可以是这些不规则的时间都能使用 TIMEVALUE 函数进行转换。

B2 | =TIMEVALUE(A2)

不规则时间	TIMEVALUE转换
10:30:38	0.437939815
2:30 PM	0.604166667
20时50分	0.868055556
0:10	0.006944444
14:37	0.609027778
15:37:122	0.652106481

图 12-17

2. OR 函数

在 OR 函数中，其参数中的任意一个条件为 TRUE，即返回 TRUE；当所有条件为 FALSE 时，才返回 FALSE。

3. 本例公式

① 首先判断 I7 单元是否为旷工。如果是，则返回空值；如果不是，则进入下一个 IF 判断。

② E7 是上班打卡时间，判断这个时间减去上班时间是否大于 40。

=IF(I7="旷工","",IF(OR(E7-TIMEVALUE("8:00")>TIMEVALUE("0:40"),
TIMEVALUE("17:00")-F7>TIMEVALUE("0:40")),"旷(半)",""))

③ F7 是下班打卡时间，判断下班时间减去这个时间是否大于 40。

④ 只要②步与③步两项判断中有一个为真，则返回"旷(半)"；否则返回空。

12.2　建立整月考勤数据记录表

完成对异常数据的整理后，接着可以建立考勤数据记录表，然后再以异常数据为依据对考勤数据进行填制。

12.2.1　表头日期的填制

考勤表的基本元素包括员工的工号、部门、姓名、整月的考勤日期及对应的星期数，我们把这些信息称为考勤表的表头信息。

例 1：批量填充日期并显示星期

本例中会使用自定义数字格式将日期显示为 d 格式，即只显示天。然后再显示出每日对应的星期数。

❶　新建工作表并在工作表标签上双击鼠标，将其重命名为"考勤表"。在工作表中创建如图 12-18 所示的表格。

❷　在 D2 单元格中输入 2020/4/1，在"开始"选项卡的"数字"组中单击"数字格式"按钮，打开"设置单元格格式"对话框。在"分类"列表框中选择"自定义"选项，设置"类型"为 d，表示只显示日，如图 12-19 所示。

图 12-18

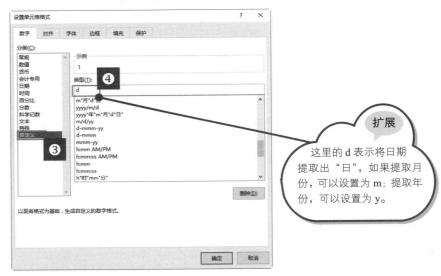

图 12-19

❸ 单击"确定"按钮，可以看到 D2 单元格显示指定日期格式，如图 12-20 所示。

❹ 再向右批量填充日期至 4 月份的最后一天（即 30 日），如图 12-21 所示。

图 12-20

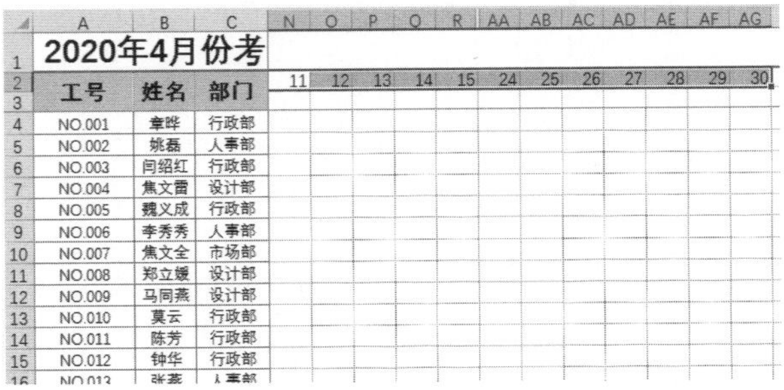

图 12-21

❺ 选中 D3 单元格并输入公式 "TEXT(D2,"AAA")"，按 Enter 键，如图 12-22 所示。

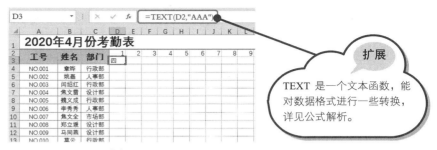

图 12-22

❻ 向右复制此公式，即可依次返回各日期对应的星期数，如图 12-23 所示。

图 12-23

公式解析

1. TEXT 函数

TEXT 函数用于将数值转换为按指定数字格式表示的文本。

$$=TEXT（❶数据,❷想更改为的文本格式）$$

第 2 个参数是格式代码，用来告诉 TEXT 函数，应该将第 1 个参数的数据更改成什么样子。多数自定义格式的代码都可以直接用在 TEXT 函数中。如果不知道怎样给 TEXT 函数设置格式代码，可以打开 "设置单元格格式" 对话框，在 "分类" 列表框中选择 "自定义" 选项，在 "类型" 列表框中参考 Excel 已经准备好的自定义数字格式代码，这些代码可以作为 TEXT 函数的第 2 个参数。

2. 本例公式

$$=TEXT(D2,"AAA")$$

AAA 是指返回日期对应的文本值，即星期数。

经验之谈

关于 TEXT 再给出两个应用示例。

（1）如图 12-24 所示，使用公式 "=TEXT(A2,"0 年 00 月 00 日")" 可以将 A2 单元格中的数据转换为 C2 单元格的样式（因此它也可以用于将非标准日期转换为标准日期）。

（2）如图 12-25 所示，使用公式 "=TEXT(A2,"上午/下午 h 时 mm 分")" 可以将 A 列单元格中的数据转换为 C 列中对应的样式。

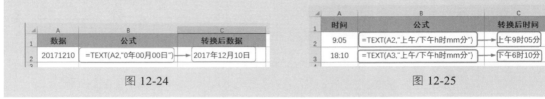

图 12-24　　　　　　　　　　图 12-25

例 2：设置条件格式显示周末

创建了考勤表后，由于周末不上班，这里将"星期六""星期日"显示为特殊颜色，可以方便员工填写实际考勤数据。

❶ 选中 D2:AG2 单元格，在"开始"选项卡的"样式"组中单击"条件格式"下拉按钮，在打开的下拉菜单中选择"新建规则"命令，如图 12-26 所示。

图 12-26

❷ 打开"新建格式规则"对话框，选择"使用公式确定要设置格式的单元格"规则类型，设置公式为 "=WEEKDAY(D2,2)=6"，如图 12-27 所示。

❸ 单击"格式"按钮，打开"设置单元格格式"对话框。切换到"填充"选项卡，设置特殊背景色（还可以切换到"字体""边框"选项卡下设置其他特殊格式），如图 12-28 所示。

图 12-27   图 12-28

❹ 依次单击"确定"按钮完成设置，返回到工作表中可以看到所有"周六"都显示为蓝色，如图 12-29 所示。

图 12-29

❺ 继续选中显示日期的区域，打开"新建格式规则"对话框。选择"使用公式确定要设置格式的单元格"规则类型，设置公式为"=WEEKDAY(D2,2)=7"，如图 12-30 所示。按照和步骤❸相同的办法设置填充颜色为红色即可。

图 12-30

❻ 设置完成后，可以看到所有"周日"显示为红色，如图 12-31 所示。

图 12-31

公式解析

1. WEEKDAY 函数

WEEKDAY 函数用于返回日期对应的星期数。默认情况下，其值为 1（星期天）到 7（星期六）。

=WEEKDAY（❶指定日期,❷返回值类型）

有多种输入方式：带引号的文本字符串（如"2001/02/26"）、序列号（如 42797 表示 2017 年 3 月 3 日）、其他公式或函数的结果[如 DATEVALUE("2017/10/30")]。

指定为数字 1 或省略时，则 1~7 代表星期天到星期六。指定为数字 2 时，则 1~7 代表星期一到星期天。指定为数字 3 时，则 0~6 代表星期一到星期天。

2. 本例公式

② WEEKDAY 函数判断 D2 中返回的日期值是否是 6，即是否星期六。

=WEEKDAY(D2,2)=6

① 参数为 2，代表用 1~7 表示星期一到星期天。

注意

指定参数为 2 最符合使用习惯，因为返回几就表示星期几，例如返回 4 就表示星期四。

12.2.2 填制考勤表

"考勤表"里的数据是人事部门的工作人员根据实际考勤情况手动填制的，这个填制过程要参考"考勤异常"表，无异常的即为正常出勤，有异常的就手动填写下来。在填制时要注意"考勤异常"表中的"旷工"情况，因为返回"旷工"文字是因为未打卡，而未打卡有的是因为事假、病假、出差而没有打卡记录，这时在核实真实情况后需要手动将"旷工"文字改为"出差""事假""病假"等文字。如图 12-32 所示为填制完成的考勤表。

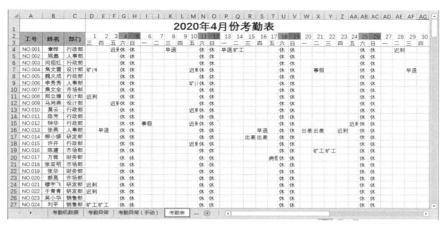

图 12-32

12.3　建立考勤统计表

对员工的本月出勤情况进行统计后，接着需要对当月的考勤数据进行统计分析，如统计各员工本月请假天数、迟到次数、病假天数、事假天数及出勤率等。

12.3.1　统计各员工本月出勤数据

对应该出勤的天数、实际出勤天数、各种假别天数的统计都可以使用函数来计算。有了这些数据才能实现对出勤率、应扣工资等的统计。

❶　新建工作表，将其重命名为"考勤统计表"。建立表头，将员工基本信息数据复制进来，并输入规划好的统计计算列标识，设置好表格的填充及边框效果，如图 12-33 所示。

图 12-33

❷ 选中 D3 单元格并输入公式"=NETWORKDAYS(DATE(2020,4,1),EOMONTH(DATE(2020,4,1),0))"，按 Enter 键，如图 12-34 所示。

D3	▼	:	×	✓	fx	=NETWORKDAYS(DATE(2020,4,1),EOMONTH(DATE(2020,4,1),0))

	A	B	C	D	E	F	G	H	I	J	K	L
1				**2020年4月份考勤表**								
2	工号	部门	姓名	应该出勤	实际出勤	出差	事假	病假	旷工	迟到	早退	旷(半)
3	NO.001	行政部	章晔	22								
4	NO.002	人事部	姚磊									
5	NO.003	行政部	闫绍红									
6	NO.004	设计部	焦文雷									
7	NO.005	行政部	魏义成									
8	NO.006	人事部	李秀秀									
9	NO.007	市场部	焦文全									
10	NO.008	设计部	郑立媛									

图 12-34

公式解析

1. NETWORKDAYS 函数

NETWORKDAYS 函数用于返回两个日期间的工作日数。

= NETWORKDAYS (❶起始日期,❷终止日期,❸节假日)

可选的。除去周末之外另外再指定的不计算在内的日期。若没有，则可以不指定。

2. DATE 函数

DATE 函数用于返回表示某个日期的序列号，即构建一个标准日期。

3. EOMONTH 函数

EOMONTH 函数用于返回某个月份最后一天的序列号。

4. 本例公式

① 返回指定日期 2020/4/1 的日期序列号。　　② 返回 4 月份最后一天的序列号。

=NETWORKDAYS(DATE(2020,4,1),EOMONTH(DATE(2020,4,1),0))

③返回①和②步中两个日期间排除节假日的工作日数。

❸ 选中 E3 单元格并输入公式"=COUNTIF(考勤表!D4:AG4,"")"，按 Enter 键，如图 12-35 所示。

E3	▼	:	×	✓	fx	=COUNTIF(考勤表!D4:AG4,"")

	A	B	C	D	E	F	G	H	I	J	K
1				**2020年4月份考勤表**							
2	工号	部门	姓名	应该出勤	实际出勤	出差	事假	病假	旷工	迟到	早退
3	NO.001	行政部	章晔	22	17						
4	NO.002	人事部	姚磊								
5	NO.003	行政部	闫绍红								
6	NO.004	设计部	焦文雷								
7	NO.005	行政部	魏义成								
8	NO.006	人事部	李秀秀								
9	NO.007	市场部	焦文全								
10	NO.008	设计部	郑立媛								

注意

表格中未填制数据的表示正常出勤。

图 12-35

❹ 选中 F3 单元格并输入公式 "=COUNTIF(考勤表!$D4:$AG4,F$2)"，按 Enter 键，统计出第一位员工的出差天数，如图 12-36 所示。

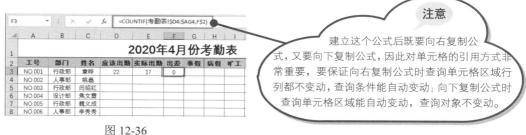

注意

建立这个公式后既要向右复制公式，又要向下复制公式，因此对单元格的引用方式非常重要，要保证向右复制公式时查询单元格区域行列都不变动，查询条件能自动变动；向下复制公式时查询单元格区域能自动变动，查询对象不变动。

图 12-36

❺ 选中 F3 单元格，向右复制公式，即可一次性统计出第一位员工事假、病假、旷工等的次数，如图 12-37 所示。

图 12-37

❻ 选中 D3:L3 单元格区域，向下复制公式，依次得到每位员工出勤天数、出差、事假、病假、旷工等的次数，如图 12-38 所示。

❼ 选中 M3 单元格并输入公式 "=E3/D3"，按 Enter 键，如图 12-39 所示。

2020年4月份考勤表

工号	部门	姓名	应该出勤	实际出勤	出差	事假	病假	旷工	迟到	早退	旷(半)
NO.001	行政部	韦晔	22	17	0	0	0	1	2	2	0
NO.002	人事部	姚磊	22	22	0	0	0	0	0	0	0
NO.003	行政部	闫绍红	22	22	0	0	0	0	0	0	0
NO.004	设计部	焦文雷	22	18	0	1	0	0	1	1	1
NO.005	行政部	魏义成	22	22	0	0	0	0	0	0	0
NO.006	人事部	李秀秀	22	21	0	0	0	0	0	0	1
NO.007	行政部	焦文全	22	21	0	0	0	0	0	0	0
NO.008	设计部	郑立媛	22	21	0	0	0	0	1	0	0
NO.009	设计部	马同燕	22	21	0	0	0	0	0	1	0
NO.010	行政部	莫云	22	22	0	0	0	0	0	0	0
NO.011	行政部	陈芳	22	22	0	0	0	0	0	0	0
NO.012	行政部	钟华	22	19	0	1	0	0	2	0	0
NO.013	人事部	张燕	22	17	2	0	0	1	0	2	0
NO.014	研发部	柳小续	22	20	2	0	0	0	0	0	0
NO.015	行政部	许开	22	21	0	0	0	0	0	1	0
NO.016	市场部	陈建	22	20	0	0	0	2	0	0	0
NO.017	财务部	万茜	22	21	0	0	0	0	1	0	0
NO.018	市场部	张亚明	22	22	0	0	0	0	0	0	0

图 12-38

图 12-39

❽ 向下复制此公式，依次得到每位员工出勤率。选中出勤率列数据，在"开始"选项卡的"数字"

组中单击"数字格式"下拉按钮，在打开的下拉列表中选择"百分比"命令，如图 12-40 所示，即可得到如图 12-41 所示效果。

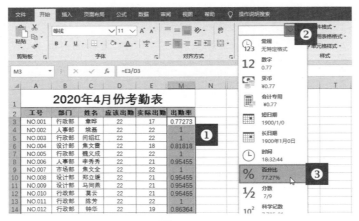

图 12-40

工号	部门	姓名	应该出勤	实际出勤	出差	事假	病假	旷工	迟到	早退	旷(半)	出勤率
					2020年4月份考勤表							
NO.001	行政部	章晔	22	17	0	0	0	1	2	2	0	77.27%
NO.002	人事部	姚磊	22	22	0	0	0	0	0	0	0	100.00%
NO.003	行政部	闫绍红	22	22	0	0	0	0	0	0	0	100.00%
NO.004	设计部	焦文雷	22	18	0	1	0	0	1	1	1	81.82%
NO.005	行政部	魏义成	22	22	0	0	0	0	0	0	0	100.00%
NO.006	人事部	李秀秀	22	21	0	0	0	0	0	0	1	95.45%
NO.007	市场部	焦文全	22	22	0	0	0	0	0	0	0	100.00%
NO.008	设计部	郑立媛	22	21	0	0	0	0	1	0	0	95.45%
NO.009	设计部	马同燕	22	21	0	0	0	0	1	0	0	95.45%
NO.010	行政部	莫云	22	21	0	0	0	0	1	0	0	95.45%
NO.011	行政部	陈芳	22	22	0	0	0	0	0	0	0	100.00%
NO.012	行政部	钟华	22	19	0	0	0	0	2	0	0	86.36%
NO.013	人事部	张燕	22	17	2	0	0	0	1	2	0	77.27%

图 12-41

🖱 公式解析

1. COUNTIF 函数

COUNTIF 函数用于统计给定区域中满足指定条件的记录条数。它是最常用的函数之一，专门用于解决按条件计数的问题。

=COUNTIF（❶计数区域,❷计数条件）

2. 本例公式

① 计数区域为考勤表中 D4:AG4 单元格区域的考勤记录。

=COUNTIF(考勤表!D4:AG4,"")

② 计数条件为空值，即统计 D4:AG4 单元格区域中空值的个数。

12.3.2　组距式数据分组法分析员工出勤率

在统计出了各个员工当月的考勤情况后，可以对员工的出勤率进行分析，根据员工考勤统计，将员工出勤率分为四组，分别统计出各组员工出勤情况，以对当月出勤率进行分析。

❶ 在工作表空白部分添加出勤率范畴统计表格，如图 12-42 所示。

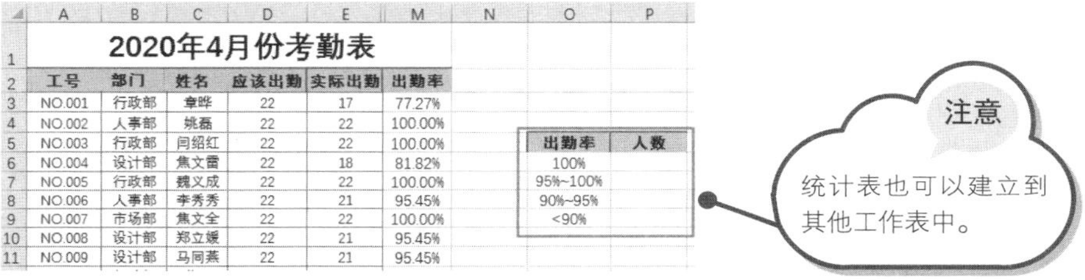

图 12-42

❷ 选中 P6 单元格并输入公式 "=COUNTIF(M3:M300,"=100%")"，按 Enter 键，统计出出勤率为 100% 的人数，如图 12-43 所示。

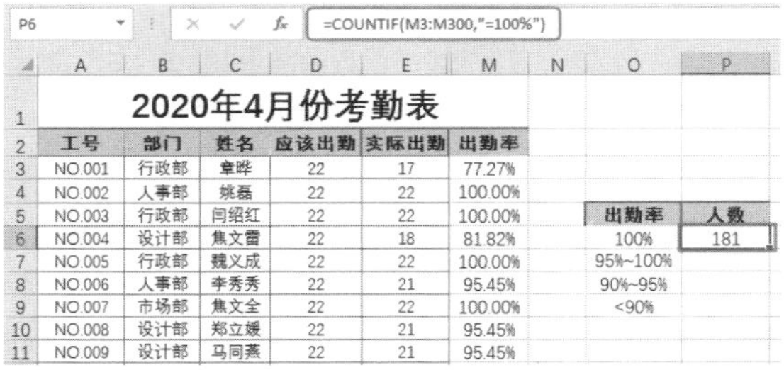

图 12-43

❸ 选中 P7 单元格并输入公式 "=COUNTIFS(M3:M300,"<100%",M3:M300,">=95%")"，按 Enter 键，统计出出勤率在 95%~100% 之间的人数，如图 12-44 所示。

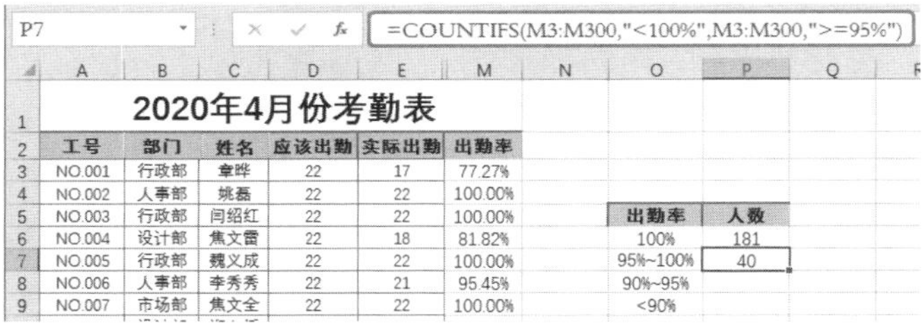

图 12-44

公式解析

1. COUNTIFS 函数

COUNTIFS 函数为 COUNTIF 函数的扩展，用法与 COUNTIF 类似，但 COUNTIF 针对单一条件，而 COUNTIFS 可以实现多个条件同时求结果。

参数的设置与 COUNTIF 函数的要求一样，只是 COUNTIFS 可以进行多层条件判断。
依次按"计数区域 1,条件 1,计数区域 2,条件 2"的顺序写入参数即可。

=COUNTIFS（计数区域 1,条件 1,计数区域 2,条件 2...）

2. 本例公式

表示统计 M3:M300 单元格区域中 100%的个数。

=COUNTIF(M3:M300,"=100%")

=COUNTIFS(M3:M300,"<100%",M3:M300,">=95%")

表示统计 M3:M300 单元格区域中 95%~100%之间的数据的个数。

❹ 选中 P8 单元格并输入公式 "=COUNTIFS(M3:M300,"<95%",M3:M300,">=90%")"，按 Enter 键，统计出勤率在 90%~95%之间的人数，如图 12-45 所示。

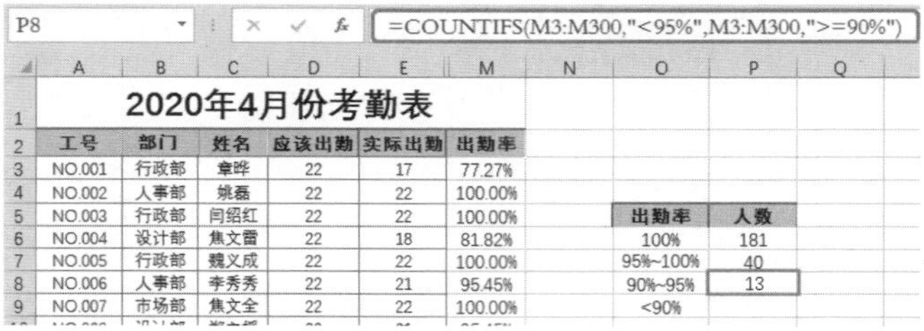

图 12-45

❺ 选中 P9 单元格并输入公式 "=COUNTIF(M3:M300,"<90%")"，按 Enter 键，统计出勤率小于 90%的人数，如图 12-46 所示。从分析结果可知，当月满勤率较高。

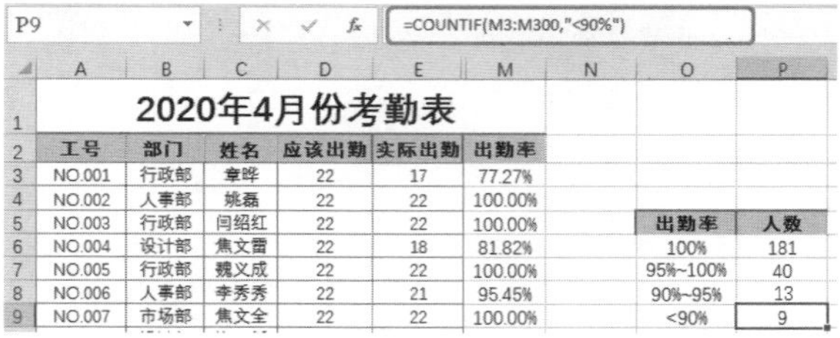

图 12-46

12.3.3　分析各工作天数对应人数的占比情况

下面创建数据透视表，可以统计出各个出勤天数对应的人数，并对各出勤天数的人数占总人数的百分比情况做出统计。

❶ 在"考勤统计表"中选中"实际出勤"列的数据，在"插入"选项卡的"表格"组中单击"数据透视表"按钮，如图 12-47 所示。打开"创建数据透视表"对话框，保持各项默认设置不变，如图 12-48 所示。

图 12-47

图 12-48

❷ 单击"确定"按钮，创建数据透视表。将工作表重命名为"分析各工作天数对应人数的占比情况"，分别设置"实际出勤"字段为"行"与"值"字段，如图 12-49 所示。数据表中统计的是各个工作天数对应的人数。

❸ 选中值字段下任意项，右击，在弹出的快捷菜单中选择"值字段设置"命令，如图 12-50 所示，打开"值字段设置"对话框。选择"值显示方式"选项卡，在"值显示方式"下拉列表中选择"总计的百分比"选项，在"自定义名称"文本框中重新定义字段的名称，如图 12-51 所示。

图 12-49

图 12-50

❹ 单击"确定"按钮，即可显示出各个工作天数对应人数的占比情况，如图 12-52 所示。从中可以看到工作天数为 22 天的比例最大，占 75.89%，占到总人数的一大半。

图 12-51

图 12-52

12.4　本月各部门缺勤情况比较分析

根据创建好的考勤统计表，可以通过建立数据透视表和数据透视图来对各项数据进行分析，如分析各部门的缺勤情况、通过图表直观显示各部门出勤情况。

12.4.1　数据透视表分析各部门缺勤情况

在建立了考勤统计表之后，可以利用数据透视表来分析各部门的请假状况，以便于企业人事部门对员工请假情况做出控制。

❶ 切换到"考勤统计表"中，选中任意单元格，在"插入"选项卡的"表格"组中单击"数据透视表"按钮，如图 12-53 所示。打开"创建数据透视表"对话框，保持各项默认设置不变，如图 12-54 所示。

图 12-53

图 12-54

❷ 单击"确定"按钮即可新建工作表。显示数据透视表，在工作表标签上双击鼠标，输入新名称为"各部门缺勤情况分析"；设置"部门"字段为行字段，设置"事假""病假""迟到""旷工"等字段为值字段，如图 12-55 所示。

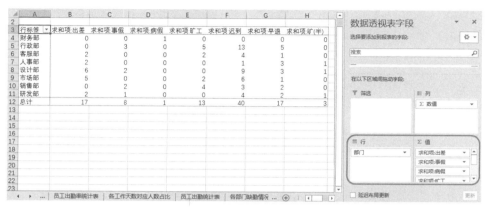

图 12-55

❸ 单击 B3 单元格，在编辑框中重新输入新名称为"出差人数"，如图 12-56 所示，按照相同的方法重命名其他字段名称即可。数据透视表的最终统计效果如图 12-57 所示。

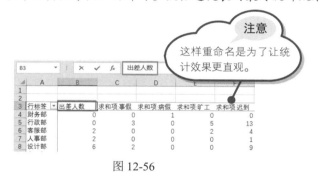

图 12-56

图 12-57

12.4.2 数据透视图分析各部门缺勤情况

创建了统计各部门出勤数据的数据透视表后，再创建图表来直观反映数据非常方便。本例需要统计各部门各假别的总人数对比，可以使用堆积条形图实现分析。

❶ 选中数据透视表的任意单元格，在"数据透视表工具-分析"选项卡的"工具"组中单击"数据透视图"按钮，如图 12-58 所示。

❷ 打开"插入图表"对话框，选择图表类型为堆积条形图，如图 12-59 所示。

图 12-58

图 12-59

❸ 单击"确定"按钮即可新建数据透视图。选中图表，单击"图表元素"按钮，在打开的下拉列表中单击"数据标签"右侧的按钮，在子列表中选择数据标签显示的位置（单击鼠标即可应用），如这里选择"居中"，如图 12-60 所示。

扩展

如果图表不含标题，则可以在这里选中此复选框添加标题。

图 12-60

❹ 选中图表，添加图表标题，如图 12-61 所示。

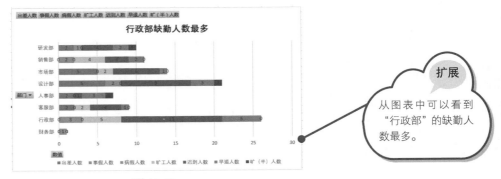

扩展

从图表中可以看到"行政部"的缺勤人数最多。

图 12-61

12.5 每日出勤率分析

根据各部门员工的出勤天数，可以通过创建数据透视表和图表来分析整月出勤情况。

12.5.1 计算每日出勤率

根据每日的应到人数和实到人数，可以计算出每日的出勤率数据。根据考勤数据，可以使用 COUNTIF 函数计算出员工每日出勤实到人数。

❶ 创建新工作表，将工作表重命名为"员工出勤率统计表"，根据实际情况在表格中输入数据。设置后效果如图 12-62 所示。

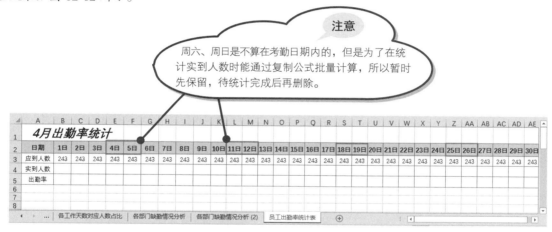

图 12-62

❷ 选中 B4 单元格并输入公式"=COUNTIF(考勤表!D4:D246,"")+COUNTIF(考勤表!D4:D246,"出差")"，按 Enter 键，如图 12-63 所示。

图 12-63

公式解析

① 统计出勤人数。

=COUNTIF(考勤表!D4:D246,"")+COUNTIF(考勤表!D4:D246,"出差")

② 统计出差人数。

❸ 向右填充此公式，即可得到每日实到员工人数，如图 12-64 所示。

	A	B	C	D	E	F	G	H	I	J	K	L	M	N	O	P	Q
1	**4月出勤率统计**																
2	日期	1日	2日	3日	4日	5日	6日	7日	8日	9日	10日	11日	12日	13日	14日	15日	16日
3	应到人数	243	243	243	243	243	243	243	243	243	243	243	243	243	243	243	243
4	实到人数	237	241	230	0	0	235	243	238	243	233	0	0	242	242	242	241
5	出勤率																
6																	

图 12-64

❹ 统计完成后，选中所有周末所在列并右击，在弹出的快捷菜单中选择"删除"命令（见图 12-65），即可删除周末没有出勤的数据。效果如图 12-66 所示。

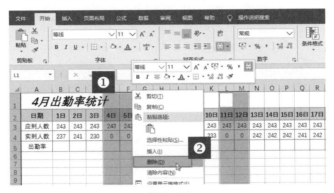

图 12-65

❺ 选中 B5 单元格并输入公式"=B4/B3"，按 Enter 键，如图 12-67 所示。

	A	B	C	D	E	F	G	H	I	J	K	L	M	N	O	P
1	**4月出勤率统计**															
2	日期	1日	2日	5日	6日	7日	8日	9日	12日	13日	14日	15日	16日	19日	20日	21日
3	应到人数	243	243	243	243	243	243	243	243	243	243	243	243	243	243	243
4	实到人数	237	241	230	235	243	238	243	233	242	242	242	241	242	242	237
5	出勤率															

图 12-66

图 12-67

❻ 向右填充公式，即可得到每日员工出勤率，如图 12-68 所示。

4月出勤率统计																					
日期	1日	2日	3日	6日	7日	8日	9日	10日	13日	14日	15日	16日	17日	20日	21日	22日	23日	24日	27日	28日	29日	30日
应到人数	243	243	243	243	243	243	243	243	243	243	243	243	243	243	243	243	243	243	243	243	243	243
实到人数	237	241	230	235	243	238	243	233	242	242	241	242	243	237	238	238	242	243	234	237	243
出勤率	98%	99%	95%	97%	100%	98%	100%	96%	100%	100%	99%	100%	100%	98%	98%	98%	100%	100%	96%	98%	100%

图 12-68

12.5.2 建立直方图分析各出勤率区间的天数

根据每日的员工出勤率可以建立直方图统计各区间出勤率的总天数，即显示出不同的出勤率区间各占了多少天。

❶ 选中 A5:W5 单元格区域，在"插入"选项卡的"图表"组中单击"插入统计图表"下拉按钮，在打开的下拉列表中选择"直方图"命令（见图 12-69），即可建立默认的直方图图表，如图 12-70 所示。

图 12-69

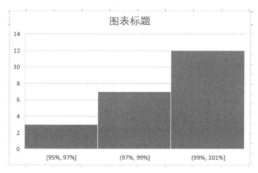

图 12-70

❷ 双击图表的横坐标轴，打开"设置坐标轴格式"窗格，设置箱数为 3，如图 12-71 所示。重命名图表标题。最终效果如图 12-72 所示。

图 12-71

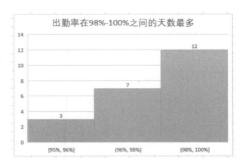

图 12-72

12.6　考勤数据年度汇总统计

对全年出勤状况进行统计，可以对定岗定员、工资调整、其他政策调整和核算等提供依据。年度汇总数据来自各月的考勤数据，需要将 12 个月的考勤表汇总到一起才方便进行计算。由于在实际考勤中一般都是分月单独统计，因此可以用函数法或合并计算功能进行汇总统计。

12.6.1　合并计算年出勤数

根据每个月的出勤数据，可以使用"合并计算"功能将全年的出勤数据统计到一张表格中进行分析。

❶ 将所有出勤统计表放入同一个工作簿中，用多张表分别标识为"01 月""02 月"……"12 月"，如图 12-73 所示。

图 12-73

❷ 新建"考勤数据年度汇总"工作表，以员工出勤情况统计标识为准。选中存放数据的起始单元格，在"数据"选项卡的"数据工具"组中单击"合并计算"按钮，如图 12-74 所示。

❸ 打开"合并计算"对话框，在"函数"下拉列表中选择"求和"选项，单击"引用位置"右侧的拾取器按钮（见图 12-75），进入数据拾取状态。

图 12-74

图 12-75

❹ 单击"01 月"工作表标签，并选中表中的数据区域，如图 12-76 所示。再次单击拾取器按钮，返回到"合并计算"对话框，单击"添加"按钮，即可将选中区域添加到"所有引用位置"列表框中，如图 12-77 所示。

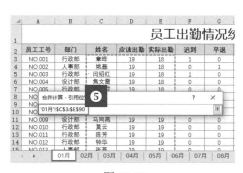

图 12-76

图 12-77

❺ 按照同样的方法引用"02 月"……"12 月"工作表的数据区域，都添加到"所有引用位置"列

表框中，如图 12-78 所示。勾选"最左列"复选框并单击"确定"按钮，即可得到合并计算后的结果，如图 12-79 所示。

图 12-78

图 12-79

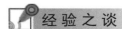
经验之谈

> 实际工作中，在一年中可能会存在离职和新入职的情况，所以在合并计算时选择各表的 C~E 列，然后勾选"最左列"复选框，这样得到的汇总表姓名可根据人员增减情况相应变动，但所对应的部门则需要人工核对并填入。在下一小节对年度各部门出勤率进行统计时，需要手动输入部门名称。

12.6.2 年度各部门出勤率统计

部门出勤情况分析就是统计部门的出勤率，统计部门出勤率需要部门、应该出勤天数、实际出勤天数三项内容。可以创建数据透视表汇总数据再计算出勤率，也可以分类汇总计算出勤率，方法不尽相同，本小节中选择前者。部门出勤率= (部门实际天数总和/部门应该出勤天数总和)×100‰。

例1：统计各部门年度应该出勤天数与实际出勤天数

首先根据年度考勤数据汇总表格建立数据透视表，按部门统计出应该出勤和实际出勤天数总和。

❶ 选中"考勤数据年度汇总"工作表的任意单元格，在"插入"选项卡的"表格"组中单击"数据透视表"按钮，如图 12-80 所示。打开"创建数据透视表"对话框，在"选择一个表或区域"框中显示了选中的单元格区域，默认放置数据透视表的位置为"新工作表"，如图 12-81 所示。

❷ 单击"确定"按钮，即可新建数据透视表。将字段区域的"部门"拖到"行标签"区域，将"应该出勤"和"实际出勤"拖到"数值"区域，如图 12-82 所示。

图 12-80   图 12-81

图 12-82

例 2：计算出勤率

将上一例中的数据透视表复制为普通表格后，可以根据表格中的数据创建统计分析表格，计算各部门的出勤率。

❶ 新建工作表并重命名为"年度各部门出勤率统计表"，在数据透视表中选中 A3:C12 单元格区域数据，按 Ctrl+C 组合键执行复制，如图 12-83 所示。切换到"年度各部门出勤率统计表"，以粘贴"值"的方式实现无格粘贴，如图 12-84 所示。

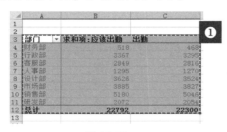

图 12-83

图 12-84

❷ 建立"出勤率"计算列标识，选中 D2 单元格并输入公式"=ROUND(C2/B2,4)"，按 Enter 键，如图 12-85 所示。

❸ 向下填充公式依次得到其他部门的出勤率，保持出勤率的选中状态，在"开始"选项卡的"数字"组中单击"数字格式"下拉按钮，在打开的下拉菜单中选择"百分比"命令，如图 12-86 所示。即可将数值转换为百分比格式，如图 12-87 所示。

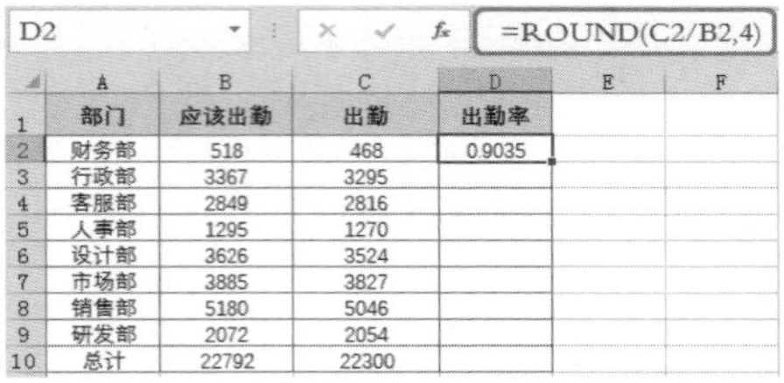

图 12-85

图 12-86

图 12-87

公式解析

1. ROUND 函数

ROUND 函数返回按指定位数进行四舍五入的数值。

$$= ROUND(❶四舍五入的数值, ❷位数)$$

按此位数对参数❶进行四舍五入。可以是 0、正数或负数。

2. 本例公式

$$=ROUND(C2/B2,4)$$

求 C2/B2 的值并保留 4 位小数。

12.6.3 年度部门出勤率比较图表

对出勤率的展现，更加直观的方式是建立图表。当利用数据透视表与公式计算得出统计结果后，可以选择目标数据创建图表。

❶ 选中"出勤率"列中的任意单元格，在"数据"选项卡的"排序和筛选"组中单击"降序"按钮（见图 12-88），即可将出勤率从高到低排序。

❷ 按 Ctrl 键依次选中 A1:A9、D1:D9 单元格区域，在"插入"选项卡的"图表"组中单击"插入柱形图或条形图"下拉按钮，在打开的下拉菜单中选择"簇状柱形图"命令（见图 12-89），即可插入默认格式的柱形图，如图 12-90 所示。

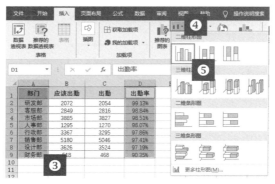

图 12-88

图 12-89

❸ 选中图表，单击右侧的"图表样式"按钮，在打开的下拉列表中单击"样式 3"，即可一键应用图表样式，如图 12-91 所示。

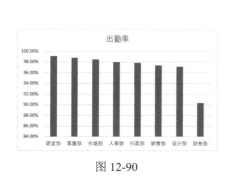

图 12-90

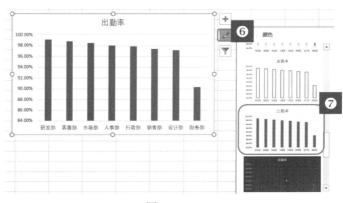

图 12-91

❹ 单击数据系列选中所有柱形图，再单独单击"研发部"数据系列，即可单独选中。双击该数据系列，即可打开"设置数据点格式"窗格。设置边框为"实线"，颜色为黄色，并设置宽度为 4.75 磅，如图 12-92 所示。返回图表后修改图表标题，即可看到"研发部"以突出格式显示最高出勤率数据系列，如图 12-93 所示。

图 12-92

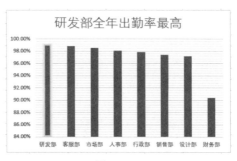

图 12-93

12.7　加班数据统计

加班记录汇总表是按加班人、加班开始时间、加班结束时间逐条记录的。加班记录汇总表的数据都来源于平时员工填写的加班申请表，在月末时将这些审核无误的审核表汇总到一张 Excel 表格中。利用这些原始数据可以进行加班费的核算。

12.7.1　返回加班类型

根据加班日期的不同，其加班类型也有所不同，本例中将加班日期分为"平常日"和"公休日"类型。通过建立公式可以对加班类型进行判断。

❶ 新建工作表并在标签上双击鼠标，重新输入名称为"加班记录表"。在表格中建立相应列标识，并进行文字格式、边框底纹等美化设置，如图 12-94 所示。

图 12-94

❷ 选中要输入时间的 E3:F32 单元格区域，在"开始"选项卡的"数字"组中单击"数字格式"按钮，打开"设置单元格格式"对话框。在"分类"列表中选择"时间"选项，并在"类型"框中选择时间格式，如图 12-95 所示。

❸ 单击"确定"按钮完成设置，再输入时间时，就会显示为如图 12-96 所示的格式。

扩展

该列表框中提供了多种时间类型，可以根据实际需要选择。

图 12-95

图 12-96

❹ 按照各个审核无误的加班申请表填制加班人、加班日期、加班起始时间与加班结束时间数据，如图 12-97 所示。

工号	加班人	加班日期	加班类型	开始时间	结束时间	加班小时数	是否申请
NO.001	童晔	2020/4/2		18:00	20:00		是
NO.002	姚磊	2020/4/2		19:00	21:00		是
NO.003	闫绍红	2020/4/3		19:30	21:30		是
NO.004	焦文雷	2020/4/4		13:30	18:00		是
NO.005	魏义成	2020/4/4		8:30	12:00		是
NO.001	童晔	2020/4/6		18:30	20:30		是
NO.007	焦文全	2020/4/6		18:00	20:30		是
NO.009	郑立媛	2020/4/7		17:30	20:00		是
NO.009	马同燕	2020/4/8		18:30	22:00		是
NO.010	莫云	2020/4/9		18:00	22:30		是
NO.003	闫绍红	2020/4/11		9:00	12:45		是
NO.011	陈芳	2020/4/11		17:30	22:00		是
NO.012	钟华	2020/4/11		17:30	21:00		是
NO.013	张燕	2020/4/11		13:30	17:30		是
NO.007	焦文全	2020/4/12		13:00	16:45		是
NO.002	姚磊	2020/4/13		18:00	20:00		是
NO.015	许开	2020/4/13		17:30	21:30		是
NO.016	陈建	2020/4/14		17:30	20:00		是

图 12-97

❺ 选中 D3 单元格并输入公式"=IF(WEEKDAY(C3,2)>=6,"公休日","平常日")"，按 Enter 键，如图 12-98 所示。

❻ 向下复制此公式，即可计算出所有加班日期对应的加班类型，如图 12-99 所示。

图 12-98

图 12-99

公式解析

1. WEEKDAY 函数

WEEKDAY 函数用于返回某日期对应的星期数。默认情况下，其值为 1（星期天）~7（星期六）。

=WEEKDAY（❶指定日期, ❷返回值类型）

指定为数字 1 或省略时，则 1~7 代表星期日到星期六；指定为数字 2 时，则 1~7 代表星期一到星期日；指定为数字 3 时，则 0~6 代表星期一到星期日。

2. 本例公式

① 判断 C3 单元格中的日期数字是否大于等于 6，参数 2 用 1~7 代表星期一~星期日。

=IF(WEEKDAY(C3,2)>=6,"公休日","平常日")

② IF 函数根据①步结果返回对应内容，如果①步结果为真，则返回"公休日"；如果为假，则返回"平常日"。

12.7.2 加班时数统计

根据每位员工的加班开始时间和结束时间可以统计出总加班小时数。

❶ 选中 G3 单元格并输入公式 "=(HOUR(F3)+MINUTE(F3)/60)-(HOUR(E3)+MINUTE (E3)/60)"，按 Enter 键，如图 12-100 所示。

❷ 向下复制此公式，即可计算出各条记录的加班小时数。效果如图 12-101 所示。

4 月 份 加 班 记 录 表

工号	加班人	加班日期	加班类型	开始时间	结束时间	加班小时数	是否申请
NO.001	詹晖	2020/4/2	平常日	18:00	20:00	2	是
NO.002	姚磊	2020/4/2	平常日	19:00	21:00	2	是
NO.003	闫绍红	2020/4/3	平常日	19:30	21:30	2	是
NO.004	焦文雷	2020/4/4	公休日	13:30	18:00	4.5	是
NO.005	魏义成	2020/4/4	公休日	8:30	12:00	3.5	是
NO.001	詹晖	2020/4/6	平常日	18:30	20:30	2	是
NO.007	焦文全	2020/4/6	平常日	18:00	20:30	2.5	是
NO.008	郑立媛	2020/4/7	平常日	17:30	20:00	2.5	是
NO.009	马同燕	2020/4/8	平常日	18:30	22:00	3.5	是
NO.010	莫云	2020/4/9	平常日	18:00	22:30	4.5	是
NO.003	闫绍红	2020/4/11	公休日	9:00	12:45	3.75	是
NO.011	陈芳	2020/4/11	平常日	17:30	22:00	4.5	是
NO.012	钟华	2020/4/11	公休日	17:30	21:00	3.5	是
NO.013	张燕	2020/4/11	平常日	13:30	17:30	4	是
NO.007	焦文全	2020/4/12	公休日	13:00	16:45	3.75	是
NO.002	姚磊	2020/4/13	平常日	18:00	20:00	2	是
NO.015	许开	2020/4/13	平常日	17:30	21:30	4	是
NO.016	陈建	2020/4/14	平常日	17:30	20:00	2.5	是
NO.017	万茜	2020/4/15	平常日	18:00	22:00	4	是
NO.015	许开	2020/4/15	平常日	17:30	22:00	4.5	是
NO.018	张亚明	2020/4/15	平常日	17:30	22:00	4.5	是
NO.019	张华	2020/4/16	平常日	17:30	22:00	4.5	是

图 12-100　　　　　　　　　　　　　　图 12-101

公式解析

1. HOUR、MINUTE、SECOND 函数

HOUR、MINUTE、SECOND 函数都是时间函数，它们分别是根据已知的时间数据返回其对应的小时数、分钟数和秒数。

2. 本例公式

① HOUR 函数提取 F3 单元格内时间的小时数。

③ HOUR 函数提取 E3 单元格内时间的小时数。

$$=(HOUR(F3)+MINUTE(F3)/60)-(HOUR(E3)+MINUTE(E3)/60)$$

② MINUTE 函数提取 F3 单元格内时间的分钟数再除以 60，即转换为小时数，与①步结果相加得出 F3 单元格中时间的小时数。

④ MINUTE 函数提取 E3 单元格内时间的分钟数再除以 60，即转换为小时数。与③步结果相加得出 E3 单元格中时间的小时数。

12.7.3　计算加班费

在加班记录条目中我们可以看到一位员工有可能存在 1 条记录、2 条记录或 3 条记录，当进行加班费的核算时，同一员工的加班小时数需要合并计算，这时可以使用 SUNIFS 函数。而首先要获取本月中所有有加班记录的人员名单（即不重复的名单），这时可以用删除重复值的办法获取。

❶ 在工作表标签上双击鼠标，重新输入名称为"加班费计算表"。输入表格的基本数据，规划好应包含的列标识，并对表格进行文字格式、边框底纹等的美化设置。设置后表格如图 12-102 所示。

图 12-102

❷ 切换到"加班记录表"中，选中"工号"和"加班人"列的数据，并复制到"加班费计算表"中，如图 12-103 所示。选中这两列数据，在"数据库"选项卡的"数据工具"组中单击"删除重复值"命令按钮，如图 12-104 所示。

图 12-103

图 12-104

❸ 打开"删除重复值"对话框，保持默认的选项，如图 12-105 所示。

❹ 单击"确定"按钮，弹出提示对话框，提示共删除了多少个重复项，如图 12-106 所示。保留下来的即为唯一项。

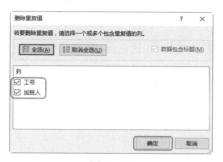

图 12-105

图 12-106

❺ 切换到"加班记录表"中，选中 B 列中的加班人数据，在名称框中输入"加班人"，如图 12-107 所示，按 Enter 键，即可完成该名称的定义。选中 D 列中的加班类型数据，在名称框中输入"加班类型"，按 Enter 键，即可完成该名称的定义，如图 12-108 所示。按相同的方法将 G 列中的加班小时数数据定义为"加班小时数"名称。

图 12-107

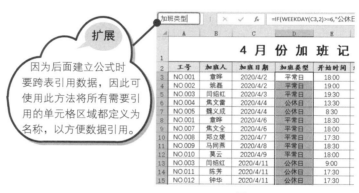

图 12-108

❻ 切换到"加班费计算表"中，选中 C3 单元格，输入公式"=SUMIFS(加班小时数,加班类型,"公休日",加班人,B3)"，按 Enter 键，如图 12-109 所示。

图 12-109

公式解析

1. SUMIFS 函数

SUMIFS 函数用于对同时满足多个条件进行判断，并对满足条件的数据执行求和运算。

=SUMIFS（❶用于求和的区域,❷用于条件判断的区域 1,❸条件 1,
❹用于条件判断的区域 2,❺条件 2...)

> **扩展**
>
> SUMIF 函数只能设置一个条件，而 SUMIFS 可以设置多个条件。多个条件就按"条件判断区域 1,条件 1,条件判断区域 2,条件 2..."这样的顺序依次设置即可。

2. 本例公式

① 用于求和的区域

③ 第二个用于条件判断的区域和第二个条件。

=SUMIFS(加班小时数,加班类型,"公休日",加班人,B3)

② 第一个用于条件判断的区域和第一个条件。

公式要求同时满足②③两个条件，再对加班小时数进行合计统计。

❼ 选中 D3 单元格并输入公式 "=SUMIFS(加班小时数,加班类型,"平常日",加班人,B3)"，按 Enter 键，如图 12-110 所示。

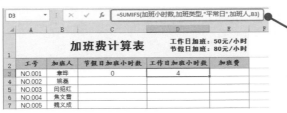

> **扩展**
>
> 该公式与 C3 单元格中公式的唯一区别在于第 2 个条件的设置，即一个是判断公休日，一个是判断平常日。

图 12-110

❽ 选中 E3 单元格并输入公式 "=C3*80+D3*50"，按 Enter 键，如图 12-111 所示。

图 12-111

❾ 选中 C3:E3 单元格区域，并向下复制公式即可得出每位员工的加班费，如图 12-112 所示。

工号	加班人	节假日加班小时数	工作日加班小时数	加班费
		加班费计算表	工作日加班：50元/小时 节假日加班：80元/小时	
NO.001	章晔	0	4	200
NO.002	姚磊	0	4	200
NO.003	闫绍红	3.75	2	400
NO.004	焦文雷	4.5	0	360
NO.005	魏义成	3.5	0	280
NO.007	焦文全	3.75	2.5	425
NO.008	郑立媛	0	2.5	125
NO.009	马同燕	0	3.5	175
NO.010	莫云	0	4.5	225
NO.011	陈芳	4.5	0	360
NO.012	钟华	3.5	0	280
NO.013	张燕	4	0	320
NO.015	许开	0	8.5	425
NO.016	陈建	0	2.5	125
NO.017	万茜	0	4	200
NO.018	张亚明	0	4.5	225
NO.019	张华	0	4.5	225
NO.020	郝亮	3	0	240
NO.021	穆宇飞	3.5	0	280
NO.023	吴小华	5.316666667	0	425.333333
NO.024	刘平	5.316666667	0	425.333333
NO.025	韩学平	0	2	100
NO.026	张成	0	3	150
NO.027	邓宏	0	4.5	225
NO.028	杨娜	4.5	0	360
NO.029	邓超超	3.5	0	280

图 12-112

经验之谈

在计算加班小时数时，公式中大量使用了定义的名称，被定义为名称的单元格区域实际等同于对数据区域的绝对引用。例如，本例中用于求和的单元格、用于条件判断的区域这些单元格区域都是不能变动的，因此可以使用名称，而用于查询的对象是唯一变化的元素，所以使用相对引用方式。

第 13 章

销售管理要规范化：统计分析
当前销售数据、制定营销策略

13.1 零售商品数据统计分析

在零售行业中为了更好地管理商品的销售记录，可以分期建立销售记录表。通过建立完整的销售记录表可以进行一系列的数据统计分析计算，如分析哪种商品的销售额最高、对各类别的销售额进行合并统计、统计销售员的业绩奖金等。同时为了更好地管理商品，可以建立商品库存表格，统计商品的库存量和销售量，及时为库存不足的商品设置提醒，方便管理者更好地对商品库存进行管理。

13.1.1 计算销售额、折扣、交易金额

商品销售一般按日期进行记录，在填入各销售单据的销售数量与销售单价后，需要计算出各条记录的销售金额、折扣金额（是否存在此项，可根据实际情况而定），以及最终的交易金额。为了让单笔购买金额达到一定金额时给予相应的折扣。这里假设一个单号的总金额小于 1000 元无折扣，1000~2000 元给予 95 折，2000 元以上给予 9 折。

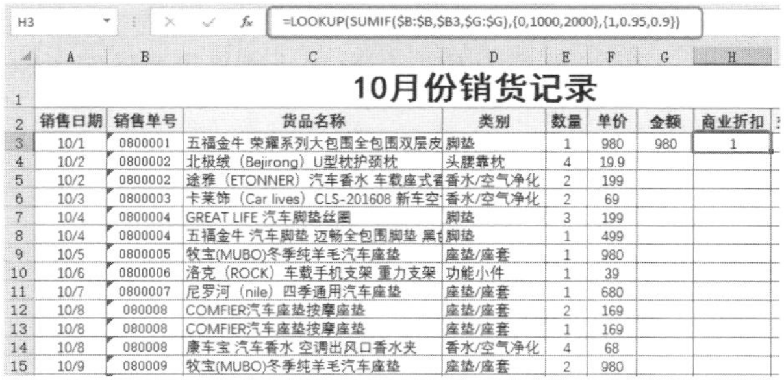

❶ 选中 G3 单元格并输入公式 "=E3*F3"，按 Enter 键，如图 13-1 所示。

❷ 选中 H3 单元格并输入公式 "=LOOKUP(SUMIF($B:$B,$B3,$G:$G),{0,1000,2000},{1,0.95,0.9})"，按 Enter 键，如图 13-2 所示。

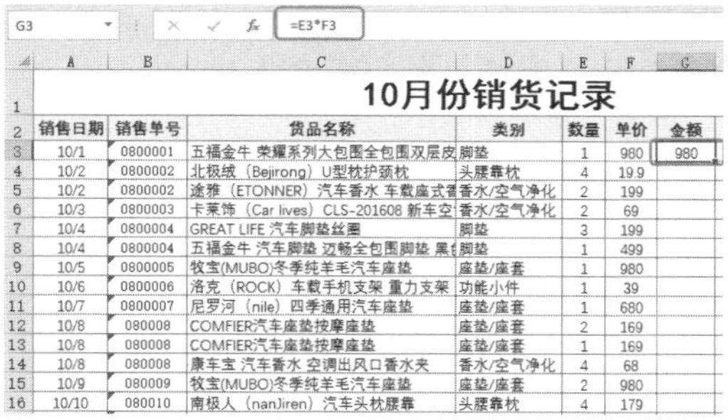

图 13-1

图 13-2

📋公式解析

1. LOOKUP 函数

LOOKUP 函数是查找函数类型中非常重要的函数。LOOKUP 函数分为数组形式和向量形式，这两种形式的区别在于参数设置上的不同，但无论使用哪种形式，查找目的都是一样。下面介绍向量型语法。

向量型语法有三个参数，一是查找值；二是查找值的区域；三是返回值的区域。

在这一列上查找❶处指定的目标值。找到后返回对应在❸数组中相应位置上的值。

注意

无论哪种语法，用于查找的那一列的数据都应按升序排列。如果不排序，在查找时会出现查找错误的情况。

=LOOKUP（❶查找值,❷查找的数组,❸返回值的数组）

2. SUMIF 函数

SUMIF 函数则可以先进行条件判断，然后对满足条件的数据区域进行求和。

= SUMIF(❶用于条件判断的区域,❷求和条件,❸用于求和的单元格区域)

第 2 个参数是求和条件，可以是数字、文本、单元格引用或表达式等。如果是文本，则必须使用双引号。

注意

如果用于条件判断的区域（第 1 个参数）与用于求和的区域（第 3 个参数）是同一区域，则可以省略第 3 个参数。

3. 本例公式

① 利用 SUMIF 函数将 B 列中满足$B3 单元格的单号对应在$G:$G 区域中的销售额进行求和运算。当公式向下复制时，会依次判断 B4、B5、B6 单元格的编号，即找相同编号，是相同编号的就把它们的金额进行汇总计算。

=LOOKUP(SUMIF($B:$B,$B3,$G:$G),{0,1000,2000},{1,0.95,0.9})

② LOOKUP 函数的"{0,1000,2000}""{1,0.95,0.9}"两个参数，在前一个数组中判断金额区间，在后一数组中返回对应的折扣。即销售总金额小于 1000 元时没有折扣，返回为 1；销售总金额为 1000~2000 元时给 95 折，返回 0.95；销售总金额为 2000 元以上时给 9 折，返回 0.9。

❸ 选中 I3 单元格并输入公式"=G3*H3"，按 Enter 键，如图 13-3 所示。

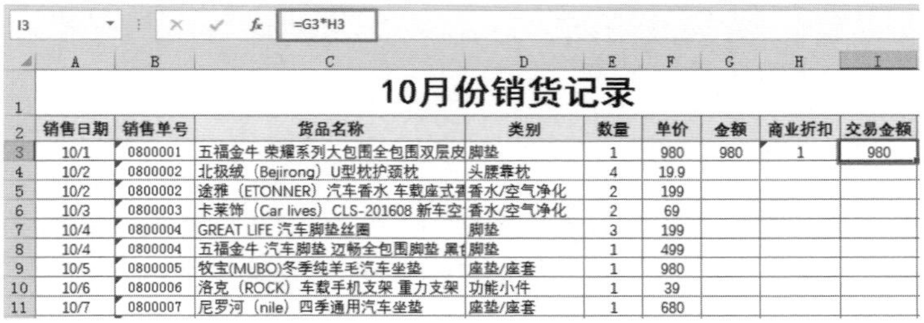

图 13-3

❹ 选中 G3:I3 单元格区域并向下填充公式，依次得到所有记录的金额、商业折扣和交易金额。效果如图 13-4 所示。

	A	B	C	D	E	F	G	H	I	J
1			**10月份销货记录**							
2	销售日期	销售单号	货品名称	类别	数量	单价	金额	商业折扣	交易金额	经办人
3	10/1	0800001	五福金牛 荣耀系列大包围全包围双层皮脚垫	脚垫	1	980	980	1	980	林玲
4	10/2	0800002	北极绒（Bejirong）U型枕护颈枕	头靠靠枕	4	19.9	79.6	1	79.6	林玲
5	10/2	0800002	途雅（ETONNER）汽车香水 车载座式香薰水/空气净化	香水/空气净化	2	199	398	1	398	李晶晶
6	10/3	0800003	卡莱饰（Car lives）CLS-201608 新车空 香水/空气净化	香水/空气净化	2	69	138	1	138	李晶晶
7	10/4	0800004	GREAT LIFE 汽车脚垫丝圈	脚垫	3	199	597	0.95	567.15	胡成芳
8	10/4	0800004	五福金牛 汽车脚垫 迈畅全包围脚垫 黑垫	脚垫	1	499	499	0.95	474.05	张军
9	10/5	0800005	牧宝(MUBO)冬季纯羊毛汽车座垫	座垫/座套	1	980	980	1	980	胡成芳
10	10/6	0800006	洛克（ROCK）车载手机支架 重力支架	功能小件	1	39	39	1	39	刘慧
11	10/7	0800007	尼罗河（nile）四季通用汽车座垫	座垫/座套	1	680	680	1	680	刘慧
12	10/8	080008	COMFIER汽车座垫按摩座垫	座垫/座套	2	169	338	1	338	胡成芳
13	10/8	080008	COMFIER汽车座垫按摩座垫	座垫/座套	1	169	169	1	169	刘慧
14	10/8	080008	康宝宝汽车香水 空调出风口香水夹	香水/空气净化	4	68	272	1	272	刘慧
15	10/9	080009	牧宝(MUBO)冬季纯羊毛汽车座垫	座垫/座套	2	980	1960	0.95	1862	刘慧
16	10/10	080010	南极人（nanJiren）汽车头枕腰靠	头靠靠枕	4	179	716	1	715	林玲
17	10/11	080011	康宝宝汽车香水 空调出风口香水夹	香水/空气净化	2	68	136	1	135	林玲
18	10/12	080012	毕亚兹 车载手机支架 C20 中控台磁吸式 功能小件	功能小件	1	39	39	1	38	林玲
19	10/13	080013	倍逸舒 EBK-标准版 汽车腰靠办公腰垫靠垫	座垫/座套	5	198	990	1	989	张军
20	10/14	080014	快美特（CARMATE）空气科学 II 汽车香水	香水/空气净化	2	39	78	1	77	张军
21	10/15	080015	固特异（Goodyear）丝圈汽车脚垫飞足	脚垫	1	410	410	1	409	李晶晶
22	10/16	080016	绿联 车载手机支架 40808 银色	功能小件	1	45	45	1	44	李晶晶
23	10/17	080017	洛克（ROCK）车载手机支架 重力支架	功能小件	1	39	39	1	38	李晶晶
24	10/18	080018	南极人（nanJiren）皮革汽车座垫	座垫/座套	1	468	468	1	467	刘慧
25	10/19	080019	卡饰社（CarSetCity）汽车头枕 便携式 头靠靠枕	头靠靠枕	2	79	158	1	157	张军
26	10/20	080020	卡饰社（CarSetCity）汽车头枕 便携式 头靠靠枕	头靠靠枕	2	79	158	1	157	张军

图 13-4

13.1.2　统计各类别商品的月交易金额

建立零售商品数据表格后，可以对各类别商品的月交易金额进行汇总统计并建立比较图表。

例 1：汇总各商品总交易金额

利用数据透视表功能可以快速对各类别商品的交易金额进行合并计算。

❶ 选中表格中的任意数据单元格，在"插入"选项卡的"数据"组中单击"数据透视表"按钮，如图 13-5 所示。打开"创建数据透视表"对话框，保持默认设置即可，如图 13-6 所示。

图 13-5

图 13-6

❷ 单击"确定"按钮创建数据透视表。设置"类别"字段为行标签字段,"交易金额"字段为值字段,如图 13-7 所示,此时可以看到各类别产品的交易金额汇总。

图 13-7

例 2:交易金额比较图表

利用数据透视表统计出各类别商品的交易金额,然后可以创建图表直观比较数据。

❶ 选中数据透视表中的任意单元格,在"数据透视表工具-分析"选项卡的"工具"组中单击"数据透视图"按钮,如图 13-8 所示。

❷ 打开"插入图表"对话框,选择图表类型为"饼图",如图 13-9 所示。

图 13-8

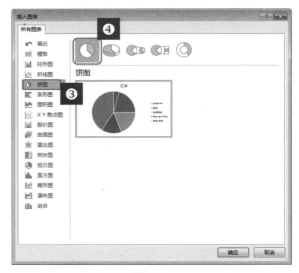

图 13-9

❸ 单击"确定"按钮创建图表。选中图表,单击右侧的"图表元素"按钮,在打开的下拉列表中选

择"数据标签"→"更多选项"选项，如图 13-10 所示。

❹ 打开"设置数据标签格式"窗格，分别勾选"类别名称"和"百分比"复选框，如图 13-11 所示。得到的图表如图 13-12 所示。

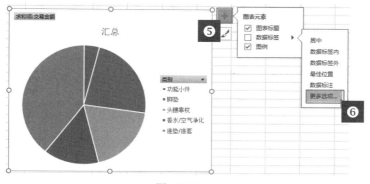

图 13-10

图 13-11

❺ 在图表标题框中重新输入标题，并对图表进行美化设置。效果如图 13-13 所示。

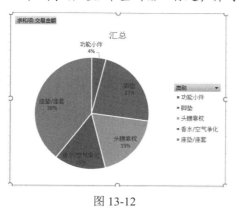

图 13-12

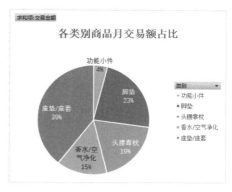

图 13-13

13.1.3 销售员业绩奖金计算

为了计算每位业务员的奖金，可以在销售记录表中统计每位业务员在当月的总销售额，再按照不同的提成率计算奖金。本例规定如果业绩小于等于 2000 元，则提成率为 0.03；业绩在 2000~5000 元之间，提成率为 0.05；5000 元以上的提成率为 0.08。

❶ 建立"销售员业绩奖金计算"表，选中 B2 单元格并输入公式"=SUMIF('10 月份销货记录表'!J3:J37,A2,'10 月份销货记录表'!I3:I37)"，按 Enter 键，如图 13-14 所示。

图 13-14

❷ 选中 C2 单元格并输入公式"=IF(B2<=2000,B2*0.03,IF(B2<=5000,B2*0.05,B2*0.08))"，按 Enter
键，如图 13-15 所示。

❸ 选中 B2:C2 单元格区域并向下填充公式，依次得到每位销售员的奖金和销售额，如图 13-16 所示。

图 13-15　　　　　　　　　　　　　　　　　　　　　图 13-16

公式解析

1. SUMIF 函数

SUMIF 函数可以先进行条件判断，然后对满足条件的数据区域进行求和。

= SUMIF(❶用于条件判断的区域,❷求和条件,❸用于求和的单元格区域)

第 2 个参数是求和条件，可以是数字、文本、单元格引用或表达
式等。如果是文本，则必须使用双引号。

2. 本例公式

=SUMIF('10 月份销货记录表'!J3:J37,A2,'10 月份销货记录表'!I3:I37)

在"10 月份销货记录表"J3:J37 单元格区域中找到和 A2 单元格相同
的经办人姓名，然后将对应在 I3:I37 区域中的值求和运算。

① 判断 B2 的值是否小于等于 2000，如果是，则提成率为 0.03。

=IF(B2<=2000,B2*0.03,IF(B2<=5000,B2*0.05,B2*0.08))

② 判断 B2 的值是否在 2000~5000 之间，如果是，则提成率为 0.05；
如果值大于 5000，则提成率为 0.08。

13.1.4　本期库存盘点

库存盘点是为了精确地计算当月和当年的营运状况，以月、年为周期清点公司内的成品和原材料，以便对仓储货品的收发结存等活动进行有效控制，保证仓储货品完好无损、账物相符，确保生产、销售正常进行。

例 1：统计本期库存、本期毛利

根据"10 月份销货记录表"中的明细数据可以依次计算出各种商品的本期销售量、库存量和销售单价。再根据返回的数据计算销售额和毛利值。

❶ 建立"本期库存盘点"表，如图 13-17 所示。

A 序号	B 名称	C 库存	D 本期销售	E 本期库存	F 销售单价	G 销售金额	H 本期毛利
1	香木町 shamood 汽车香水	10					
2	五福金牛 荣耀系列大包围全包围双层皮革丝圈	5					
3	五福金牛 汽车脚垫 迈畅全包围脚垫 黑色	5					
4	途雅（ETONNER）汽车香水 车载座式香水	12					
5	尼罗河（nile）四季通用汽车座垫	10					
6	南极人（nanJiren）汽车头枕腰靠	7					
7	南极人（nanJiren）皮革汽车座垫	5					
8	牧宝(MUBO)冬季纯羊毛汽车座垫	20					
9	绿联 车载手机支架 40998	5					
10	绿联 车载手机支架 40808 银色	20					
11	洛克（ROCK）车载手机支架 重力支架 万向款	10					
12	快美特（CARMATE）空气科学 II 汽车车载香水	12					
13	康车宝 汽车香水 空调出风口香水夹	8					
14	卡饰社（CarSetCity）汽车头枕 便携式记忆棉U	8					
15	卡饰社（CarSetCity）汽车头枕 便携式记忆棉U	8					
16	卡莱饰（Car lives）CLS-201608 新车空气净化	8					
17	卡莱饰 汽车净味长嘴狗竹炭包	30					
18	固特异（Goodyear）丝圈汽车脚垫 飞足系列	10					
19	毕亚兹 车载手机支架 C20 中控台磁吸式	10					
20	倍逸舒 EBK-标准版 汽车腰靠办公腰垫靠垫	11					

图 13-17

❷ 选中 Dh2 单元格并输入公式"=SUMIF('10 月份销货记录表'!$C:$C,B2,'10 月份销货记录表'!$E:$E)"，按 Enter 键，如图 13-18 所示。

D2				fx	=SUMIF('10月份销货记录表'!$C:$C,B2,'10月份销货记录表'!$E:$E)		
A 序号	B 名称	C 库存	D 本期销售	E 本期库存	F 销售单价	G 销售金额	H 本期毛利
1	香木町 shamood 汽车香水	10	2				
2	五福金牛 荣耀系列大包围全包围双层皮革丝圈	5					
3	五福金牛 汽车脚垫 迈畅全包围脚垫 黑色	5					
4	途雅（ETONNER）汽车香水 车载座式香水	12					
5	尼罗河（nile）四季通用汽车座垫	10					
6	南极人（nanJiren）汽车头枕腰靠	7					
7	南极人（nanJiren）皮革汽车座垫	5					

图 13-18

❸ 选中 E2 单元格并输入公式"=C2-D2"，按 Enter 键，如图 13-19 所示。

图 13-19

❹ 选中 F2 单元格并输入公式"=VLOOKUP(B2,商品底价表!$B:$D,3,FALSE)"，按 Enter 键，如图 13-20 所示。

	F2	=VLOOKUP(B2,商品底价表!$B:$D,3,FALSE)					
	A	B	C	D	E	F	G
1	序号	名称	库存	本期销售	本期库存	销售单价	销售金额
2	1	香木町 shamood 汽车香水	10	2	8	39.8	
3	2	五福金牛 荣耀系列大包围全包围双层皮革丝圈	5				
4	3	五福金牛 汽车脚垫 迈畅全包围脚垫 黑色	5				
5	4	途雅（ETONNER）汽车香水 车载座式香水	12				
6	5	尼罗河（nile）四季通用汽车座垫	10				
7	6	南极人（nanJiren）汽车头枕腰靠	7				

注意

这个"商品底价表"中存放的是当前在售的所有商品的入库单价与销售单价数据，其中 B:D 区域第 3 列是销售单价。

图 13-20

❺ 选中 G2 单元格并输入公式"=D2*F2"，按 Enter 键，如图 13-21 所示。

	G2	=D2*F2					
	A	B	C	D	E	F	G
1	序号	名称	库存	本期销售	本期库存	销售单价	销售金额
2	1	香木町 shamood 汽车香水	10	2	8	39.8	79.6
3	2	五福金牛 荣耀系列大包围全包围双层皮革丝圈	5				
4	3	五福金牛 汽车脚垫 迈畅全包围脚垫 黑色	5				
5	4	途雅（ETONNER）汽车香水 车载座式香水	12				
6	5	尼罗河（nile）四季通用汽车座垫	10				
7	6	南极人（nanJiren）汽车头枕腰靠	7				

图 13-21

❻ 选中 H2 单元格并输入公式"=G2-D2*商品底价表!C2"，按 Enter 键，如图 13-22 所示。

	H2	=G2-D2*商品底价表!C2						
	A	B	C	D	E	F	G	H
1	序号	名称	库存	本期销售	本期库存	销售单价	销售金额	本期毛利
2	1	香木町 shamood 汽车香水	10	2	8	39.8	79.6	55.6
3	2	五福金牛 荣耀系列大包围全包围双层皮革丝圈	5					
4	3	五福金牛 汽车脚垫 迈畅全包围脚垫 黑色	5					
5	4	途雅（ETONNER）汽车香水 车载座式香水	12					
6	5	尼罗河（nile）四季通用汽车座垫	10					
7	6	南极人（nanJiren）汽车头枕腰靠	7					
8	7	南极人（nanJiren）皮革汽车座垫	5					

图 13-22

❼ 选中 D2:H2 单元格区域并向下填充公式，依次得到其他产品的本期库存数据、毛利数据等，如图 13-23 所示。

图 13-23

公式解析

1. VLOOKUP 函数

VLOOKUP 函数用于在表格或数值数组的首列查找指定的数值，并由此返回表格或数组当前行中指定列处的值。VLOOKUP 函数是一个非常常用的函数，在实现多表数据查找、匹配中发挥着重要作用。

设置此区域时注意查找目标一定要在该区域的第一列，并且该区域中一定要包含要返回值所在的列。

=VLOOKUP（❶要查找的值,❷用于查找的区域,❸要返回哪一列上的值）

第 3 个参数决定了要返回的内容。一条记录有多种属性的数据，分别位于不同的列中，通过对该参数的设置可以返回要查看的内容。

2. 本例公式

=SUMIF('10 月份销货记录表'!$C:$C,B2,'10 月份销货记录表'!$E:$E)

在 "10 月份销货记录表" C 列中找到和 B2 单元格相同的产品名称，然后将对应在 E 列区域中的值进行行求和运算。

=VLOOKUP(B2,商品底价表!$B:$D,3,FALSE)

在 "商品底价表" B:D 区域的首列中查找 B2 单元格中指定的产品名称，找到后返回第 3 列的值，即销售单价。

例 2：设置库存提醒为下期采购做准备

为了提醒管理者及时补充商品库存，可以为低于 5 件的产品数据设置条件格式，让数据 5 及以下的单元格显示特殊格式。

❶ 选中 E 列的本期库存数据，在"开始"选项卡的"样式"组中单击"条件格式"下拉按钮，在打开的下拉列表中依次选择"突出显示单元格规则"→"小于"命令，如图 13-24 所示。

图 13-24

❷ 打开"小于"对话框，设置小于的数值为 5，并设置格式，如图 13-25 所示。

❸ 单击"确定"按钮返回表格，可以看到库存量小于 5 的单元格都以特殊格式标记，如图 13-26 所示。

图 13-25　　　　　　　　　　　　　　　　　　图 13-26

13.1.5　本期毛利核算

例 1：计算毛利总额

计算出每种商品的毛利值后，可以使用 SUM 函数计算 10 月份的利润值。

选中 H26 单元格并输入公式"=SUM(H2:H25)"，按 Enter 键，即可计算出本期的毛利总额，如图 13-27 所示。

	A	B	C	D	E	F	G	H
	序号	名称	库存	本期销售	本期库存	销售单价	销售金额	本期毛利
10	9	绿联 车载手机支架 40998	5	1	4	59	59	38
11	10	绿联 车载手机支架 40808 银色	20	1	19	45	45	30
12	11	洛克（ROCK）车载手机支架 重力支架 万向球	10	2	8	39	78	58
13	12	快美特（CARMATE）空气科学Ⅱ 汽车车载香才	12	2	10	39	78	58
14	13	康车宝 汽车香水 空调出风口香水夹	8	6	2	68	408	258
15	14	卡饰社（CarSetCity）汽车头枕 便携式记忆棉U	8	2	6	79	158	118
16	15	卡饰社（CarSetCity）汽车头枕 便携式记忆棉U	8	2	6	79	158	118
17	16	卡莱饰（Car lives）CLS-201608 新车空气净化	8	7	1	69	483	273
18	17	卡莱饰 汽车净味长嘴狗竹炭包	30	4	26	28.9	115.6	67.6
19	18	固特异（Goodyear）丝圈汽车脚垫 飞足系列	10	2	8	410	820	380
20	19	毕亚兹 车载手机支架 C20 中控台磁吸式	10	3	7	39	117	81
21	20	倍逸舒 EBK-标准版 汽车腰靠办公腰垫靠垫	11	5	6	198	990	590
22	21	倍思（Baseus）车载手机支架	10	1	9	39.9	39.9	27.9
23	22	北极绒（Bejirong）U型枕护颈枕	15	6	9	19.9	119.4	89.4
24	23	GREAT LIFE 汽车脚垫丝圈	5	4	1	199	796	776
25	24	COMFIER汽车座垫按摩座垫	5	3	2	169	507	330
26							毛利总额	7408.5

图 13-27

例 2：查询销售最理想的产品

通过建立数据透视表，可以将当月各种商品的销售额进行求和汇总，将汇总后的数据从高到低排列，就可以直观地了解本月哪种商品的销售额最高。

❶ 选中表格任意单元格，在"插入"选项卡的"表格"组中单击"数据透视表"按钮，如图 13-28 所示。打开"创建数据透视表"对话框，保持默认设置，如图 13-29 所示。

图 13-28

图 13-29

❷ 单击"确定"按钮创建透视表，设置"名称"为行标签字段，"销售金额"为值字段，如图 13-30 所示。

图 13-30

❸ 选中销售金额字段列下的任意单元格，在"数据"选项卡的"排序和筛选"组中单击"降序"按钮，即可查看销售金额最高的产品数据（即销售最理想的产品），如图 13-31 所示。

图 13-31

13.2　消费者购买行为研究

消费者购买行为研究是市场调研中最普遍、最经常实施的一项研究，是指对获取消费者使用、处理商品所采用的各种行动以及事先决定这些行动的决策过程的定量研究和定性研究。该项研究除了可以了解消费者是如何获取产品与服务的，还可以了解消费者是如何消费产品的，以及产品在用完或消费之后是如何被处置的。因此，对消费者行为进行研究是营销决策的基础，对于提高营销决策水平、增强营销策略的有效性等有着很重要的意义。

本节中会就某个商品的调查数据表格对消费者购买行为进行分析研究。

13.2.1 影响消费者购买的因素分析

要对影响消费者购买的因素进行分析，首先需要统计出问卷结果中各个因素的被选中条数，然后再进行分析。

例1：统计影响消费者购买的各因素数量

影响消费者购买商品的因素有广告宣传作用、当下流行指标、商家促销活动及他人意见的影响等。本例会根据调查统计表格，将被各种因素影响的人数总和统计出来，方便分析哪种因素的影响最大。

❶ 如图 13-32 所示为有效的调查结果数据表。

图 13-32

❷ 在其后新建工作表，并将其重命名为"影响购买的因素分析"。然后输入如图 13-33 所示的统计标识。

❸ 选中 B3 单元格并输入公式"=COUNTIF(调查结果数据库!\$K\$3:\$L\$62,B2)"，按 Enter 键，如图 13-34 所示。

❹ 向右复制此公式，依次得到受到其他影响因素影响的总人数，如图 13-35 所示。

影响消费者购买的因素分析			
影响因素	广告宣传	流行时尚	商家促销	他人意见
受影响人数	43	34	24	19

购买礼品时受影响因素			
影响因素	品牌	质量	价格	外观时尚
受影响人数				

调查结果数据库　影响购买的因素分析

图 13-33

图 13-34

图 13-35

公式解析

1. COUNTIF 函数

COUNTIF 函数用于统计出指定区域中符合指定条件的单元格个数，它专门用于解决按条件计数的问题。

=COUNTIF（❶计数区域,❷计数条件）

2. 本例公式

① 计数区域为"调查结果数据库"K3:L62 单元格区域。

=COUNTIF(调查结果数据库!$K$3:$L$62,B2)

② 计数条件为 B2 单元格中的影响因素。

例 2：购买礼品时受影响因素分析

购买礼品的影响因素包括商品的品牌、质量、价格及外观。根据调查数据表，可以将选择各种影响因素的人数统计出来。

❶ 新建工作表，并将其重命名为"影响购买的因素分析"，输入各项信息。

❷ 选中 B7 单元格并输入公式"=COUNTIF(调查结果数据库!$I$3:$J$62,B6)"，按 Enter 键，如图 13-36 所示。

❸ 向右复制此公式，依次得到选择其他因素的人数合计，如图 13-37 所示。

图 13-36

图 13-37

例 3：建立图表分析消费者购买行为

通过建立饼图，可以直观地查看影响销售者购买商品的决定因素。

❶ 选中 A2:E3 单元格区域，在"插入"选项卡的"图表"组中单击"插入饼图或圆环图"下拉按钮，在打开的下拉列表中单击"饼图"（见图 13-38），即可新建饼图，如图 13-39 所示。

图 13-38

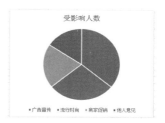

图 13-39

❷ 单击"图表元素"按钮，在打开的列表中依次选择"数据标签"→"更多选项"选项，如图 13-40 所示。

图 13-40

❸ 打开"设置数据标签格式"窗格，分别勾选"类别名称"和"百分比"复选框，如图 13-41 所示。

❹ 单击图表扇面，然后在"广告宣传"饼块上单击一次，即可单独选中该数据点。在"图表工具-格式"选项卡的"形状样式"组中单击"形状填充"下拉按钮，在打开的下拉列表中选择"橙色"，如图 13-42 所示。

图 13-41

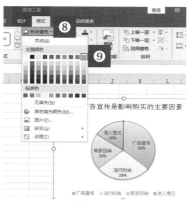

图 13-42

❺ 再将"广告宣传"数据点向外拖动让其分离。效果如图 13-43 所示。

❻ 选中 A6:E7 单元格区域，在"插入"选项卡的"图表"组中单击"插入饼图或圆环图"下拉按钮，在打开的下拉列表中选择"饼图"（见图 13-44），即可新建饼图图表，如图 13-45 所示。

图 13-43

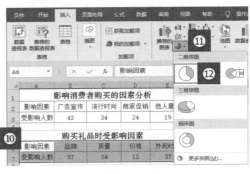

图 13-44

❼ 按照相同的办法为图表套用样式并输入直观说明图表表达效果的标题文字。效果如图 13-46 所示。从图表可以得出品牌和外观时尚是影响消费者购买礼品的两个重要因素。

图 13-45

图 13-46

13.2.2 更换频率分析

消费者更换新商品的频率受到性别、年龄和收入的影响。通过这些分析，可以帮助企业更准确地确定市场投放类型和人群。

例 1：建立更换频率结构统计表

根据调查数据表中的数据，可以统计各不同性别、收入和年龄对不同更换次数的选择数量。

❶ 新建工作表并重新命名为"更换频率分析"，输入如图 13-47 所示各项统计标识。

图 13-47

❷ 切换到"调查结果数据库"中，选中除了标题行之外的所有数据单元格区域（要包含列标识），在"公式"选项卡的"定义的名称"组中单击"根据所选内容创建"按钮，如图 13-48 所示。打开"根据所选内容创建名称"对话框，勾选"首行"复选框，如图 13-49 所示。

图 13-48

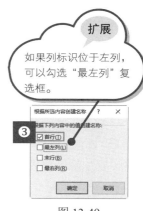

扩展

如果列标识位于左列，可以勾选"最左列"复选框。

图 13-49

❸ 单击"确定"按钮完成名称定义。打开"名称管理器"对话框，可以看到表格中以列标识建立的所有名称，如图 13-50 所示。

图 13-50

❹ 选中 B4 单元格并输入公式"=SUMPRODUCT((更换频率_年=$A4)*(性别=B$3))"，按 Enter 键，

即可计算出选择更换一次的男性总人数，如图 13-51 所示。先向右复制公式，再选中 B4:C4 单元格区域，向下复制公式，依次得到选择各个不同更换次数中男性总人数和女性总人数，如图 13-52 所示。

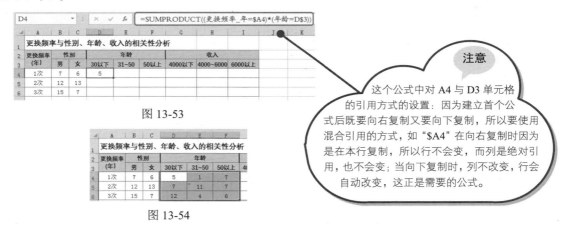

图 13-51　　　　　　　　　　　　　　　　　　　　　　图 13-52

❺　选中 D4 单元格并输入公式 "=SUMPRODUCT((更换频率_年=$A4)*(年龄=D$3))"，按 Enter 键，即可计算出选择更换一次的 30 岁以下总人数，如图 13-53 所示。先向右复制公式，再选中 D4:F4 单元格区域，向下复制公式，依次得到其他不同更换次数中 30 岁以下、31~50 岁之间及 50 岁以上总人数，如图 13-54 所示。

图 13-53

注意

这个公式中对 A4 与 D3 单元格的引用方式的设置：因为建立首个公式后既要向右复制又要向下复制，所以要使用混合引用的方式，如 "$A4" 在向右复制时因为是在本行复制，所以行不会变，而列是绝对引用，也不会变；当向下复制时，列不改变，行会自动改变，这正是需要的公式。

图 13-54

❻　选中 G4 单元格并输入公式 "=SUMPRODUCT((更换频率_年=$A4)*(收入状况=G$3))"，按 Enter 键，即可计算出更换一次的收入在 4000 元以下总人数，如图 13-55 所示。先向右复制公式，再选中 G4:I4 单元格区域，向下复制公式，依次得到其他不同更换次数的收入在 4000 元以下、4000~6000 元之间及 6000 元以上总人数，如图 13-56 所示。

图 13-55　　　　　　　　　　　　　　　　　　　　　　图 13-56

公式解析

1. SUMPRODUCT 函数

本例中的 SUMPRODUCT 函数是一个进行多条件判断并进行计数统计的函数，其参数设置可以使用如下公式。

=SUMPRODUCT（（条件 1 表达式）*（条件 2 表达式）*（条件 3 表达式）*...）

2. 本例公式

① 条件 1：更换频率等于 A4 中指定的 1 次。

=SUMPRODUCT((更换频率_年=$A4)*(年龄=D$3))

② 条件 2：年龄等于 D3 中的指定数值。

例 2：图表分析性别与更换频率的相关性

不同性别更换商品的频次各不相同，通过这项分析可以帮助企业更好地确定投放市场，如加大在男性还是女性受众群中进行宣传。

❶ 选中 A9:C12 单元格区域，在"插入"选项卡的"图表"组中单击"插入柱形图或条形图"下拉按钮，在打开的下拉列表中选择"堆积柱形图"（见图 13-57），即可新建堆积柱形图图表，如图 13-58 所示。

图 13-57

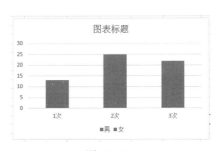

图 13-58

❷ 选中图表，单击右侧的"图表样式"按钮，在打开的样式列表中单击"样式 2"，即可一键应用图表样式，如图 13-59 所示。

❸ 为图表输入能说明统计目的的名称，从图表中可以看到每年更换 2 次的人数是最多的，如图 13-60 所示。

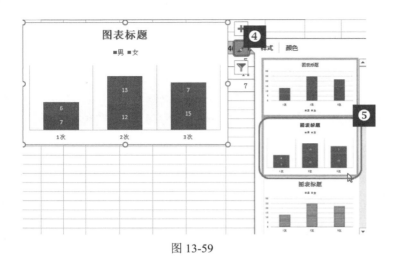

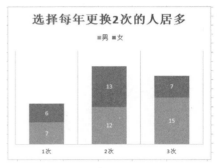

图 13-59

图 13-60

❹ 选中图表，在"图表工具-设计"选项卡的"数据"组中单击"切换行/列"按钮（见图 13-61），即可得到新的图表，从图表中可以看到男性每年的更换次数高于女性，如图 13-62 所示。

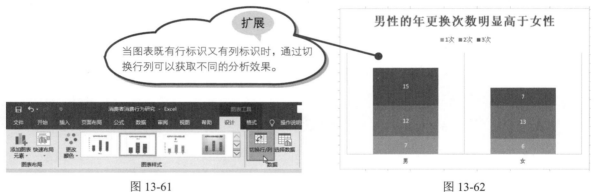

图 13-61

图 13-62

例 3：图表分析年龄与更换频率的相关性

不同的年龄更换商品的频率也是不相同的，通过分析不同年龄阶段更换商品的次数，可以更好地确定在哪个年龄段投放广告的宣传效果最佳。

---

❶ 按住 Ctrl 键依次选中 A9:A12 和 D9:F12 单元格区域，在"插入"选项卡的"图表"组中单击"插入柱形图或条形图"下拉按钮，在打开的下拉列表中选择"堆积柱形图"（见图 13-63），即可新建堆积柱形图图表，如图 13-64 所示。

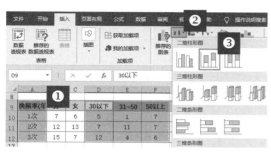

图 13-63

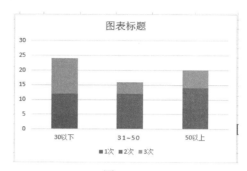

图 13-64

❷ 为图表设置美化效果，可以在图表中看到 30 岁以下人群的更换频率是最高的，如图 13-65 所示。

❸ 在"图表工具-设计"选项卡的"数据"组中单击"切换行/列"按钮，得到的图表如图 13-66 所示。从图表中可以看到选择更换 2 次或 3 次的人数更多。

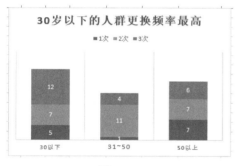

图 13-65

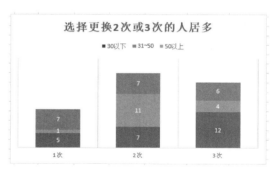

图 13-66

例 4：图表分析收入与更换频率的相关性

通过建立图表可以直观地显示收入与更换频率的相关性。

---

❶ 按住 Ctrl 键依次选中 A9:A12 和 G9:I12 单元格区域，在"插入"选项卡的"图表"组中单击"插入柱形图或条形图"下拉按钮，在打开的下拉列表中选择"堆积条形图"（见图 13-67），即可新建堆积条形图图表，如图 13-68 所示。

❷ 为图表设置美化效果，更改图表标题，如图 13-69 所示。从图表中可以看到收入与更换频率之间存在很大的相关性。

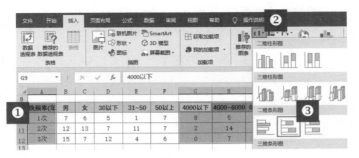

图 13-67

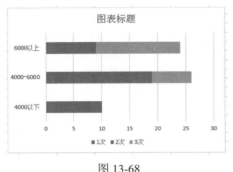

图 13-68

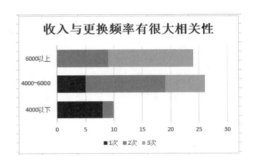

图 13-69

13.3 销 售 预 测

销售预测是指根据以往的销售情况对未来销售情况的预测。销售计划的中心任务之一就是销售预测，无论企业的规模大小、销售人员的多少，销售预测影响到包括计划、预算和销售额确定在内的销售管理的各方面工作。在 Excel 中可以使用函数、高级分析工具等根据往期销售数据进行预测。

13.3.1 函数预测销售量

例 1：预测 3 个月销售量

当前表格中统计了 9 个月的销量，通过 9 个月产品销售量可以预算出 10、11、12 月的产品销售量。

❶ 选中 E2:E4 单元格区域并输入公式"=GROWTH(B2:B10,A2:A10,D2:D4)"，如图 13-70 所示。

❷ 按 Ctrl+Shift+Enter 组合键，即可预测出三个月的销售额，如图 13-71 所示。

图 13-70　　　　　　　　　　　　　　　　　图 13-71

公式解析

1. GROWTH 函数

该函数是使用现有数据计算预测的指数等比。

2. 本例公式

已知的 x 值集合

已知的 y 值集合　　　　　　　GROWTH 返回对应 y 值的新 x 值。

例 2：预测 12 月份销售量

本例中需要通过 1~11 月的销售量，使用函数预测第 12 月的销售量。

❶ 选中 E2 单元格并输入公式"=FORECAST(12,B2:B12,A2:A12)"，如图 13-72 所示。

❷ 按 Enter 键，即可预测出 12 月份的销售额，如图 13-73 所示。

图 13-72　　　　　　　　　　　　　　　　　图 13-73

公式解析

1. FORECAST 函数

FORECAST 函数根据已有的数值计算或预测未来值。此预测值为基于给定的 x 值推导出的 y 值。已知的数值为已有的 x 值和 y 值，再利用线性回归对新值进行预测。可以使用该函数对未来销售额、库存需求或消费趋势进行预测。

2. 本例公式

13.3.2　移动平均法预测销售量

本例中统计了某公司 2008—2019 年产品的销售量预测值，现在可以使用"移动平均"分析工具预测出 2020 年的销量，并创建图表查看实际销量与预测值之间的差别。

❶ 打开表格，在"数据"选项卡的"分析"组中单击"数据分析"按钮，如图 13-74 所示。打开"数据分析"对话框，选择"移动平均"选项，如图 13-75 所示。

图 13-74

图 13-75

❷ 打开"移动平均"对话框，按如图 13-76 所示设置各项参数，勾选"标准误差"和"图表输出"复选框。单击"确定"按钮，返回工作表中，即可看到表中添加的预测值、误差值以及移动平均折线图图表，如图 13-77 所示。注意，这里的 C14 单元格的值就是预测出的下一期的预测值，即 2020 年的销售量数据。

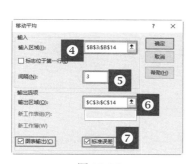

图 13-76

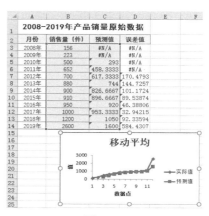

图 13-77

❸ 选中图表"实际值"数据系列，右击，在弹出的快捷菜单中选择"选择数据"命令，如图 13-78 所示。打开"选择数据源"对话框，单击"编辑"按钮，如图 13-79 所示。

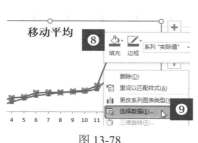

图 13-78

图 13-79

❹ 打开"轴标签"对话框，重新设置"轴标签区域"（用鼠标拖动选取 A3:A14 单元格区域），单击拾取器按钮（见图 13-80）返回"选择数据源"对话框，即可看到更改后的水平轴标签为年份值，如图 13-81 所示。

图 13-80

图 13-81

单击这个拾取器回到工作表中选择年份值作为图表的轴标签。

❺ 更改图表标题为"2020年销售量预测"，并对折线图图表进行美化。效果如图 13-82 所示。

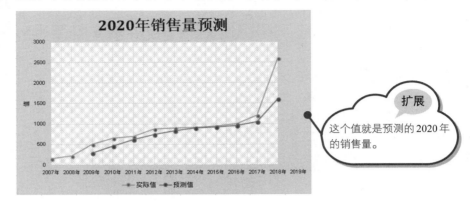

图 13-82

经 验 之 谈

进行移动平均后，C14 单元格的值就是对下一期的预测值，即本例中预测的 2020 年的销售量约为 1600。如果再想预测下一期，则需要对 B13、B14、C14 三个值进行求平均值，即使用公式 "=AVERAGE(B13:B14,C14)" 求得的值，如图 13-83 所示。

	A	B	C	D
1	2007-2018年产品销量原始数据			
2	月份	销售量（件）	预测值	误差值
3	2007年	156	#N/A	#N/A
4	2008年	223	#N/A	#N/A
5	2009年	500	293	#N/A
6	2010年	652	458.3333	#N/A
7	2011年	700	617.3333	170.4793
8	2012年	880	744	144.7257
9	2013年	900	826.6667	101.1724
10	2014年	910	896.6667	89.53874
11	2015年	950	920	46.38806
12	2016年	1000	953.3333	32.94215
13	2017年	1200	1050	92.33594
14	2018年	2600	1600	584.4307
15			1800	

C15　　　　=AVERAGE(B13:B14,C14)

图 13-83

第 14 章

薪酬管理要具体化：月度薪酬核算、薪酬数据多维度分析

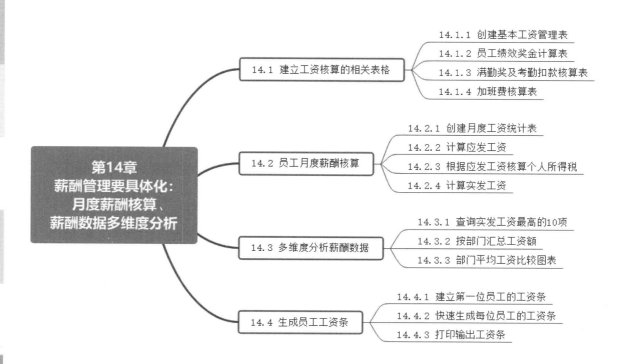

第14章
薪酬管理要具体化：
月度薪酬核算、
薪酬数据多维度分析

14.1 建立工资核算的相关表格
- 14.1.1 创建基本工资管理表
- 14.1.2 员工绩效奖金计算表
- 14.1.3 满勤奖及考勤扣款核算表
- 14.1.4 加班费核算表

14.2 员工月度薪酬核算
- 14.2.1 创建月度工资统计表
- 14.2.2 计算应发工资
- 14.2.3 根据应发工资核算个人所得税
- 14.2.4 计算实发工资

14.3 多维度分析薪酬数据
- 14.3.1 查询实发工资最高的10项
- 14.3.2 按部门汇总工资额
- 14.3.3 部门平均工资比较图表

14.4 生成员工工资条
- 14.4.1 建立第一位员工的工资条
- 14.4.2 快速生成每位员工的工资条
- 14.4.3 打印输出工资条

14.1　建立工资核算的相关表格

　　月末员工工资的核算是财务部门每月必须要展开的工作。工资核算时要逐一计算两部分的明细数据，一是应发部分；二是应扣部分。应发部分的项目包括基本固定工资、各项补贴、计件工资的核算、销售奖核算、额外加班工资、满勤奖等；应扣部分的项目包括考勤扣款、代扣代缴费用、个人所得税等。这些数据都需要创建表格来管理，然后在月末将其汇总到工资表中，从而得出最终的应发工资。

　　通过工资表生成的数据可以进行多角度的分析工作，如查看高低工资、部门工资合计统计比较、部门工资平均值比较等。

14.1.1　创建基本工资管理表

　　员工基本工资表用来统计每一位员工的基本信息、基本工资。另外，还需要包含入职日期数据，因为要根据入职日期对工龄工资进行计算，工龄工资也属于工资核算的一部分。本例中规定：1 年以下的员工，工龄工资为 0；1~3 年工龄工资每月 50 元；3~5 年工龄工资每月 100 元；5 年以上工龄工资每月 200 元。

　　❶ 新建工作表，并将其命名为"基本工资表"，输入表头、列标识，先建立工号、姓名、部门、基本工资这几项基本数据，如图 14-1 所示。

　　❷ 添加"入职时间""工龄""工龄工资"几项列标识（"入职时间"数据也从人事或行政部门获取），如图 14-2 所示。

图 14-1　　　　　　　　　　　　　　　　　　　　图 14-2

❸ 选中 F3 单元格，输入公式 "=YEAR(TODAY())-YEAR(E3)"。按 Enter 键，即可计算出第一位员工的工龄，如图 14-3 所示。

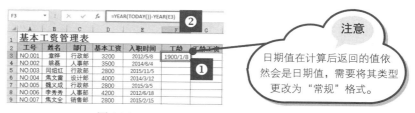

图 14-3

公式解析

1. YEAR 函数

YEAR 函数用于返回给定日期值中的年份值。

2. 本例公式

① 返回当前日期中的年份数。

$$=YEAR(TODAY())-YEAR(E3)$$

② 返回 E3 单元格中入职时间的年份数。二者差值即为工龄值。

❹ 选中 F3 单元格，在"开始"选项卡的"数字"组中单击"数字格式"下拉按钮，在打开的下拉列表中选择"常规"选项，即可正确显示工龄，如图 14-4 所示。

❺ 选中 F3 单元格，拖动右下角的填充柄向下填充公式，批量计算其他员工的工龄。效果如图 14-5 所示。

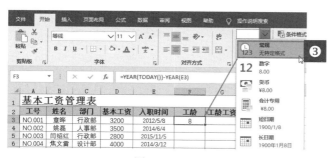

图 14-4

图 14-5

❻ 选中 G3 单元格，在编辑栏中输入 "=IF(F3<=1,0,IF(F3<=3,(F3-1)*50,IF(F3<=5,(F3-1)*100,(F3-1)*

200)))"。按 Enter 键，即可计算出第一位员工的工龄工资，如图 14-6 所示。

❼ 选中 G3 单元格，拖动右下角的填充柄向下填充公式，批量计算其他员工的工龄工资，如图 14-7 所示。

图 14-6

图 14-7

公式解析

$$=IF(F3<=1,0,IF(F3<=3,(F3-1)*50,IF(F3<=5,(F3-1)*100,(F3-1)*200)))$$

一个 IF 函数多层嵌套的例子，第一个条件判断 F3 中值是否小于等于 1，如果是，则返回 0；如果不是，则进入下一层 IF 判断。接着判断 F3 是否小于等于 3，如果是，则返回 "(F3-1)*50" 即工龄工资等于年份减 1 乘以 50；如果不是，则进入下一层 IF 判断……

14.1.2　员工绩效奖金计算表

除了基本工资外，对于销售人员来说，绩效奖金是工资中很重要的一部分。因此，销售员绩效奖金的核算需要用一张表格来核算与管理。

企业规定，不同数值范围内的销售业绩对应不同的提成率，具体如下：当销售金额小于 20000 元时，提成比例为 3%；当销售金额在 20000~50000 元之间时，提成比例为 5%；当销售金额大于 50000 元时，提成比例为 8%。

❶ 新建工作表，并将其命名为"员工绩效奖金计算表"。输入销售员的工号、对应姓名并按本月的实际销售情况填写销售业绩，如图 14-8 所示。

❷ 选中 D3 单元格，在编辑栏中输入公式"IF(C3<=20000,C3*0.03,IF(C3<=50000,C3*0.05,C3*0.08))"。按 Enter 键，即可计算出第一位员工的绩效奖金，如图 14-9 所示。

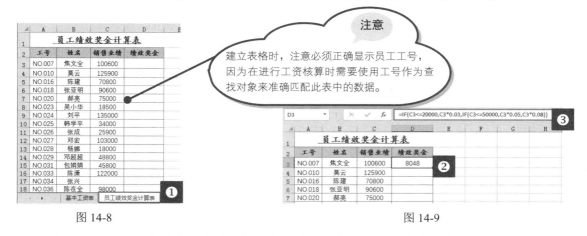

图 14-8

图 14-9

❸ 选中 D3 单元格，拖动右下角的填充柄向下填充公式，即可批量计算其他员工的绩效奖金，如图 14-10 所示。

图 14-10

14.1.3　满勤奖及考勤扣款核算表

工资核算时需要涉及是否发放满勤奖，以及如果有迟到、请假、旷工等，还要按制度扣除相应款项。这些数据来源于对本月的考勤记录及统计，因此，当建立了本月的考勤表并进行了考勤统计后（本书在第 12 章已做介绍），可以将此表复制到当前工作簿中来，以便于工资核算时使用。

❶ 新建工作表，并将其命名为"考勤统计表"。输入销售员的工号、对应姓名、部门等基本信息（可以直接从"基本工资表"中复制得到），如图 14-11 所示。

❷ 打开第 12 章的"考勤管理"工作簿，单击"考勤统计表"工作表标签进入表格中，选中考勤统计数据，并按 Ctrl+C 组合键复制，如图 14-12 所示。

图 14-11

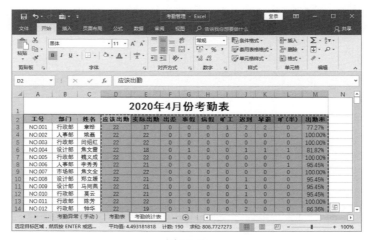

图 14-12

❸ 切换回到"工资核算"工作簿中，进入"考勤统计表"中，选中 D2 单元格，按 Ctrl+V 组合键粘贴，然后单击右下角出现的"粘贴选项"按钮，在打开的下拉列表中选择"值"选项，如图 14-13 所示。

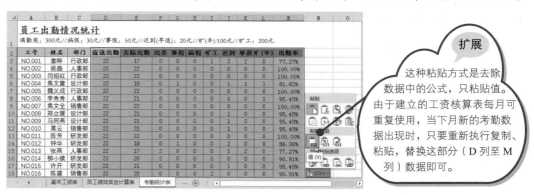

扩展

这种粘贴方式是去除数据中的公式，只粘贴值。由于建立的工资核算表每月可重复使用，当下月新的考勤数据出现时，只要重新执行复制、粘贴，替换这部分（D 列至 M 列）数据即可。

图 14-13

❹ 补充建立"满勤奖"与"应扣工资"两个列标识，如图 14-14 所示。

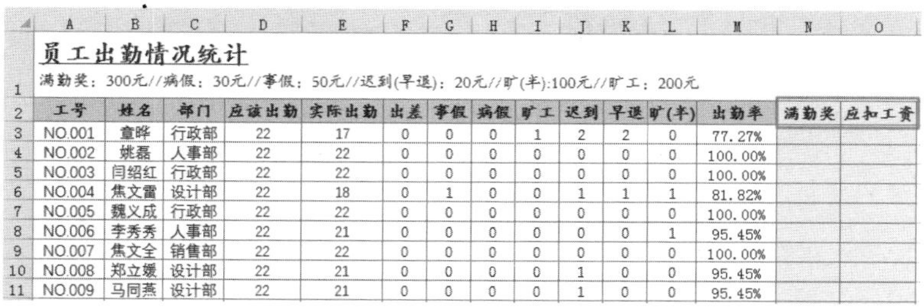

图 14-14

❺ 选中 N3 单元格，在编辑栏中输入公式"=IF(E3+F3=D3,300,0)"。按 Enter 键，计算出第一位员工的满勤奖，如图 14-15 所示。

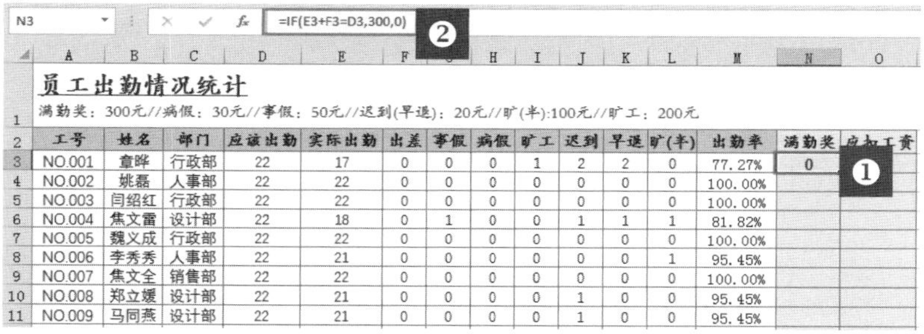

图 14-15

❻ 选中 O3 单元格，在编辑栏中输入公式"=G3*50+H3*30+I3*200+J3*20+K3*20+L3*100"。按 Enter 键，计算出第一位员工因迟到、请假、旷工等应扣除的工资，如图 14-16 所示。

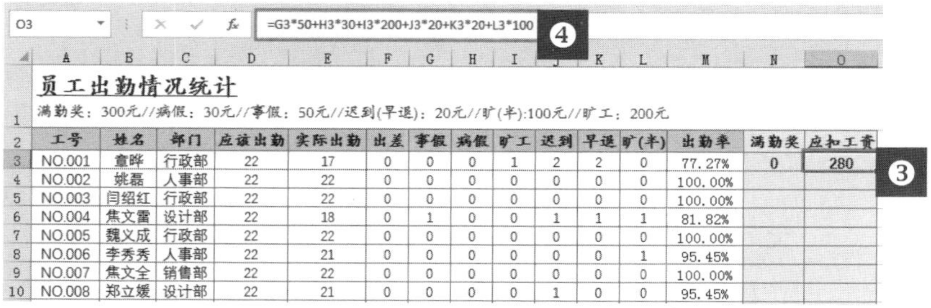

图 14-16

❼ 选中 N3:O3 单元格区域，拖动右下角填充柄向下复制公式，依次得到每位员工的满勤奖与应扣工资金额，如图 14-17 所示。

员工出勤情况统计

满勤奖：300元//病假：30元//事假：50元//迟到(早退)：20元//旷(半):100元//旷工：200元

工号	姓名	部门	应该出勤	实际出勤	出差	事假	病假	旷工	迟到	早退	旷(半)	出勤率	满勤奖	应扣工资
NO.001	查骅	行政部	22	17	0	0	0	1	2	2	0	77.27%	0	280
NO.002	姚磊	人事部	22	22	0	0	0	0	0	0	0	100.00%	300	0
NO.003	闫绍红	行政部	22	22	0	0	0	0	0	0	0	100.00%	300	0
NO.004	焦文雷	设计部	22	18	0	1	0	0	1	1	1	81.82%	0	190
NO.005	魏义成	行政部	22	22	0	0	0	0	0	0	0	100.00%	300	0
NO.006	李秀秀	人事部	22	21	0	0	0	0	0	1	0	95.45%	0	100
NO.007	焦文全	销售部	22	22	0	0	0	0	0	0	0	100.00%	300	0
NO.008	郑立媛	设计部	22	21	0	0	0	0	0	1	0	95.45%	0	20
NO.009	马同燕	设计部	22	21	0	0	0	0	1	0	0	95.45%	0	20
NO.010	莫云	销售部	22	21	0	0	0	0	1	0	0	95.45%	0	20
NO.011	陈芳	研发部	22	22	0	0	0	0	0	0	0	100.00%	300	0
NO.012	钟华	研发部	22	19	0	1	0	0	2	0	0	86.36%	0	90
NO.013	张燕	人事部	22	17	0	2	0	0	1	2	0	77.27%	0	60
NO.014	柳小续	研发部	22	20	2	0	0	0	0	0	0	90.91%	300	0
NO.015	许开	销售部	22	21	0	0	0	0	1	0	0	95.45%	0	20
NO.016	陈建	销售部	22	20	0	0	0	2	0	0	0	90.91%	0	400
NO.017	万茜	财务部	22	21	0	0	1	0	0	0	0	95.45%	0	30
NO.018	张亚明	销售部	22	22	0	0	0	0	0	0	0	100.00%	300	0
NO.019	张华	财务部	22	22	0	0	0	0	0	0	0	100.00%	300	0
NO.020	郝亮	销售部	22	22	0	0	0	0	0	0	0	100.00%	300	0
NO.021	穆宇飞	研发部	22	21	0	0	0	0	1	0	0	95.45%	0	20
NO.022	于青青	研发部	22	21	0	0	0	0	1	0	0	95.45%	0	20
NO.023	吴小华	销售部	22	22	0	0	0	0	0	0	0	100.00%	300	0
NO.024	刘平	销售部	22	20	0	0	0	2	0	0	0	90.91%	0	400
NO.025	韩学平	销售部	22	22	0	0	0	0	0	0	0	100.00%	300	0

图 14-17

14.1.4 加班费核算表

在第 12 章的"员工加班管理"工作簿中对本月的加班费进行了统计核算，由于在进行工资核算时需要使用这部分数据，因此可以将第 12 章"员工加班管理"工作簿中的"加班费计算表"工作表中的数据复制到当前工作簿。

新建工作表，并将其命名为"加班费计算表"，复制第 12 章中的"员工加班管理"工作簿中"加班费计算表"工作表中的数据，如图 14-18 所示。

注意

由于加班数据不一定人人都有，因此也要以工号为统一匹配标识。在进行工资核算时会根据工号匹配并返回相应的加班费。

加班费计算表

工作日加班：50元/小时//节假日加班：80元/小时

工号	加班人	节假日加班小时数	工作日加班小时数	加班费
NO.001	查骅	0	4	200
NO.002	姚磊	0	4	200
NO.003	闫绍红	3.75	2	400
NO.004	焦文雷	4.5	0	360
NO.005	魏义成	3.5	0	280
NO.007	焦文全	3.75	2.5	425
NO.008	郑立媛	0	2.5	125
NO.009	马同燕	0	3.5	175
NO.010	莫云	0	4.5	225
NO.011	陈芳	4.5	0	360
NO.012	钟华	3.5	0	280
NO.013	张燕	4	0	320
NO.015	许开	0	8.5	425
NO.016	陈建	0	2.5	125
NO.017	万茜	0	4	200
NO.018	张亚明	0	4.5	225
NO.019	张华	0	4.5	225
NO.020	郝亮	3	0	240
NO.021	穆宇飞	3.5	0	280

基本工资表　员工绩效奖金计算表　考勤统计表　加班费计算表

图 14-18

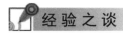

经验之谈

在建立需要多表间数据引用的核算系统时，注意要考虑到工作簿的关联性。例如，本例中会使用 VLOOKUP 函数从各表中匹配与工资核算相关的数据，而其查找的标准是员工的工号，所以"员工绩效奖金计算表""考勤统计表""加班费计算表"中都包含了"工号"这个统一的用于关联的标识。

14.2 员工月度薪酬核算

工资核算时要分应发工资和应扣工资两部分来进行计算，应发工资和应扣工资中又各自包含多个项目。当准备好一些工资核算的相关表格后，则可以进行工资的核算。

14.2.1 创建月度工资统计表

员工月度工资表中将对每位员工工资的各个明细项进行核算。因此，首先要合理规划此表应包含的元素。

❶ 新建工作表，将其重命名为"员工月度工资表"，在表格中建立相应列标识，并设置表格的文字格式、边框底纹格式等。设置后如图 14-19 所示。

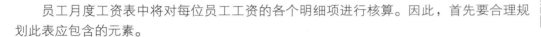

图 14-19

❷ 选中 A3 单元格，在编辑栏中输入公式"=基本工资表!A3"。按 Enter 键并向右复制公式到 C3 单元格，返回第一位职员的工号、姓名、部门，如图 14-20 所示。

❸ 选中 A3:C3 单元格区域，向下拖动右下角的填充柄，实现从"基本工资表"中得到所有员工的基本数据，如图 14-21 所示。

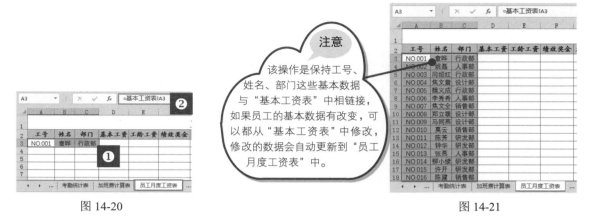

图 14-20   图 14-21

14.2.2　计算应发工资

在核算应发工资时，需要从之前建立的与工资核算相关的表格中依次返回各项明细数据，如"基本工资""工龄工资"来自"基本工资表"，"绩效奖金"来自"员工绩效奖金计算表"，"加班工资"来自"加班费计算表"等。

❶ 选中 D3 单元格，在编辑栏中输入公式"=VLOOKUP(A3,基本工资表!$A:$G,4,FALSE)"。按 Enter 键，即可返回第一位职员的基本工资，如图 14-22 所示。

❷ 选中 E3 单元格，在编辑栏中输入公式"=VLOOKUP(A3,基本工资表!$A:$G,7,FALSE)"。按 Enter 键，即可返回第一位职员的工龄工资，如图 14-23 所示。

扩展

与前面公式相同，因为工龄工资位于"基本工资表"的第 7 列中，所以指定此参数为 7。

图 14-22

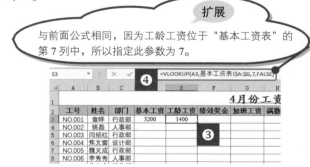

图 14-23

公式解析

1. VLOOKUP 函数

VLOOKUP 函数在表格或数值数组的首列查找指定的数值，并由此返回表格或数组当前行中指定列处的值。VLOOKUP 函数是一个非常常用的函数，在实现多表数据查找、匹配中发挥着重要的作用。

设置此区域时注意查找目标一定要在该区域的第一列，并且该区域中一定要包含要返回值所在的列。

=VLOOKUP（❶要查找的值,❷用于查找的区域,❸要返回哪一列上的值）

第 3 个参数决定了要返回的内容。对于一条记录，它有多种属性的数据，分别位于不同的列中，通过对该参数的设置可以返回要查看的内容。

2. 本例公式

=VLOOKUP(A3,基本工资表!$A:$G,4,FALSE)

VLOOKUP 函数表示在基本工资表的$A:$G 列的首列中寻找与 A3 单格中相同的工号，找到后返回对应在第 4 列中的值，即对应的基本工资。

❸ 选中 F3 单元格，在编辑栏中输入公式"=IFERROR(VLOOKUP(A3,员工绩效奖金计算表!$A$2:$D$18,4,FALSE),"")"。按 Enter 键，即可返回第一位员工的绩效奖金，如图 14-24 所示。

图 14-24

> **扩展**
>
> 如果在"员工绩效奖金计算表"中找不到编号，则表示没有绩效奖金，就返回空值。

☞公式解析

=IFERROR(VLOOKUP(A3,员工绩效奖金计算表!$A$2:$D$18,4,FALSE),"")

这个公式如果去掉外层的 IFERROR 部分，则与前面的 VLOOKUP 函数使用方法一样。因为"员工绩效奖金计算表"中并不是所有的员工都存在（一般只有销售部的人），所以会出现找不到的情况。当 VLOOKUP 函数找不到时将会返回错误值。为避免错误值显示在单元格中，则再外套 IFERROR 函数。此函数套在 VLOOKUP 函数的外面，起到的作用是判断 VLOOKUP 返回值是否为任意错误值，如果是，则返回空值。

---

❹ 选中 G3 单元格，在编辑栏中输入公式"=IFERROR(VLOOKUP(A3,加班费计算表!$A:$E,5,FALSE),"")"。按 Enter 键，即可返回第一位员工的加班工资，如图 14-25 所示。

图 14-25

❺ 选中 H3 单元格，在编辑栏中输入公式"=VLOOKUP(A3,考勤统计表!\$A:\$N,14,FALSE)"。按 Enter 键，即可返回第一位员工的满勤奖，如图 14-26 所示。

❻ 选中 I3 单元格，在编辑栏中输入公式"=VLOOKUP(A3,考勤统计表!\$A:\$O,15,FALSE)"。按 Enter 键，即可返回第一位员工请假考勤扣款金额，如图 14-27 所示。

图 14-26

图 14-27

其中保险及公积金扣款约定如下（根据企业实际情况可变动）。

↘ 养老保险个人缴纳比例为：（基本工资+岗位工资+工龄工资）*10%。

↘ 医疗保险个人缴纳比例为：（基本工资+岗位工资+工龄工资）*2%。

↘ 住房公积金个人缴纳比例为：（基本工资+岗位工资+工龄工资）*8%。

❼ 选中 J3 单元格，在编辑栏中输入公式"=IF(E3=0,0,(D3+E3)*0.08+(D3+E3)*0.02+(D3+E3)*0.1)"。按 Enter 键，即可返回第一位职员保险、公积金等代扣代缴金额，如图 14-28 所示。

图 14-28

❽ 选中 K3 单元格，在编辑栏中输入公式 "=SUM(D3:H3)-SUM(I3:J3)"。按 Enter 键，即可返回第一位职员应发合计工资，如图 14-29 所示。

工号	姓名	部门	基本工资	工龄工资	绩效奖金	加班工资	满勤奖	考勤扣款	代扣代缴	应发工资
NO.001	章晔	行政部	3200	1400		200	0	280	920	3600
NO.002	姚磊	人事部								
NO.003	闫绍红	行政部								
NO.004	焦文雷	设计部								
NO.005	魏义成	行政部								

图 14-29

❾ 选中 D3:K3 单元格区域，拖动右下角的填充柄向下复制公式，批量计算其他员工在应发部分各个项目的数据，如图 14-30 所示。

4月份工资统计表

工号	姓名	部门	基本工资	工龄工资	绩效奖金	加班工资	满勤奖	考勤扣款	代扣代缴	应发工资
NO.001	章晔	行政部	3200	1400		200		280	920	3600
NO.002	姚磊	人事部	3500	1000		200	300	0	900	4100
NO.003	闫绍红	行政部	2800	400		400	300	0	640	3260
NO.004	焦文雷	设计部	4000	1000		360	0	190	1000	4170
NO.005	魏义成	行政部	2800	400		280	300	0	640	3140
NO.006	李秀秀	人事部	4200	1400			0	100	1120	4380
NO.007	焦文全	销售部	2800	400	8048	425	300	0	640	11333
NO.008	郑立媛	设计部	4500	1400		125	0	20	1180	4825
NO.009	马同燕	设计部	4000	1000		175	0	20	1000	4155
NO.010	莫云	销售部	2200	1200	10072	225	0	20	680	12997
NO.011	陈芳	研发部	3200	300		360	300	0	700	3460
NO.012	钟华	研发部	4500	100		280	0	90	920	3870
NO.013	张燕	人事部	3500	1200		320	0	60	940	4020
NO.014	柳小续	研发部	5000	1000			300	0	1200	5100
NO.015	许开	研发部	3500	1200		425	0	20	940	4165
NO.016	陈建	销售部	2500	1200	5664	125	0	400	740	8349
NO.017	万茜	财务部	4200	1000		200	0	30	1040	4330
NO.018	张亚明	销售部	2000	1000	7248	225	300	0	600	10173
NO.019	张华	财务部	3000	1000		225	300	0	800	3725
NO.020	郝亮	销售部	1200	1000	6000	240	0	0	440	8300
NO.021	穆宇飞	研发部	3200	1200		280	0	20	880	3780

图 14-30

14.2.3 根据应发工资核算个人所得税

个人所得税是根据应发合计金额扣除起征点后进行核算的，因此在计算出应发合计后，可以先进行个人所得税的计算。由于个人所得税的计算涉及税率的计算、速算扣除数的计算等，为避免公式过于复杂，可以另建一张表格专门管理个人所得税，然后通过 VLOOKUP 函数匹配到"员工月度工资表"的个人所得税的部分数据。

用 IF 函数配合其他函数计算个人所得税。相关规则如下。

➥ 起征点为 5000 元。

➥ 税率及速算扣除数如表 14-1 所示（本表是按月统计不同纳税所得额）。

表 14-1

应纳税所得额（元）	税率（%）	速算扣除数（元）
不超过 3000	3	0
3001~12000	10	210
12001~25000	20	1410
25001~35000	25	2660
35001~55000	30	4410
55001~80000	35	7160
超过 80000	45	15160

❶ 新建工作表，将其重命名为"所得税计算表"，在表格中建立相应列标识，并建立工号、姓名、部门基本数据，如图 14-31 所示。

图 14-31

❷ 选中 D3 单元格，在编辑栏中输入公式"=VLOOKUP(A3,员工月度工资表!$A:$M,11,FALSE)"。按 Enter 键即可从"员工月度工资表"中匹配得到应发工资额，如图 14-32 所示。

❸ 选中 E3 单元格，在编辑栏中输入公式"=IF(D3<5000,0,D3-5000)"。按 Enter 键即可计算出应缴税所得额，如图 14-33 所示。

图 14-32

图 14-33

❹ 选中 F3 单元格，在编辑栏中输入公式"=IF(E3<=3000,0.03,IF(E3<=12000,0.1,IF(E3<=25000,0.2,

IF(E3<=35000,0.25,IF(E3<= 55000,0.3,IF(E3<=80000,0.35,0.45))))))"。按 Enter 键，即可计算出税率，如图 14-34 所示。

图 14-34

👉**公式解析**

本例公式
=IF(E3<=3000,0.03,IF(E3<=12000,0.1,IF(E3<=25000,0.2,IF(E3<=35000,0.25,
IF(E3<=55000,0.3,IF(E3<=80000,0.35,0.45))))))

这里是一个 IF 函数的多层嵌套应用实例，判断 E3 中的应缴税费所得额是否在表 13-1 中规定的范围，如果是，则返回相应的税率。

❺ 选中 G3 单元格，在编辑栏中输入公式"=VLOOKUP(F3,{0.03,0;0.1,210;0.2,1410;0.25,2660;0.3,4410;0.35,7160;0.45,15160},2,)"。按 Enter 键，即可计算出速算扣除数，如图 14-35 所示。

图 14-35

👉**公式解析**

=VLOOKUP(F3,{0.03,0;0.1,210;0.2,1410;0.25,2660;0.3,4410;0.35,7160; 0.45,15160},2,)

F3 是查找值。大括号中的数据是一个常量数组，每一个分号间隔的两个值相当于数组的两列，在首列中查找值，然后返回第 2 列上的值。因此"税率"为第 1 列，"速算扣除数"为第 2 列，在第 1 列上判断数值区间，然后返回第 2 列上对应的指定的速算扣除数值。即找到数组中的第 1 列中的 0.03 值，然后返回对应在第 2 列上的 0 值。

❻ 选中 H3 单元格，在编辑栏中输入公式"=E3*F3-G3"。按 Enter 键，即可计算出应缴所得税额，

如图 14-36 所示。

图 14-36

❼ 选中 D3:H3 单元格区域，拖动右下角的填充柄，向下填充公式批量计算其他员工在应扣部分各个项目的数据，如图 14-37 所示。

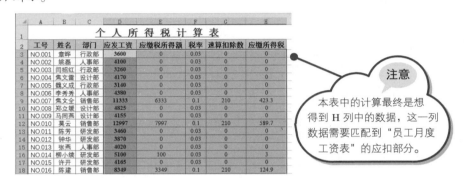

图 14-37

14.2.4 计算实发工资

应扣部分的项目包括考勤扣款、代扣代缴费用、个人所得税等，这些数据也需要使用 VLOOKUP 函数从各个与工资核算的相关表格中匹配得到。

❶ 选中 L3 单元格，在编辑栏中输入公式"=VLOOKUP(A3,所得税计算表!$A:$H,8,FALSE)"。按 Enter 键，即可返回第一位职员的个人所得税，如图 14-38 所示。

图 14-38

❷ 选中 M3 单元格，在编辑栏中输入公式“=K3-L3”。按 Enter 键，即可返回第一位员工的实发工资，如图 14-39 所示。

M3　=K3-L3　❹

4月份工资统计表

工号	姓名	部门	基本工资	工龄工资	绩效奖金	加班工资	满勤奖	考勤扣款	代扣代缴	应发工资	个人所得税	实发工资
NO.001	章晔	行政部	3200	1400		200	0	280	920	**3600**	0	3600
NO.002	姚磊	人事部	3500	1000		200	300	0	900	**4100**		
NO.003	闫绍红	行政部	2800	400		400	300	0	640	**3260**		
NO.004	焦文雷	设计部	4000	1000		360	0	190	1000	**4170**		
NO.005	魏义成	行政部	2800	400		280	300	0	640	**3140**		
NO.006	李秀秀	人事部	4200	1400			0	100	1120	**4380**		
NO.007	焦文全	销售部	2800	400	8048	425	300	0	640	**11333**		

❸

图 14-39

❸ 选中 L3:M3 单元格区域，拖动右下角的填充柄，批量返回其他员工的个人所得税额与实发工资，如图 14-40 所示。

4月份工资统计表

工号	姓名	部门	基本工资	工龄工资	绩效奖金	加班工资	满勤奖	考勤扣款	代扣代缴	应发工资	个人所得税	实发工资
NO.001	章晔	行政部	3200	1400		200	0	280	920	**3600**	0	3600
NO.002	姚磊	人事部	3500	1000		200	300	0	900	**4100**	0	4100
NO.003	闫绍红	行政部	2800	400		400	300	0	640	**3260**	0	3260
NO.004	焦文雷	设计部	4000	1000		360	0	190	1000	**4170**	0	4170
NO.005	魏义成	行政部	2800	400		280	300	0	640	**3140**	0	3140
NO.006	李秀秀	人事部	4200	1400			0	100	1120	**4380**	0	4380
NO.007	焦文全	销售部	2800	400	8048	425	300	0	640	**11333**	423.3	10909.7
NO.008	郑立媛	设计部	4500	1400		125	0	20	1180	**4825**	0	4825
NO.009	马同燕	设计部	4000	1000		175	0	20	1000	**4155**	0	4155
NO.010	莫云	销售部	2200	1200	10072	225	0	20	680	**12997**	589.7	12407.3
NO.011	陈芳	研发部	3200	300		360	300	0	700	**3460**	0	3460
NO.012	钟华	研发部	4500	100		280	0	90	920	**3870**	0	3870
NO.013	张燕	人事部	3500	1200		320	0	60	940	**4020**	0	4020
NO.014	柳小续	研发部	5000	1000			300	0	1200	**5100**	3	5097
NO.015	许开	研发部	3500	1200		425	0	20	940	**4165**	0	4165
NO.016	陈建	销售部	2500	1200	5664	125	0	400	740	**8349**	124.9	8224.1
NO.017	万茜	财务部	4200	1000		200	0	30	1040	**4330**	0	4330
NO.018	张亚明	销售部	2000	1000	7248	225	300	0	600	**10173**	307.3	9865.7
NO.019	张华	财务部	3000	1000		225	300	0	800	**3725**	0	3725
NO.020	郝亮	销售部	1200	1000	6000	240	300	0	440	**8300**	120	8180

图 14-40

经验之谈

当需要联动多表数据来进行统一数据的核算时，经常强调一致性原则。一致性原则要求表格内、表格之间的字段名称、数据类型、表格结构格式要保持一致。例如，本章中讲解关于工资的核算就涉及多个表格，这些表格都有一个统一标识，即工号，有了这个工号标识，各表之间的数据匹配就找到了依据。本例中也多次使用了 VLOOKUP 函数来查找匹配数据，它都是以工号为依据的，试想如果这些表格中有的不含工号，那么如何才能匹配到工资表中呢？

14.3　多维度分析薪酬数据

员工月度工资表创建完成后，可以利用 Excel 2019 中的筛选、分类汇总、条件格式、数据透视表等工具来对工资数据进行统计分析。例如，按部门汇总工资总额、查看工资前 10 名记录、部门平均工资比较等。

14.3.1　查询实发工资最高的 10 项

通过数据筛选功能可以实现按条件查询工资数据，如查询实发工资最高的 10 项。

❶ 选中"员工月度工资统计表"中的任意单元格，在"数据"选项卡的"排序和筛选"组中单击"筛选"按钮，即可在列标识右侧添加筛选按钮。效果如图 14-41 所示。

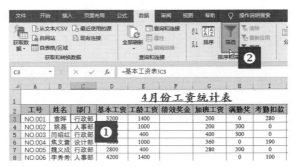

图 14-41

❷ 单击"实发工资"单元格右侧的下拉按钮，在打开的下拉列表中依次选择"数字筛选"→"前 10 项"选项，如图 14-42 所示。打开"自动筛选前 10 个"对话框，如图 14-43 所示。

图 14-42

扩展

如果想筛选查看工资最低的 10 项，可以在这里选择"最小"。

图 14-43

❸ 单击"确定"按钮返回到工作表中，即可筛选出实发工资排名前 10 的记录，如图 14-44 所示。

工号	姓名	部门	基本工	工龄工	绩效奖	加班工	满勤	考勤扣	代扣代	应发工	个人所得	实发工资
NO.006	李秀秀	人事部	4200	1400			0	100	1120	4380		4380
NO.007	焦文全	销售部	2800	400	8048	425	300	0	640	11333	423.3	10909.7
NO.008	郑立媛	设计部	4500	1400		125	0	20	1180	4825		4825
NO.010	莫云	销售部	2200	1200	10072	225	0	20	680	12997	589.7	12407.3
NO.014	柳小续	研发部	5000	1000			300	0	1200	5100	3	5097
NO.016	陈建	销售部	2500	1200	5664	125	0	400	740	8349	124.9	8224.1
NO.018	张亚明	销售部	2000	1000	7248	225	300	0	600	10173	307.3	9865.7
NO.020	郝亮	销售部	1200	1000	6000	240	300	0	440	8300	120	8180
NO.024	刘平	销售部	3000	1600	10800	425	0	400	920	14505	740.5	13764.5
NO.027	邓宏	销售部	1200	400	8240	225	300	0	320	10045	294.5	9750.5

图 14-44

14.3.2 按部门汇总工资额

要实现对工资额按部门汇总统计，可以使用数据透视表快速统计。

❶ 选中"员工月度工资表"中的任意单元格，在"插入"选项卡中的"表格"组中单击"数据透视表"按钮，如图 14-45 所示。打开"创建数据透视表"对话框，保持各默认选项不变，如图 14-46 所示。

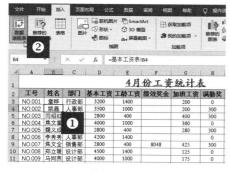

图 14-45

图 14-46

❷ 单击"确定"按钮创建数据透视表，将工作表重命名为"按部门汇总工资额"，如图 14-47 所示。

❸ 设置"部门"字段为"行"字段，设置"实发工资"为"值"字段。统计结果如图 14-48 所示。

图 14-47

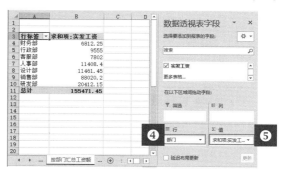

图 14-48

❹ 选中数据透视表中的任意单元格，在"数据透视表工具-分析"选项卡的"工具"组中单击"数据透视图"按钮，如图 14-49 所示。

❺ 打开"插入图表"对话框，选择图表类型为"饼图"，如图 14-50 所示。

图 14-49

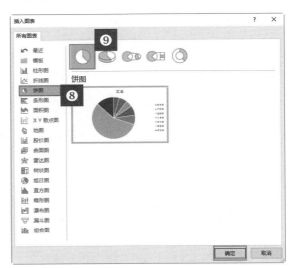

图 14-50

❻ 单击"确定"按钮创建图表。选中图表，在扇面上单击一次，再在最大的扇面上单击一次（表示只选中这个扇面），单击图表右上角的"图表元素"按钮，在打开的下拉列表中依次选择"数据标签"→"更多选项"命令，如图 14-51 所示。

❼ 打开"设置数据标签格式"窗格，分别勾选"类别名称"和"百分比"复选框，如图 14-52 所示。得到的图表如图 14-53 所示。

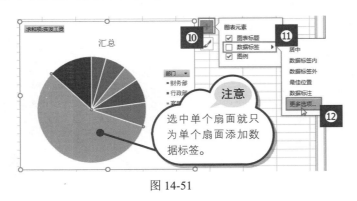

图 14-51

图 14-52

❽ 在图表标题框中重新输入标题，让图表的分析重点更加明确，如图 14-54 所示。

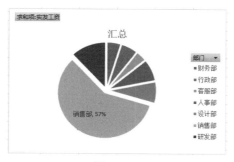

图 14-53

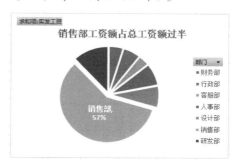

图 14-54

14.3.3 部门平均工资比较图表

要建立部门平均工资比较图表，可以利用数据透视表统计出各部门的平均工资，然后再利用统计结果建立图表就很容易了。

❶ 复制在 14.3.2 小节中建立的"按部门汇总工资额"工作表，并将工作表重新命名为"部门平均工资比较"，如图 14-55 所示。

❷ 在数据透视表中双击值字段，即 B3 单元格，打开"值字段设置"对话框，选择值汇总方式为"平均值"，并自定义名称为"平均工资"，如图 14-56 所示。

图 14-55

图 14-56

❸ 单击"确定"按钮，其统计数据如图 14-57 所示。

❹ 选中数据透视表中的任意单元格，在"数据透视表工具-分析"选项卡的"工具"组中单击"数据透视图"按钮，打开"插入图表"对话框，选择合适的图表类型，如图 14-58 所示。

图 14-58

图 14-57

❺ 单击"确定"按钮，即可在工作表中插入默认的图表，如图 14-59 所示。

❻ 编辑图表标题，通过套用图表样式快速美化图表。从图表中可以直观地查看数据分析的结论，如图 14-60 所示。

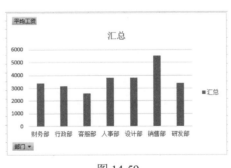

图 14-59

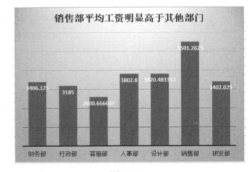

图 14-60

14.4　生成员工工资条

工资核算完成后一般都需要生成工资条。工资条是员工领取工资的一个详单，便于员工详细了解本月应发工资明细与应扣工资明细。

在生成员工工资条的时候，要注意以下方面。

➡　工资条利用公式返回，保障其重复使用性与拓展性。

➥ 打印时页面一般需要重新设置。

14.4.1 建立第一位员工的工资条

工资条都是来自"员工月度工资表"，可以使用 VLOOKUP 函数根据工号快速匹配获取各项明细数据。并且在生成第一位员工的工资条后，其他员工的工资条可以通过填充一次性得到。

❶ 在"员工月度工资表"工作表中，选中从第 2 行开始的包含列标识的数据编辑区域，在名称编辑框中定义其名称为"工资表"，按 Enter 键，即可完成名称的定义，如图 14-61 所示。

扩展

在建立工资条时需要多次使用这个单元格区域，因此先定义为名称是为了便于公式对单元格区域的引用。

工号	姓名	部门	基本工资	工龄工资	绩效奖金	加班工资	满勤奖	考勤扣款	代扣代缴	应发工资	个人所得税	实发工资
					4月份工资统计表							
NO.001	章晔	行政部	3200	1400		200	0	280	920	3600	0	3600
NO.002	姚磊	人事部	3500	1200		200	300		940	4260	0	4260
NO.003	闫绍红	行政部	4500	1000		400	300	0	1100	5100	3	5097
NO.004	焦文雷	设计部	4000	1000		360	0	190	1000	4170	0	4170
NO.005	魏义成	行政部	2800	300		280	300		620	3060	0	3060
NO.006	李秀秀	人事部	5500	1200				100	1340	5260	7.8	5252.2
NO.007	焦文全	销售部	2800	400	8048	425	300		640	11333	423.3	10909.7
NO.008	郑立媛	设计部	8700	1200		125		20	1980	8025	92.5	7932.5
NO.009	马同燕	设计部	4000	300		175		20	860	3595	0	3595
NO.010	莫云	销售部	6900	1000	10072	225		20	1580	16597	949.7	15647.3
NO.011	陈芳	研发部	3200	400		360	300		720	3540	0	3540
NO.012	钟华	研发部	4500	300		280		90	960	4030	0	4030
NO.013	张燕	人事部	6600	1000		320		60	1520	6340	40.2	6299.8
NO.014	柳小续	研发部	5000	400			300		1080	4620	0	4620
NO.015	许开	研发部	8000	300		425		20	1660	7045	61.35	6983.65
NO.016	陈建	销售部	2500	1000	5664	125		400	700	8189	108.9	8080.1
NO.017	万茜	财务部	7000	1000		200		30	1600	6570	47.1	6522.9
NO.018	张亚明	销售部	2000	100	7248	225	300		420	9453	235.3	9217.7
NO.019	张华	财务部	3000	300		225	300		660	3165	0	3165

图 14-61

❷ 新建工作表并重命名为"工资条"，建立表格如图 14-62 所示。

❸ 选中 B3 单元格，在编辑栏中输入公式"=VLOOKUP(A3,工资表,2,FALSE)"。按 Enter 键，即可返回第一位员工的姓名，如图 14-63 所示。

图 14-62

图 14-63

❹ 选中 C3 单元格，在编辑栏中输入公式"=VLOOKUP(A3,工资表,3,FALSE)"。按 Enter 键，即可返回第一位员工的部门，如图 14-64 所示。

❺ 选中 D3 单元格，在编辑栏中输入公式"=VLOOKUP(A3,工资表,13,FALSE)"。按 Enter 键，即可返回第一位员工的实发工资，如图 14-65 所示。

图 14-64

图 14-65

❻ 选中 A6 单元格，在编辑栏中输入公式"=VLOOKUP($A3,工资表,COLUMN(D1),FALSE)"。按 Enter 键，即可返回第一位员工的基本工资，如图 14-66 所示。

❼ 选中 A6 单元格，将光标定位到该单元格右下角，出现黑色十字形时按住鼠标左键向右拖动至 I6 单元格，释放鼠标即可一次性返回第一位员工的各项工资明细，如图 14-67 所示。

图 14-66

图 14-67

公式解析

1. COLUMN 函数

COLUMN 函数返回给定单元格的列号，如果没有参数，则返回公式所在单元格的列号。

2. 本例公式

$$=VLOOKUP(\$A3,工资表,COLUMN(D1),FALSE)$$

COLUMN(D1)因为 D 列是第 4 列，所以返回值为 4，而"基本工资"正处于"工资表"（之前定义的名称）单元格区域的第 4 列中。之所以这样设置，是为了接下来复制公式的方便，当复制 A6 单元格的公式到 B6 单元格中时，公式更改为"=VLOOKUP($A3,工资表,COLUMN(E1),FALSE)"，COLUMN(E1)返回值为 5，而"工龄工资"正处于"工资表"单元格区域的第 5 列中，以此类推。如果不采用这种办法来设置公式，则需要依次手动更改 VLOOKUP 函数的第 3 个参数，即指定要返回哪一列上的值。

14.4.2　快速生成每位员工的工资条

当生成了第一位员工的工资条后，则可以利用填充的办法来快速生成每位员工的工资条。

选中 A2:I7 单元格区域，将光标定位到该单元格区域右下角，当其变为黑色十字形时，如图 14-68 所示，按住鼠标左键向下拖动，释放鼠标即可得到每位员工的工资条，如图 14-69 所示（拖动到什么位置释放鼠标要根据当前员工的人数来决定，即通过填充得到所有员工的工资条后释放鼠标）。

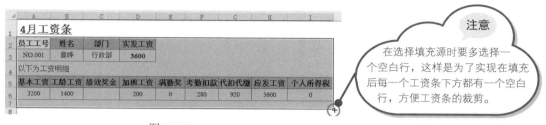

图 14-68

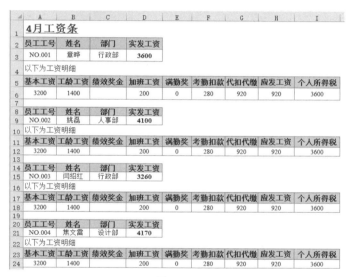

图 14-69

14.4.3 打印输出工资条

完成工资条的建立后，一般都需要进行打印输出。在打印之前需要进行页面设置。例如，工资条比较宽，跨度大，如果采用默认的"纵向"方向，则会有较大一部分无法打印出来，这时可以设置页面为"横向"方式。

单击"文件"选项卡，在左侧窗格中单击"打印"标签，可以看到打印预览的效果（有部分数据未能显示）如图 14-70 所示。根据需要设置打印份数并执行打印即可。

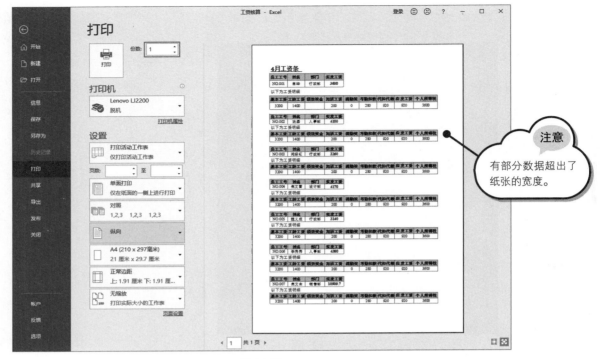

图 14-70